ISBN 978-0-266-39417-4
PIBN 10478498

TRAITÉ ÉLÉMENTAIRE

DE LA THÉORIE

DES FONCTIONS

ET

DU CALCUL INFINITÉSIMAL

PAR M. A. A. COURNOT

INSPECTEUR GÉNÉRAL DES ÉTUDES

Sophiæ germana Mathesis

Anti-Lucret., lib IV, v. 1068

TOME PREMIER

PARIS

CHEZ L. HACHETTE

LIBRAIRE DE L'UNIVERSITÉ ROYALE DE FRANCE

RUE PIERRE-SARRAZIN, 12

1841

A LA MÉMOIRE

DE M. POISSON,

PAIR DE FRANCE,

MEMBRE DE L'ACADÉMIE DES SCIENCES ET DU CONSEIL ROYAL
DE L'INSTRUCTION PUBLIQUE :

TÉMOIGNAGE DE RECONNAISSANCE

ET DE PIEUX ATTACHEMENT.

PRÉFACE.

Il y a déjà plusieurs années qu'ayant été chargé de remplir la chaire d'Analyse à la Faculté des sciences de Lyon, je me suis trouvé conduit à jeter sur le papier l'esquisse de mon cours. Quelques personnes favorablement prévenues m'ont engagé à compléter ce travail, que je me décide à faire paraître, malgré la publication récente d'ouvrages fort estimables sur le même sujet. J'ai pu croire que je tirerais, dans l'accomplissement de ma tâche modeste, quelques avantages de ma position personnelle, qui ne m'assujettit point à un programme officiel, ni ne me suggère de prédilection trop exclusive pour la manière d'aucun maître. J'ai pu croire aussi que, porté depuis longtemps par goût vers l'étude de la philosophie des sciences (à laquelle tous sacrifient un peu, même en en médisant), j'étais assez bien préparé à traiter un sujet où des considérations de ce genre sont inévitables, et où chacun fait, bon gré mal gré, sa *métaphysique*. Voici, en résumé, la marche que j'ai suivie dans l'exposition des principes de la matière.

J'ai cherché à faire comprendre comment, par les progrès de l'abstraction mathématique, on est amené à concevoir l'existence d'une théorie qui a pour objet les propriétés générales des fonctions continues : que ces fonctions s'expriment ou non par les signes de l'algèbre ou par d'autres symboles, d'une valeur mathématiquement définie. Il y a plus d'un avantage à distinguer ainsi la théorie des fonctions, de l'application qui s'en fait aux fonctions de l'algèbre et de la trigonométrie; et c'est en ce sens que j'ai donné au présent ouvrage le titre de *Traité élémentaire de la Théorie des Fonctions*.

Dans l'état actuel de l'analyse, la Théorie des Fonctions consiste presque entièrement dans la théorie des rapports qui s'établissent entre les fonctions que Lagrange a nommées *primitives* et *dérivées*; et l'expression analytique de ces rapports engendre ce qu'on a appelé depuis Leibnitz le *Calcul différentiel et intégral*, ou bien le *Calcul infinitésimal*, à cause de la notion d'*infiniment petit* que Leibnitz y a jointe. Pour peu que l'on ait une teinture de l'histoire des sciences, on n'ignore pas que Newton a inventé et fait connaître, sous le nom de *Méthode des fluxions*, un calcul qui a le même objet que celui de Leibnitz; et l'on sait que le résultat d'un débat animé entre les partisans de ces grands hommes, a été d'assurer à chacun d'eux un droit égal à cette mémorable découverte.

Le développement parallèle des idées de Newton et de celles de Leibnitz n'est pas seulement un fait historique; il tient au fond du sujet, et ne peut être négligé dans une exposition didactique sans que l'exposition pèche en quelque point : les deux théories se complètent l'une l'autre, sans qu'on en puisse assigner une troisième qui ne rentre au fond dans l'une ou dans l'autre. J'ai cherché à faire sentir les raisons de cette double solution, autant que cela m'était permis dans un ouvrage destiné à des études élémentaires, et jusqu'à un certain point pratiques.

La méthode de Lagrange, avec les modifications qu'elle a reçues depuis qu'on a reconnu l'impossibilité de fonder, comme l'entendait ce grand géomètre, tout le calcul différentiel sur de simples identités algébriques, n'est au fond qu'un retour à la méthode de Newton. Sa notation, qu'il est utile dans une foule de cas d'employer concurremment avec celle de Leibnitz, ne diffère par rien d'essentiel de la notation newtonienne; et les épithètes vagues de *primitives* et de *dérivées* ne valent pas les dénominations de *fluentes* et de *fluxions* auxquelles Newton avait donné un sens si précis. Mais je n'ai pas oublié que, dans un livre à l'usage des jeunes étudiants, il faut parler le langage actuellement reçu dans les écoles. En conséquence j'ai exposé d'abord, dans un chapitre spécial, la théorie des fonctions dérivées, sous la forme qu'on lui donne maintenant; puis, je me suis attaché à faire comprendre la théorie des infiniment petits, et l'identité des résultats obtenus par la méthode infinitésimale avec ceux que donne la considération des limites et des fonctions dérivées. Une fois cette identité bien saisie par le lecteur, il peut sans scrupule accepter les démonstrations par l'infiniment petit, et profiter des simplifications que ce tour de démonstration a la propriété d'opérer.

De cette manière, le lecteur n'arrive qu'avec lenteur, quoique sans circuits, à la différentiation des fonctions élémentaires, par laquelle les auteurs débutent ordinairement. Je souhaite que cette lenteur ne soit pas trop blâmée; et je m'imagine que, si j'ai réussi à me rendre clair, au moins à une seconde lecture, les commençants trouveront quelque avantage, pour la suite de leurs études, à avoir insisté un peu longuement sur ces généralités.

Pour représenter des fonctions qui peuvent être quelconques, et même n'avoir pas d'expression mathématique, j'ai fait un continuel usage des courbes. Ce signe, si naturel et si commode, rend presque évidents une foule de résultats dont la preuve exige, pour être suivie, un certain effort d'esprit, quand on ne s'aide pas des considérations graphiques; et il ne faut pas confondre l'emploi de ces considérations, pour la facile intelligence de la théorie des fonctions, avec l'application du calcul différentiel à la géométrie, qui fait, dans ce premier volume, l'objet d'un livre particulier. Les applications géométriques du calcul intégral ont beaucoup moins d'étendue, et on les trouvera dans le second volume, exposées après les théories de pure analyse auxquelles elles se rapportent le plus immédiatement.

Il était permis à une autre époque de regarder les applications géométriques comme le but principal de l'analyse : il n'en est plus de même depuis les rapides progrès de la physique mathématique. La discussion des questions particulières de physique, auxquelles les géomètres ont appliqué l'analyse, n'appartient pas sans doute à un traité de mathématiques pures; mais les propriétés générales des fonctions, en tant qu'elles représentent des grandeurs physiques, variables dans l'espace et dans le temps, sont un sujet de spéculations générales et abstraites qui n'emprunte rien à l'expérience, et qui appartient aux mathématiques pures, aussi bien que l'exposition des propriétés de l'étendue. Nous avons appelé l'attention du lecteur sur ces propriétés générales des fonctions physiques et des fonctions du temps, chaque fois que l'occasion s'en est présentée; et sous ce rapport le présent ouvrage pourrait être considéré comme une introduction générale à la physique mathématique.

En adoptant la forme de Traité, j'ai dû m'attacher à rendre l'ordre et la distribution des matières aussi naturels que possible; sans ignorer qu'on ne peut atteindre ce but de manière à éviter toute association arbitraire et toute séparation regrettable. Le premier volume renferme ce qu'on a coutume de comprendre sous la rubrique de *Calcul différentiel;* le second est consacré au *Calcul intégral* et à celui des *différences finies :* mais je donne dès le commencement du premier volume, au livre intitulé *des Principes,* les premières notions du calcul intégral et du calcul des différences finies, qui m'ont semblé nécessaires pour rendre plus claires ou plus complètes, ou pour fixer à leur juste place des théories qui se rattachent au calcul différentiel.

Je me suis écarté de l'usage en plaçant le *Calcul des variations* dans le cinquième livre, qui a pour objet les quadratures, avant la théorie de l'intégration des équations différentielles. Cette innovation me paraît motivée sur l'ordre des difficultés, non moins que sur l'enchaînement des matières. En écartant le calcul des variations de la théorie des quadratures, à laquelle il se rattache naturellement, pour le rejeter après l'intégration des équations aux différences partielles, on induit les commençants en erreur sur la vraie nature de cette belle méthode de Lagrange, comme si elle constituait (selon l'expression proposée par un auteur de mérite) un nouveau calcul *hypertranscendant;* tandis que ce n'est qu'une élégante application des principes du calcul différentiel aux fonctions renfermées sous un signe de quadrature.

Le progrès actuel des sciences mathématiques n'exige pas, comme celui de quelques branches de la physique, une refonte continuelle des éléments : cependant, à mesure que certaines théories se simplifient, ou reçoivent des applications plus importantes, elles acquièrent des droits à passer dans l'enseignement élémentaire, et à y prendre la place d'autres spéculations auxquelles on n'a pas reconnu la même fécondité. Il m'a semblé que les principes de la théorie des fonctions elliptiques et eulériennes devaient se trouver dans les éléments du calcul intégral ; que les exemples de détermination d'intégrales définies devaient y être multipliés ; qu'il fallait insister sur les nouveaux procédés d'intégration des équations linéaires aux différences partielles, assez pour préparer convenablement le lecteur à l'intelligence des travaux spéciaux de physique mathématique. D'un autre côté, comme j'ai eu surtout en vue l'intérêt des jeunes gens qui se préparent à nos grades et à nos concours universitaires, j'ai indiqué par un astérisque, dans le texte et dans la table des chapitres, les matières qui, d'après l'usage, ne sont point réputées exigées pour la licence ès sciences mathématiques, ni pour le concours d'agrégation dont le grade de licencié est une condition préliminaire.

Il ne faut pas confondre, dans une exposition didactique, l'enchaînement logique des propositions, avec les liaisons naturelles qu'ont entre elles les vérités physiques ou abstraites qu'il s'agit d'exposer. On peut satisfaire à toutes les conditions d'un enchaînement logique, sans éclairer l'esprit sur les rapports essentiels des idées et des théories auxquelles on l'applique. Les intelligences pénétrantes finissent par saisir ces rapports; et n'en eussent-elles qu'une perception confuse, cela suffit pour les guider dans la recherche de vérités nouvelles; mais il est bon de faciliter ce travail aux esprits ordinaires. On ne sera pas surpris que, d'après cette manière de voir, je n'aie pas fait consister seulement ma tâche dans la reproduction d'une suite de démonstrations pour le tableau. J'avoue même que j'attacherais moins de prix à mettre dans la démonstration d'un théorème cette rigueur extrême, si recherchée maintenant de quelques personnes, qu'à faire clairement apercevoir la raison de ce théorème et ses connexions avec les autres vérités mathématiques. Je prie donc que l'on m'accorde quelquefois, pour la commodité de l'exposition, et pour ne point décourager dès le début mes jeunes lecteurs, des démonstrations qui ont satisfait si longtemps les plus grands géomètres. Je demande surtout de l'indulgence pour les erreurs qui auraient pu se glisser dans les calculs ou dans la rédaction d'un ouvrage de longue haleine, où il serait peut-être chimérique de prétendre à une correction parfaite. Je profiterais avec reconnaissance des observations que MM. les professeurs voudraient bien me communiquer, pour rendre, le cas échéant, cet ouvrage plus digne de leur être offert.

Quoiqu'on ne puisse se faire une loi, dans un livre élémentaire, de citer les inventeurs, j'ai passablement multiplié les citations, lorsqu'elles se rattachaient aux premières notions de l'histoire des sciences, que les élèves eux-mêmes doivent posséder, ou lorsqu'elles pouvaient leur inspirer un juste respect pour ceux de nos contemporains dont les travaux contribuent aux progrès de la science. Les personnes déjà versées dans l'analyse supérieure, au jugement desquelles je soumets les idées qui me sont propres, reconnaîtront bien, sans que je les indique ici, les sources nombreuses auxquelles j'ai dû puiser sans scrupule. Si je cite en particulier le grand ouvrage de notre respectable maître, M. Lacroix, c'est pour acquitter une dette de reconnaissance personnelle; car tout a été dit depuis longtemps sur le mérite du livre, et sur les services de tout genre que son auteur a rendus à l'enseignement.

J'ai évité soigneusement d'employer des mots qui n'eussent pas déjà cours, et l'on ne trouvera dans ce Traité, quant à la terminologie, qu'une innovation de quelque importance : celle qui consiste à distinguer par des numéros d'ordre les diverses solutions de continuité d'une fonction. Ainsi, je dis qu'une fonction éprouve une solution de continuité du premier ordre, lorsqu'elle prend une valeur infinie ou qu'elle passe brusquement d'une valeur finie à une autre; si une pareille solution de continuité est subie par la fonction dérivée du premier ordre, je dis que la fonction primitive éprouve une solution de continuité du second ordre, et ainsi de suite. Cette définition a pour but, non-seulement d'abréger le discours, mais aussi de donner plus de précision à certaines notions fondamentales, et je m'étonne qu'on ne l'ait pas déjà introduite dans les livres didactiques.

Je n'ai pas craint d'employer, dans quelques passages fort courts du premier volume, des termes dont l'acception philosophique est bien connue, mais qui ne semblent pas appartenir à la langue mathématique. Ceux des lecteurs que ces termes choqueraient, peuvent passer outre sans inconvénient. J'ai conservé ces passages, en les resserrant, pour des personnes d'une autre tournure d'esprit; et peut-être trouverai-je une occasion de développer utilement les idées qui n'y sont qu'indiquées. Ce que je dis dans le chapitre IV du quatrième livre, sur les connexions de la géométrie et de l'algèbre, comporterait aussi des développements dans lesquels je ne suis pas entré, pour ne pas trop m'écarter du but principal que j'avais en vue.

TABLE DES MATIÈRES

DU PREMIER VOLUME.

LIVRE III.

DIFFÉRENTIATION DES FONCTIONS EXPLICITES DE PLUSIEURS VARIABLES ET DES FONCTIONS IMPLICITES.

LIVRE IV.

APPLICATIONS DU CALCUL DIFFÉRENTIEL A LA THÉORIE DES COURBES ET DES SURFACES.

N. B. On a marqué d'un astérisque (*) les nos ou les § qui portent sur des matières réputées non exigées pour la licence ès sciences mathématiques.

Les chiffres entre crochets [ ] indiquent les nos du texte auxquels on renvoie.

TRAITÉ ÉLÉMENTAIRE

DE LA THÉORIE

DES FONCTIONS

ET DU

CALCUL INFINITÉSIMAL.

LIVRE PREMIER.

PRINCIPES.

CHAPITRE PREMIER.

DES FONCTIONS EN GÉNÉRAL ET DE LA THÉORIE DES FONCTIONS.

1. Dans le langage emblématique des anciens algébristes, les produits de facteurs égaux s'appelaient indifféremment *puissances*, *dignités* ou *fonctions* : nous attachons encore aujourd'hui au mot de *puissance* la même acception, et celui de *dignité* (*dignitas*) est resté en usage dans le latin technique ; mais le terme de *fonction* a dépouillé depuis longtemps cette acception particulière pour en prendre une autre beaucoup plus générale, et dont la généralité dénote l'un des progrès les plus remarquables de l'abstraction mathématique.

Jean Bernoulli paraît être le premier qui ait entendu

par fonction d'une quantité x, non-seulement les puissances de cette quantité, telles que x^n, mais toutes les quantités y dont on peut exprimer par des signes d'algèbre la relation avec la quantité x : relation en vertu de laquelle la valeur de x détermine celle de y, et réciproquement. Ainsi :

$$y=a+(b-x)^n, y=\frac{x^3-mx+n}{\sqrt{1+x^4}}, y=\frac{1}{x}\log.(1+x), \text{etc.}$$

sont en ce sens des fonctions de x aussi bien que x^n. On fait tomber vers l'année 1690 la date de cette innovation (¹), qui n'aurait eu d'ailleurs qu'une faible importance, si elle ne s'était rattachée aux idées émises par Descartes, un demi-siècle auparavant.

Il résulte en effet des conceptions de Descartes, qu'une équation algébrique n'est pas seulement propre à indiquer les opérations de calcul par lesquelles on peut obtenir la valeur numérique d'une quantité déterminée, mais qu'elle exprime encore la loi suivant laquelle varient simultanément deux grandeurs dont l'une dépend de l'autre, et qui toutes deux passent d'une valeur à une autre sans discontinuité, ou en prenant successivement toutes les valeurs intermédiaires. Il fallait exprimer d'une manière générale cette dépendance entre deux grandeurs variables; ce qu'on fait commodément en disant, d'après Bernoulli, que l'une des variables est fonction de l'autre.

(¹) Voyez deux notes de Leibnitz, insérées dans les *Acta eruditorum* et dans le *Journal des Savants* pour l'année 1694 (*OEuvres de Leibnitz*, t. III, p. 300 et 302). Le mot de *fonction* y est pris dans une acception qui n'est pas encore précisément celle qu'il a conservée, mais qui s'en rapproche beaucoup pour le sens et pour la généralité.

La pensée de Descartes était, comme chacun le sait, d'appliquer l'algèbre à la géométrie, et pour cela de définir algébriquement les courbes au moyen d'une équation entre les coordonnées de chaque point. Réciproquement, cette idée mettait sur la voie d'appliquer la géométrie à l'algèbre, en considérant les deux variables de toute équation indéterminée comme les coordonnées d'une ligne dont on peut, au moyen de l'équation même, déterminer avec exactitude autant de points qu'on le juge convenable. La courbe n'est plus alors que le signe graphique et conventionnel de la loi algébrique qui lie les variables entre elles; mais ce signe conventionnel est merveilleusement adapté à la nature de la chose signifiée; et il ramène à des faits de pure intuition des rapports que l'esprit ne saisirait pas sans effort dans leur nature abstraite, en s'astreignant à n'employer que des signes d'une autre espèce. La continuité de la ligne est l'image sensible de la continuité de la fonction : et les inflexions d'une courbe, son allure, font souvent voir d'un coup d'œil ce qu'on ne mettrait que péniblement en évidence par la discussion algébrique de l'équation que la courbe représente.

2. Le caractère propre d'une fonction continue consiste en ce que l'on peut toujours assigner à l'une des variables des valeurs assez voisines pour que la différence entre les valeurs correspondantes de la fonction qui en dépend, tombe au-dessous de toute grandeur donnée. Autrement, cette fonction ne pourrait pas être exprimée par l'ordonnée d'une ligne dont l'autre variable est l'abscisse; et, réciproquement, il est manifeste que cette propriété subsiste pour toute fonction exprimée par l'ordonnée courante d'une certaine ligne. Quand une

fonction définie par une formule algébrique devient infinie pour une certaine valeur de l'autre variable, on dit que la fonction éprouve, pour cette valeur, une *solution de continuité*. C'est ce qui arrive, par exemple, à la fonction très-simple

$$y = \frac{1}{x - a},$$

pour la valeur $x = a$. Si l'on donne à x deux valeurs très-voisines, mais l'une un peu plus petite, l'autre un peu plus grande que a, les valeurs correspondantes de y diffèrent excessivement, l'une étant un très-grand nombre négatif et l'autre un très-grand nombre positif; et même, dans ce cas, plus la différence des valeurs de x deviendra petite, plus la différence (algébrique) des valeurs correspondantes de la fonction y ira en croissant. Aussi, l'hyperbole dont la fonction y est l'ordonnée, a deux branches séparées par l'ordonnée asymptotique qui correspond à l'abscisse a.

En général, les fonctions qui s'expriment avec les signes usités en algèbre et en trigonométrie, ont, comme la précédente, la propriété de rester continues dans l'ensemble de leur cours, sauf des solutions de continuité qui peuvent correspondre à certaines valeurs singulières de la variable dont elles dépendent. Il y a cependant quelques exceptions à ce principe, auxquelles on est conduit par une suite nécessaire des règles d'après lesquelles se combinent les signes algébriques. Si, par exemple, on posait $y = (-a)^x$, a désignant un nombre positif, toutes les fois que x serait égal à une fraction de numérateur impair et de dénominateur pair, y deviendrait imaginaire; et comme on peut toujours intercaler entre deux valeurs de x, si voisines qu'on les conçoive, une infinité de fractions à numérateurs impairs et à dénominateurs pairs, il s'ensuit qu'on ne peut joindre par un trait continu deux points correspondant à deux systèmes de valeurs réelles pour les coordonnées x et y, quelque voisins qu'on les suppose. Mais des fonctions anomales, comme celle que l'on vient d'indiquer, ne sont pas susceptibles de s'appliquer à la mesure des phénomènes naturels, et ne jouent même jusqu'ici qu'un rôle très-borné en analyse pure. Il n'en sera reparlé que beaucoup plus tard, dans la suite de ce Traité.

3. D'un autre côté (et cette considération est, sans comparaison, plus importante), nous concevons qu'une grandeur peut dépendre d'une autre, sans que cette dépendance soit de nature à pouvoir être exprimée par une combinaison des signes de l'algèbre. En étudiant la trigonométrie, le lecteur a vu qu'on introduit des abréviations ou des signes spéciaux pour indiquer le sinus, le cosinus, la tangente d'un arc, grandeurs géométriquement déterminées, par cela seul qu'on assigne la valeur de l'arc, mais qui ne peuvent cependant pas s'exprimer *en fonction* de l'arc au moyen des signes de l'algèbre pure. Imaginons un pendule Sm (*fig.* 1) qu'on écarte de la verticale d'un angle mSV, et qu'on abandonne ensuite dans le vide à l'action de la pesanteur : on conçoit une relation nécessaire entre le temps écoulé depuis l'origine du mouvement, et l'angle que la tige du pendule fait en chaque instant avec la verticale; mais cette relation ne peut point s'exprimer exactement avec les seuls signes algébriques et trigonométriques, qui sont censés connus du lecteur. Nous énoncerons toutefois la dépendance de ces deux grandeurs, en disant que l'angle d'écart est une

fonction du temps; mais alors nous généraliserons l'acception du mot de *fonction* beaucoup plus qu'on ne l'avait fait d'abord.

Ceux qui ont étudié la dynamique savent qu'on peut effectivement calculer, avec tel degré voulu d'approximation, la valeur numérique de l'angle d'écart pour chaque instant, et pour chaque valeur de la longueur du pendule et de l'angle initial d'écart, en n'empruntant à l'expérience qu'une seule donnée, la mesure de l'espace que décrit un corps qui tombe librement dans le vide pendant la première seconde de sa chute. Mais l'étude des autres phénomènes naturels, et surtout celle des phénomènes de la vie sociale, nous montrent une foule de cas où deux grandeurs variables dépendent manifestement l'une de l'autre, sans qu'on puisse calculer l'une *à priori* au moyen de l'autre : soit parce qu'en effet la liaison qui les unit n'est pas susceptible d'une définition mathématique; soit parce que cette définition, quoique possible, nous est inconnue.

Ainsi, la force élastique *maximum* de la vapeur d'eau est une fonction de la température de cette vapeur; la température moyenne des diverses tranches d'une colonne atmosphérique est une fonction de la hauteur de cette tranche au-dessus du niveau des mers; la quantité demandée d'une denrée est une fonction du prix courant; au sein d'une grande population, le rapport du nombre des individus de chaque âge à la population totale est une fonction de cet âge. En donnant au mot de *fonction*, comme on doit le faire maintenant, cette acception tout à fait extensive, nous le tirons en quelque sorte de la langue mathématique, pour lui donner place dans un vocabulaire moins spécial, à l'usage de tous ceux qui cultivent les sciences où l'on compare des grandeurs mesurables.

Les fonctions dont il s'agit ici ne peuvent être données que par l'observation, et elles sont réputées connues lorsqu'on a construit une table où se trouvent, d'une part, des valeurs très-voisines et très-multipliées de l'une des quantités variables, d'autre part, les valeurs correspondantes de la fonction qui en dépend, telles que les donnent des observations très-précises, ou assez nombreuses pour que les erreurs qu'elles comportent, disparaissent sensiblement des résultats moyens. On doit nommer les fonctions ainsi déterminées, fonctions *empiriques*, par opposition aux fonctions qui se définissent mathématiquement, et qu'on peut calculer exactement, ou avec une approximation illimitée, en ne s'appuyant que sur leur définition mathématique.

Le système de représentation graphique imaginé par Descartes s'applique aux fonctions empiriques comme à celles qui peuvent s'exprimer par une formule algébrique; puisque, même pour celles-ci, il faut en général convertir d'abord la formule en table, afin de déterminer des points isolés que l'on joint ensuite par un trait continu, de manière à tracer la courbe avec une exactitude d'autant plus grande que les points déterminés exactement sont plus voisins et en plus grand nombre.

Parmi les personnes qui s'occupent des sciences physiques et sociales, il n'en est aucune qui ne connaisse les avantages attachés à l'emploi du tracé graphique pour représenter les formes des fonctions empiriques; pour résoudre pratiquement les problèmes qui s'y rapportent; enfin pour apercevoir des résultats que la simple inspection des tables ne mettrait pas suffisamment en évidence, et qui dépassent même les limites des tables: le sentiment de la continuité des formes tenant lieu ici de ce procédé d'induction auquel l'esprit humain est redevable de la plupart de ses découvertes.

4. Une grandeur physique et mesurable doit toujours rester finie, et ne peut par conséquent, comme certaines fonctions algébriques, éprouver des solutions de continuité provenant du passage de la fonction par une valeur infinie. Chaque fois que l'on trouve une grandeur physique exprimée par une fonction mathématique sujette à de telles solutions de continuité, il faut en conclure que la fonction mathématique cesse de donner la véritable mesure de la grandeur physique, dans le voisinage des valeurs pour lesquelles la solution de continuité a lieu.

Par exemple, on sait que la force de gravitation entre deux molécules pondérables, est exprimée par la fonction

$$y = \frac{a}{x^2}, \quad (1)$$

a désignant une constante, et x la distance des deux molécules considérées comme des points mathématiques. Cette fonction devient infinie quand x s'évanouit; mais on ne peut physiquement admettre, ni que les molécules se réduisent à des points mathématiques, ni que ces points coïncident. Lorsque les molécules seront très-voisines l'une de l'autre, l'équation (1) qui était sensiblement exacte, tant que les dimensions des molécules restaient très-petites comparativement à leur distance, devra être remplacée par une autre qui dépendra de la figure des molécules.

Lorsqu'une grandeur physique varie avec le temps, ou en raison seulement de la variation des distances entre des molécules ou des systèmes matériels, ou par l'effet de l'écoulement du temps combiné avec la variation des distances, il répugne qu'elle passe d'une valeur finie à une autre, sans prendre dans l'intervalle toutes les valeurs intermédiaires. C'est ce qu'exprime l'adage célèbre des anciennes écoles : *Natura non facit saltus.* Mais dans l'état d'imperfection de nos connaissances sur la constitution des milieux matériels, on est autorisé à admettre pour certaines grandeurs physiques, telles que nous les pouvons définir et mesurer, des solutions de continuité résultant du passage brusque d'une valeur finie à une autre. Ainsi, quand deux liquides hétérogènes, tels que l'eau et le mercure, sont superposés, nous regardons la densité comme une grandeur qui varie brusquement à la surface de contact des deux liquides : bien que toutes les probabilités nous portent à croire, et qu'il soit philosophique d'admettre que la solution de continuité disparaîtrait, si nous nous rendions complétement compte de la structure des liquides, et de tous les phénomènes qui se passent dans le voisinage de la surface du contact.

5. Or, par cela seul que des fonctions mathématiques ou empiriques satisfont à la loi de continuité, elles jouissent de certaines propriétés générales qui sont d'une grande importance, non-seulement pour la théorie abstraite du calcul, mais bien plus encore pour l'interprétation des phénomènes naturels. Nous nous bornerons à en citer deux, que la représentation graphique des fonctions par les courbes rend manifestes, et qui ne tarderont pas à devenir l'objet de très-amples développements, mais qu'il suffira d'énoncer pour le but que nous avons actuellement en vue.

La première propriété consiste en ce que les variations de valeur que subit une fonction, à partir d'une valeur déterminée, sont sensiblement proportionnelles aux variations correspondantes de l'autre grandeur, quand ces variations sont très-petites. Déjà le lecteur a vu une application très-importante de ce principe, dans la manière de faire usage des différences proportionnelles, annexées aux tables de logarithmes. Afin de fixer les idées par un autre exemple, prenons la fonction algébrique :

$$y = \frac{x^2 - 7x + 6}{x - 10}, \qquad (2)$$

représentée (*fig.* 2) par les deux branches de courbe *i l m n*, *s u v*, que sépare une ordonnée asymptotique, correspondant à l'abscisse $x = 10$. Nous trouverons :

1° pour	$x = 1,00$,	$y = 0,00000$	Différ.
			$+ 0,00555$
	$x = 1,01$,	$y = + 0,00555$	
			$+ 0,00554$
	$x = 1,02$,	$y = + 0,01109$	
			$+ 0,00553$
	$x = 1,03$,	$y = + 0,01662$	
	....	....	....
2° pour	$x = 6,00$,	$y = 0,00000$	
			$-0,01256$
	$x = 6,01$,	$y = -0,01256$	
			$-0,01267$
	$x = 6,02$,	$y = -0,02523$	
			$-0,01278$
	$x = 6,03$,	$y = -0,03801$	
	....	....	....

La loi de proportionnalité se vérifie avec une grande approximation dans les deux cas, quoique les valeurs de y varient plus rapidement dans le second cas que dans le premier, pour des accroissements égaux de x. Cependant nous avons fait varier la valeur de x par degrés égaux à un centième, ce qui n'est pas une fraction très-petite. Si nous avions pris une série de valeurs de x équidistantes d'un millième, la proportionnalité des variations correspondantes de y se serait soutenue d'une manière beaucoup plus approchée.

Au surplus, tout ceci revient à dire qu'un arc de courbe approche d'autant plus de se confondre avec la tangente menée par une des extrémités de l'arc, que cet arc est plus petit : car, pour une droite, les différences des ordonnées sont rigoureusement proportionnelles aux différences des abscisses, et le rapport constant de ces différences est égal à la tangente trigonométrique de l'angle que la droite fait avec l'axe des abscisses.

La fécondité de ce principe si simple, la portée de ses applications sont faciles à pressentir. Ainsi, chaque fois que certaines variables oscillent autour de valeurs moyennes dont elles s'écartent très-peu; lorsqu'on a, par exemple, $x = x_0 + x'$, x' étant au nombre variable, toujours très-petit par rapport au nombre constant x_0, toutes les fonctions de x, connues ou inconnues, mathématiques ou empiriques, deviennent des fonctions de x' qu'on peut sans erreur sensible ramener à la forme $a + bx'$, a et b désignant des nombres constants, c'est-à-dire à une fonction algébrique, la plus simple de toutes. Tel est en effet le grand moyen d'approximation à l'usage des analystes : celui par lequel ils soumettent au calcul des questions qui, dans leur généralité, se déroberaient à toute investigation mathématique.

Plusieurs principes de physique, découverts par l'expérience, et donnés comme des faits d'observation, ne sont que des conséquences du principe mathématique que l'on vient de rappeler.

6. L'autre propriété générale des fonctions continues, que nous voulons faire remarquer ici, consiste en ce

que la valeur de la fonction reste sensiblement stationnaire dans le voisinage des valeurs *maxima* ou *minima*. Ceci ressort encore de l'inspection des courbes : car, quand l'ordonnée d'une courbe, après avoir été décroissante, devient croissante (ce qui est le cas du *maximum*), ou bien au contraire, quand, après avoir été décroissante, elle vient à croître (auquel cas elle passe par un *minimum*), la tangente à la courbe devient parallèle aux abscisses, comme en le voit sur la *fig.* 2, aux points *m* et *u*. L'ordonnée de cette tangente devient constante, et l'ordonnée du petit arc de courbe qui se confond sensiblement avec la tangente, selon la remarque du n° précédent, a par cela même une valeur sensiblement constante. Il peut, à la vérité, se présenter des cas où cette règle tomberait en défaut, comme cela arriverait pour la courbe *ghk* (*fig.* 3) qui subit au point *h* ce que les géomètres nomment un *rebroussement*. L'ordonnée du point *h* est un *maximum*, quoique la tangente commune aux deux arcs *gh*, *hk*, qui viennent se toucher en *h*, soit perpendiculaire et non parallèle à l'axe des abscisses. Mais cette exception tient à un accident singulier dans le tracé de la courbe *g h k*, et à une position déterminée de l'axe des abscisses par rapport à cette courbe; au lieu que la règle générale dont la *fig.* 2 offre une application, ne suppose aucune particularité dans le tracé de la courbe, et subsisterait pour toute autre direction de l'axe des abscisses, ou, ce qui revient au même, après un déplacement quelconque de la courbe par rapport à l'axe. Seulement, si un semblable déplacement avait lieu, les ordonnées *maximum* et *minimum* ne correspondraient plus aux points *m* et *u*, mais à d'autres points de la courbe.

On trouve directement, par des méthodes qui seront exposées plus loin, que les valeurs *maximum* et *minimum* de la fonction (2) correspondent aux valeurs $x = 4$, $x = 16$, et le calcul numérique nous donnera :

			Diff.
1° pour	$x = 3{,}99$,	$y = 0{,}999983$	$+ 0{,}000017$
	$x = 4{,}00$,	$y = 1{,}000000$	$- 0{,}000017$
	$x = 4{,}01$,	$y = 0{,}999983$	....
	....	....	
2° pour	$x = 15{,}99$,	$y = 25{,}000017$	$- 0{,}000017$
	$x = 16{,}00$,	$y = 25{,}000000$	$+ 0{,}000017$
	$x = 16{,}01$,	$y = 25{,}000017$	....
	....	....	

Conséquemment une variation d'un centième dans la valeur de x, quand $x = 4$ ou $= 16$, ne fait varier que de 17 millionièmes la valeur de y; tandis que la variation de y correspondant à une égale variation de x, est 326 fois plus grande quand $x = 1$, et 739 fois plus grande quand $x = 6$, selon les calculs rapportés plus haut.

La propriété que nous venons de reconnaître dans les valeurs *maxima* et *minima*, trouve sans cesse son application dans la pratique, et notamment dans la mécanique industrielle, où il s'agit surtout d'apprécier la valeur d'une certaine grandeur, qui correspond à un *maximum* d'effet utile pour la même dépense d'argent ou de force, ou à un *minimum* de dépense pour la production du même effet utile. Cette propriété vient merveilleusement à notre secours, vu l'imperfection de nos connaissances et de nos instruments de mesure, en élargissant les limites entre lesquelles notre appréciation peut tomber, sans qu'il en résulte de notables variations dans la dépense ou dans l'effet produit.

Cependant, quelque important et quelque facile à apercevoir que soit ce principe, Montucla nous dit ([1]) qu'il n'a été énoncé en premier lieu que par Kepler, dans son livre intitulé : *Stereometria doliorum*, publié en 1615.

7. Maintenant il est aisé de comprendre qu'outre ces propriétés presque évidentes, communes à toutes les fonctions continues, il peut y en avoir d'autres, moins aisées à découvrir, et qui appartiennent de même à toutes les fonctions, ou à certaines classes de fonctions, définies par des caractères généraux, tels que serait celui de croître sans cesse avec la variable dont elles dépendent, ou de reprendre périodiquement les mêmes valeurs pour des valeurs équidistantes de cette variable. Dès lors on peut imaginer une théorie qui aurait pour objet la discussion des propriétés générales des fonctions; et cette théorie constituera une branche spéciale des mathématiques, subsistant par elle-même; laquelle à la rigueur aurait pu former un corps de doctrine, quand même l'algèbre n'eût pas été préalablement inventée; quand même on n'aurait pas pu se proposer d'appliquer cette théorie à des fonctions algébriques : quoique sans doute la principale utilité de la théorie des fonctions consiste dans l'application dont il s'agit, surtout si l'on a en vue la détermination numérique des grandeurs.

Nous insistons sur cette manière de définir la théorie des fonctions, parce qu'elle repose sur une idée qui reviendra dans tout le cours de ce Traité. Elle nous paraît être la base philosophique de la partie de l'ensei-

([1]) Hist. des Math., part. IV, liv. 1, n° 4.

gnement dont nous nous occupons, et la seule qui réponde bien à l'état actuel de l'analyse mathématique. On y est surtout conduit par les applications de plus en plus étendues de l'analyse aux sciences physiques; mais, indépendamment de toute application, on trouve dans la théorie ainsi comprise la solution immédiate de la plupart des controverses agitées à diverses époques entre les géomètres, au sujet des principes mêmes de l'analyse ([1]).

8. En général on exprime que la grandeur y est une fonction de x, connue ou inconnue, mathématique ou empirique, par le moyen de notations, telles que :

$$y = f(x),\ y = \mathrm{F}(x),\ y = \varphi(x),\ \text{etc.}$$

les lettres f, F, φ,.... désignant, non pas des quantités, mais des *caractéristiques* de fonctions, analogues aux abréviations *log* ou *sin*. Souvent, lorsque les parenthèses ne doivent contenir qu'une lettre, on les supprime, et quelquefois, dans ce cas, on met un point après la caractéristique. Le lecteur a pu déjà se familiariser avec ces notations dans les traités de pure algèbre où on les a introduites; mais en algèbre les caractéristiques désignent essentiellement des fonctions algébriques, et désormais elles pourront s'appliquer à des fonctions quelconques.

Dans la détermination d'une fonction $y = f(x)$, peuvent entrer et entrent ordinairement les valeurs de

([1]) Ainsi Lagrange n'aurait pas fait un livre exprès « pour réduire le calcul différentiel à l'analyse algébrique, » s'il avait distingué dans le calcul différentiel un corps de doctrine qui fait partie de la théorie des fonctions continues, qu'elles s'expriment ou non par les signes de l'algèbre, et qui subsiste indépendamment des applications qu'on en peut faire aux fonctions et au calcul algébriques.

certaines grandeurs que l'on doit considérer comme constantes, tandis que x et par suite y varient. Si y et x désignent les coordonnées courantes d'un cercle, le rayon du cercle est une de ces constantes. L'angle initial d'écart d'un pendule [3] ([1]) et l'espace décrit par un corps qui tombe durant la première seconde de sa chute, sont aussi des constantes de la valeur desquelles dépend la fonction qui exprime la valeur de l'angle d'écart, pour chaque valeur du temps écoulé depuis l'origine du mouvement. On donne quelquefois à ces constantes le nom de *paramètres*, emprunté à la théorie des sections coniques : dans les applications aux sciences physiques, on appelle aussi *coefficients* des constantes dont les valeurs numériques doivent être déterminées par l'expérience.

Il est souvent utile d'exprimer qu'une fonction dépend, non-seulement de la variable x, mais en outre des valeurs constantes attribuées à certains paramètres $a, b, c\ldots\ldots$; ce qu'on fait en écrivant

$$y = f(x, a, b, c, \ldots\ldots). \qquad (3)$$

Si l'on était amené à concevoir que ces paramètres $a, b, c\ldots\ldots$, au lieu d'avoir des valeurs constantes et déterminées pour chaque cas particulier, varient sans discontinuité à la manière de x, ils perdraient le nom de paramètres : la grandeur y se rangerait parmi les fonctions de plusieurs variables, dont nous ne nous occuperons qu'après avoir exposé les fondements de la théorie des fonctions d'une seule variable.

9. Les lettres $a, b, c, \ldots\ldots x, y, \ldots\ldots$ peuvent désigner

([1]) Les chiffres entre crochets indiquent les nos du texte auxquels on renvoie.

des grandeurs concrètes, telles que des longueurs, des aires, des volumes, des poids, etc. (dont l'expression numérique présuppose le choix d'une unité arbitraire), ou des nombres abstraits. Dans tous les cas, la forme de la fonction f doit être telle, que l'équation (3) subsiste indépendamment du choix des unités de mesure; ou, ce qui revient au même, il faut qu'on ne puisse pas tirer de l'équation (3) une condition d'égalité entre des grandeurs hétérogènes. Cette règle, connue sous le nom de principe de l'homogénéité des fonctions, et qui ne saurait offrir de difficultés sérieuses dans les applications, mène souvent de prime abord à des conséquences importantes concernant la forme des fonctions. On y a eu recours pour démontrer très-simplement, et à notre avis de la manière la plus directe, certaines propositions fondamentales de géométrie et de mécanique (1).

Afin de montrer une application du principe de l'homogénéité des fonctions, revenons sur la question indiquée au n° 3 : appelons θ l'angle d'écart d'un pendule avec la verticale après un temps t compté depuis l'origine du mouvement; désignons par θ_0 l'angle initial d'écart, par l la longueur du pendule, et par $\frac{1}{2} g$, selon l'usage reçu, la longueur que décrit dans la première unité de temps un corps qui tombe librement en vertu de la force de gravité qui fait mouvoir le pendule: on aura

$$\theta = f(t, \theta_0, g, l).$$

θ est la fonction, t la variable dont elle dépend; θ_0, g, l sont des constantes ou des paramètres, et il n'y en a pas d'autres, puisque toutes les conditions du phéno-

(1) Voir la note 2 de la *Géométrie* de Legendre, et le n° 26 de la *Mécanique* de M. Poisson, 2e édition.

mène sont déterminées, une fois qu'on a fixé les valeurs de ces constantes. Or, g et l sont les seules grandeurs dont la valeur numérique dépende du choix de l'unité linéaire, et la valeur de θ en fonction de t ne peut pas changer avec cette unité arbitraire. Donc la fonction f ne dépend que du rapport des lignes g, l, et l'on peut écrire

$$\theta = f\left(t, \theta_0, \frac{g}{l}\right).$$

Supposons que l'on sache en outre, par les premières expériences sur la chute des graves, que la racine carrée du paramètre g varie proportionnellement à l'unité de temps, ou en raison inverse de la valeur numérique de t, pour un même temps écoulé : comme la valeur de θ en un instant donné ne saurait dépendre du choix arbitraire de l'unité de temps, on en conclura que t ne peut entrer dans la fonction f qu'autant qu'il y est multiplié par $\sqrt{g}$, et qu'ainsi l'on a

$$\theta = f\left(t\sqrt{\frac{g}{l}}, \theta_0\right).$$

Arrivés à ce point, nous ne pourrions particulariser davantage la forme de la fonction sans entrer dans le détail des principes de dynamique, spécialement applicables à la question, détail qui n'est point de notre sujet.

10. Si l'on a en même temps

$$y = f(x), x = \varphi(t), \quad (4)$$

de sorte que la valeur de y dépende immédiatement de celle de x, et que la valeur de x dépende immédiatement de celle de t, la valeur de y se trouvera dépendre médiatement de la valeur de t : ce sera, comme on dit, une *fonction de fonction*, ou, pour parler un langage plus simple, une fonction *médiate* de la variable t. Les exemples de cette dépendance médiate et indirecte sont trop fréquents en mathématiques pures comme en physique pour que nous ayons besoin d'y insister. Elle s'exprimerait par la notation

$$y=f[\varphi(t)], \text{ ou } y=f(\varphi t).$$

Il se pourrait aussi que l'on eût

$$y=f(x, z), \quad x=\varphi(t), \quad z=\psi(t), \qquad (5)$$

d'où

$$y=f(\varphi t, \psi t)=\mathrm{F}(t).$$

Alors, quoique y se trouvât dépendre en apparence de deux variables x, z, elle ne dépendrait réellement que d'une seule variable t dont il suffirait d'assigner la valeur pour déterminer x, z, et par suite y.

Réciproquement, étant donnée une équation

$$y=\mathrm{F}(t)=f(\varphi t, \psi t),$$

il peut être avantageux de la remplacer par le système équivalent des trois équations (5), en introduisant deux variables intermédiaires x, z, qui prennent alors communément le nom de *variables auxiliaires*.

11. Le terme de fonction implique l'idée d'une variable dépendante d'une autre. Dans les exemples ci-dessus, y, x, z sont donc des variables dépendantes, et par opposition t peut être qualifié de *variable indépendante*. Au point de vue abstrait, il serait tout aussi permis de regarder y comme la variable indépendante, et x, z, t comme des fonctions qui en dépendent médiatement ou immédiatement, puisque, si l'on assigne d'abord arbitrairement une valeur à y, celles de x, z, t seront déterminées en vertu des équations (4) ou (5). C'est ainsi qu'étant donnée une équation en x, y, il est aussi permis de la concevoir résolue par rapport à x

que par rapport à y. On peut donc dire en ce sens que le choix de la variable indépendante est arbitraire; mais ceci cesse le plus souvent d'être vrai lorsque l'on envisage un problème d'après ses données concrètes. La nature des grandeurs qui varient simultanément établit entre elles des relations telles que les variations des unes doivent être considérées comme subordonnées aux variations des autres; et celles-là seulement dont les variations ne sont subordonnées à celles d'aucune autre, doivent être essentiellement qualifiées de variables indépendantes.

Ainsi, dans la question de mécanique déjà plusieurs fois indiquée, il convient de considérer l'angle d'écart d'un pendule comme une fonction du temps t écoulé depuis l'origine du mouvement, et t comme la variable indépendante; et il répugnerait au contraire d'envisager t comme une fonction de l'angle θ pris pour variable indépendante; parce qu'il est évident que le temps s'écoule ou que t varie indépendamment du mouvement du pendule, et au contraire que les variations de θ dépendent du temps écoulé, ou sont subordonnées aux variations de t.

En général, pour toutes les grandeurs qui varient avec le temps, et à cause du temps écoulé depuis un instant pris pour origine, le temps remplit, par la nature même des choses, le rôle d'une variable essentiellement indépendante, en ce sens que ses variations ne sont subordonnées à celles d'aucune autre grandeur. Nous aurons lieu, par la suite, de revenir sur les conséquences de ce principe, et d'insister sur les propriétés générales des grandeurs, en tant que fonctions du temps : propriétés dont la discussion nous semble appartenir aux mathématiques pures, au même titre que les spéculations qui ont pour objet les propriétés de l'étendue et les formes géométriques.

La remarque que l'on vient de faire a lieu pour la variable *t*, comptée d'une origine arbitraire, et servant à déterminer l'époque d'un phénomène, ou, plus précisément, l'instant où une certaine grandeur atteint une valeur déterminée. Si, au contraire, la variable *t* mesurait la *durée* absolue d'un phénomène, elle pourrait jouer le rôle de variable dépendante. Ainsi, la durée de l'oscillation d'un pendule est une fonction de l'angle initial d'écart, désigné ci-dessus par θ_0. C'est la grandeur de cet angle qui détermine la durée de l'oscillation; ou, en d'autres termes, nous concevons la variation de la durée comme une conséquence de la variation de l'angle initial, et non la variation de l'angle comme subordonnée à la variation de la durée.

Des considérations analogues s'appliquent aux coordonnées variables par le moyen desquelles on détermine la position d'un point sur une ligne donnée, sur une surface donnée, ou dans l'espace. La grandeur que l'on envisage comme variable, non plus d'un instant à l'autre, mais d'un *lieu* à l'autre, est une fonction des coordonnées variables du point où elle est censée mesurée; et les coordonnées indépendantes sont évidemment au nombre de trois, si le point peut se déplacer d'une manière quelconque dans l'espace; au nombre de deux, si le point est assujetti à rester sur une surface donnée; enfin, il n'y en a plus qu'une seule, si le point est assujetti à rester sur une ligne donnée. Toutefois, il faut remarquer que le choix d'un système de coordonnées est arbitraire : de sorte que rien n'empêcherait de considérer les coordonnées x, y, z qui déterminent la position d'un point dans l'espace, comme fonctions d'autres coordonnées u, v, w, prises dans un autre système. L'indépendance des variables x, y, z ne tient donc pas à leur nature, mais au choix arbitraire qu'on en a fait pour servir de coordonnées, tandis que l'indépendance de la variable t, qui représente le temps écoulé depuis un instant pris pour origine, tient à l'essence de cette grandeur. Ces analogies et ces différences sont des conséquences immédiates des analogies et des différences que présentent les concepts fondamentaux du temps et de l'espace.

Nous ne voulons pas dire, par ce qui précède, que, dans certaines questions de physique, telles coordonnées ne soient pas indiquées de préférence à toutes autres, par la nature spéciale de la question : l'attention des analystes doit s'appliquer à saisir de semblables indications; car, en général, la solution d'un problème a atteint sa perfection quand on a lié par l'analyse les variables entre elles, conformément à l'ordre de leur dépendance naturelle. De même, en géométrie pure, le mode de génération d'une ligne ou d'une surface indique les coordonnées qu'il est convenable et naturel de prendre pour variables indépendantes, et dont le choix facilite la discussion des propriétés de la ligne ou de la surface.

CHAPITRE II.

DE LA CLASSIFICATION DES FONCTIONS ET DE LEUR DÉVELOPPEMENT EN SÉRIES.

12. Les fonctions mathématiques se distinguent en fonctions *explicites* et en fonctions *implicites*. On appelle fonctions implicites celles qui sont déterminées par une équation non résolue entre la fonction et la variable indépendante. Ainsi la fonction y donnée par l'une des équations

$$y^2 - bxy = a,\ by + c^y = \log x,\ \tang y = y \sin x, \text{etc.},$$

est une fonction implicite de x. Si ces équations étaient résolues par rapport à y et mises sous la forme $y = fx$, y deviendrait une fonction explicite de la même variable.

On peut comprendre les fonctions explicites et implicites sous la même notation, en exprimant par une équation de la forme

$$F(x, y) = 0, \qquad (1)$$

la liaison qui subsiste entre la variable x et la fonction y.

Les fonctions mathématiques, qu'elles soient explicites ou implicites, se distinguent encore en fonctions *algébriques* et en fonctions *transcendantes*. Si l'équation (1) est algébrique, en sorte qu'après l'évanouissement toujours possible des dénominateurs et des radicaux, le premier membre soit un polynôme entier de degré déterminé par rapport à x et par rapport à y, la fonction y est réputée algébrique. Si les variables x, y, ou seulement l'une d'entre elles, entraient dans la formation d'un exposant, ou si elles se trouvaient affectées, soit d'un exposant irrationnel, soit du signe *log*, soit de l'un des signes usités en trigonométrie, la fonction serait qualifiée de transcendante. Plus généralement, toute fonction mathématique qui ne se trouve pas comprise dans la définition des fonctions algébriques est réputée transcendante. Les seules fonctions transcendantes que le lecteur soit censé connaître, savoir, les fonctions exponentielles, logarithmiques et trigonométriques, ont été successivement définies dans le cours de mathématiques élémentaires. Ces fonctions sont-elles en effet les plus simples de toutes après les fonctions algébriques élémentaires? Sont-elles réductibles ou irréductibles entre elles? Y a-t-il entre elles quelque lien, malgré leur diversité apparente d'origine? Toutes ces questions sont du ressort de la théorie qui doit nous occuper; et en même temps que nous étudierons sous un point de vue nouveau les fonctions transcendantes déjà définies dans les éléments, nous serons amenés à en considérer d'autres en nombre illimité, à les définir, à les classer, et à désigner celles de ces fonctions qui ont acquis le plus d'importance, par des notations ou par des caractéristiques particulières.

13. Puisque les équations algébriques, de degré supérieur au quatrième, sont en général irrésolubles algébriquement, et qu'ainsi la valeur de y en x, quand l'équation (1) est, par rapport à y, d'un degré supérieur au quatrième, ne peut pas, en général, s'exprimer avec les radicaux et les autres signes élémentaires de l'algèbre, il semble qu'on pourrait regarder la racine d'une

CHAPITRE II.

DE LA CLASSIFICATION DES FONCTIONS ET DE LEUR DÉVELOPPEMENT EN SÉRIES.

12. Les fonctions mathématiques se distinguent en fonctions *explicites* et en fonctions *implicites*. On appelle fonctions implicites celles qui sont déterminées par une équation non résolue entre la fonction et la variable indépendante. Ainsi la fonction y donnée par l'une des équations

$$y^2 - bxy = a,\ by + c^y = \log x,\ \operatorname{tang} y = y \sin x, \text{etc.},$$

est une fonction implicite de x. Si ces équations étaient résolues par rapport à y et mises sous la forme $y = fx$, y deviendrait une fonction explicite de la même variable.

On peut comprendre les fonctions explicites et implicites sous la même notation, en exprimant par une équation de la forme

$$F(x, y) = 0, \qquad (1)$$

la liaison qui subsiste entre la variable x et la fonction y.

Les fonctions mathématiques, qu'elles soient explicites ou implicites, se distinguent encore en fonctions *algébriques* et en fonctions *transcendantes*. Si l'équation (1) est algébrique, en sorte qu'après l'évanouissement toujours possible des dénominateurs et des radicaux, le premier membre soit un polynôme entier de degré déterminé par rapport à x et par rapport à y, la conservé la dénomination de fonctions *linéaires*, tirée de ce que l'équation précédente est celle d'une ligne droite, pour un système de coordonnées parallèles à deux axes fixes.

Les fonctions rationnelles entières ne peuvent devenir infinies pour aucune valeur finie de la variable dont elles dépendent. De plus, il est évident qu'à toutes les valeurs de la variable correspond pour ces fonctions une valeur réelle et unique, positive ou négative. Il suit de là que si l'on représente une fonction rationnelle et entière par l'ordonnée d'une courbe dont l'autre variable est l'abscisse, cette courbe à une seule branche s'étend indéfiniment, tant dans le sens des abscisses négatives que dans le sens des abscisses positives, sans éprouver nulle part de solution de continuité.

15. Les fonctions fractionnaires, où la variable entre dans la composition d'un ou de plusieurs dénominateurs, peuvent devenir infinies, et par conséquent éprouver une solution de continuité pour les valeurs finies de la variable qui font évanouir un dénominateur.

Les fonctions irrationnelles, même entières, subissent des solutions de continuité, et la courbe qui les représente s'interrompt brusquement quand la valeur de la variable, affectée d'un signe radical, rend le radical imaginaire. Ainsi la fonction

$$y = x + \sqrt{1 - x}$$

cessera d'avoir des valeurs réelles pour les valeurs de $x > 1$, et sera représentée graphiquement dans un système de coordonnées orthogonales par l'ordonnée de l'arc parabolique ML (*fig.* 4), qui s'étend indéfiniment dans le sens des abscisses négatives, et qui s'interrompt brusquement au point L, dont l'abscisse $OP = 1$.

De même la fonction

$$y = \sqrt{x^2 - 2\alpha x + 1}$$

sera représentée par l'ordonnée de la branche d'hyperbole LMN (*fig.* 5), si l'on a $OA = \alpha < 1$, et, dans ce cas, elle n'éprouvera aucune solution de continuité. La même fonction correspondra à l'ordonnée des arcs hyperboliques PQ, RS, si l'on a $\alpha > 1$; auquel cas il y aura solution de continuité aux points Q, R. Enfin, il faudra prendre, pour représenter la même fonction, l'ordonnée de la ligne brisée BAC, si l'on a $\alpha = 1$: car y devant rester positif, la fonction proposée deviendra dans ce cas

$$y = 1 - x$$

pour les valeurs de $x < 1$, et

$$y = x - 1$$

pour les valeurs de $x > 1$. Ce changement dans l'expression algébrique de la fonction correspond à une solution de continuité dont nous définirons plus loin, d'une manière générale, les caractères analytique et géométrique, et qui est d'un autre ordre que les solutions de continuité éprouvées par l'ordonnée des arcs hyperboliques PQ, RS, aux points Q et R.

16. A la vérité, si l'on considère à la fois les deux valeurs réelles dont un radical pair est susceptible, on aura deux branches ou deux arcs de courbe qui viendront se raccorder aux points dont l'abscisse correspond au passage du réel à l'imaginaire; et ainsi il n'y aura plus géométriquement de solution de continuité : car on ne doit entendre par solutions de continuité, dans le sens géométrique, que celles qui sont indépendantes de la direction arbitraire des axes auxquels on rapporte la courbe.

On conclut de là que, pour avoir l'expression complète d'une courbe par une équation algébrique entre ses coordonnées, il faut débarrasser cette équation des radicaux, ou conserver tous les doubles signes inhérents à chaque radical pair. C'est là le fondement de la correspondance entre l'algèbre et la géométrie, dont nous reparlerons lorsqu'il sera question plus spécialement des applications de l'analyse à la théorie des courbes.

Au contraire, les courbes transcendantes, ou celles dont l'ordonnée est une fonction transcendante de l'abscisse, peuvent être interrompues brusquement dans leur cours sans que leurs branches se rejoignent; en sorte que le point qui décrirait par son mouvement une des branches de la courbe, s'arrêterait tout à coup. Ainsi la courbe qui a pour équation

$$y+1=a^{-\frac{1}{x}},$$

a désignant un nombre positif plus grand que 1, est formée de deux branches BL, MN (*fig.* 6), dont la première a pour asymptote, dans le sens des abscisses positives, l'axe même des x, et s'arrête brusquement au point B, dont les coordonnées sont $x=0$, $y=-1$; tandis que la seconde branche a pour asymptotes l'axe des y dans le sens des y positifs, et l'axe des x dans le sens des x négatifs. En effet, tant que x est positif, la fonction

$$a^{-\frac{1}{x}}=\frac{1}{a^{\frac{1}{x}}}$$

va en décroissant indéfiniment pour des valeurs de x de plus en plus petites, et finalement s'évanouit avec x, tandis qu'elle tend à devenir égale à l'unité pour des valeurs de x de plus en plus grandes. Au contraire, lorsque x passe par des valeurs négatives, la même fonction croît au delà de toutes limites pour des valeurs numériques de x de plus en plus petites, au lieu qu'elle tend encore à devenir égale à l'unité pour des valeurs numériques de x de plus en plus grandes.

On appelle *points d'arrêt* ceux où une branche de courbe, transcendante ou empirique, s'arrête ainsi brusquement. Si deux branches disjointes, NM, M'N' (*fig.* 7), avaient une commune ordonnée PMN', en sorte que la fonction représentée par l'ordonnée de la courbe passât brusquement de la valeur PM à la valeur PM', les points M, M' seraient des *points de rupture*. Les fonctions algébriques, ne pouvant avoir de points d'arrêt, ne peuvent avoir de points de rupture, ni par conséquent éprouver d'autres solutions de continuité que celles qui proviennent du passage par l'infini; au lieu que les fonctions transcendantes peuvent être sujettes aux solutions de continuité qui proviennent du passage brusque d'une valeur finie à une autre.

17. Si la théorie des fonctions a plus de généralité que l'algèbre, en ce sens qu'on y traite de propriétés communes aux fonctions algébriques et transcendantes, et même à celles qui ne comportent aucune définition mathématique, d'un autre côté cette théorie reçoit une extension qui, primitivement, n'a de sens qu'en algèbre pure, et pour les fonctions susceptibles d'une expression algébrique. Cette extension consiste à tenir compte des valeurs imaginaires que prend une fonction exprimée algébriquement, quand la variable dont elle dépend passe par des valeurs réelles situées en deçà ou au delà de certaines limites, comme, par exemple, quand la variable x devient > 1 dans la fonction

$$y = x + \sqrt{1 - x}.$$

Elle consiste en outre à admettre que la variable indépendante peut elle-même passer par une succession de valeurs imaginaires. A la vérité, pour se faire l'idée d'un semblable passage, il faut considérer cette seconde variable, dont la première est fonction, comme dépendant à son tour d'une troisième variable qui passe par une suite de valeurs réelles. Soient t cette dernière variable, x celle qui en dépend immédiatement, y une fonction de x : désignons aussi par t_0, x_0, y_0; t_1, x_1, y_1, deux systèmes de valeurs correspondantes pour ces trois variables; t_0, t_1 étant des quantités réelles, tandis que x_0, y_0, x_1, y_1 peuvent être des quantités réelles ou imaginaires. Il est clair que, pendant que t passe de la valeur t_0 à la valeur t_1, en prenant toutes les valeurs réelles intermédiaires, x peut passer de la valeur x_0 à la valeur x_1 par une suite de valeurs imaginaires, suite déterminée en vertu de la liaison algébrique entre t et x, et à laquelle correspondra une suite également déterminée de valeurs réelles ou imaginaires pour y. Au contraire, comme il n'y a pas d'ordre naturel et déterminé de grandeur entre les quantités imaginaires, rien ne fixerait la série de valeurs imaginaires par lesquelles x peut passer, en allant de la valeur x_0 à la valeur x_1, si l'on n'établissait une dépendance déterminée, directe ou indirecte, entre x et une autre variable qui passe d'une valeur réelle à une autre, par la série des valeurs réelles intermédiaires.

Nous verrons plus tard que, non-seulement les fonctions algébriques, mais encore les fonctions exponentielles, logarithmiques et trigonométriques acquièrent une signification et une valeur réelle ou imaginaire déterminées, lorsqu'on fait passer par des valeurs imaginaires les variables qui entrent dans la composition de ces fonctions : par conséquent, les remarques qui font l'objet de ce numéro s'appliquent à toutes les fonctions algébriques ou transcendantes que nous connaissons déjà.

18. On vient de dire comment les analystes classent les fonctions, d'après le mode de leur expression mathématique : mais les fonctions sont également susceptibles d'être classées d'après les formes mêmes qu'elles affectent ou qu'affectent les courbes qui les représentent; et cette classification peut comprendre aussi bien les fonctions empiriques que les fonctions algébriques ou transcendantes. Au reste, il ne s'agit pas ici d'établir une classification méthodique et complète, comme celles qui s'appliquent (en histoire naturelle, par exemple) à des objets dont le nombre est limité, mais seulement de signaler certaines classes de fonctions, distinguées par des caractères généraux.

En premier lieu, nous considérerons les fonctions *paires* et les fonctions *impaires*. On appelle fonctions paires celles qui prennent les mêmes valeurs quand on attribue à la variable indépendante des valeurs égales et de signes contraires, ou celles qui sont représentées, dans un système de coordonnées orthogonales, par des courbes symétriques relativement à l'axe des ordonnées. Telles sont, parmi les fonctions algébriques, celles qui ne renferment que des puissances paires de la variable, comme $x^2, \sqrt{1-x^4}$; et de là leur vient le nom de fonctions paires, qu'on peut appliquer à toutes les fonctions qui présentent la même analogie de forme, bien qu'elles ne comportent pas d'expression algébrique. La fonction trigonométrique cos x est paire, puisqu'on est conduit en trigonométrie à regarder le cosinus d'un arc négatif comme ayant la même valeur numérique et le même signe que le cosinus du même arc pris positivement.

Par opposition, on appelle fonctions impaires celles qui ont des valeurs numériquement égales et opposées de signes, pour des valeurs de la variable indépendante égales et de signes contraires. Telles sont, parmi les fonctions algébriques, $\frac{1}{x^3}$, $x\sqrt{1+x^4}$. D'après cette définition, sin x et tang x sont aussi des fonctions impaires. Une fonction impaire doit être nulle quand $x=0$, à moins qu'elle n'éprouve une solution de continuité correspondante à cette valeur de x. Tel est le cas des fonctions impaires

$$\frac{\sqrt{1+x^2}}{x}, \ \cot x.$$

Une fonction quelconque peut être considérée comme la somme de deux fonctions, l'une paire, l'autre impaire. Soit effectivement f la caractéristique d'une fonction quelconque : on pourra poser

$$f(x)+f(-x)=2\,\varphi(x),$$
$$f(x)-f(-x)=2\,\psi(x),$$

et alors $\varphi(x)$ sera évidemment une fonction paire, $\psi(x)$ une fonction impaire de x, quelle que soit d'ailleurs la forme de $f(x)$. Or, on tire de ces deux équations

$$f(x)=\varphi(x)+\psi(x),$$

ce qui démontre la proposition énoncée.

19. On appelle fonctions *périodiques* celles qui reprennent périodiquement les mêmes valeurs, pour des valeurs de la variable indépendante séparées par des intervalles égaux. La grandeur de ces intervalles mesure l'étendue de la période. Ainsi, l'on est conduit,

en trigonométrie, à considérer les arcs comme des grandeurs qui peuvent surpasser la circonférence et croître indéfiniment, tant dans le sens positif que dans le sens négatif ; tandis que les sinus, les cosinus, et en général les fonctions trigonométriques de ces arcs reprennent périodiquement les mêmes valeurs, chaque fois qu'on ajoute à l'arc primitif, ou qu'on en retranche une circonférence complète. En conséquence, sin ax, cos ax, tang ax sont des fonctions périodiques dont la période a pour valeur $\frac{2\pi}{a}$. La fonction $y = \sin ax$, par exemple, est l'ordonnée d'une courbe sinueuse P'N'M'O MNP.... (*fig.* 8), qui s'étend indéfiniment tant dans le sens des abscisses négatives que dans celui des abscisses positives : courbe facile d'ailleurs à construire par points, à l'aide des tables de sinus naturels, ou de leurs logarithmes que l'on trouve dans les tables trigonométriques ordinaires. Les intervalles égaux P'O, OP,... mesurent l'étendue de la période.

La nature nous offre une multitude de phénomènes soumis à la loi de périodicité; et, conséquemment, la classe des fonctions périodiques, dont le type le plus simple nous est fourni par la géométrie du cercle, mérite une attention particulière.

20. Parmi les fonctions non périodiques, il n'y a lieu de signaler ici que celles qui jouissent de la propriété de croître ou de décroître continuellement, lorsque la variable indépendante vient à croître. Les fonctions qui, sans être périodiques, passent par diverses alternatives d'accroissement et de décroissement, n'offrent pas d'autres caractères importants qui méritent qu'on en forme des groupes particuliers.

Il convient de remarquer surtout les fonctions qui s'approchent indéfiniment de zéro ou de toute autre valeur fixe, pour des valeurs croissantes ou décroissantes de la variable indépendante. Telles sont les fonctions

$$y = \frac{1}{b + x^m}, \quad y = b + a^{-x^n},$$

a, m, n désignant des nombres positifs, et a étant supposé en outre plus grand que l'unité.

Les fonctions de cette catégorie doivent se reproduire fréquemment dans l'expression des phénomènes physiques : car il arrive souvent qu'une grandeur part d'un certain état pour décroître ensuite continuellement, de sorte que sa valeur finit par devenir sensiblement nulle, ou par ne plus différer sensiblement d'une certaine valeur fixe vers laquelle elle tend sans cesse. On doit remarquer en particulier la fonction $y = a^{-x^2}$ (*fig.* 9), qui est le type le plus simple que l'algèbre puisse fournir des fonctions qui décroissent symétriquement, avec une grande rapidité, de part et d'autre de l'origine de la variable indépendante : tellement que, pour peu que le nombre constant a surpasse l'unité, la valeur numérique de la fonction est déjà excessivement petite, pour des valeurs numériques de la variable indépendante tant soit peu considérables. Dans l'état actuel de la physique moléculaire, on admet l'existence de forces dont la loi de décroissement est exprimée par des fonctions de cette espèce, et dans les applications de la théorie mathématique des chances aux grands nombres que la statistique recueille, la nature du sujet reproduit constamment des fonctions de la même forme.

21. Supposons maintenant que nous ayons une fonction empirique fx qu'il s'agisse de soumettre à des calculs

arithmétiques ou algébriques, comme si l'on avait, par exemple, à trouver la valeur de x qui satisfait à l'équation

$$fx = \frac{1}{x+a}:$$

l'idée qui se présentera naturellement, sera de trouver, s'il est possible, une fonction algébrique φx qui s'écarte peu de fx, au moins dans les limites entre lesquelles on sait que doit tomber la racine cherchée, et de substituer dans l'équation proposée φx à fx. En général, le but d'une semblable substitution est de rendre praticables, ou des transformations algébriques qui doivent conduire à des formules générales, ou des opérations de calcul arithmétique, si l'on se propose de déterminer des valeurs particulières.

Si l'on tient à ce que la fonction substituée se rapproche de l'autre, dans toute la portion de son cours que l'on considère, il faut évidemment qu'il n'y ait pas incompatibilité entre les formes essentielles de la fonction substituée et celles de la fonction qu'on remplace. Par exemple, si la fonction à remplacer est périodique, on admettra, au moins jusqu'à plus ample examen, la possibilité de la remplacer par une fonction telle que

$$y = \mathrm{A} \sin (mx + n),$$

qui, de sa nature, est périodique; mais il serait manifestement impossible que la fonction proposée se rapprochât, dans toute l'étendue de son cours, d'une autre qui aurait l'une des deux formes

$$y = \mathrm{A}\, x^m, \ y = \mathrm{A}\, a^{mx},$$

et qui serait constamment croissante ou décroissante, selon le signe de m.

On appelle *interpolation* l'opération par laquelle on

détermine une courbe $y = \varphi x$, assujettie à avoir un certain nombre de points communs avec la courbe $y = fx$, et qui doit s'en écarter d'autant moins entre les points extrêmes, que le nombre des points communs intermédiaires est plus considérable. Nous entrerons, par la suite, dans quelques détails sur les procédés d'interpolation : pour le moment, il suffit de concevoir qu'on assujettira la courbe dont φx est l'ordonnée à passer par un point donné (x_0, y_0), en posant l'équation

$$y_0 = \varphi . x_0,$$

c'est-à-dire, en liant par une équation de condition les paramètres ou coefficients indéterminés que doit comprendre l'expression mathématique de la fonction φ ; et plus on aura introduit dans cette expression de paramètres arbitraires, pourvu qu'on ait un nombre égal de points donnés sur la courbe $y = fx$, plus les courbes dont les ordonnées sont φx et fx approcheront de la coïncidence, dans la portion de leur cours que l'on considère.

De là, pour le dire en passant, la difficulté que l'on éprouve souvent à fixer, par le contrôle de l'observation, la valeur de certaines formules de physique mathématique : car si l'on donne, pour représenter la loi d'un phénomène, l'équation $y = \varphi\, x$, dans laquelle la fonction φ renferme beaucoup de paramètres arbitraires, et qu'on détermine ces paramètres par la condition de satisfaire à des observations qui donnent autant de systèmes de valeurs correspondantes pour x et y qu'il y a de paramètres, il devient probable par cela seul que des systèmes de valeurs intermédiaires satisferont à très-peu près à la même équation, bien que la véritable loi des phénomènes soit exprimée par une fonction fx, différente de φx. Si donc, à l'expression analytique dont on a fait choix pour la fonction φ, se rattachait l'établissement d'une théorie physique, cette théorie ne serait pas suffisamment justifiée par l'accord que l'on trouverait entre l'observation et le calcul, pour les valeurs intermédiaires des variables x, y.

S'il y avait incompatibilité entre les formes des fonctions f et φ, l'une, par exemple, étant périodique et l'autre constamment croissante ou décroissante, le calcul en avertirait en assignant aux paramètres des valeurs infinies, ou imaginaires, ou en laissant ces valeurs indéterminées.

22. On conçoit qu'il peut être utile de remplacer de la sorte, non-seulement des fonctions empiriques qu'il serait impossible de soumettre autrement au calcul, mais des fonctions transcendantes ou même algébriques, d'une expression compliquée, par d'autres fonctions d'une forme plus simple, ou dont la forme s'adapte mieux à la nature des combinaisons analytiques dans lesquelles elles doivent entrer. C'est ainsi, pour prendre la comparaison la plus élémentaire, qu'on remplace une fraction ordinaire telle que $\frac{2}{3}$, par une fraction décimale 0,6666.... dont l'équivalence n'est qu'approchée, à quelque décimale que l'on s'arrête, mais dont l'expression, quoique plus compliquée au fond, se trouve mieux appropriée à la nature des opérations de notre arithmétique décimale.

Dans ce cas encore il est aisé de comprendre que, lorsque la fonction substituée n'aura pas une forme incompatible avec celle de la fonction proposée, plus il entrera de paramètres arbitraires dans son expression analytique, plus on pourra rapprocher les deux fonctions l'une de l'autre, en fixant convenablement les valeurs de ces paramètres arbitraires.

Mais, d'un autre côté, on ne peut multiplier les paramètres sans compliquer la fonction substituée, et perdre de plus en plus les avantages attachés à la substitution. Voici l'artifice imaginé par les analystes pour éluder autant que possible cette difficulté.

Il consiste à substituer à la fonction proposée une somme de fonctions analytiques de même forme, et qui diffèrent les unes des autres par les valeurs de certains paramètres. Ainsi, au lieu de poser, par exemple,

$$y = \mathrm{A}x^m, \text{ ou } y = \mathrm{A}\sin mx,$$

pour représenter la fonction $y = fx$, on posera

$$y = \mathrm{A}_0 + \mathrm{A}_1 x + \mathrm{A}_2 x^2 + \mathrm{A}_3 x^3 + \text{etc.},$$

ou bien

$$y = \mathrm{A}_1 \sin x + \mathrm{A}_2 \sin 2x + \mathrm{A}_3 \sin 3x + \text{etc.};$$

et ces suites de termes, que l'on appelle *séries*, pourront être considérées comme équivalentes à la fonction proposée fx, si, en prenant un nombre suffisant de termes de la série, à compter du premier, on obtient des valeurs qui diffèrent d'aussi peu qu'on veut de la valeur fx. Pour cela il faut concevoir nécessairement la série prolongée à l'infini; car si l'on obtenait la valeur exacte de fx au moyen d'un nombre fini de termes, on n'aurait fait que développer l'expression analytique de fx; on ne l'aurait pas transformée en série, dans le sens qui s'attache à cette locution. Ainsi, les équations identiques

$$(x+h)^3 = h^3 + 3h^2x + 3hx^2 + x^3,$$

$$(\sin x)^5 = \frac{5}{8}\sin x - \frac{5}{16}\sin 3x + \frac{1}{16}\sin 5x,$$

n'indiquent pas des transformations en séries, mais de simples développements.

23. Les séries les plus simples sont celles qui procèdent suivant les puissances entières et ascendantes de la variable. Mercator et Newton ont été conduits à des séries de cette forme; le premier en appliquant la règle de la division à la fonction fractionnaire

$$\frac{1}{a+bx},$$

et en ordonnant les termes successifs du quotient suivant les puissances de x; le second en appliquant la règle de l'extraction des racines à la fonction irrationnelle

$$\sqrt[n]{a+bx},$$

et en ordonnant de même les termes obtenus successivement à la racine. Bientôt Newton et Leibnitz trouvèrent des développements de même nature pour les fonctions transcendantes alors connues; et depuis cette époque la transformation des fonctions en séries a été l'un des points capitaux de l'analyse.

Cette transformation s'opère dans deux buts qui correspondent aux deux faces sous lesquelles on peut envisager tout le système des sciences mathématiques. Tantôt on n'a en vue que de démontrer certaines lois, certaines relations indépendantes des valeurs numériques des quantités, et pour cela on met les fonctions sous forme de séries appropriées à la démonstration qu'il s'agit de donner : alors peu importe le nombre de termes qu'il faut prendre dans la série pour obtenir une valeur suffisamment approchée de la fonction que la série remplace; il suffit qu'on puisse concevoir, dans tous les cas, la série assez prolongée pour que la somme des termes négligés tombe au-dessous de toute grandeur donnée.

Dans d'autres cas, au contraire, on veut effectivement calculer des valeurs numériques au moyen des séries, et alors il est nécessaire que l'on puisse obtenir une approximation suffisante sans avoir besoin de calculer un trop grand nombre de termes de la série, ce qui conduirait à un travail pénible et quelquefois impraticable.

24. On appelle séries *convergentes* celles qui satisfont à la condition que la somme de leurs termes converge de plus en plus vers une valeur limite, à mesure que l'on prend un plus grand nombre de termes : cette limite se nomme aussi la *somme* de la série. Pour que la transformation d'une fonction en série soit légitime, il faut que la série soit convergente, et qu'elle ait pour somme précisément la fonction transformée. Réciproquement, pour qu'une série d'un nombre infini de termes dont la loi est donnée, et dans lesquels entre la variable x, soit censée déterminer une fonction de x, il faut évidemment que cette série converge vers une valeur limite, ou qu'elle ait une somme : soit que cette somme puisse s'exprimer en fonction de x, à l'aide des signes algébriques ou transcendants usités (auquel cas on dit que la série a été exprimée *sous forme finie*), soit que, dans le cas contraire, on ne puisse en calculer numériquement la valeur, pour chaque valeur numérique de x, que d'une manière approchée, à l'aide de la série même; et, dans ce cas, la fonction exprimée en série constitue une transcendante nouvelle, non réductible aux transcendantes connues.

Une série peut n'être pas convergente dès ses premiers termes : il suffit qu'elle finisse par converger (quelque éloigné que soit dans la série le terme où la convergence commence) pour qu'on doive la considérer comme représentant une fonction déterminée qui en est la somme, et pour qu'on puisse substituer la série à la fonction dont elle dérive, ou, réciproquement, la fonction sommatoire à la série, dans toutes les combinaisons du calcul qui n'ont point pour objet la détermination numérique des valeurs. Mais s'il s'agit de calculs numériques, on n'emploie guère que des séries qui convergent avec rapidité dès leurs premiers termes, du moins pour les valeurs numériques que l'on veut assigner aux quantités variables qui entrent dans les séries. Une convergence qui ne commencerait qu'après un grand nombre de termes, ou qui ne procéderait qu'avec une grande lenteur, serait, pour un tel but, évidemment illusoire.

A proprement parler, on ne devrait appeler *divergentes* que les séries pour lesquelles les sommes que l'on obtient, en prenant successivement un nombre de termes de plus en plus grand, vont en divergeant, en ce sens que la différence d'une somme à la suivante, au lieu de tendre de plus en plus vers zéro, prend une valeur numérique de plus en plus grande. Telle est la série

$$1 + x + x^2 + x^3 + \text{etc.},$$

pour les valeurs de x numériquement plus grandes que l'unité. Mais on est dans l'usage d'appeler divergente, pour plus de simplicité, toute série qui n'est pas convergente et qui n'a pas de somme. Ainsi, l'on dira encore que la série ci-dessus est divergente quand on assigne à x la valeur -1, auquel cas les sommes consécutives prennent alternativement les valeurs 1 et 0.

25. Une fonction fx étant développée en série, appelons $\varphi_n x$ la valeur numérique de la différence ou du

reste qu'on obtient, quand on retranche de fx la somme des n premiers termes de la série. Si la série est convergente et qu'elle ait pour somme fx, $\varphi_n x$ convergera indéfiniment vers zéro pour des valeurs croissantes de l'indice n, et cette quantité pourra être rendue aussi petite que l'on voudra, moyennant qu'on prendra pour n un nombre suffisamment grand. Au contraire, si la série est divergente, $\varphi_n x$ ira en croissant avec n, ou du moins ne décroîtra pas indéfiniment pour des valeurs croissantes de n. Mais il peut arriver encore, et il arrive fréquemment que $\varphi_n x$ aille d'abord en décroissant, au point de ne conserver qu'une valeur très-petite et négligeable pour une valeur convenable de l'indice n; puis, que pour des valeurs plus grandes de l'indice, $\varphi_n x$ commence à croître, et continue ensuite à prendre des valeurs de plus en plus grandes. C'est le cas où la série, après avoir offert d'abord les caractères d'une série convergente, finit par devenir divergente; et quelques auteurs qualifient de *semi-convergentes* les séries qui tombent dans cette catégorie. Il est clair que la substitution d'une telle série à la fonction dont elle dérive sera permise, comme moyen d'approximation, toutes les fois que l'on pourra prouver que le reste $\varphi_n x$ devient négligeable pour des valeurs convenablement choisies de n, et que l'erreur commise, en négligeant ce reste, n'entraîne, dans les résultats des calculs subséquents, que des erreurs pareillement négligeables à cause de leur petitesse.

Dans les diverses branches des mathématiques appliquées, il s'en faut bien que l'on procède toujours avec cette rigueur qui restreindrait singulièrement les ressources tirées de l'emploi des séries. Lors même que l'on n'opère que sur des séries dont la convergence est démontrée, il n'est pas toujours possible d'assigner des limites à l'erreur que l'on commet en arrêtant la série à un terme de rang quelconque. Ce sont là des imperfections dans la solution des problèmes, que les efforts réitérés des géomètres ont pour but, et quelquefois pour résultat de faire disparaître, autant que la complication de ces problèmes le comporte.

26. Une série dont tous les termes ont le même signe, reste convergente ou divergente dans quelque ordre que ses termes se succèdent; et si elle est convergente, la somme ou la valeur limite vers laquelle la somme de ses termes converge, reste aussi toujours la même. Au contraire, une série dont les termes successifs se détruisent en partie par l'opposition de leurs signes, peut être convergente ou divergente, selon l'ordre de succession des termes; et quand elle reste convergente, la somme peut varier avec l'ordre des termes.

Lorsqu'une série

$$y = y_0 + y_1 + y_2 + \text{etc.},$$

est entremêlée de termes positifs et négatifs, et qu'en les prenant tous de même signe on forme une nouvelle série convergente, il faut que la série y soit elle-même convergente. En effet, désignons par φ_n' la somme des termes positifs contenus dans la série y, à partir de y_n, et par φ''_n, la somme arithmétique des termes négatifs, de sorte qu'on ait

$$\varphi_n = y_n + y_{n+1} + \text{etc.} = \varphi_n' - \varphi_n''.$$

Dans la série formée des mêmes termes, mais tous pris avec le même signe, par exemple avec le signe positif, on aurait

$$\varphi_n = \varphi_n' + \varphi_n'';$$

et puisque cette dernière série est convergente, il faut

que la somme $\varphi_n' + \varphi_n''$ tombe au-dessous de toute grandeur donnée, pour une valeur convenable de l'indice n; donc, *à fortiori*, la différence $\varphi_n' - \varphi_n''$ tombe au-dessous de toute grandeur donnée, ce qui établit la convergence de la série y.

Une série est convergente lorsque ses termes, à partir d'un certain rang, ont des signes alternatifs, et que leur valeur numérique va en convergeant indéfiniment vers zéro. Soit en effet

$$\varphi_n = y_n - y_{n+1} + y_{n+2} - y_{n+3} + y_{n+4} - \text{etc.}:$$

on pourra écrire

$$\varphi_n = y_n - (y_{n+1} - y_{n+2}) - (y_{n+3} - y_{n+4}) - \text{etc.},$$

de manière à ce que tous les binômes compris entre parenthèses soient positifs. On aura donc $\varphi_n < y_n$; et puisque y_n peut être pris aussi petit qu'on veut, il en sera de même de φ_n.

Si tous les termes de la série y, à partir d'un certain rang, sont de même signe, cette série sera convergente ou divergente, selon que le rapport $\frac{y_{n+1}}{y_n}$ convergera vers une limite < ou > que 1, pour des valeurs croissantes de n.

En effet, désignons par α un nombre compris entre l'unité et la limite du rapport dont il s'agit : on aura pour $\alpha < 1$, et pour une valeur convenable de l'indice n,

$$y_{n+1} < \alpha y_n, \; y_{n+2} < \alpha y_{n+1}, \; y_{n+3} < \alpha y_{n+2}, \; \ldots\ldots$$

et, *à fortiori*,

$$y_{n+2} < \alpha^2 y_n, \; y_{n+3} < \alpha^3 y_n, \; \ldots\ldots$$

Donc

$$\varphi_n < y_n (1 + \alpha + \alpha^2 + \alpha^3 + \ldots\ldots),$$

ou

$$\varphi_n < \frac{y_n}{1-\alpha};$$

donc φ_n converge indéfiniment vers zéro, en même temps que y_n.

Dans le cas de $\alpha > 1$, on aurait

$$\varphi_n > y_n(1 + \alpha + \alpha^2 + \alpha^3 + \ldots\ldots);$$

et puisque le second membre de l'inégalité peut évidemment surpasser toute grandeur donnée, il en est de même de φ_n.

On démontrerait de la même manière que la série y, dont tous les termes, à partir d'un certain rang, sont supposés de même signe, est convergente ou divergente, selon que la racine

$$\sqrt[n]{y_n}$$

converge vers une limite < ou > que 1, pour des valeurs croissantes de n, y_n désignant la valeur arithmétique du terme du rang n (1).

27. La théorie des séries forme une branche de l'arithmétique universelle ou de l'algèbre, non moins importante que la théorie des équations, et qu'il faut étudier dans les mémoires ou traités spéciaux. Nous ne l'envisageons ici que dans ses points de contact avec la théorie des fonctions, et nous terminerons par les observations suivantes.

De même que, dans le cours d'un calcul algébrique, on opère souvent sur des quantités imaginaires pour arriver plus brièvement à des relations entre des quantités réelles, après que les signes d'imaginarité se sont détruits les uns les autres, de même les analystes n'ont fait pendant longtemps aucune difficulté d'opérer sur des séries divergentes, de manière à arriver finalement

(1) Voyez, pour plus de développement, le *Cours d'analyse algébrique* de M. Cauchy, Ire partie, chap. VI.

à des séries convergentes ou à des relations entre des quantités exprimées sous forme finie. Mais on a été amené ensuite à reconnaître que ce mode de procéder, fondé seulement sur l'analogie et sur un sentiment vague de la généralité de l'algèbre, peut induire en erreur, et on ne le regarde plus comme rigoureux.

Soit néanmoins $F(x, \alpha)$ une fonction de la variable x et d'un paramètre arbitraire α, qui se trouve exprimée au moyen d'une série dont le terme général est $\Psi_n(x, \alpha)$, et que nous désignerons par $\Sigma . \Psi_n(x, \alpha)$, le signe indiquant une somme de termes en nombre infini. Supposons que cette série ne cesse d'être convergente que pour certaines valeurs particulières du paramètre α, par exemple pour $\alpha = 0$: en posant $\alpha = 0$ dans l'équation

$$F(x, \alpha) = \Sigma . \Psi_n(x, \alpha),$$

on lui donnera la forme

$$f(x) = \Sigma . \psi_n(x),$$

équation inexacte, ou plutôt qui n'offre aucun sens précis, puisque, par hypothèse, $\Sigma . \psi_n(x)$ est une série divergente. Il peut se faire toutefois que si l'on remplace, dans le cours de certaines opérations de calcul, la fonction $F(x, \alpha)$ par son développement en série $\Sigma . \Psi_n(x, \alpha)$, on arrive à des résultats indépendants de la valeur du paramètre α, et à des séries convergentes d'où α a disparu. Il est clair que l'emploi immédiat et transitoire de la série divergente $\Sigma . \psi_n(x)$ à la place de $f(x)$, dans le cours des mêmes opérations, conduira à des résultats exacts.

CHAPITRE III.

THÉORIE DES FONCTIONS DÉRIVÉES ET DES SOLUTIONS DE CONTINUITÉ DES DIVERS ORDRES. — NOTIONS SUR LA THÉORIE DES FLUXIONS.

28. Étant données deux fonctions

$$y = fx\,,\ Y = Fx\,,$$

on peut considérer une troisième fonction u qui dépende d'une manière quelconque des fonctions y, Y [10], de manière qu'on ait

$$u = \varphi(y, Y) = \varphi(fx, Fx).$$

Examinons en particulier le cas où l'on poserait

$$\varphi(y, Y) = \frac{y}{Y},$$

ou bien

$$u = \frac{fx}{Fx}.$$

Pour faire tout de suite l'hypothèse la plus générale, on peut admettre que les fonctions f, F, mathématiques ou empiriques, représentent les ordonnées de deux courbes actuellement tracées, et par le moyen desquelles il faut tracer la courbe qui a pour ordonnée u. Sur la *fig.* 10, MN, PQ, RS sont censées être les courbes qui ont respectivement pour ordonnées y, Y et u.

L'opération ne saurait offrir de difficultés tant que les ordonnées y, Y, correspondantes à la même abscisse x, ont des valeurs finies, positives ou négatives, différentes de zéro. Si l'ordonnée y devenait nulle, tandis que Y conserverait une valeur finie, l'ordonnée u serait nulle aussi. Ainsi, sur la figure, les courbes MN, RS coupent l'axe des abscisses en un même point A.

Si l'ordonnée Y s'évanouissait, sans que y devînt nulle, la fonction u éprouverait une solution de continuité en passant par l'infini. Menons par le point B où la courbe PQ coupe l'axe des abscisses, une droite GK parallèle aux ordonnées : cette droite sera une asymptote commune aux deux branches RS, R'S' de la courbe qui a pour ordonnée u.

Supposons maintenant qu'il arrive que les deux fonctions fx, Fx s'évanouissent à la fois, ou que les deux courbes MN, PQ (*fig.* 11), coupent en un même point A l'axe des abscisses : l'expression de u se présentera sous la forme $\frac{0}{0}$, qui est en algèbre le symbole de l'indétermination, et l'on ne pourra pas calculer directement l'ordonnée AK de la courbe RS, correspondante à l'abscisse OA. Cependant la courbe RS rencontre nécessairement la droite AKL, menée par le point A parallèlement aux ordonnées, à moins que, par un cas singulier que nous pouvons d'abord écarter, elle n'ait cette même droite pour asymptote. L'ordonnée AK a donc une valeur déterminée; et si l'on prend sur l'axe des abscisses des points a', a'', de plus en plus voisins de A, on pourra déterminer sur la courbe RS des points k', k'' de plus en plus rapprochés de K, et des ordonnées $a'k'$, $a''k''$, de moins en moins différentes de AK. Ainsi l'on conçoit, non-seulement qu'il existe une valeur déterminée de AK, mais qu'on peut l'évaluer avec une approximation indéfinie.

En pratique, cette approximation serait limitée par l'imperfection inhérente aux procédés graphiques, si les fonctions f, F n'étaient données que par le tracé des courbes MN, PQ, et à plus forte raison si elles n'étaient données que par des tables où il n'entre qu'un nombre limité de valeurs de la variable indépendante et de ses fonctions; mais lorsqu'il s'agit de fonctions mathématiques, on comprend la possibilité de déterminer *à priori* la limite vers laquelle converge le rapport $\frac{fx}{\mathrm{F}x}$, lorsque les deux termes du rapport convergent indéfiniment vers zéro. Nous donnerons, par la suite, des méthodes générales pour déterminer cette limite, dont il suffit, quant à présent, de concevoir l'existence, non-seulement pour des fonctions mathématiques, mais pour des fonctions continues quelconques.

Cette limite pourrait avoir pour valeur zéro, aussi bien que toute autre valeur numérique, positive ou négative; en d'autres termes, il n'est pas impossible que la courbe RS coupe précisément l'axe des abscisses au point A qui est le point commun d'intersection de cet axe et des deux courbes MN, PQ. Nous avons déjà remarqué que, par un cas également exceptionnel, la droite AKL pourrait être une asymptote de la courbe RS, ce qui revient à dire que la limite en question aurait pour valeur l'infini positif ou négatif. Il n'en doit résulter aucune restriction dans nos énoncés, car on est habitué, en mathématiques, à regarder zéro et l'infini comme des valeurs particulières qui peuvent, aussi bien que toute autre, être attribuées à des quantités variables, et par conséquent aux limites vers lesquelles ces quantités convergent.

29. Maintenant, envisageons plus spécialement le cas où l'on ferait

$$\mathrm{Y}=\mathrm{F}x=x,\ u=\frac{fx}{x};$$

et supposons que la courbe $y = fx$ passe par l'origine des coordonnées, de manière qu'on ait à la fois $x = o$, $fx = o$. Soit MN cette courbe (*fig.* 12), et menons par le point O la tangente OT : la tangente trigonométrique de l'angle que la droite OT forme avec le demi-axe OX sera précisément la limite dont nous venons de reconnaître l'existence, et vers laquelle converge le rapport $\frac{fx}{x}$, quand x et fx prennent des valeurs numériques de plus en plus petites. En effet, la tangente à une courbe quelconque est la droite dont la courbe s'écarte, dans le voisinage immédiat du point de contact, moins que de toute autre droite menée par le même point : ce qui équivaut à dire que la tangente est la droite dont s'approche indéfiniment, dans son mouvement de rotation, une sécante menée par le point de contact, quand le second point d'intersection de la sécante et de la courbe se rapproche indéfiniment du premier; puisque, si rapproché que le point m soit de O, on pourra assigner un point μ compris entre m et O, et dont la distance à la sécante Om sera plus grande que sa distance aux sécantes qui passent par le point O et par des points de la courbe compris entre m et μ. Donc, la propriété énoncée dans la première définition ne peut appartenir à aucune des sécantes, et appartient à la droite dont les sécantes se rapprochent indéfiniment, par le rapprochement indéfini des points m et O.

Or, dans un système de coordonnées rectangulaires,

$$\frac{y}{x} = \frac{fx}{x} = \frac{mp}{Op}$$

est la tangente trigonométrique de l'angle que fait avec l'axe des abscisses la sécante Om, menée par le point dont l'abscisse $Op = x$: donc la limite du rapport $\frac{fx}{x}$ est la tangente trigonométrique de l'angle TOX, formé par la tangente et par l'axe.

Imaginons à présent que la courbe MN (*fig.* 13), dont l'équation est toujours $y = fx$, se trouve située d'une manière quelconque dans le plan des coordonnées : soient m, m_1, deux points de cette courbe qui ont respectivement pour abscisses $Op = x$, $Op_1 = x_1$: la limite vers laquelle convergera le rapport

$$\frac{fx_1 - fx}{x_1 - x},$$

quand les deux termes du rapport convergeront simultanément vers zéro, sera, d'après ce qui précède, la valeur de la tangente trigonométrique de l'angle mTX, que la droite m T, tangente à la courbe en m, forme avec l'axe des x positifs. Cette limite variera, en général, d'un point à l'autre de la courbe MN : ce sera une fonction de x qui dérive de la fonction fx, en ce sens que celle-ci détermine implicitement l'autre, de même que le tracé d'une courbe détermine la direction de la tangente en chaque point. Comme ce mode de dérivation a sans comparaison plus d'importance que tout autre, Lagrange a proposé d'appeler simplement la fonction dont il s'agit, la *dérivée* de fx, et de la désigner par l'une des notations

$$y', \; f'x,$$

qui rappellent la liaison de y' avec y ou de f' avec f

Concevons que l'on ait tracé la courbe M'N' (*fig.* 14) dont l'équation est $y' = f'x$: la tangente trigonométrique de l'angle que la tangente menée par un point de cette courbe forme avec l'axe des x, sera une autre fonction de x, qui dérive de f', de la même manière que f' dérive de f. On l'appelle, en conséquence, la *dérivée du second ordre* ou la *seconde dérivée* de fx; et, suivant l'analogie, on la désigne par l'un des symboles

$$y'', f''x.$$

On formerait de même des dérivées du troisième, du quatrième,.... du n^e ordre, dont les relations avec la fonction *primitive* $y = fx$, et avec toutes les dérivées intermédiaires, seraient très-simplement exprimées au moyen des notations

$$y''', y^{\text{IV}}, \ldots\ldots\ldots y^{(n)};$$
$$f'''x, f^{\text{IV}}x, \ldots\ldots\ldots f^{(n)}x.$$

30. Quand la fonction dérivée $f'x$ est positive, ou quand la tangente à la courbe $y = fx$ forme un angle aigu avec l'axe des abscisses x, du côté des x positifs, la fonction primitive y est évidemment croissante avec x : au contraire, la fonction y est décroissante pour des valeurs croissantes de x, quand les valeurs de x rendent $f'x$ négative. Nous pouvons donner une forme plus simple au même énoncé, en disant que les variations de y sont de même signe que les variations de x ou de signe contraire, selon que la dérivée est positive ou négative; et alors nous considérerons l'accroissement comme une variation positive, le décroissement comme une variation négative. Plus ordinairement, les analystes emploient les mots d'*accroissement* ou d'*incrément* comme synonymes exacts de celui de *variation;* et alors il est sous-entendu que les accroissements ou incréments peuvent avoir des valeurs positives ou négatives.

Lorsque $f'x$ s'évanouit, en passant du positif au négatif, fx passe par une valeur *maximum* [6]; et au contraire, la fonction primitive passe par un *minimum*, quand la fonction dérivée devient nulle en passant du négatif au positif. On voit déjà, d'après cet énoncé, comment la détermination des valeurs de la variable indépendante qui font passer une fonction par un *maximum* ou par un *minimum*, se ramène à la détermination des valeurs qui font évanouir sa fonction dérivée : question importante, à laquelle on donnera plus tard les développements convenables. La fonction dérivée pourrait changer de signe en passant, non plus par zéro, mais par l'infini ; et alors on aurait ces *maxima* ou *minima* singuliers, dont il a aussi été question dans le numéro cité.

Non-seulement le signe de la dérivée $f'x$ fait connaître si la fonction fx éprouve un accroissement ou un décroissement pour des valeurs croissantes de x, mais encore la valeur absolue de $f'x$ mesure la *rapidité* de l'accroissement ou du décroissement de fx. Bien que le terme de *rapidité* ne s'applique, dans le sens propre, qu'au phénomène du mouvement, chacun comprend l'acception extensive que nous lui donnons ici ; et si l'on disait, par exemple, que la température de l'atmosphère varie plus rapidement près de la surface de la terre que dans les hautes régions, le sens de cette phrase serait clair pour tout le monde, quoique ni l'idée de mouvement, ni celle de temps n'entrent dans la notion qu'il s'agit d'exprimer. Au reste, il est facile de définir mathématiquement l'idée que l'on se fait de la rapidité avec laquelle une fonction varie. D'abord, si $f'x$ était une quantité constante, ce qui suppose manifestement que fx est une fonction linéaire de la forme $ax + b$, fx varierait uniformément avec x, en ce sens qu'à des variations égales de x correspondraient des variations égales de fx, de même signe que celles de x ou de signe contraire, selon que a aurait le signe positif ou négatif. Dans ce cas, la dérivée $f'x$ n'étant autre chose que la constante a, ou que la tangente trigonométrique de l'angle que la droite $y = ax + b$ forme avec les x positifs, et les variations de fx qui correspondent à des variations égales de x se trouvant proportionnelles au nombre a, ce nombre mesure évidemment la rapidité avec laquelle fx varie, toujours par comparaison avec la variable x qui est censée varier d'une manière uniforme. Lorsque $y = fx$ cesse de désigner une fonction linéaire ou l'ordonnée d'une ligne droite, à des variations égales de x cessent de correspondre des variations égales de y. Cela posé, concevons que l'on prenne sur la courbe MN (*fig.* 15) dont l'équation est $y = fx$, des points m, m_1, m_2, m_3,..... très-voisins les uns des autres, et que l'on substitue pour un moment à la courbe MN le polygone $mm_1\, m_2\, m_3$..... : l'ordonnée variera avec des rapidités inégales d'un côté à l'autre de ce polygone; et en un point tel que m, on devra, d'après ce qui précède, prendre pour mesure de la rapidité de la variation, la tangente trigonométrique de l'angle $m_1\, mx$ que la sécante mm_1 fait avec l'axe des abscisses ou avec une parallèle à cet axe, du côté des abscisses positives. Or, la courbe MN est la limite dont s'approche indéfiniment la ligne polygonale, quand les points ....m, m_1, m_2, m_3,.... sont pris de plus en plus voisins : donc la dérivée $f'x$ ou tang Tmx, qui est la limite dont s'approche indéfiniment tang m_1mx, mesure la rapidité de la variation de l'ordonnée fx correspondant à l'abscisse x, toujours, bien entendu, par comparaison avec x, qui est censé varier partout uniformément.

Prenons, pour plus de simplicité, l'origine arbitraire de la grandeur y, de manière que y reste positif dans toute la portion de la courbe $y = fx$ que l'on veut considérer. Cette courbe MN tournera sa convexité (*fig.* 16) ou sa concavité (*fig.* 17) vers l'axe des abscisses, selon que la fonction $f'x$ ira en croissant ou en décroissant, ou selon que $f''x$ prendra une valeur positive ou négative. Il y aura inversion dans le sens de la courbure ou *inflexion* dans la courbe (*fig.* 18), lorsque $f''x$ changera de signe; et dans ce cas la première dérivée $f'x$ passera en général par un *maximum* ou par un *minimum*. Ainsi, sur la figure, l'angle que la tangente mT forme avec l'axe des abscisses, du côté des x positifs, après avoir été en croissant de M en m, point où la courbe MN subit une inflexion, va en décroissant de m en N.

31. Lorsque l'on donne la fonction dérivée $f'x$, on ne détermine pas complétement par cela seul la fonction primitive fx, de la même manière qu'on détermine la première dérivée, et par suite les dérivées de tous les ordres, en donnant la fonction primitive. Effectivement, si l'on conçoit que la courbe MN (*fig.* 19), dont l'équation est $y=fx$, soit successivement transportée en $M_1 N_1$, $M_2 N_2$, etc., de façon que toutes les ordonnées de la première courbe se trouvent augmentées d'une longueur constante, les tangentes m T, m_1 T_1, m_2 T_2, etc., seront parallèles; et, par conséquent, la dérivée $y'=f'x$ sera commune à toutes les courbes qui ont pour équation $y=fx+C$, C désignant une constante quelconque, que l'on appelle pour cette raison *constante arbitraire*. Soit donc y une fonction inconnue de x, qui doit avoir pour première dérivée une fonction connue $y'=f'x$, et, soit fx une fonction qui a pour dérivée $f'x$: on posera

$$y=fx+C,$$

et il faudra déterminer la constante arbitraire C par

une autre condition; au moyen, par exemple, de la condition que la courbe MN passe par un point donné (x_0, y_0), ou que la fonction prenne une valeur y_0 pour une valeur donnée de x désignée par x_0. Il résulte en effet de cette condition

$$y_0 = fx_0 + C,$$

et par suite

$$y - y_0 = fx - fx_0,$$

équation d'où la constante arbitraire C se trouve éliminée, et où il n'entre que des quantités connues.

32. Une fonction périodique a pour ses dérivées de tous les ordres des fonctions périodiques. Une fonction paire a pour sa première dérivée et pour toutes ses dérivées d'ordre impair des fonctions impaires, tandis que sa seconde dérivée et toutes ses dérivées d'ordre pair sont des fonctions paires. L'inverse a lieu pour les fonctions primitives impaires. La vérité de ces diverses propositions ressort de la simple intuition des courbes, et elles s'appliquent à des fonctions quelconques, mathématiques ou empiriques.

33. De même que nous avons défini géométriquement le passage de la fonction primitive à sa dérivée, nous pouvons donner une signification géométrique à l'opération par laquelle on remonte d'une équation dérivée à sa fonction primitive. Soit en effet M′ N′ (*fig.* 20) la courbe qui a pour équation

$$y' = f'x,$$

et proposons-nous d'évaluer l'aire trapézoïdale comprise entre l'axe des abscisses, la courbe M′ N′ et deux ordonnées $m_0 p_0$, mp, dont l'une correspond à l'abscisse déterminée $Op_0 = x_0$, et l'autre à l'abscisse variable $Op = x$. Cette aire est une fonction de la variable x que nous désignerons provisoirement par φx. Si x augmente et prend la valeur $Op_1 = x_1$, l'aire augmente du trapèze curviligne $m\,pp_1\,m_1$, et l'on a

$$\frac{\varphi x_1 - \varphi x}{x_1 - x} = \frac{\text{aire } mp\,p_1\,m_1}{pp_1};$$

en sorte que la dérivée de la fonction φ est la limite vers laquelle converge le rapport du trapèze curviligne $m\,pp_1\,m_1$ à son côté pp_1, quand pp_1 converge indéfiniment vers zéro. Mais l'aire de ce trapèze est comprise entre celle du rectangle $m\,pp_1\,n_1$ et celle du rectangle $pn\,m_1\,p_1$; et le rapport des aires de ces deux rectangles, qui est

$$\frac{mp}{m_1\,p_1},$$

converge indéfiniment vers l'unité, quand pp_1 converge indéfiniment vers zéro. Donc aussi le rapport de l'aire d'un de ces rectangles à celle du trapèze intermédiaire converge indéfiniment vers l'unité, et l'on peut écrire

$$\text{lim.}\ \frac{\text{aire } mpp_1\,m_1}{pp_1} = \frac{mp \times pp_1}{pp_1} = mp = f'x.$$

Donc la fonction désignée provisoirement par φx satisfait à la condition d'avoir $f'x$ pour dérivée : donc c'est une des fonctions primitives de $f'x$ comprises dans la formule $fx + \text{C}$, C désignant une constante arbitraire; et comme elle doit s'évanouir quand on y fait $x = x_0$, puisque l'on mesure les aires à partir de l'ordonnée fixe $m_0 p_0$, il s'ensuit que cette fonction est complétement déterminée, et égale à $fx - fx_0$.

Pour cette raison on donne communément le nom de *quadrature* à toute opération par laquelle on détermine une fonction, en l'assujettissant à la double condition d'avoir pour dérivée une fonction donnée, et de prendre une valeur numérique déterminée, pour une valeur particulière de la variable dont elle dépend.

Si l'on divise en n parties égales l'intervalle $p_0 p$ (*fig.* 21), et qu'on mène les ordonnées équidistantes $m_{\prime}p_{\prime}$, $m_{\prime\prime}p_{\prime\prime}$, etc., on a, en désignant par ω, $\omega_{\prime}$, les aires des rectangles $p_0 p_{\prime} m_{\prime} r_0$, $p_{\prime} p_{\prime\prime} m'' r_{\prime}$, ... et par ε l'intervalle constant $p_0 p_{\prime} = \frac{p_0 p}{n}$,

$$m_{\prime}p_{\prime} = \frac{\omega}{\varepsilon}, \quad m_{\prime\prime}p_{\prime\prime} = \frac{\omega_{\prime}}{\varepsilon}, \text{ etc.}$$

$$\frac{m_{\prime}p_{\prime} + m_{\prime\prime}p_{\prime\prime} + \text{etc.}}{n} = \frac{\omega + \omega_{\prime} + \text{etc.}}{n\varepsilon};$$

c'est-à-dire que la moyenne arithmétique des ordonnées $m_{\prime}p_{\prime}$, $m_{\prime\prime}p_{\prime\prime}$, etc., égale la somme des aires $\omega_{\prime}$, ω, etc., divisée par la ligne $p_0 p = x - x_0$. Mais, quand le nombre n devient de plus en plus grand, l'intervalle ε décroissant en raison inverse, afin que le produit $n\varepsilon$ reste constant, la somme des aires ω, $\omega_{\prime}$, etc., converge indéfiniment vers une limite qui est l'aire trapézoïdale $m_0 p_0 p m$. Donc le rapport de cette aire à l'intervalle $p_0 p$, ou bien le rapport

$$\frac{fx - fx_0}{x - x_0}$$

exprime la moyenne de toutes les valeurs, en nombre infini, que prend la fonction dérivée $f'x$, pour les valeurs, aussi en nombre infini, de la variable indépendante, comprises entre x_0 et x.

Pour la généralité de cette règle, et de toutes celles qui se rattachent à la théorie des quadratures, il faut considérer comme négatives les aires telles que $qss'q'$, limitées par des ordonnées négatives.

34. On conclut facilement de ce qui précède, que si une fonction y était donnée par la condition d'avoir pour dérivée du n^e ordre une fonction connue

$$y^{(n)} = f^{(n)}x, \qquad (a_n)$$

il faudrait en outre, pour déterminer complétement y, assigner explicitement ou implicitement les valeurs

$$y_0, y'_0, y''_0, \ldots\ldots y_0^{(n-1)},$$

que prennent les fonctions

$$y, y', y'', \ldots\ldots y^{(n-1)},$$

pour une valeur déterminée de x, telle que x_0. Soit en effet $M^{(n)}N^{(n)}$ (*fig.* 22) la courbe donnée par l'équation (a_n): le tracé de cette courbe détermine en fonction de l'abscisse variable $Op = x$ l'aire trapézoïdale $m_0p_0\,pm$, et détermine par conséquent la courbe dont l'équation est

$$y^{(n-1)} = f^{(n-1)}x, \qquad (a_{n-1})$$

pourvu qu'on assigne $f^{(n-1)}x_0$, ou la valeur de $y^{(n-1)}$ correspondant à $x = x_0$. La courbe (a_{n-1}) étant tracée détermine par la même raison celle qui a pour ordonnée

$$y^{(n-2)} = f^{(n-2)}x,$$

pourvu qu'on assigne l'ordonnée $f^{(n-2)}x_0$, et ainsi de suite.

35. On a supposé tacitement dans ce qui précède, que l'ordonnée $f'x$ ne devient point infinie entre les limites de la quadrature. Il pourrait se faire néanmoins que les raisonnements et les constructions fussent encore applicables, même lorsque la fonction $f'x$ prendrait entre les limites de la quadrature une valeur infinie. Soit en effet

$$y = fx$$

l'équation d'une courbe MRN (*fig.* 23) qui a un rebroussement en R [6], l'ordonnée PR étant tangente aux deux arcs MR, RN : la courbe M'N', dont l'ordonnée est la dérivée $f'x$, aura pour asymptote la droite P'R' menée parallèlement à OY' par le point P' dont l'abscisse OP'=OP. Dans ce cas, il résulte de la définition même de la courbe M'N', que l'aire comprise entre une ordonnée fixe $m'_0p'_0$, l'asymptote P'R', l'axe des x et la courbe

M′, a une valeur finie, numériquement égale à la différence des ordonnées PR, p_0m_0. En d'autres termes, il arrive en pareil cas que l'aire trapézoïdale $m'_0p'_0p'm'$ converge vers la valeur finie PR—m_0p_0, quand le point p' se rapproche de plus en plus du point P′. Alors rien ne s'oppose à ce que l'ordonnée de la courbe MRN soit censée déterminée par une quadrature, au delà comme en deçà de l'ordonnée PR. La même observation s'applique à la courbe MRN (*fig.* 24), qui est touchée au point R par l'ordonnée PR, et qui subit une inflexion en ce point.

Au contraire, si l'aire limitée d'une part par l'ordonnée $m'_0p'_0$ (*fig.* 23), de l'autre par l'asymptote P′R′, était infinie, ou si l'aire trapézoïdale $m'_0p'_0\,p'm'$ convergeait vers l'infini, quand le point p' se rapproche de plus en plus du point P, l'ordonnée PR serait aussi une asymptote de la courbe M qui éprouverait une solution de continuité; et l'on ne pourrait plus passer, par la continuation de la même quadrature, de la branche M à la branche N.

Nous conclurons de ces remarques que, quand une fonction éprouve une solution de continuité en passant par l'infini, sa première dérivée, et par suite ses dérivées ultérieures de tous les ordres, éprouvent la même solution de continuité; mais que l'inverse n'a pas généralement lieu, une fonction pouvant devenir infinie sans que la fonction primitive dont elle dérive devienne infinie, pour la même valeur de la variable indépendante.

36. Une fonction quelconque $y=fx$ étant représentée par l'ordonnée de la courbe MRN (*fig.* 25), cette courbe peut être continue (en ce sens que l'ordonnée reste finie, sans passer brusquement d'une valeur finie à une autre), et offrir au point R ce que dans les arts

graphiques on appelle un *jarret*; c'est-à-dire que la tangente, après avoir varié d'inclinaison d'une manière continue de M en R, passe brusquement de la direction TRT à la direction SRS', pour varier ensuite d'inclinaison, sans discontinuité, de R en N. Nous dirons qu'en pareil cas la ligne MRN a un *point saillant* en R. La courbe dont l'ordonnée est la fonction dérivée $y' = f'x$ éprouve une rupture, et cette fonction dérivée elle-même subit une solution de continuité résultant du passage brusque d'une valeur finie à une autre, pour la valeur de x qui est l'abscisse du point saillant de la courbe $y = fx$. Les dérivées de fx, des ordres supérieurs, éprouvent toutes en général, pour la même valeur de x, la solution de continuité qui consiste dans le passage brusque d'une valeur finie à une autre.

Dans ce cas, aussi bien que dans celui où $f'x$ devient infinie, fx restant finie, nous dirons que la fonction $f'x$, et toutes les dérivées subséquentes, éprouvent une solution de continuité *du premier ordre*, et que la fonction primitive fx éprouve une solution de continuité *du second ordre*.

La fonction $f'x$ pourrait elle-même n'éprouver qu'une solution de continuité du second ordre; celle de la seconde dérivée $f''x$ et des dérivées subséquentes étant du premier ordre; et alors nous dirions que la fonction primitive fx subit une solution de continuité *du troisième ordre*. En général, on dira qu'une fonction éprouve une solution de continuité du n^e ordre, lorsque sa dérivée du $(n-1)^e$ ordre, et, par suite, les dérivées d'ordres plus élevés, éprouvent une solution de continuité du premier ordre, résultant, soit du passage de ces fonctions par l'infini, soit de leur passage brusque d'une valeur finie à une autre.

37. La distinction des solutions de continuité des divers ordres, telle qu'on vient de l'établir, est d'une grande importance dans la théorie des fonctions, soit qu'on l'applique à l'algèbre, à la géométrie ou aux questions de physique mathématique. Jusqu'à ces derniers temps, les analystes entendaient, et l'on entend communément encore par fonctions discontinues celles qui s'expriment, dans diverses portions de leur cours, par des formules algébriques différentes. Effectivement, il sera prouvé plus loin que toute fonction y égale à la fonction algébrique fx, pour les valeurs de x plus petites que x_0, et à la fonction également algébrique $f_1 x$, pour les valeurs de x plus grandes que x_0, éprouve, pour l'abscisse $x = x_0$, une solution de continuité d'un ordre déterminé; ou que ces fonctions, à moins d'être identiques, ne peuvent satisfaire à la série d'équations

$$fx_0 = f_1 x_0,\ f' x_0 = f'_1 x_0,\ f'' x_0 = f''_1 x_0, \text{ etc.}$$

prolongée à l'infini ; en sorte que si la dernière des équations de cette série à laquelle on peut satisfaire, est

$$f^{(n)} x_0 = f_1^{(n)} x_0,$$

la fonction y éprouvera, pour l'abscisse x_0, une solution de continuité de l'ordre $n + 2$.

Cette proposition cesserait d'être exacte si les fonctions f, f_1 n'étaient pas des fonctions algébriques, explicites ou implicites. Nous verrons, en effet, sur des exemples, qu'une fonction peut recevoir dans diverses portions de son cours, des expressions transcendantes de formes essentiellement différentes, sans qu'il y ait de solution de continuité d'un ordre quelconque, correspondant au passage d'une forme à l'autre.

Nous verrons aussi qu'une même expression transcendante peut équivaloir à une certaine fonction algébrique fx pour les valeurs de $x < x_0$, et à une autre fonction algébrique $f_1 x$, distincte de la première, pour les valeurs de $x > x_0$. Ainsi une série convergente, qui est une expression transcendante, peut avoir successivement pour somme les fonctions algébriques distinctes fx et $f_1 x$.

Dans tous les cas, les caractères essentiels des solutions de continuité sont ceux que nous avons donnés dans le numéro précédent, sans égard à la circonstance accessoire que la fonction puisse ou non s'exprimer mathématiquement, sous forme algébrique ou transcendante, dans la totalité ou dans une portion de son cours.

38. Nous avons dit [4] que les fonctions qui représentent des grandeurs physiques et mesurables ne peuvent devenir infinies, mais qu'il y en a parmi elles qui sont susceptibles d'éprouver les solutions de continuité consistant dans le passage brusque d'une valeur finie à une autre, au moins sous le point de vue où nous nous trouvons placés pour observer les phénomènes matériels et pour les soumettre au calcul. Ceci se rattache aux notions sur les limites et sur les fonctions dérivées qui font l'objet du présent chapitre. Admettons, pour fixer les idées, que y désigne la densité d'un cylindre ABCD (*fig.* 26), supposée la même dans toute l'étendue d'une section perpendiculaire à l'axe OX, et variable d'une section à l'autre. La distance Op de la base du cylindre à la section mn, pour laquelle la densité a la valeur y, étant représentée par x, y deviendra une fonction de x; mais comme la notion de densité n'est pas applicable en soi à une surface mathématique, il faudra, pour définir rigoureusement la grandeur y, imaginer un plan $m_1 n_1$ parallèle à mn, et qui peut s'en rapprocher indéfiniment, tandis que mn reste fixe. La masse de la tranche $mm_1 n_1 n$, divisée par son volume, donnera un quotient

variable avec la distance $pp_1 = x_1 - x$. Ce quotient convergera vers une certaine limite quand $x_1 - x$ convergera indéfiniment vers zéro; et la limite du quotient sera précisément la fonction de x que nous prenons pour mesure de la densité du cylindre dans l'étendue de la section mn. On appliquerait ce que nous venons de dire au sujet de la mesure de la densité, à la mesure de la température et généralement de toutes les grandeurs qui ne peuvent être conçues qu'à la faveur de cette explication comme des fonctions des coordonnées d'un point, d'une ligne ou d'une surface mathématiques.

En général, la limite qui mesure la fonction y ne changera pas, soit qu'on mène le plan m_1n_1 en avant ou en arrière du plan mn; mais, pour certaines valeurs particulières de x, la limite pourra être différente dans les deux cas; et alors, la fonction y éprouvera la solution de continuité de premier ordre qui consiste dans le passage brusque d'une valeur finie à une autre. Elle pourrait aussi éprouver une solution de continuité du second, du troisième ordre, et ainsi à l'infini.

Si l'on détermine la fonction y en menant deux plans parallèles m_1n_1, $m'n'$, l'un en avant, l'autre en arrière du plan mn, et en cherchant la limite vers laquelle converge le rapport de la masse $m_1n_1m'n'$ à son volume quand les deux plans m_1n_1, $m'n'$ se rapprochent indéfiniment de mn, en général la fonction y sera encore la même; mais, pour la valeur de x qui fait éprouver à la fonction une solution de continuité du premier ordre, la valeur de la limite, calculée dans la seconde hypothèse, sera la demi-somme des deux valeurs distinctes correspondant à cette valeur de x, dans la première hypothèse.

39. Supposons qu'on ait identiquement

$$fx = \varphi x + \psi x + \varpi x + \text{etc.},$$

on aura aussi, quelles que soient les abscisses x_1 et x,

$$\frac{fx_1 - fx}{x_1 - x} = \frac{\varphi x_1 - \varphi x}{x_1 - x} + \frac{\psi x_1 - \psi x}{x_1 - x} + \frac{\varpi x_1 - \varpi x}{x_1 - x} + \text{etc.};$$

et par conséquent, en faisant converger la différence $x_1 - x$ vers zéro, et prenant les limites de tous les rapports,

$$f'x = \varphi' x + \psi' x + \varpi' x + \text{etc.}$$

Donc la dérivée d'une somme (algébrique) de fonctions est la somme (algébrique) de leurs fonctions dérivées.

La dérivée du produit de deux fonctions est la somme des produits qu'on obtient en multipliant chacune des fonctions par la dérivée de l'autre. Soit, en effet,

$$fx = \varphi x \,.\, \psi x;$$

on aura identiquement

$$\varphi x_1 . \psi x_1 - \varphi x . \psi x = (\varphi x_1 - \varphi x)\psi x + (\psi x_1 - \psi x)\varphi x$$
$$+ (\varphi x_1 - \varphi x)(\psi x_1 - \psi x),$$

d'où

$$\frac{fx_1 - fx}{x_1 - x} = \frac{\varphi x_1 - \varphi x}{x_1 - x} . \psi x + \frac{\psi x_1 - \psi x}{x_1 - x} . \varphi x$$
$$+ \frac{\varphi x_1 - \varphi x}{x_1 - x}(\psi x_1 - \psi x).$$

Si l'on fait maintenant converger $x_1 - x$ vers zéro et qu'on passe aux limites, il viendra

$$f'x = \varphi' x . \psi x + \psi' x . \varphi x; \qquad (b)$$

car, dans l'hypothèse où φx et ψx n'éprouvent pas de solution de continuité du premier ou du second ordre, le facteur $\psi x_1 - \psi x$ converge vers zéro en même temps que $x_1 - x$, et le facteur

$$\frac{\varphi x_1 - \varphi x}{x_1 - x}$$

convergeant vers la limite finie $\varphi' x$, le terme

$$\frac{\varphi x_1 - \varphi x}{x_1 - x}(\psi x_1 - \psi x)$$

a pour limite zéro.

On peut mettre l'équation (b) sous la forme plus symétrique

$$\frac{f'x}{fx} = \frac{\varphi' x}{\varphi x} + \frac{\psi' x}{\psi x};$$

et il est aisé d'en conclure que si l'on avait

$$fx = \varphi x \,.\, \psi x \,.\, \varpi x \ldots\ldots,$$

la dérivée f' serait donnée par la formule

$$\frac{f'x}{fx} = \frac{\varphi' x}{\varphi x} + \frac{\psi' x}{\psi x} + \frac{\varpi' x}{\varpi x} + \text{etc.}$$

Inversement, si nous posons

$$fx = \frac{\varphi x}{\psi x}, \text{ ou } \varphi x = fx \,.\, \psi x,$$

on tirera de la règle précédente

$$\frac{\varphi' x}{\psi x} = \frac{f'x}{fx} + \frac{\psi' x}{\psi x},$$

et par suite, en remettant pour fx sa valeur,

$$f'x = \frac{\varphi' x \,.\, \psi x - \varphi x \,.\, \psi' x}{(\psi x)^2}. \quad (c)$$

La constante a peut être regardée comme une fonction dont la dérivée est nulle : si donc on pose successivement

$$y = a + \varphi x, \; y = a \,.\, \varphi x, \; y = \frac{a}{\varphi x},$$

on aura, en vertu des règles précédemment démontrées,

$$y' = \varphi' x, \; y' = a \,.\, \varphi' x, \; y' = -\frac{a}{(\varphi' x)^2}.$$

Toutes les fonctions qui ne diffèrent que par l'addition d'une constante arbitraire a ont donc la même dérivée, principe fondamental et déjà établi [31].

40. Supposons que l'on ait à la fois

$$y = fx\,,\; x = \varphi t\,,$$

et que

$$y = \psi t$$

soit l'expression de y en fonction immédiate de t, telle qu'on la tirerait de l'élimination de x entre les deux premières équations, si l'élimination était possible. Désignons par y_1, x_1, t_1; y, x, t deux systèmes de valeurs correspondantes pour ces trois variables : on aura évidemment, en vertu de la correspondance admise,

$$\frac{\psi t_1 - \psi t}{t_1 - t} = \frac{fx_1 - fx}{x_1 - x} \times \frac{\varphi t_1 - \varphi t}{t_1 - t},$$

et, en passant aux limites,

$$\psi' t = f' x \,.\, \varphi' t.$$

Cette équation exprime le principe fondamental de la dérivation des fonctions médiates, ou des fonctions de fonctions. On le généralisera sans difficulté; et, par exemple, si l'on pose

$$y = fx,\; x = \varphi u,\; u = \varpi t,$$

de manière que

$$y = \psi t$$

soit l'expression de y en fonction immédiate de t, telle qu'on la déduirait de l'élimination des fonctions intermédiaires x et u, on trouvera, en opérant comme ci-dessus,

$$\psi' t = f' x \,.\, \varphi' u \,.\, \varpi' t.$$

41. Réciproquement, on peut considérer les variables x et y comme déterminées immédiatement en fonctions d'une troisième variable t par les équations

$$x = \varphi t\,,\; y = \psi t,$$

de manière que

$$y = fx$$

soit l'équation qui se déduit des précédentes par l'élimination de t. On a d'abord, d'après ce qui vient d'être démontré,

$$f'x = \frac{\psi' t}{\varphi' t}.$$

Désignons, comme à l'ordinaire, par y' la dérivée $f'x$, et soit, pour plus de commodité,

$$\frac{\psi' t}{\varphi' t} = \psi_1 t;$$

on aura entre les variables x, y', t, les trois équations

$$x = \varphi t,\ y' = \psi_1 t,\ y' = f'x,$$

d'où l'on tire, en appliquant toujours la règle de la dérivation des fonctions médiates,

$$f''x = \frac{\psi_1' t}{\varphi' t}.$$

Mais, d'après la formule (c), on a

$$\psi_1' t = \frac{\psi'' t \,.\, \varphi' t - \psi' t \,.\, \varphi'' t}{(\varphi' t)^2};$$

donc

$$f''x = \frac{\psi'' t \,.\, \varphi' t - \psi' t \,.\, \varphi'' t}{(\varphi' t)^3}; \qquad (d)$$

et en continuant ainsi, on exprimerait les dérivées de tous les ordres de la fonction f, au moyen des dérivées des fonctions φ et ψ.

Considérons plus particulièrement le cas où l'on aurait $\psi t = t$, et par suite

$$\psi' t = 1,\ \psi'' t = 0, \text{ etc.}:$$

l'élimination de t s'opérera immédiatement, et l'on aura à la fois

$$x = \varphi y,\ y = fx;$$

c'est-à-dire que φ désignera la fonction *inverse* de f, ou celle que l'on obtiendrait en résolvant par rapport à x l'équation $y = fx$. Pour exprimer les dérivées de la fonction f, au moyen des dérivées de la fonction inverse φ, il suffira donc de remplacer dans les formules précédentes t par y, puis de faire $\psi'y=1$, $\psi''y=0$, etc.; au moyen de quoi il viendra :

$$f'x=\frac{1}{\varphi'y},\quad f''x=-\frac{\varphi''y}{(\varphi'y)^3}, \text{ etc.} \qquad (e)$$

La première des formules (e) aurait pu se tirer directement d'une considération bien simple. En effet, puisque, d'après l'hypothèse, les deux équations $y=fx$, $x=\varphi y$ sont identiques et représentent la même courbe, $f'x$ et $\varphi'y$ expriment respectivement, dans un système de coordonnées rectangulaires, les tangentes trigonométriques des angles que la tangente à cette courbe au point (x,y) forme avec les axes des x et des y; et ces deux angles étant complémentaires, on a $f'x.\,\varphi'y=1$.

Notions sur la théorie des fluxions.

42. On a vu [30] que la fonction dérivée $y'=f'x$ mesure la rapidité avec laquelle varie, relativement à x, la fonction primitive $y=fx$; et nous avons expliqué ce qu'il faut entendre par cette rapidité relative. Mais si la variable t désigne le temps compté d'une origine quelconque, et si les grandeurs x, y sont considérées comme variant avec le temps, en vertu des équations

$$x=\varphi t,\quad y=\psi t,$$

les dérivées $\varphi't$, $\psi't$ mesureront la rapidité des variations de x et de y, non plus dans un sens relatif, mais dans un sens absolu : car le temps ainsi compté est la variable essentiellement indépendante qui, par sa nature, varie ou s'écoule toujours uniformément. En rapportant ainsi la variation des grandeurs à l'écoulement du temps, Newton donne le nom de *fluentes* aux grandeurs $x, y, \dots$

qui sont censées varier avec le temps, et le nom de *fluxions* aux dérivées $\varphi' t$, $\psi' t$,..... qui varient elles-mêmes en général avec le temps, et qui mesurent en chaque instant les vitesses de variation des quantités fluentes. Sa notation consiste à marquer d'un point la quantité fluente pour indiquer la fluxion correspondante. Ainsi $\dot{x}$, $\dot{y}$ désignent les fluxions de x, y ou les dérivées $\varphi' t$, $\psi' t$. De même $\ddot{x}$, $\ddot{y}$; $\dddot{x}$, $\dddot{y}$ correspondent à $\varphi'' t$, $\psi'' t$; $\varphi''' t$, $\psi''' t$; et désignent des fluxions de fluxions, ou des fluxions du second, du troisième ordre, et ainsi de suite.

On peut, avec Newton, prendre pour type des quantités fluentes la distance x d'un point fixe O (*fig.* 27) à un point m en mouvement sur la droite indéfinie OX. La fluxion $\dot{x}$ sera la vitesse même du point mobile, pour l'instant que l'on considère : le mot de *vitesse* étant pris ici dans son acception primitive, qui est aussi la plus usitée. Mais on pourrait choisir tout autre exemple sans nuire à la clarté des idées. Ainsi, quand un corps échauffé se refroidit, on conçoit que la température de sa surface est une grandeur qui varie avec le temps, et qui, en général, ne doit pas varier uniformément, de manière que des pertes égales de température aient lieu dans des temps égaux. On se fait de la vitesse variable du refroidissement une idée aussi directe et aussi claire que de la vitesse variable d'un point mobile.

La conception de Newton s'étend d'ailleurs à des grandeurs quelconques, en ce sens que l'on peut toujours définir et exprimer, au moyen des fluxions, les fonctions que nous avons qualifiées jusqu'ici de dérivées, et dont les relations avec les fonctions primitives sont l'objet essentiel de la théorie qui nous occupe. En effet, soit

$y=fx$ une fonction quelconque de x, on aura, d'après les formules du numéro précédent, pourvu que x, y désignent des grandeurs variables avec le temps,

$$f'x=\frac{\dot{y}}{\dot{x}}, \quad f''x=\frac{\ddot{y}\dot{x}-\dot{y}\ddot{x}}{\dot{x}^3}, \text{ etc.}$$

Maintenant, si x, y ne sont pas des fonctions du temps, il y aura une de ces grandeurs dont les variations ne seront subordonnées à celles d'aucune autre, et que l'on pourra traiter comme une variable indépendante; ou bien on les considérera toutes deux comme étant, médiatement ou immédiatement, des fonctions φu, ψu d'une autre variable u que l'on prendra pour variable indépendante. Or, la variation de u étant réputée uniforme, comme l'est celle de t par l'essence de cette grandeur, rien n'empêchera d'imaginer que u varie avec t, et, en poursuivant cette fiction, de prendre u pour mesure de t; c'est-à-dire, d'identifier les fonctions $\varphi' u$, $\psi' u$ avec $\varphi' t$, $\psi' t$ ou avec les fluxions $\dot{x}$, $\dot{y}$.

Si x est pris pour variable indépendante, on aura $\dot{x}=1$, $\ddot{x}=0$, $\dddot{x}=0$, etc., et alors, les fluxions $\dot{y}$, $\ddot{y}$, $\dddot{y}$,... deviendront identiques avec les dérivées $f'x$, $f''x$, $f'''x$,... ou bien avec y', y'', y'''...... La notation de Lagrange ne différera plus de celle de Newton que par la substitution insignifiante des accents aux points.

On a reproché à Newton de faire intervenir, sans nécessité, dans ce mode d'exposition, la notion du temps et celle du mouvement. Le reproche peut être fondé, quant à la notion du mouvement, à laquelle rien n'oblige, en effet, de recourir; mais on devait remarquer que la notion du temps intervient ici par la nature des choses, en raison de ce que le temps est la seule variable essentiellement indépendante, et la seule dont la variation soit essentiellement uniforme, ou la fluxion constante.

Dans tous les cas, la conception de Newton, appliquée aux grandeurs qui varient effectivement avec le temps, a l'avantage de fixer la signification *réelle* des fonctions dérivées, et par là même de donner à l'avance la raison du rôle qu'elles jouent dans les applications de l'analyse à la discussion des phénomènes physiques. Newton se proposait aussi de fonder la théorie des fonctions sur une idée que l'esprit pût saisir directement, sans passer par la considération des limites et sans s'assujettir à une marche jusqu'à un certain point détournée et indirecte. Il entendait exprimer directement la continuité dans la variation des grandeurs, au moyen du phénomène le plus familier où cette continuité tombe sous les sens. On a objecté, d'après d'Alembert, que, pour *définir* une vitesse continuellement variable, il faut toujours recourir à la considération des limites; mais, en faisant cette objection, on a mal à propos subordonné la précision des idées à leur définition logique. Un concept existe dans l'entendement, indépendamment de la définition qu'on en donne; et souvent l'idée la plus simple dans l'entendement ne comporte qu'une définition compliquée, quand elle n'échappe pas à toute définition. Tout le monde a une idée directe et exacte de la similitude de deux corps, quoique peu de gens puissent entendre les définitions compliquées que les géomètres ont données de la similitude. De plus amples développements à ce sujet rentreraient dans la théorie de la génération des idées et nous écarteraient trop de notre but principal.

CHAPITRE IV.

NOTIONS SUR LES DIFFÉRENCES ET SUR LES APPROXIMATIONS DES DIVERS ORDRES.—THÉORIE DES INFINIMENT PETITS ET PRINCIPES DU CALCUL INFINITÉSIMAL.

43. Imaginons deux grandeurs variables x, y, dont l'une soit fonction de l'autre, et qui passent par deux séries de valeurs correspondantes

$$x,\ x_1,\ x_2,\ x_3,\ x_4,\ \ldots\ldots$$

$$y,\ y_1,\ y_2,\ y_3,\ y_4,\ \ldots\ldots$$

Prenons la différence de chaque terme à celui qui le suit dans la série où il se trouve, et désignons par Δx la différence $x_1 - x$, la lettre Δ étant employée comme caractéristique, et non comme signe de quantité : nous formerons deux autres séries de valeurs

$$\Delta x,\ \Delta x_1,\ \Delta x_2,\ \Delta x_3,\ \ldots\ldots$$

$$\Delta y,\ \Delta y_1,\ \Delta y_2,\ \Delta y_3,\ \ldots\ldots$$

qui se correspondront encore. Opérons sur celles-ci comme sur les séries primitives, c'est-à-dire, prenons la différence de chaque terme au terme consécutif; et d'après l'analogie désignons par $\Delta.\Delta x$, ou par $\Delta^2 x$ la différence $\Delta x_1 - \Delta x$: nous obtiendrons deux nouvelles séries

$$\Delta^2 x,\ \Delta^2 x_1,\ \Delta^2 x_2,\ \ldots\ldots$$

$$\Delta^2 y,\ \Delta^2 y_1,\ \Delta^2 y_2,\ \ldots\ldots$$

dans lesquelles les termes $\Delta^2 x$, $\Delta^2 y$, ... exprimeront des différences de différences, ou des différences *du second ordre*, par rapport aux termes x, y qui leur correspondent dans les séries primitives. On formerait de même les séries des différences du troisième, du quatrième ordre, et ainsi de suite.

En conséquence de ces notations on aura identiquement

$$x_1 = x + \Delta x,$$

$$x_2 = x_1 + \Delta x_1 = x + \Delta x + \Delta(x + \Delta x) = x + 2\Delta x + \Delta^2 x,$$

$$x_3 = x_2 + \Delta x_2 = x + 2\Delta x + \Delta^2 x + \Delta(x + 2\Delta x + \Delta^2 x)$$
$$= x + 3\Delta x + 3\Delta^2 x + \Delta^3 x,$$

. . . .

et par une induction évidente (que l'on confirmerait d'ailleurs sans difficulté, en employant, comme pour la formule du binôme, le tour de démonstration de proche en proche)

$$x_n = x + \frac{n}{1}\Delta x + \frac{n(n-1)}{1.2}\Delta^2 x + \frac{n(n-1)(n-2)}{1.2.3}\Delta^3 x + \ldots\ldots + \Delta^n x.$$

On aura de même

$$y_n = y + \frac{n}{1}\Delta y + \frac{n(n-1)}{1.2}\Delta^2 y + \frac{n(n-1)(n-2)}{1.2.3}\Delta^3 y + \ldots\ldots + \Delta^n y.$$

Ces dernières formules peuvent s'écrire symboliquement

$$x_n = (1 + \Delta)^n x, \qquad y_n = (1 + \Delta)^n y,$$

pourvu qu'on se rappelle que de telles équations n'ont de sens qu'après le développement des seconds membres, la lettre Δ étant un indice d'opération, et non un signe de quantité. L'*analogie entre les puissances et les différences* qui ressort de ces équations symboliques, et dont on verra beaucoup d'autres exemples, provient évidemment de ce que la formule du binôme s'obtient d'après des règles d'analyse combinatoire tout à fait indépendantes de la nature des opérations de calcul que chaque combinaison représente, ou de l'idée accessoire de multiplication qui vient s'associer, dans les éléments d'algèbre, à l'idée abstraite de combinaison.

44. Si la quantité x remplit naturellement ou par convention le rôle de variable indépendante, on est porté à s'occuper plus spécialement du cas où l'on ferait croître cette variable par différences constantes, de manière à avoir

$$x_1 = x + \Delta x,$$
$$x_2 = x + 2\,\Delta x,$$
$$x_3 = x + 3\,\Delta x, \text{ etc.},$$

les différences des ordres supérieurs $\Delta^2 x$, $\Delta^3 x, \ldots\ldots$ se réduisant toutes à zéro. Nous allons envisager dans cette hypothèse les séries qui comprennent les valeurs consécutives de y, et leurs différences des divers ordres.

Il n'y aurait, pour notre but actuel, aucune remarque essentielle à faire, tant que la fonction $y = fx$ reste indéterminée, si d'ailleurs on ne s'assujettissait à aucune condition dans le choix de la différence arbitraire Δx. Mais supposons que l'on prenne pour Δx une très-petite fraction : les différences Δy, $\Delta^2 y$, $\Delta^3 y, \ldots\ldots$ deviendront, en général, très-petites aussi ; de manière toutefois (et ceci est très-remarquable) que les rapports de $\Delta^2 y$ à Δy, de $\Delta^3 y$ à $\Delta^2 y$, etc., soient eux-mêmes exprimés par des fractions très-petites. Plus la différence Δx sera petite, et plus cette subordination de grandeur entre les différences des divers ordres de la fonction y deviendra sensible.

En effet, si nous partons de l'équation identique

$$\Delta y = \frac{\Delta y}{\Delta x} \cdot \Delta x\,,$$

nous pourrons remarquer que le rapport $\frac{\Delta y}{\Delta x}$ converge indéfiniment vers la limite $f'x$, quand Δx décroît indéfiniment. On a donc avec une approximation indéfinie, et d'autant plus grande que Δx est une fraction plus petite,

$$\Delta y = f'x \,.\, \Delta x \,.$$

On a aussi identiquement

$$\Delta^2 y = \left(\frac{\Delta y_1}{\Delta x} - \frac{\Delta y}{\Delta x}\right) . \, \Delta x \,;$$

et l'on tire de cette équation avec une approximation indéfinie, et d'autant plus grande que Δx reçoit une plus petite valeur,

$$\Delta^2 y = [f'(x + \Delta x) - f'x] . \Delta x = \frac{f'(x + \Delta x) - f'x}{\Delta x} . \Delta x^2$$
$$= f''x \,.\, \Delta x^2 .$$

Ceci nous montre d'abord que la fonction dérivée du second ordre $f''x$ est la limite vers laquelle converge le rapport $\frac{\Delta^2 y}{\Delta x^2}$ quand Δx décroît indéfiniment, de même que $f'x$ exprime, dans la même circonstance, la limite du rapport $\frac{\Delta y}{\Delta x}$. En second lieu, nous voyons que, pour des très-petites valeurs de Δx, on aura sensiblement

$$\frac{\Delta^2 y}{\Delta y} = \frac{f''x}{f'x} . \ \Delta x \,.$$

Maintenant, si les fonctions dérivées $f'x, f''\,x$ restent finies, c'est-à-dire, si la fonction fx n'éprouve point, dans l'intervalle de x à $x + \Delta x$, de solution de continuité du second ou du troisième ordre, et si, dans cet intervalle elle ne passe point par un *maximum* ou par un *minimum*, ce qui ferait évanouir $f'x$, on pourra écrire

$$\frac{\Delta^2 y}{\Delta y} = \alpha \ \Delta x \,,$$

α désignant un nombre fini. Alors on pourra toujours prendre Δx assez petit pour que le produit $\alpha \, \Delta x$ ou le rapport $\frac{\Delta^2 y}{\Delta y}$ tombe au-dessous de toute grandeur donnée.

De l'équation identique

$$\Delta^3 y = \left(\frac{\Delta^2 y_1}{\Delta x^2} - \frac{\Delta^2 y}{\Delta x^2}\right) . \Delta x^2$$

on tirerait de même, pour de très-petites valeurs de Δx, l'équation de plus en plus approchée

$$\Delta^3 y = [f''(x+\Delta x) - f''x] . \Delta x^2 = \frac{f''(x+\Delta x) - f''x}{\Delta x} . \Delta x^3$$

$$= f'''x . \Delta x^3 ;$$

et comme le même calcul peut être indéfiniment poursuivi, on voit que la dérivée $f^{(n)}x$ est la limite vers laquelle converge, dans l'hypothèse admise, le rapport $\frac{\Delta^n y}{\Delta x^n}$: ce qui fournit un moyen de calculer approximativement les valeurs de la fonction $f^{(n)}x$, quand la fonction primitive fx est donnée par une table, pour des valeurs de x équidifférentes et très-rapprochées. En effet, avec cette table on formera les valeurs de Δx, $\Delta^2 y$, ... $\Delta^n y$; et par suite on aura celle du rapport $\frac{\Delta^n y}{\Delta x^n}$, laquelle se confond sensiblement avec la valeur de $f^{(n)}x$.

On voit encore que, si toutes les dérivées de fx restent finies, jusqu'à $f^{(n)}x$ inclusivement, on pourra toujours prendre Δx assez petit, non-seulement pour que les différences des divers ordres

$$\Delta y, \ \Delta^2 y, \ \Delta^3 y, \ \ldots\ldots \ \Delta^n y$$

forment une suite de fractions très-petites, mais pour que cette série soit *ordonnée*, de manière que le rapport de chaque terme à celui qui le précède dans la série se réduise lui-même à une fraction très-petite.

45. La série des puissances d'une fraction très-petite est le type arithmétique de la subordination des grandeurs. Si l'on élève, par exemple, à ses puissances suc-

cessives la fraction $\frac{1}{1000}$, on aura une suite rapidement décroissante

$$\frac{1}{1000}, \frac{1}{1\,000\,000}, \frac{1}{1\,000\,000\,000}, \text{ etc.},$$

telle que, dans un calcul d'approximation, on pourrait regarder comme négligeable vis-à-vis d'un terme de la série, non-seulement le terme qui le suit, mais un multiple de celui-ci, tant que le multiplicateur ne serait pas de l'ordre des dizaines ou des centaines. Généralement, désignons par ε une fraction très-petite, et par k_1, k_2, k_3, ... k_n des nombres qui ne soient pas très-grands, ou des nombres tels que les fractions

$$\frac{1}{k_1}, \frac{1}{k_2}, \frac{1}{k_3}, \ldots\ldots \frac{1}{k_n}$$

ne soient pas comparables pour leur petitesse à ε : la suite

$$k_1\varepsilon, \; k_2\varepsilon^2, \; k_3\varepsilon^3, \ldots\ldots k_n\varepsilon^n$$

sera formée de termes dont chacun pourra être considéré comme très-petit par rapport à celui qui le précède, ou dont chacun serait exprimé par une fraction très-petite, comparable dans sa petitesse à ε, si l'on prenait pour unité la valeur du terme qui le précède immédiatement.

Appelons quantités très-petites du premier ordre les fractions ε et $k_1\varepsilon$: on exprimera la subordination qui vient d'être expliquée en disant que

$$k_2\varepsilon^2, \; k_3\varepsilon^3, \ldots\ldots k_n\varepsilon^n$$

sont des quantités très-petites du second, du troisième, ... du n^e ordre.

Conséquemment à cet énoncé, nous dirons que, si Δx est une quantité très-petite du premier ordre, et s'il n'y a aucune des fractions

$$\frac{1}{f'x}, \frac{1}{f''x}, \frac{1}{f'''x}, \ldots\ldots \frac{1}{f^{(n)}x}$$

comparable pour sa petitesse à Δx, les différences

$$\Delta y,\ \Delta^2 y,\ \Delta^3 y,\ \ldots\ldots\ \Delta\ y$$

seront des quantités très-petites du premier, du second, du troisième, ... du n^e ordre, ou des quantités respectivement du même ordre que

$$\Delta x,\ \Delta x^2,\ \Delta x^3.\ \ldots\ldots\ \Delta x^n.$$

46. Il ne sera pas hors de propos d'ajouter ici quelques éclaircissements au sujet de la distinction que font les géomètres, de grandeurs de divers ordres, lorsqu'ils se proposent, non plus de déterminer rigoureusement des rapports mathématiques, mais d'évaluer approximativement des grandeurs qui ont une existence réelle.

A envisager les choses dans leur généralité abstraite, cette distinction est sans doute artificielle : il n'y a pas dans la nature de grandeur ni de petitesse absolues ; la même grandeur s'exprime par des nombres très-grands ou par des fractions très-petites, selon l'unité employée ; et des grandeurs continues de même espèce ne peuvent non plus être distribuées naturellement en des ordres distincts, sous le rapport de leur grandeur, par la raison même qu'elles sont continues, et qu'on peut aller de l'une à l'autre par des transitions insensibles.

Mais au point de vue où l'homme se trouve placé pour observer les phénomènes et mesurer les grandeurs qui en dépendent, il y a des unités de mesure indiquées par la nature des choses, et d'une disproportion telle quand on passe d'un ordre de phénomènes à un autre, que l'on est effectivement conduit à établir entre des quantités de même espèce une subordination de grandeur.

Ainsi, dans certaines recherches délicates de physique, telles que celles qui se rapportent à la capillarité et à l'optique, on a pu prendre le millimètre pour unité de longueur : on compliquerait, sans raison, l'expression numérique des grandeurs qu'il s'agit de comparer dans ces recherches, si l'on s'avisait de choisir pour unité le mètre ou le kilomètre; et il serait absurde de prendre pour unité le millimètre, quand il s'agit de comparer des hauteurs de montagnes dont la mesure comporte toujours une erreur de quelques décimètres ou même de quelques mètres. Que s'il s'agit de mesurer les diamètres du soleil et des planètes, la nature de l'observation, l'analogie conduisent à prendre pour terme de comparaison ou pour unité de longueur le rayon terrestre; car, non-seulement des différences de quelques centaines de mètres sont insignifiantes, eu égard aux dimensions de ces corps énormes et aux phénomènes sur lesquels ces dimensions ont de l'influence, mais encore de telles différences sont insaisissables, par les moyens d'observation et de mesure dont nous disposons. Enfin, dans la mesure des dimensions des orbites planétaires, le rayon même du globe terrestre serait une unité disproportionnée : le grand axe de l'ellipse que la terre décrit est l'unité convenable, en comparaison de laquelle on peut regarder comme très-petites, ou même dans beaucoup de cas comme échappant à nos mesures, des variations de distance comparables aux dimensions de la terre.

Il serait facile de pousser cette progression plus loin, en continuant de prendre nos exemples dans des phénomènes astronomiques bien généralement connus; mais les explications déjà données font suffisamment comprendre comment nous sommes conduits à concevoir des grandeurs homogènes de divers ordres : de manière que, dans chaque classe de phénomènes, et pour la mesure des grandeurs qui s'y rapportent, il convienne de prendre l'unité dans un certain ordre, et en conséquence d'exprimer les unités de l'ordre inférieur par de très-petites fractions. C'est à cette subordination des grandeurs, lorsqu'elle existe, que tient la simplicité des lois des phénomènes, et que nous devons la puissance de les soumettre au calcul, par les méthodes d'approximation que l'analyse a fait découvrir.

Théorie des infiniment petits et principes du calcul infinitésimal.

47. Étant donnée la série des différences des divers ordres

$$\Delta y,\ \Delta^2 y,\ \Delta^3 y,\ \ldots\ldots\ldots$$

qui deviennent, pour de très-petites valeurs de Δx, respectivement comparables à

$$\Delta x,\ \Delta x^2,\ \Delta x^3,\ \ldots\ldots\ldots,$$

l'erreur que l'on commettra en négligeant $\Delta^2 y$, Δx^2 vis-à-vis de Δy, Δx; $\Delta^3 y$, Δx^3 vis-à-vis de $\Delta^2 y$, Δx^2, et ainsi de suite, sera d'autant moindre que l'on prendra pour Δx une quantité plus petite; et l'on pourra toujours prendre Δx assez petit pour que l'erreur commise tombe au-dessous de toute grandeur donnée. C'est ce qu'on exprime, d'après Leibnitz, d'une manière plus brève, en disant que $\Delta^2 y$, Δx^2 sont *rigoureusement négligeables* vis-à-vis de Δy, Δx; que $\Delta^3 y$, Δx^3 le sont pareillement vis-à-vis de $\Delta^2 y$, Δx^2, et ainsi de suite, lorsque la différence Δx est *infiniment petite.*

Δx et par suite Δy étant des quantités infiniment petites, Δx^2, $\Delta^2 y$ sont des quantités infiniment petites du second ordre; ce qui signifie que les rapports

$$\frac{\Delta x^2}{\Delta x},\ \frac{\Delta^2 y}{\Delta y}$$

deviennent aussi des quantités infiniment petites. Δx^3, $\Delta^3 y$ sont des infiniment petits du troisième ordre; ce qui revient à dire que les rapports

$$\frac{\Delta x^3}{\Delta x^2}, \frac{\Delta^3 y}{\Delta^2 y}$$

deviennent des quantités infiniment petites, ou que les rapports

$$\frac{\Delta x^3}{\Delta x}, \frac{\Delta^3 y}{\Delta y}$$

sont des infiniment petits du second ordre. Généralement, pour des valeurs infiniment petites de Δx, les quantités Δx^n, $\Delta^n y$ deviennent, dans le sens qui vient d'être expliqué, des quantités infiniment petites du n^e ordre.

Ce langage adopté, au lieu de dire que les dérivées

$$y', y'', y''', \ldots\ldots.$$

sont les limites vers lesquelles convergent indéfiniment les rapports

$$\frac{\Delta y}{\Delta x}, \frac{\Delta^2 y}{\Delta x^2}, \frac{\Delta^3 y}{\Delta x^3}, \ldots\ldots.$$

quand la différence Δx converge indéfiniment vers zéro, nous énoncerons le même fait en disant que ces fonctions dérivées sont les valeurs mêmes des rapports correspondants, quand la différence Δx devient infiniment petite, et quand par suite les différences Δy, $\Delta^2 y$, $\Delta^3 y$, ... deviennent des quantités infiniment petites du premier, du second, du troisième .... ordre, chacune rigoureusement négligeable vis-à-vis des infiniment petits d'un ordre inférieur.

Afin d'exprimer la même chose avec la concision qui est propre à l'écriture algébrique, Leibnitz emploie la caractéristique d pour désigner des différences infiniment petites; et d'après cette notation, nous poserons

$$y' = \frac{dy}{dx}, \; y'' = \frac{d^2y}{dx^2}, \; y''' = \frac{d^3y}{dx^3}, \text{ etc.},$$

ou bien

$$dy = f'x \,.\, dx, \; d^2y = f''x \,.\, dx^2, \; d^3y = f'''x \,.\, dx^3, \text{ etc.}$$

48. Pour faire comprendre tout de suite, par un exemple très-simple, la raison et le but de cet algorithme, proposons-nous de trouver la dérivée de la fonction algébrique

$$y = x^3 + ax^2 + bx + c:$$

nous aurons, en formant d'abord la différence Δy pour passer de là au rapport $\frac{\Delta y}{\Delta x}$, et ensuite à la limite,

$$\begin{aligned}\Delta y = & (x + \Delta x)^3 + a(x + \Delta x)^2 + b(x + \Delta x) + c \\ & - (x^3 + ax^2 + bx + c) = (3x^2 + 2ax + b)\Delta x \\ & + (3x + a)\,\Delta x^2 + \Delta x^3;\end{aligned}$$

d'où nous tirons

$$\frac{\Delta y}{\Delta x} = 3x^2 + ax + b + (3x + a)\,\Delta x + \Delta x^2.$$

Or, si nous faisons converger indéfiniment Δx vers zéro, les termes

$$(3x + a)\,\Delta x, \; \Delta x^2$$

convergeront aussi indéfiniment vers zéro, et s'évanouiront à la limite: donc on a

$$y' = lim. \frac{\Delta y}{\Delta x} = 3x^2 + 2ax + b.$$

Au lieu d'employer ce tour de raisonnement, traitons les différences Δx, Δy comme des quantités infiniment petites, et désignons-les par dx, dy: nous aurons

$$dy = (3x^2 + 2ax + b)\,dx + (3x + a)\,dx^2 + dx^3; \quad (1)$$

mais les termes

$$(3x + a)\,dx^2, \; dx^3$$

sont des infiniment petits du second et du troisième

ordre, qui doivent être négligés vis-à-vis des quantités infiniment petites du premier ordre,

$$dy,\quad (3x^2 + 2ax + b)\,dx:$$

donc on a simplement

$$dy = (3x^2 + 2ax + b)\,dx; \quad (2)$$

d'où l'on tire, comme ci-dessus,

$$y' = \frac{dy}{dx} = 3x^2 + 2ax + b.$$

Maintenant (et c'est en ceci que consiste essentiellement l'avantage du procédé de Leibnitz) il est clair qu'on aurait pu se dispenser d'écrire dans l'équation (1) et de calculer préalablement les termes en dx^2 et dx^3, sachant que ces termes ne peuvent être que des infiniment petits d'ordres supérieurs, destinés à disparaître vis-à-vis des infiniment petits du premier ordre, de même et par la même raison que ceux-ci disparaissent vis-à-vis des quantités finies. Il y a plus : pour former Δy on a eu besoin de connaître la formule qui donne les développements des puissances $(x + \Delta x)^3$, $(x + \Delta x)^2$; tandis que, pour former l'équation (2), il aurait suffi de connaître les termes affectés de la première puissance de Δx dans les mêmes développements.

Supposons encore que nous voulions trouver la dérivée de la fonction qui mesure l'aire trapézoïdale comprise entre la courbe M′ N′ (*fig.* 20), l'axe des abscisses et deux ordonnées $m_0 p_0$, mp, dont la première est fixe, tandis que l'autre se déplace. Cette question a été traitée au n° 33 par la considération des limites. Pour y appliquer les principes de Leibnitz, nous concevrons que l'abscisse $Op = x$ augmente de la quantité infiniment petite $pp_1 = dx$. L'aire $m_0 p_0 pm$ étant désignée par y, la valeur de dy sera le trapèze curviligne infiniment petit $mpp_1 m_1$. Mais, si nous menons les droites mn_1, m_1n, parallèles à pp_1, la différence de dy au rectangle infiniment petit $mpp_1 n_1$ sera moindre que l'aire du rectangle mn_1m_1n, qui est elle-même un infiniment petit du second ordre, puisque les deux dimensions mn_1, m_1n_1 sont chacune des infiniment petits du premier ordre. Donc, en négligeant, comme on doit le faire, les infiniment petits du second ordre vis-à-vis de ceux du premier ordre, et en désignant par $f'x$ l'ordonnée courante de la courbe M'N', on aura

$$dy = f'x \, . \, dx \, ,$$

d'où l'on tire

$$y' = \frac{dy}{dx} = f'x \, ;$$

ce qui apprend que la dérivée de la fonction cherchée est précisément la fonction donnée $f'x$.

En général, on ne soumet à des raisonnements, à des constructions et à des calculs, des infiniment petits de divers ordres, que pour assigner les rapports finis qui existent entre des infiniment petits du même ordre; et à cet effet on néglige constamment les infiniment petits d'ordre supérieur vis-à-vis des infiniment petits d'ordre inférieur : ce qui opère, dans le cours même des raisonnements, des constructions et des calculs, des simplifications qui constituent essentiellement l'avantage de la méthode.

49. Effectivement, si nous pouvions comparer dès le début, non plus seulement dans leurs germes, mais dans leurs applications aussi variées qu'étendues, la méthode des limites et la méthode infinitésimale, nous verrions que toutes deux tendent au même but, qui est d'exprimer la loi de continuité dans la variation des gran-

deurs, mais qu'elles y tendent par des procédés inverses. Dans la première méthode, étant donnée à traiter une question sur des grandeurs qui varient d'une manière continue, on suppose d'abord qu'elles passent subitement d'un état de grandeur à un autre; et l'on cherche ensuite vers quelles limites convergent les valeurs obtenues dans cette hypothèse, quand on resserre de plus en plus l'intervalle qui sépare deux états consécutifs. Il est clair qu'on n'obtient ainsi qu'après coup, à la fin de la solution, les simplifications qui résultent de la continuité, et que la méthode infinitésimale, par l'évanouissement successif des infiniment petits d'ordres supérieurs, donne directement et successivement, à mesure qu'on avance dans le traitement de la question.

Aussi peut-on poser en fait que, quelque adresse que l'on mette à employer la méthode des limites, et quelques simplifications que les progrès des sciences apportent dans les théories mathématiques et physiques, on arrive toujours à des questions pour lesquelles il faut renoncer à cette méthode, et y substituer, dans le langage et dans les calculs, l'emploi des infiniment petits des divers ordres.

D'ailleurs la méthode infinitésimale ne constitue pas seulement un artifice ingénieux : elle est l'expression naturelle du mode de génération des grandeurs physiques qui croissent par éléments plus petits que toute grandeur finie. Ainsi, pour revenir sur un exemple cité [42], quand un corps, en se refroidissant, émet sans cesse de la chaleur thermométrique, la perte de température qu'il éprouve dans un intervalle de temps quelconque, si petit qu'on le suppose, est un effet composé, résultant, comme de sa cause, de la loi suivant laquelle le corps émet sans cesse, en chaque instant infiniment petit, une quantité infiniment petite de chaleur thermométrique. Le rapport entre les variations élémentaires de la chaleur et du temps est la raison du rapport qui s'établit entre les variations de ces mêmes grandeurs quand elles ont acquis des valeurs finies, le terme de *raison* étant pris ici dans son acception philosophique.

De même, pour employer un exemple déjà familier à la plupart de nos lecteurs, les espaces décrits par un corps qui tombe librement, en cédant à l'action de la pesanteur, varient proportionnellement aux carrés des temps écoulés depuis le commencement de la chute, parce que l'accroissement infiniment petit de l'espace parcouru est proportionnel à la vitesse acquise, qui elle-même, par un résultat évident de l'action continuelle et constante de la pesanteur, est proportionnelle au temps écoulé depuis que le corps est en mouvement. De cette relation si simple entre les éléments du temps écoulé et de l'espace décrit, dérive, comme de sa cause, la loi moins simple qui lie entre elles les variations finies de ces deux grandeurs.

Sous ce point de vue, on a pu dire avec fondement, que les infiniment petits *existent dans la nature*; et il conviendrait certainement, dans le même ordre d'idées, d'appeler $f'x$ la fonction génératrice ou primitive, et fx la fonction dérivée, au lieu d'appliquer ces dénominations en sens inverse, comme l'a fait Lagrange, guidé en cela par des considérations de pure algèbre.

Du reste, ces remarques ne concernent pas exclusivement les grandeurs douées d'une existence physique : en géométrie pure, les grandeurs continues ont aussi ou peuvent avoir leur mode naturel de génération, par le mouvement de certains points, lignes ou surfaces; et, en pareil cas, on trouve le même avantage à saisir directement la loi des variations infinitésimales, de laquelle résulte la loi des variations à l'état de grandeurs finies.

En résumé, la méthode infinitésimale est mieux appropriée à la nature des choses : elle est la méthode directe, au point de vue objectif; et c'est pour cela que l'algorithme de Leibnitz, qui prête à cette méthode le secours d'une notation régulière, est devenu un si puissant instrument, a changé la face des mathématiques pures et appliquées, et constitue à lui seul une invention capitale dont l'honneur revient sans partage à ce grand philosophe. D'un autre côté, le concept de l'infiniment petit ne peut se définir logiquement que d'une manière indirecte, par l'intermédiaire des limites; de sorte qu'au point de vue logique et subjectif, la rigueur démonstrative appartient directement à la méthode des limites, et indirectement à la méthode infinitésimale, en tant que celle-ci devient, à l'aide de certaines définitions de mots, une pure traduction de la première. La conséquence de ce double fait, c'est qu'on ne peut se dispenser de mettre en évidence, dans les cas les plus simples, l'identité des résultats des deux méthodes; mais qu'une fois cette traduction bien comprise, il convient de s'abandonner à la méthode infinitésimale, qui seule peut conduire à la solution des questions compliquées, par la suppression de tout échafaudage inutile.

Quoique la méthode des limites ait certainement toute la rigueur logique désirable, le concept sur lequel elle repose ne semblait pas encore assez rigoureusement défini aux géomètres de l'antiquité, habitués aux subtilités de la dialectique grecque, et qui cherchaient toujours à réduire le nombre des concepts immédiats, en tirant le plus grand parti possible du principe d'identité ou de contradiction sur lequel repose la démonstration logique. En conséquence, ils substituaient à la méthode des limites le procédé si connu dans les éléments, de la réduction à l'absurde ou de l'*exhaustion* : procédé le plus indirect et le plus compliqué de tous; celui, par conséquent, qu'on est forcé d'abandonner le plus tôt, quand on s'élève graduellement des questions les plus simples aux questions plus complexes.

Il y aurait à tirer, du rapprochement de ces diverses théories mathématiques, des inductions précieuses pour l'étude générale des opérations et des lois de l'entendement; mais ce serait faire, dans le champ de la philosophie pure, une excursion incompatible avec le but essentiel de cet ouvrage.

50. Les différences infiniment petites dx, dy, d^2y, d^3y, ... se nomment plus brièvement des *différentielles*. Les rapports

$$\frac{dy}{dx}, \frac{d^2y}{dx^2}, \frac{d^3y}{dx^3}, \ldots\ldots$$

dont nous avons fait voir l'identité avec les fonctions dérivées y', y'', y''',..... quand la différentielle dx est constante, et avec les fluxions $\dot{y}$, $\ddot{y}$, $\dddot{y}$,..... quand la fluente x varie ou s'écoule uniformément avec le temps, ont été nommés, par M. Lacroix, les *coefficients différentiels* de la fonction y, et l'on fait maintenant un usage fréquent de cette expression. L'ordre d'un coefficient différentiel est celui de la différentielle et de la fonction dérivée correspondantes.

Différentier une fonction, c'est passer de cette fonction à sa différentielle : la branche de l'analyse qui a pour objet la différentiation des fonctions se nomme le *Calcul différentiel.*

On appelle *équations différentielles* celles qui ont lieu entre la variable indépendante, la fonction qui en dépend, et les dérivées ou les coefficients différentiels de cette fonction. L'ordre d'une équation différentielle est celui du coefficient différentiel de l'ordre le plus élevé qui entre dans cette équation. Ainsi

$$f(x,y,y')=0, \text{ ou } f\left(x,y,\frac{dy}{dx}\right)=0,$$

est une équation différentielle du premier ordre;

$$f(x,y,y',y'')=0, \text{ ou } f\left(x,y,\frac{dy}{dx},\frac{d^2y}{dx^2}\right)=0,$$

est une équation différentielle du second ordre; et ainsi de suite.

51. La différence finie $x - x_0$ est la somme des incréments infiniment petits que la variable indépendante a reçus successivement, en passant de la valeur x_0 à la valeur x : de même la différence finie $y - y_0$ est la somme des incréments infiniment petits ou des éléments différentiels

$$dy=f'x\,.\,dx,$$

par l'accession successive desquels la fonction a passé de la valeur y_0 à la valeur y; ces éléments peuvent d'ailleurs être de même signe que dx ou de signe contraire [30], selon que $f'x$ prend une valeur positive ou négative.

On écrit en conséquence

$$y-y_0=\int_{x_0}^{x} f'x\,.\,dx, \qquad (3)$$

ou

$$fx-fx_0=\int_{x_0}^{x} f'x\,.\,dx,$$

le signe $\int$ étant regardé comme l'abréviation du mot *somme* ou *summa*; et l'on dit que

$$\int_{x_0}^{x} f'x.dx$$

est l'*intégrale* de la différentielle $f'x.dx$, *entre les limites* x_0, x [1].

En d'autres termes, si l'on prend

$$\Delta x = \frac{x - x_0}{n},$$

la somme

$$f'x_0.\Delta x + f'(x_0 + \Delta x).\Delta x + f'(x_0 + 2\Delta x).\Delta x + \ldots\ldots\ldots$$
$$\ldots\ldots\ldots + f'[x_0 + (n+1)\Delta x].\Delta x$$

convergera vers la limite

$$fx - fx_0$$

quand on prendra le nombre n de plus en plus grand, ou quand Δx convergera vers zéro.

52. L'équation (3) montre qu'il ne suffit pas d'assigner la fonction $f'x$ pour déterminer complétement la fonction y dont $f'x$ est la dérivée, ou dont $f'xdx$ est la différentielle : il faut en outre assigner explicitement ou implicitement la valeur de la fonction y correspondant à une valeur déterminée de la variable indépendante, ce qui rentre tout à fait dans le principe déjà connu [31 et 39].

[1] Leibnitz employait toujours le terme de *somme*, dont le signe $\int$ est l'abréviation; celui d'*intégrale* a été proposé par les Bernoulli. Voy. *OEuvres de Leibnitz*, t. III, p. 326.

C'est un usage peu ancien que celui d'écrire en indices, au haut et au bas du signe $\int$, les valeurs des limites supérieures et inférieures de l'intégrale, c'est-à-dire, les valeurs de la variable indépendante entre lesquelles la sommation ou l'intégration s'effectue : cette notation très-commode a été proposée par Fourier, et on l'a aussitôt généralement adoptée.

Il suit de là : 1° que, si l'on peut découvrir, par un moyen quelconque, une fonction fx qui jouisse de la propriété d'avoir pour dérivée $f'x$, on aura, pour des valeurs quelconques des limites x_0, x, la valeur de l'intégrale

$$\int_{x_0}^{x} f'x\,dx = fx - fx_0;$$

2° que

$$fx + C$$

C désignant une constante arbitraire, est l'expression générale des fonctions qui ont pour dérivée $f'x$. En conséquence, on qualifie d'*intégration indéfinie* l'opération par laquelle on remonte de la dérivée $f'x$ à l'expression générale des fonctions dont elle est la dérivée, ou de la différentielle $f'xdx$ à l'expression générale des fonctions dont elle est la différentielle, et l'on indique cette opération par le signe $\int$, sans désignation de limites. Ainsi l'on écrira

$$\int f'xdx = fx + C,$$

ou bien

$$\int f'xdx = fx + \textit{const.};$$

et l'on dira que l'expression

$$fx + \textit{const.}$$

est l'*intégrale indéfinie* de la différentielle $f'x\,dx$.

Par opposition, on appelle *intégrales définies* celles qui sont prises entre des limites indiquées, et que n'accompagne plus la constante arbitraire inhérente à l'intégrale indéfinie.

53. Le *Calcul intégral*, que l'on peut considérer comme l'inverse du calcul différentiel, a pour objet la détermination des intégrales, indéfinies et définies. On comprend à la fois, sous la dénomination de *Calcul in-*

finitésimal, le calcul différentiel et le calcul intégral.

Le calcul infinitésimal, en tant qu'il a pour objet de démontrer, à l'aide d'un langage et d'un algorithme particuliers, les relations générales qui subsistent entre les fonctions et leurs dérivées des divers ordres, renferme ce qu'il y a de plus important dans la théorie des fonctions, et se confond en quelque sorte avec cette théorie, dans l'état de la science; mais il faut pourtant distinguer, au point de vue rationnel, le calcul qui n'est qu'un instrument, d'avec la théorie à laquelle on l'applique.

Il ne faut pas identifier non plus la méthode infinitésimale (méthode que l'on avait déjà appliquée avant Leibnitz et que l'on applique encore dans les parties élémentaires de la géométrie et de la statique) avec l'algorithme différentiel imaginé par Leibnitz, en vue des applications de la méthode infinitésimale à la théorie des fonctions.

L'usage apprendra que cet algorithme, malgré ses avantages généraux, n'est pas exempt de quelques imperfections, inhérentes au mode d'écriture, et qui ne tiennent pas au fond de la méthode infinitésimale. Dans certains cas, l'algorithme de Lagrange est plus commode, et alors les analystes ne font aucune difficulté de l'employer, tout en se servant plus habituellement de la notation leibnitzienne.

54. Nous avons supposé, dans tout ce qui précède, que la fonction n'éprouve point de solution de continuité, résultant de ce que cette fonction ou ses dérivées des divers ordres passent par l'infini, ou passent brusquement d'une valeur finie à une autre. En effet, dire que la fonction y éprouve une solution de continuité du

premier ordre, c'est dire que, pour une variation infiniment petite dx, la variation correspondante dy a une valeur finie ou infinie : infinie si y passe par l'infini, finie, si y passe brusquement d'une valeur finie à une autre ; et dans l'un et l'autre cas il n'est plus permis de traiter dy comme un infiniment petit du même ordre que dx. Pareillement, si la fonction y éprouve une solution de continuité du second ordre, $dy' = \frac{d^2y}{dx}$ est une quantité finie ou infinie α, et la différentielle seconde $d^2y = \alpha dx$ n'est plus un infiniment petit du second ordre, négligeable vis-à-vis des infiniment petits du premier ordre, et ainsi de suite. Donc toutes les formules auxquelles on est parvenu en employant la différentielle dy et en la traitant comme un infiniment petit du premier ordre, cesseront en général d'être exactes, si la fonction y éprouve une solution de continuité du premier ordre ; toutes celles qui ont exigé l'emploi de la différentielle seconde d^2y, traitée comme un infiniment petit du second ordre, cesseront aussi en général d'être exactes, non-seulement lorsque y éprouvera, dans les limites de l'application des formules, une solution de continuité du premier ordre, mais lors même qu'elle ne subirait, entre les mêmes limites, qu'une solution de continuité du second ordre ; et ainsi à l'infini.

Toutes les fois que des valeurs infinies de dy correspondent à des valeurs infiniment petites de dx, le coefficient différentiel $\frac{dy}{dx}$ devient infini ; mais la réciproque n'est pas vraie généralement ; ce qui revient à cette remarque déjà faite, et rendue évidente par la considération des courbes [35], que la dérivée y' peut passer pour l'infini sans que la fonction y cesse d'être finie. En regardant d'ailleurs dy comme la limite de la valeur de Δy tirée de l'équation

$$\Delta y = \frac{\Delta y}{\Delta x} \cdot \Delta x,$$

on conçoit que la limite du produit de deux facteurs, dont l'un $\frac{\Delta y}{\Delta x}$ converge vers l'infini, et l'autre Δx converge vers zéro, peut être l'infini, ou une quantité finie, ou même zéro. Dans les deux premiers cas

$$dy = f'x\, dx$$

est une quantité infinie ou finie, et la fonction y éprouve une solution de continuité du premier ordre; mais dans le troisième cas dy reste une quantité infiniment petite, et y n'éprouve qu'une solution de continuité du second ordre. De même, si $dy' = \frac{d^2y}{dx}$ passe par l'infini, le coefficient différentiel du second ordre $\frac{d^2y}{dx^2}$ devient à plus forte raison infini; mais l'inverse n'est pas généralement vrai, et ce coefficient différentiel ou la dérivée correspondante $f''x$ peut passer par l'infini, sans que $dy' = \frac{d^2y}{dx}$ cesse d'être une quantité infiniment petite du premier ordre, et par conséquent sans que d^2y cesse d'être une quantité infiniment petite du second ordre; auquel cas y ne subit qu'une solution de continuité du troisième ordre.

L'équation

$$dy = f'x dx,$$

et celle qui s'en déduit [51]

$$y - y_0 = \int_{x_0}^{x} f'x dx,$$

cessent d'offrir un sens quand la différentielle dy passe par l'infini, pour des valeurs de x comprises entre les limites de l'intégrale : ce qui suppose, d'après ce qu'on vient d'expliquer, non-seulement que $f'x$ devient infinie, mais encore que le produit $f'x\,dx$ conserve une valeur infinie. Cependant, si fx désigne une fonction dont la dérivée soit $f'x$, de manière qu'on ait l'intégrale indéfinie

$$\int f'x\,dx = fx + \mathrm{C},$$

on en conclura

$$y - y_0 = fx - fx_0,$$

pour l'équation d'une courbe dont la courbe dérivée aurait pour ordonnée $y' = f'x$, et qui serait en outre assujettie à passer par le point (x_0, y_0), mais dont l'ordonnée y passerait par l'infini, pour des valeurs de l'abscisse comprises entre x_0 et x. L'expression $fx - fx_0$ représenterait encore la différence des ordonnées y, y_0, mais ne représenterait plus la somme des valeurs de la différentielle $dy = f'x\,dx$, entre les valeurs x_0, x de la variable indépendante. Nous reviendrons par la suite sur des exemples de ce cas exceptionnel, déjà présenté sous une autre forme [35], et qu'il suffit de rappeler ici.

55. Par la même raison, nous nous contenterons d'indiquer rapidement la forme que prennent les théorèmes généraux sur les fonctions dérivées, démontrés dans le chapitre précédent, lorsqu'on y adapte la méthode et les notations du calcul infinitésimal.

1° Si l'on pose

$$y = u + v + w + \text{etc.},$$

u, v, w, etc., désignant des fonctions d'une même variable indépendante x, on a évidemment, en passant aux différentielles,

$$dy = du + dv + dw + \text{etc.}$$

Ainsi la différentielle d'une somme de fonctions est la somme de leurs différentielles, le mot de somme devant être pris dans son acception algébrique. On en conclut

$$\frac{dy}{dx}=\frac{du}{dx}+\frac{dv}{dx}+\frac{dw}{dx}+\text{ etc.},$$

équation qui est l'expression du théorème sur les fonctions dérivées, démontré directement au n° 39.

On a inversement

$$\int_{x_0}^{x} y dx=\int_{x_0}^{x} u dx+\int_{x_0}^{x} v dx+\int_{x_0}^{x} w dx+\text{ etc.},$$

ce qu'on énonce en disant que l'intégrale définie d'une somme de fonctions est la somme de leurs intégrales définies, entre les mêmes limites.

Il est permis d'établir la même identité entre les intégrales indéfinies, et d'écrire

$$\int y dx=\int u dx+\int v dx+\int w dx+\text{ etc.} \qquad (4)$$

Pour l'intelligence de cette dernière formule, admettons qu'on ait trouvé séparément

$$\int y dx=\mathrm{F}x+\mathrm{C}, \int u dx=fx+c, \int v dx=f_1 x+c_1,$$
$$\int w dx=f_2 x+c_2, \text{ etc.},$$

C, c, c_1, c_2, etc., désignant des constantes arbitraires: d'après la formule (4) il faudra qu'on puisse, par un choix convenable de la constante C, établir l'identité

$$\mathrm{F}x+\mathrm{C}=fx+c+f_1 x+c_1+f_2 x+c_2+\text{ etc.},$$

quelles que soient les valeurs attribuées aux constantes c, c_1, c_2, etc.

2° La différentielle du produit de deux fonctions est la somme des produits qu'on obtient en multipliant chacune des fonctions par la différentielle de l'autre. En effet l'on a

$$d.uv=(u+du)(v+dv)-uv,$$

d'où, en développant, et en négligeant l'infiniment petit

du second ordre $du\,dv$ vis-à-vis des infiniment petits du premier ordre,

$$d\,.\,uv = vdu + udv. \qquad (5)$$

Si l'on passe aux coefficients différentiels, il viendra

$$\frac{d.uv}{dx} = v\,\frac{du}{dx} + u\,\frac{dv}{dx},$$

ce qui est l'expression d'un autre théorème sur les fonctions dérivées, contenu dans l'équation (b) du n° cité.

On met l'équation (5) sous la forme

$$\frac{d.uv}{uv} = \frac{du}{u} + \frac{dv}{v},$$

et l'on en conclut facilement

$$\frac{d.uvw\ldots\ldots}{uvw\ldots\ldots} = \frac{du}{u} + \frac{dv}{v} + \frac{dw}{w} + \text{etc.} \qquad (6)$$

Si u est un nombre constant a, du devient nul, et l'on a simplement

$$d.av = adv.$$

Inversement on aurait

$$\int_{x_0}^{x} avdx = a\int_{x_0}^{x} vdx,$$

et

$$\int avdx = a\int vdx,$$

cette dernière équation étant interprétée comme la formule (4).

Soit

$$u = \varphi x,\ v = \psi x,\ uv = \varphi x.\,\psi x = fx:$$

l'équation (5) prendra la forme

$$f'xdx = \psi x.\varphi' xdx + \varphi x.\,\psi' x dx,$$

d'où

$$\varphi x.\psi' x\,dx = f' x\,dx - \psi x.\varphi' x\,dx, \qquad (7)$$

et en intégrant

$$\int_{x_0}^{x} \varphi x.\psi' x\,dx = fx - fx_0 - \int_{x_0}^{x} \psi x.\varphi' xdx,$$

ou bien

$$\int_{x_0}^{x} \varphi x . \psi' x \, dx = \varphi x . \psi x - \varphi x_0 . \psi x_0 - \int_{x_0}^{x} \psi x . \varphi' x \, dx. \quad (8)$$

De cette manière, l'intégration de la fonction $\varphi x . \psi' x dx$ a été ramenée à l'intégration de la fonction $\psi' x \, dx$ (ce qui fait connaître la fonction ψ), et à celle de la fonction $\psi x . \varphi' x \, dx$: l'une et l'autre intégration pouvant dans beaucoup de cas s'opérer plus simplement que celle de la fonction proposée. Ce procédé, dont nous verrons que l'on fait le plus fréquent usage dans le calcul intégral, est connu sous le nom d'*intégration par parties*.

Si l'on prend les intégrales des deux membres de l'équation (7), sans égard aux limites, il viendra

$$\int \varphi x . \psi' x \, dx = fx - \int \psi x . \varphi' x \, dx,$$

ou

$$\int \varphi x . \psi' x \, dx = \varphi x . \psi x - \int \psi x . \varphi' x \, dx. \quad (9)$$

Il serait inutile d'ajouter une constante arbitraire à l'intégrale du terme $f'x \, dx$, parce qu'elle se confond avec la constante arbitraire qui accompagne nécessairement l'intégrale indéfinie $\int \psi x . \varphi' x dx$. Par ce moyen, chaque membre de l'identité (9) est censé accompagné d'une constante arbitraire, de façon que l'on puisse toujours disposer de la valeur de l'une des constantes pour établir l'identité, quelle que soit la valeur numérique assignée arbitrairement à l'autre constante, comme nous l'avons expliqué au sujet de la formule (4).

3° Soit

$$uv = r, \text{ ou } v = \frac{r}{u}:$$

il viendra, par l'équation (5),

$$dv = \frac{d.uv - vdu}{u}, \text{ ou } d.\frac{r}{u} = \frac{udr - rdu}{u^2}. \quad (10)$$

Dans le cas de $r = 1$, on a

$$d.\frac{1}{u} = -\frac{du}{u^2}. \qquad (11)$$

56. Nous avons, dans tout ce qui précède, traité y comme une fonction immédiate de la variable indépendante x : si x était elle-même une fonction de la variable t, et qu'on eût à la fois

$$y = fx,\ x = \varphi t,$$

la différentielle dx cesserait d'être constante et serait donnée par l'équation

$$dx = \varphi' t\,.\,dt,$$

d'où l'on tirerait

$$dy = f'x\,.\,\varphi' t\,.\,dt,$$

ou bien, en passant aux coefficients différentiels,

$$\frac{dy}{dt} = f'x\,.\,\varphi' t = \frac{dy}{dx}\,.\,\frac{dx}{dt},$$

équation qui est l'expression de la règle pour la dérivation des fonctions médiates, déjà établie [40]. Il n'y a aucune difficulté à la généraliser, en supposant un nombre quelconque de variables intermédiaires entre y et t.

57. Si l'on différentie les deux membres de l'équation

$$y' = \frac{dy}{dx},$$

en cessant de considérer la variable x comme indépendante, et par suite sa variation comme uniforme, ou dx comme une quantité constante, on aura, en vertu de la formule (10) où l'on fera $r = dy$, $u = dx$,

$$dy' = \frac{d^2y\,dx - dy\,d^2x}{dx^2},$$

et par suite

$$y'' = \frac{dy'}{dx} = \frac{d^2y\,dx - dy\,d^2x}{dx^3}. \qquad (12)$$

Quand x et y seront donnés en fonction de la variable indépendante t par des équations de la forme

$$x = \varphi t\,,\ y = \psi t\,,$$

on en tirera

$$dx = \psi' t\, dt\,,\ dy = \psi' t\, dt\,,$$
$$d^2x = \varphi'' t\, dt^2\,,\ d^2y = \psi'' t\, dt^2\,.$$

Après qu'on aura substitué ces valeurs dans la formule (12), dt s'en ira comme facteur commun aux deux termes du rapport, et l'on retombera sur l'équation (d) du n° 41.

On trouverait, au moyen de calculs semblables, les formules par lesquelles les dérivées supérieures y''', y^{iv}, etc., s'expriment en fonction des différentielles

$dy,\ d^2y,\ d^3y,\ d^4y \ldots\ldots;\ dx,\ d^2x,\ d^3x,\ d^4x \ldots\ldots,$

quand on cesse de regarder la différentielle dx comme constante : mais, pour effectuer commodément ces calculs, il convient de s'être familiarisé avec l'application des règles du calcul différentiel aux fonctions algébriques, application qui doit faire l'objet du chapitre suivant.

Pour revenir au cas où la variable x est traitée comme indépendante, on fera dans l'équation (12) $d^2x = 0$, et l'on retombera sur la formule

$$y'' = \frac{d^2y}{dx^2}\,,$$

comme cela doit être. Si l'on veut au contraire prendre y pour variable indépendante, on posera $d^2y = 0$, et il viendra

$$y'' = -\frac{d^2x}{dy^2}\cdot\left(\frac{dy}{dx}\right)^3,$$

formule identique avec l'équation (e) du n° cité plus haut.

LIVRE DEUXIÈME.

DIFFÉRENTIATION
DES FONCTIONS EXPLICITES D'UNE SEULE VARIABLE.

CHAPITRE PREMIER.

DIFFÉRENTIATION DES FONCTIONS ALGÉBRIQUES ET TRANSCENDANTES.

58. Nous avons passé en revue, dans les deux chapitres précédents, les principes généraux de la dérivation ou de la différentiation : principes applicables à des fonctions quelconques, et indépendants des procédés particuliers par lesquels on parviendra, suivant les cas, à découvrir les valeurs des dérivées ou des différentielles d'une fonction proposée. Ces principes subsistent, soit qu'on ne puisse assigner numériquement les valeurs des dérivées ou des coefficients différentiels que par approximation [44], et séparément pour chaque valeur de la variable indépendante, comme c'est le cas à l'égard des fonctions empiriques, qui ne sont données que par une table; soit qu'on puisse comprendre dans une formule mathématique les valeurs exactes des coefficients différentiels pour des valeurs quelconques de la variable indépendante, comme nous allons voir que cela a lieu à l'égard des fonctions algébriques et des transcendantes qui nous sont connues.

En vertu des principes généraux que l'on vient de

rappeler [55 *et suiv.*], le problème de la différentiation des fonctions algébriques, logarithmiques, exponentielles et trigonométriques, est ramené à la différentiation des trois fonctions élémentaires suivantes :

1° $y = x^m$, en supposant à l'exposant m une valeur quelconque.

2° $y = log\ x$, ce qui donnera la différentielle de la fonction inverse $x = a^y$ (a désignant la base des logarithmes), ou, par une permutation de lettres, la différentielle de la fonction exponentielle $y = a^x$.

3° $y = sin\ x$, d'où l'on déduit les différentielles des autres fonctions trigonométriques, et des arcs qui en sont les fonctions inverses.

Quand on saura différentier ces fonctions élémentaires, la règle pour la différentiation des fonctions médiates donnera les différentielles des fonctions complexes quelconques, susceptibles de s'exprimer explicitement par les signes usités en algèbre et en trigonométrie.

59. Occupons-nous d'abord de la fonction x^m. En premier lieu, si l'exposant m est un nombre entier positif, l'équation (6) du n° 55 donnera, après qu'on y aura fait $u = v = w \ldots\ldots = x$,

$$\frac{d.x^m}{x^m} = m\frac{dx}{x},$$

ou
$$d.x^m = mx^{m-1}\,dx. \qquad (a)$$

Si m est égal à une fraction positive $\frac{p}{q}$, p et q désignant des nombres entiers positifs, on posera $x^{\frac{p}{q}} = z$, d'où $x^p = z^q$, et en différentiant d'après la formule (a),

$$px^{p-1}\,dx = qz^{q-1}\,dz.$$

On tire de là

$$dz = d.x^{\frac{p}{q}} = \frac{p}{q}.x^{\frac{p}{q}-1}\,dx,$$

en sorte que la formule (a) est démontrée pour toutes les valeurs positives et commensurables de m. Supposons que m ait une valeur négative et égale à $-n$, n désignant un nombre positif commensurable : on aura, en faisant $u = x^n$ dans l'équation (11) du nº 55,

$$d.x^m = d.\frac{1}{x^n} = -\frac{d.x^n}{x^{2n}} = -nx^{-n-1}\,dx = mx^{m-1}\,dx\,,$$

au moyen de quoi la formule (a) se trouvera démontrée pour toutes les valeurs commensurables de l'exposant m, tant positives que négatives.

On est fondé à en conclure qu'elle subsiste aussi pour les valeurs incommensurables de m. En effet, admettons qu'on ait, dans le cas de l'incommensurabilité de m,

$$\frac{d.x^m}{dx} = mx^{m-1} + \varphi x\,,$$

et soit m' un nombre commensurable qui pourra différer de m d'aussi peu qu'on voudra. Désignons en outre par x_1, x_0 deux valeurs de x séparées par un intervalle fini, et choisies de manière que la fonction φx ne change pas de signe dans l'intervalle, ce qui est toujours possible : on aura

$$x_1^m - x_0^m = \int_{x_0}^{x_1} mx^{m-1}.dx + \int_{x_0}^{x_1} \varphi x.dx$$

$$x_1^{m'} - x_0^{m'} = \int_{x_0}^{x_1} m'x^{m'-1}\,dx\,;$$

d'où

$$x_1^m - x_1^{m'} - (x_0^m - x_0^{m'}) = \int_{x_0}^{x_1} mx^{m-1}.dx - \int_{x_0}^{x_1} m'x^{m'-1}.dx$$
$$+ \int_{x_0}^{x_1} \varphi x\,dx.$$

Mais la différence $m - m'$ convergeant indéfiniment vers zéro, les quantités

$$x_1^m - x_1^{m'}\,,\ x_0^m - x_0^{m'}\,,$$

$$\int_{x_0}^{x_1} mx^{m-1}.dx - \int_{x_0}^{x_1} m'x^{m'-1}.dx = \int_{x_0}^{x_1} (mx^{m-1} - m'x^{m'-1})\,dx$$

convergeront aussi indéfiniment vers zéro : donc il faut que l'intégrale définie

$$\int_{x_0}^{x_1} \varphi x\, dx\,,$$

qui ne dépend pas de m', s'évanouisse d'elle-même; et comme les limites de l'intégrale ont été choisies de manière que $\varphi\, x$ ne change pas de signes entre ces limites, il faut que la fonction $\varphi\, x$ soit nulle, pour chaque valeur de x.

On doit remarquer deux valeurs particulières de m qui se présentent fréquemment dans les applications, les valeurs $\frac{1}{2}$ et $-\frac{1}{2}$: on a

$$d.\sqrt{x} = \frac{dx}{2\sqrt{x}}\,,\quad d.\frac{1}{\sqrt{x}} = -\frac{dx}{2\,x^{\frac{3}{2}}}\,.$$

60. La formule (a) donnant pour $y = x^m$,

$$\frac{dy}{dx} = m\,x^{m-1}\,,$$

on en tirera par une seconde différentiation

$$\frac{d^2y}{dx^2} = m\,(m-1)\,x^{m-2}\,,$$

et en général

$$\frac{d^iy}{dx^i} = m\,(m-1)\,(m-2)\,\ldots\ldots\,(m-i+1)\,x^{m-i}\,.$$

Si l'exposant m est un nombre entier positif, le coefficient différentiel de l'ordre m se réduira au nombre constant

$$m\,(m-1)\,(m-2)\,\ldots\ldots\,3\,.\,2\,.\,1\,;$$

par conséquent le coefficient différentiel de l'ordre $m+1$ et ceux des ordres supérieurs seront nuls. Cette propriété qui appartient au monôme x^m, quand m est un nombre entier positif, appartient aussi à toute fonction algébrique entière et rationnelle de x, puisqu'on peut toujours développer une fonction de cette nature en une suite finie de monômes

$$Ax^m + Bx^n + Cx^p + \text{etc.},$$

m, n, p, ... étant des nombres entiers positifs. Si m désigne le plus haut exposant, il est clair, d'après ce qui précède, que le coefficient différentiel de l'ordre m de la fonction dont il s'agit se réduira au nombre constant

$$Am(m-1)(m-2)\ldots\ldots 3.2.1,$$

et que les coefficients différentiels des ordres supérieurs s'évanouiront.

61. Pour trouver la différentielle de la fonction transcendante

$$y = \log x,$$

nous emploierons directement la considération des limites. On a

$$\frac{\Delta y}{\Delta x} = \frac{\log(x+\Delta x) - \log x}{\Delta x} = \frac{\log\left(1+\frac{\Delta x}{x}\right)}{\Delta x} = \frac{1}{x}\cdot\frac{\log\left(1+\frac{\Delta x}{x}\right)}{\frac{\Delta x}{x}}.$$

Le rapport $\frac{\Delta x}{x}$ converge indéfiniment vers zéro en même temps que Δx, tant que x n'est pas nul : de sorte que, pour avoir $\frac{dy}{dx}$, il ne s'agit que d'assigner la limite vers laquelle converge

$$\frac{\log(1+\varepsilon)}{\varepsilon} = \log.(1+\varepsilon)^{\frac{1}{\varepsilon}},$$

et par conséquent la limite vers laquelle converge le nombre

$$(1+\varepsilon)^{\frac{1}{\varepsilon}}, \quad \text{(E)}$$

quand le nombre ε converge indéfiniment vers zéro.

Or, on pourra toujours satisfaire à la condition de faire converger indéfiniment vers zéro le nombre ε, en posant

$$\varepsilon = \frac{1}{n},$$

et en prenant pour n un nombre entier positif de plus en plus grand. La formule du binôme donnera

$$\left(1+\frac{1}{n}\right)^n = 1 + \frac{n}{1}\cdot\frac{1}{n} + \frac{n(n-1)}{1.2}\cdot\frac{1}{n^2} + \frac{n(n-1)(n-2)}{1.2.3}\cdot\frac{1}{n^3} + \ldots\ldots$$
$$\ldots + \frac{n(n-1)(n-2)\ldots\ldots(n-\nu+1)}{1.2.3\ldots\ldots\nu}\cdot\frac{1}{n^\nu} + \ldots\ldots + \frac{n(n-1)(n-2)\ldots\ldots[n-(n-1)]}{1.2.3\ldots\ldots n}\cdot\frac{1}{n^n}$$

ou bien

$$\left(1+\frac{1}{n}\right)^n = 1 + \frac{1}{1} + \frac{1}{1.2}\left(1-\frac{1}{n}\right) + \frac{1}{1.2.3}\left(1-\frac{1}{n}\right)\left(1-\frac{2}{n}\right) + \ldots\ldots$$
$$\ldots\ldots + \frac{1}{1.2.3\ldots\nu}\left(1-\frac{1}{n}\right)\left(1-\frac{2}{n}\right)\ldots\left(1-\frac{\nu-1}{n}\right) + \ldots\ldots$$
$$+ \frac{1}{1.2.3\ldots\nu(\nu+1)\ldots n}\left(1-\frac{1}{n}\right)\left(1-\frac{2}{n}\right)\ldots\left(1-\frac{\nu-1}{n}\right)\ldots\left(1-\frac{n-1}{n}\right). \quad (n)$$

Tous les termes de cette suite, à partir du second, vont évidemment en décroissant de valeur : nous disons de plus qu'on peut toujours prendre n et ν assez grands pour que, si l'on arrête la suite au terme

$$\frac{1}{1.2.3\ldots\nu}\left(1-\frac{1}{n}\right)\left(1-\frac{2}{n}\right)\ldots\ldots\left(1-\frac{\nu-1}{n}\right), \quad (\nu)$$

la somme des termes négligés tombe au-dessous de toute grandeur donnée.

En effet, cette somme est plus petite que

$$\frac{1}{1.2.3\ldots\nu(\nu+1)} + \frac{1}{1.2.3\ldots\nu(\nu+1)(\nu+2)} + \ldots\ldots + \frac{1}{1.2.3\ldots\nu(\nu+1)\ldots n},$$

et *à fortiori* plus petite que

$$\frac{1}{2^\nu} + \frac{1}{2^{\nu+1}} + \ldots\ldots + \frac{1}{2^{n-1}};$$

donc, à plus forte raison encore, elle est moindre que la somme de la série

$$\frac{1}{2}+\frac{1}{2^{\nu+1}}+\ldots\ldots+\frac{1}{2^{n-1}}+\frac{1}{2^n}+\frac{1}{2^{n+1}}+\text{ etc.},$$

prolongée à l'infini, laquelle est égale à

$$\frac{1}{2^{\nu-1}},$$

et tombe au-dessous de toute grandeur donnée, pour une valeur convenable de ν.

Après avoir arrêté la suite (n) au terme (ν), si nous prenons pour n un nombre de plus en plus grand, la valeur de cette suite convergera indéfiniment vers celle de la suite

$$1+\frac{1}{1}+\frac{1}{1.2}+\frac{1}{1.2.3}+\ldots\ldots+\frac{1}{1.2.3\ldots.\nu}.$$

Donc la limite vers laquelle converge le nombre (E), pour des valeurs de ε de plus en plus petites, sera donnée par cette dernière suite avec une approximation d'autant plus grande que l'on aura pris pour ν un nombre plus grand et qu'elle comprendra plus de termes. Donc, si l'on désigne par e, selon l'usage généralement reçu, la limite dont il s'agit, il viendra

$$e=1+\frac{1}{1}+\frac{1}{1.2}+\frac{1}{1.2.3}+\frac{1}{1.2.3.4}+\text{ etc.},\qquad (e)$$

le second membre de l'équation étant une série prolongée à l'infini, et convergente en vertu de la règle du n° 26.

D'ailleurs la série

$$\frac{1}{1.2}+\frac{1}{1.2.3}+\frac{1}{1.2.3.4}+\text{ etc.}$$

a tous ses termes plus petits que ceux de même rang dans la série

$$\frac{1}{2}+\frac{1}{2^2}+\frac{1}{2^3}+\text{ etc.},$$

qui est convergente et a pour somme l'unité. Donc la valeur de e est comprise entre 2 et 3.

62. En prenant la somme des 14 premiers termes de la série (e), on trouve

$$e = 2{,}71828\ 18284\ldots\ldots\ldots$$

Si l'on n'avait calculé que les neuf premiers chiffres de la partie décimale de e, le retour accidentel de quatre chiffres dans le même ordre aurait pu porter à croire que le nombre e s'exprime par une fraction décimale périodique, et conséquemment qu'il a une valeur commensurable. Mais cette induction serait trompeuse; et, en effet, supposons que e puisse être égal à la fraction commensurable $\frac{\mu}{\nu}$, en sorte qu'on ait

$$\frac{\mu}{\nu} = 2 + \frac{1}{1.2} + \frac{1}{1.2.3} + \ldots + \frac{1}{1.2.3\ldots\nu} + \frac{1}{1.2.3\ldots\nu(\nu+1)} + \text{etc.},$$

μ, ν désignant des nombres entiers, on en conclura, en multipliant tous les termes par le produit continu $1.\,2.\,3.\ldots.\nu$,

$$1.2.3\ldots.(\nu-1)\mu - [2^2.3.4\ldots.\nu + 3.4\ldots.\nu + 4.5\ldots.\nu + \ldots\ldots + 1]$$
$$= \frac{1}{\nu+1} + \frac{1}{(\nu+1)(\nu+2)} + \frac{1}{(\nu+1)(\nu+2)(\nu+3)} + \text{etc.}$$

La somme de la série qui forme le second membre de l'équation précédente devrait donc être un membre entier, positif ou négatif, tandis qu'elle est positive et moindre que $\frac{1}{\nu}$ qui est la somme de la série

$$\frac{1}{\nu+1} + \frac{1}{(\nu+1)^2} + \frac{1}{(\nu+1)^3} + \text{etc.}$$

On démontre aussi, mais moins simplement, que toutes les puissances du nombre e, à exposants rationnels, sont irrationnels, en sorte que e ne peut être la racine d'une équation algébrique binôme, à coefficients rationnels.

On entend par *nombres transcendants* ceux qui ne peuvent être les racines d'une équation algébrique quelconque, à coefficients rationnels. Il y a tout lieu de croire que le nombre e, comme le nombre π avec lequel nous verrons qu'il a une étroite affinité, sont des nombres transcendants, bien que ce caractère négatif n'ait encore été rigoureusement établi ni pour l'un ni pour l'autre nombre.

63. L'équation

$$e = lim. (1 + \varepsilon)^{\frac{1}{\varepsilon}}$$

n'a été démontrée que sous la condition d'assujettir le nombre ε à converger vers zéro, en passant par une série de valeurs positives; car la formule du binôme, sur laquelle nous nous sommes appuyé, quoique subsistant pour des valeurs quelconques de l'exposant n, comme la suite le fera voir, n'est ordinairement démontrée dans les éléments que pour des valeurs entières et positives de n. Afin de s'affranchir de cette restriction, on peut poser

$$1 + \varepsilon = \frac{1}{1 + \varepsilon'},$$

de manière que ε' s'évanouisse en même temps que ε, et qu'à des valeurs négatives de ε correspondent des valeurs positives de ε'. Il en résultera

$$(1 + \varepsilon)^{\frac{1}{\varepsilon}} = (1 + \varepsilon')^{\frac{1}{\varepsilon'}} (1 + \varepsilon'),$$

et par conséquent

$$lim. (1 + \varepsilon)^{\frac{1}{\varepsilon}} = lim. (1 + \varepsilon')^{\frac{1}{\varepsilon'}} = e,$$

en sorte que la limite sera la même, quel que soit le signe de ε.

64. Donc, quel que soit le signe de $\frac{dx}{x}$, on a

$$\frac{dy}{dx} = \frac{1}{x} \log e, \text{ ou } dy = \frac{dx}{x} \cdot \log e,$$

y désignant le logarithme de x dans une base quelconque, et le logarithme de e se rapportant à la même base que celui de x.

Par conséquent, si l'on prenait précisément le nombre transcendant e pour base des logarithmes, on aurait simplement

$$dy = \frac{dx}{x}.$$

Les logarithmes dont la base est e sont ceux qu'on a appelés pendant longtemps logarithmes *naturels* ou *hyperboliques*, et que M. Lacroix a proposé de nommer logarithmes *népériens*, du nom de Neper, inventeur des logarithmes, qui avait été effectivement conduit à considérer le nombre e comme la base naturelle des logarithmes, ainsi que nous l'expliquerons tout à l'heure.

Mais immédiatement après la publication de la découverte de Neper, en 1614, Henri Briggs, professeur de mathématiques à Oxford, comprit l'avantage que l'on trouverait dans les calculs numériques, à prendre pour la base des logarithmes la base même de notre numération décimale. Il en conféra avec Neper, à qui la même idée était aussi venue, et en 1624 parurent les premières tables de logarithmes calculées par Briggs dans ce système, et que l'on nomme pour cette raison, tantôt logarithmes de Briggs, tantôt logarithmes vulgaires ou tabulaires; mais dans les branches supérieures des mathématiques le signe *log*. désigne toujours les logarithmes naturels ou népériens, à moins qu'on n'avertisse du contraire, et nous nous conformerons à l'usage reçu.

Il est d'ailleurs évident que l'on peut passer, des logarithmes calculés pour une certaine base, aux logarithmes calculés pour une base différente, en multipliant les premiers par un facteur constant. Désignons généralement par $\log_a$ les logarithmes calculés dans le système dont la base est a, et soient

$$y = \log_a x \,, \quad Y = \log_b x :$$

on aura inversement

$$x = a^y \,, \quad x = b^Y \,, \quad a^y = b^Y \,,$$

d'où l'on tire, en prenant maintenant les logarithmes dans un système quelconque,

$$y \log a = Y \log b \,,$$

ou

$$\log_b x = \log_a x \,.\, \frac{\log a}{\log b} \,.$$

Si y désigne le logarithme népérien et Y le logarithme vulgaire du nombre x, on aura

$$Y = y \log. e \,,$$

le logarithme de e étant pris dans le système vulgaire dont la base est 10. Ce nombre, par lequel il faut multiplier les logarithmes népériens pour avoir les logarithmes vulgaires correspondants, se nomme le *module*. Nous verrons plus tard comment on peut en calculer commodément la valeur.

65. Puisque l'équation

$$y = \log_a x \,,$$

qui équivaut à

$$x = a^y \,,$$

donne

$$dy = \frac{dx}{x} \log_a e \,,$$

réciproquement on aura

$$dx = xdy \cdot \frac{1}{\log_a e},$$

ou

$$d.\, a^y = \frac{1}{\log_a e} \cdot a^y\, dy,$$

ou bien enfin, en remplaçant y par x, d'après l'usage où l'on est de désigner par x la variable indépendante,

$$d.\, a^x = \frac{1}{\log_a e} \cdot a^x\, dx.$$

On a d'ailleurs

$$\log_a e = \frac{\log e}{\log a},$$

les logarithmes qui entrent dans le second membre de cette équation étant pris dans un système quelconque, par exemple, dans le système vulgaire, ce qui donne

$$d.\, a^x = \frac{\log a}{\log e} \cdot a^x\, dx,$$

et par suite

$$d.\, e^x = e^x\, dx,$$

ou bien encore

$$\frac{d.\, e^x}{dx} = e^x.$$

Ainsi, le coefficient différentiel du premier ordre de la fonction $y=e^x$, et par suite ses coefficients différentiels ou ses fonctions dérivées de tous les ordres, sont identiques avec la fonction primitive. Cette propriété caractéristique et extrêmement remarquable nous donne à l'avance la raison du rôle important de la fonction exponentielle e^x et du nombre e lui-même dans la théorie des fonctions.

Posons, pour abréger,

$$V = \frac{\log a}{\log e}, \text{ et } y = a^x,$$

il viendra

$$\frac{dy}{dx} = Vy,$$

ou, suivant la notation de Newton [42],

$$\frac{\dot{y}}{\dot{x}} = \mathrm{V}\,y;$$

et l'on sait de plus que, pour $x=o$, la fluente y est égale à 1.

Si donc on imagine deux points ξ, η (*fig.* 28), dont le premier se meuve sur la droite OX avec une vitesse ou une fluxion constante, et dont l'autre se meuve sur la droite O′Y avec une vitesse proportionnelle à sa distance au point fixe O′, de manière à se trouver en A, à l'unité de distance du point O′, quand le point ξ est en O; si enfin l'on admet que la vitesse constante du point ξ est prise pour unité, et que la vitesse variable du point η est égale à V quand il passe par le point A, les distances variables Oξ, O′η représenteront en chaque instant les valeurs des variables x, y; ou, en d'autres termes, la fluente Oξ sera, dans le système de logarithmes dont la base est a, le logarithme du nombre représenté par la fluente O′η.

Quand on prend la vitesse V égale à l'unité ou à la vitesse constante du point ξ, ce qui est la supposition la plus naturelle ou la moins arbitraire que l'on puisse faire, Oξ est le logarithme naturel ou népérien de O′η.

C'est précisément de cette manière que Neper a conçu les logarithmes; et il doit passer pour le précurseur de Newton dans l'invention de la théorie des fluxions, de même que Kepler et Cavalleri peuvent être considérés comme les précurseurs de Leibnitz dans la théorie des quantités infinitésimales.

Il est très-digne de remarque que, contrairement à la marche ordinaire des inventeurs, Neper ait défini immédiatement la fonction logarithmique par son caractère essentiel et éminent, au lieu de partir de ces propriétés secondaires par lesquelles on définit encore les logarithmes dans les éléments, et qui sont la base de leurs applications vulgaires.

66. La différentielle de la fonction logarithmique nous a donné celle de la fonction exponentielle : il est bon de remarquer qu'elle donnerait aussi, de la manière la plus simple, celle de la fonction x^m, l'exposant m ayant une valeur réelle quelconque, positive ou négative, commensurable ou incommensurable. En effet, de

$$y = x^m,$$

on tire

$$\log y = m \log x,$$

et en différentiant

$$\frac{dy}{y} = m \frac{dx}{x};$$

donc

$$dy = m \frac{y}{x} dx = mx^{m-1} dx. \qquad (a)$$

Mais alors la démonstration de cette dernière formule suppose celle de la formule du binôme, au moins dans le cas d'un exposant positif entier : celle que nous avons donnée en premier lieu n'est pas soumise à la même condition, et peut servir au contraire à établir la formule du binôme, comme la suite le montrera.

Réciproquement, la formule (a) étant démontrée, on en déduit la dérivée de la fonction logarithmique. Désignons en effet par φx la fonction $\log x$ et par $\varphi' x$ sa dérivée inconnue : on aura

$$\varphi(x^m) = m \varphi x,$$

et en différentiant conformément à la règle de différentiation des fonctions médiates,

$$\varphi'(x^m) \cdot \frac{d.x^m}{dx} = m \varphi' x,$$

ou bien, en vertu de l'équation (a),

$$x^m \varphi'(x^m) = x\varphi'x\,.$$

Cette dernière équation ne peut subsister, pour des valeurs quelconques de x et de m, qu'autant que $x\varphi'x$ se réduit à une constante dont on obtient la valeur en faisant $m=o$ dans le premier membre. Si donc on désigne par k cette constante égale à $\varphi'(1)$, il viendra

$$\varphi'x = \frac{k}{x}\,, \text{ ou } d.\log x = \frac{kdx}{x}\,,$$

ce qui peut servir à retrouver tous les résultats précédemment obtenus.

67. Passons maintenant aux fonctions trigonométriques, et posons d'abord

$$y = \sin x:$$

nous aurons, en employant encore directement pour cette fonction transcendante la considération des limites,

$$\frac{\Delta y}{\Delta x} = \frac{\sin(x+\Delta x) - \sin x}{\Delta x} = \frac{\sin \frac{1}{2}\Delta x}{\frac{1}{2}\Delta x}\cdot\cos(x+\tfrac{1}{2}\Delta x).$$

Le facteur $\cos(x+\frac{1}{2}\Delta x)$ a pour limite $\cos x$, lorsque Δx converge vers zéro; quant au facteur

$$\frac{\sin \frac{1}{2}\Delta x}{\frac{1}{2}\Delta x}\,,$$

il a pour limite l'unité. En effet, de l'identité

$$\frac{\sin \varepsilon}{\text{tang}\, \varepsilon} = \cos \varepsilon\,,$$

il suit que le rapport du sinus à la tangente a l'unité pour limite, quand l'arc converge vers zéro : d'ailleurs, en vertu d'un principe de géométrie bien connu, la longueur d'un arc est toujours comprise entre celle du sinus et celle de la tangente ; donc, *à fortiori*, le rapport

$$\frac{\sin \varepsilon}{\varepsilon}$$

a l'unité pour limite.

Donc

$$\frac{dy}{dx} = \cos x\,,$$

ou

$$d\,.\sin x = \cos x\,.\,dx\,. \qquad (b)$$

On trouverait directement, par un calcul tout à fait semblable,

$$d\,.\cos x = -\sin x\,.\,dx\,; \qquad (c)$$

d'ailleurs, si l'on pose

$$\cos x = \sin z\,,$$

d'où

$$z = \tfrac{1}{2}\pi - x\,,$$

il viendra

$$d\,.\cos x = d\,.\sin z = \cos z\,dz\,;$$

et comme

$$dz = -dx\,,\ \cos z = \sin x\,,$$

on retombe par cette voie sur l'équation (c).

Les différentielles du sinus et du cosinus nous donnent celles des autres fonctions trigonométriques. Ainsi l'on aura

$$d.\text{tang}.x = d.\left(\frac{\sin x}{\cos x}\right) = \frac{\cos x\,d\,.\sin x - \sin x\,.\,d\,.\cos x}{\cos^2 x}$$
$$= \frac{(\cos^2 x + \sin^2 x)\,dx}{\cos^2 x} = \frac{dx}{\cos^2 x}\,,$$

et par des calculs analogues,

$$d\,.\cot x = -\frac{dx}{\sin^2 x}\,,$$

$$d\,.\text{séc}\,x = \frac{\sin x\,dx}{\cos^2 x}\,,$$

$$d.\ \text{coséc}\,x = -\frac{\cos x\,dx}{\sin^2 x}\,.$$

La fonction $y = \sin x$ ayant pour différentielle

$$dy = \cos x\,dx = \sqrt{1-y^2}\,.\,dx\,,$$

on aura inversement

$$dx = \frac{dy}{\sqrt{1-y^2}}\,,$$

ou

$$d.\text{arc}\sin y = \frac{dy}{\sqrt{1-y^2}}\,,$$

ou bien, en changeant y en x, afin de désigner toujours par x la variable indépendante,

$$d\,.\,\text{arc}\sin x = \frac{dx}{\sqrt{1-x^2}}.$$

On trouverait de la même manière

$$d\,.\,\text{arc}\cos x = -\frac{dx}{\sqrt{1-x^2}},$$

$$d\,.\,\text{arc tang}\, x = \frac{dx}{1+x^2},$$

$$d\,.\,\text{arc}\cot x = -\frac{dx}{1+x^2}.$$

Pour l'interprétation de toutes ces formules, il faut concevoir que, le rayon du cercle étant pris pour unité, les sinus et cosinus sont des fractions positives ou négatives dont la valeur numérique est comprise entre zéro et 1. Quant aux arcs, ce sont des nombres nécessairement rapportés à la même unité métrique que les sinus, cosinus, tangentes, etc., sans quoi il n'y aurait point d'homogénéité dans les formules, et la relation d'où nous sommes parti,

$$\lim.\frac{\sin \varepsilon}{\varepsilon} = 1,$$

n'aurait aucun sens. Il faudra donc que les arcs soient mesurés, non point par le nombre de degrés qu'ils contiennent, mais par les rapports de leurs longueurs à celle du rayon prise pour unité. Si un arc était exprimé en degrés sexagésimaux par le nombre X°, on aurait le nombre x qui doit être substitué dans les formules, par la proportion

$$180^\circ : X^\circ :: \pi : x,$$

où π désigne, comme à l'ordinaire, la longueur de la demi-circonférence dont le rayon est l'unité.

Si l'on prend pour unité angulaire la seconde sexagésimale, comme cela se pratique dans les calculs de précision, et si l'arc est exprimé en secondes par le nombre X″, le nombre x se déterminera par la proportion

$$648000'' : X'' :: \pi : x,$$

d'où

$$x = \frac{X}{206264,81\ldots}.$$

On a souvent besoin de connaître la valeur en degrés de l'arc pour lequel $x=1$, ou dont la longueur est égale à celle du rayon du cercle. Cette valeur est $57^\circ 17' 44'' 81 = 206264'',81$.

On tire des équations (b) et (c) :

$$\frac{d^2 . \sin x}{dx^2} = -\sin x, \quad \frac{d^2 . \cos x}{dx^2} = -\cos x;$$

ainsi, les deux fonctions $y=\sin x$, $y=\cos x$ jouissent d'une propriété commune et fort remarquable, exprimée par l'équation

$$\frac{d^2 y}{dx^2} = -y.$$

De là on conclut immédiatement

$$\left.\begin{aligned} \frac{d^{2i} . \sin x}{dx^{2i}} &= \pm \sin x, \quad \frac{d^{2i} . \cos x}{dx^{2i}} = \pm \cos x, \\ \frac{d^{2i+1} . \sin x}{dx^{2i+1}} &= \pm \cos x, \quad \frac{d^{2i+1} \cos x}{dx^{2i+1}} = \mp \sin x, \end{aligned}\right\} \quad (d)$$

les signes supérieurs ou inférieurs devant être choisis selon que le nombre entier i est pair ou impair.

68. Les exemples suivants suffiront pour indiquer la marche à suivre dans la différentiation des fonctions complexes.

Soit proposé de différentier :

1° $$y = (ax^m + b)^n.$$

On fera $$ax^m + b = u,$$

d'où

$$y = u^n, \quad dy = nu^{n-1}\,du, \quad du = max^{m-1}\,dx,$$

et enfin

$$dy = mna(ax^m + b)^{n-1}\, x^{m-1}\, dx.$$

2°
$$y = \log.\ \sin x.$$

On posera
$$\sin x = u,$$

d'où

$$y = \log u\,,\quad dy = \frac{du}{u},\quad du = \cos x\, dx\,,$$

et finalement

$$dy = \frac{dx}{\operatorname{tang} x}.$$

3°
$$y = \log\left\{x + \sqrt{1 + x^2}\right\}.$$

On emploiera deux variables intermédiaires

$$u = x + \sqrt{1 + x^2}\,,\quad v = 1 + x^2,$$

ce qui donnera

$$dy = \frac{du}{u},\quad du = dx + \frac{dv}{2\sqrt{v}},\quad dv = 2\,x\,dx,$$

et après toutes réductions,

$$dy = \frac{dx}{\sqrt{1 + x^2}}.$$

4°
$$y = \frac{1}{\sqrt{r^2 - 2rr'\cos x + r'^2}}.$$

On posera

$$u = r^2 - 2rr'\cos x + r'^2\,,$$

d'où

$$y = \frac{1}{\sqrt{u}},\quad dy = -\frac{du}{2u^{\frac{3}{2}}},\quad du = 2rr'\sin x\, dx\,,$$

et par suite

$$dy = -\frac{rr'\sin x\, dx}{(r^2 - 2rr'\cos x + r'^2)^{\frac{3}{2}}}.$$

CHAPITRE II.

COMPARAISON DES TRANSCENDANTES LOGARITHMIQUES, EXPONENTIELLES ET CIRCULAIRES. — FORMULE DE MOIVRE ET NOTIONS SUR LA THÉORIE DES SECTIONS ANGULAIRES.

§ 1er. Comparaison des transcendantes logarithmiques, exponentielles et circulaires.

69. Dans le chapitre qui précède, on a donné les règles pour la différentiation des fonctions exponentielles, logarithmiques et circulaires, qui sont les seules fonctions transcendantes que l'on considère dans les parties élémentaires des mathématiques; mais ce sujet demande à être étudié plus à fond et sous des rapports divers, parce qu'il sert de fondement aux calculs de l'analyse supérieure.

Nous avons vu que Neper était parti d'une relation équivalente à l'équation différentielle

$$\frac{dy}{dx}=y, \qquad (a)$$

pour définir la fonction exponentielle

$$y=e^x,$$

ou la fonction logarithmique qui en est l'inverse,

$$x=\log y.$$

En effet, cette équation différentielle, jointe à la condition que x s'évanouisse pour $y=1$, caractérise essentiellement l'une et l'autre fonction transcendante, en fixant la loi très-simple d'après laquelle ces fonctions varient sans discontinuité. Les définitions élémentaires qu'on donne des logarithmes en arithmétique et en algèbre, n'en sont que des conséquences, et n'expriment, par comparaison, que des propriétés secondaires de la fonction logarithmique.

Il est facile de se rendre compte, d'après la forme de l'équation (a), du rôle que doit jouer la fonction exponentielle dans l'expression d'une foule de phénomènes naturels, et notamment de ceux qui pourraient se classer sous la dénomination générique de phénomènes d'absorption ou d'extinction graduelle. Que l'on se représente un corps mû dans un milieu résistant qui lui enlève sans cesse une partie de sa vitesse. La résistance du milieu, ou l'absorption de vitesse dans un instant infiniment petit, dépend évidemment de la vitesse du corps : elle croît avec cette vitesse, s'évanouit quand la vitesse est nulle, reste très-petite quand la vitesse est très-petite, et, par conséquent [5], pour de très-petites valeurs de la vitesse, est sensiblement proportionnelle à la vitesse du corps en chaque instant. On a donc une équation de la forme

$$\frac{dy}{dt} = -ky,$$

y désignant la vitesse supposée très-petite, t le temps, et k un certain coefficient constant. Or, cette équation se change en

$$\frac{dy}{dx} = y,$$

quand on pose $x = -kt$; et si l'on prend pour unité la valeur de y au moment où l'on a $t = o$, ou $x = o$, il résultera de cette dernière équation

$$y = e^x = e^{-kt}, \text{ ou } t = -\frac{1}{k} \log y.$$

Un raisonnement semblable s'appliquerait à l'extinction progressive de la lumière et de la chaleur dans des milieux absorbants, aux déperditions de chaleur et d'électricité par le rayonnement des surfaces ou par le contact d'un milieu ambiant, et à tous les phénomènes analogues.

70. Suivant la notation des intégrales définies que nous avons fait connaître [51], on peut écrire

$$\log y = \int_1^y \frac{dy}{y},$$

ou

$$\log x = \int_1^x \frac{dx}{x}.$$

La fonction logarithmique n'est donc qu'une intégrale définie, et nous l'avons qualifiée de transcendante, non-seulement parce qu'on n'a pas pu jusqu'ici l'exprimer algébriquement, mais parce qu'en effet, comme on le démontrera plus tard, elle ne comporte pas d'expression algébrique, explicite ou implicite. Cette considération doit nous mener dans la suite à regarder les intégrales définies comme constituant de nouvelles fonctions transcendantes, toutes les fois qu'elles ne peuvent pas s'exprimer algébriquement, ou par d'autres transcendantes déjà définies.

Le nombre transcendant e est la valeur qu'il faut assigner à la limite supérieure de l'intégrale, pour que la valeur de cette intégrale soit égale à l'unité; ou, si l'on veut, c'est une constante déterminée implicitement par l'équation transcendante

$$\int_1^e \frac{dx}{x} = 1.$$

71. Supposons que l'on cherche une fonction φx, telle qu'on ait, pour toutes les valeurs de x et de z,

$$\varphi x + \varphi z = \varphi(xz). \qquad (b)$$

En faisant dans cette équation $z = o$, on en tirera

$$\varphi x + \varphi(0) = \varphi(0);$$

en sorte que, si $\varphi(o)$ avait une valeur finie quelconque, φx serait nulle pour toutes les valeurs de x. Donc la fonction cherchée éprouve une solution de continuité pour $x=o$.

Faisons dans la même équation $z=1$, nous aurons

$$\varphi x+\varphi(1)=\varphi(x)\ ,\ \text{ou}\ \varphi(1)=0\ . \qquad (b_1)$$

On peut différentier l'équation (b) par rapport à x et par rapport à z, en y considérant successivement x et z comme variables, ce qui donnera, d'après les règles déjà exposées,

$$\varphi' x=z\varphi'(xz)\ ,\quad \varphi' z=x\varphi'(xz)\ ,$$

et par conséquent

$$x\varphi' x=z\varphi' z.$$

Donc la fonction φ est telle que le produit $x\varphi' x$ ne dépend pas de x, et qu'on a

$$x\varphi' x=k\ ,$$

k désignant une constante quelconque, ou

$$\frac{d\varphi x}{dx}=\frac{k}{x};$$

et puisque la fonction φx doit se réduire à zéro pour $x=1$, on conclut de cette dernière équation

$$\varphi x=k\int_1^x\frac{dx}{x}=k\log x\ .$$

Effectivement, l'équation (b) exprime la propriété qui sert de base à l'usage vulgaire des logarithmes; et nous aurions pu, comme on vient de le voir, partir de cette équation, ou de la propriété qu'elle exprime, pour trouver la différentielle de la fonction logarithmique.

72. Soit une autre fonction ψ caractérisée par l'équation

$$\psi x\,.\,\psi z=\psi(x+z)\ , \qquad (c)$$

d'où l'on tire, en faisant $z=o$,

$$\psi(o)=1\ . \qquad (c_0)$$

Si l'on différentie l'équation (c) par rapport à x et par rapport à z, il viendra

$$\psi' x \,.\, \psi z = \psi'(x+z),\ \psi x \,.\, \psi' z = \psi'(x+z),$$

et par suite

$$\frac{\psi' x}{\psi x} = \frac{\psi' z}{\psi z}.$$

Ainsi, l'on doit avoir

$$\frac{\psi' x}{\psi x} = a\,,\ \text{ou}\ \frac{d\psi x}{dx} = a\,\psi x\,,$$

a désignant une constante quelconque que nous supposerons d'abord réelle. Or, nous savons par ce qui précède que la fonction de x qui satisfait à cette équation différentielle et à la condition $\psi(\mathrm{o}) = 1$, est

$$\psi x = e^{ax}\ ;$$

et, en effet, l'équation (c) n'est que la traduction de la règle fondamentale du calcul des exposants ; en sorte que nous aurions pu partir de cette équation pour trouver directement la différentielle de la fonction exponentielle.

Supposons maintenant que la constante a soit imaginaire, ou de la forme $\alpha + \beta\sqrt{-1}$: la fonction ψx sera elle-même [17] une quantité imaginaire de la forme

$$fx + \mathrm{f}x\sqrt{-1}\,.$$

En effet, l'équation

$$d\,.\,\psi x = (\alpha + \beta\sqrt{-1})\,\psi x\,dx \qquad (d)$$

peut être remplacée par

$$\Delta\,.\,\psi x = (\alpha + \beta\sqrt{-1})\,\psi x\,\Delta x\,,$$

avec une approximation d'autant plus grande que l'on prend pour Δx une fraction plus petite. Ainsi, à cause de $\psi(\mathrm{o}) = 1$, si l'on prend, par exemple, $\Delta x = 0{,}001$, cette valeur de Δx étant regardée comme une quantité très-petite du premier ordre [44 *et* 45], on aura, en négligeant les quantités très-petites du second ordre,

$$\psi(0{,}001) = 1 + 0{,}001\,(\alpha + \beta\sqrt{-1}),$$
$$\psi(0{,}002) = [1 + 0{,}001\,(\alpha + \beta\sqrt{-1})]^2,$$
$$\psi(0{,}003) = [1 + 0{,}001\,(\alpha + \beta\sqrt{-1})]^3,$$
etc.,

et toutes ces valeurs de la fonction ψ sont réductibles à la forme

$$\mu + \nu\sqrt{-1}.$$

Comme l'erreur commise par la substitution d'une différence finie Δx à la différentielle dx peut être indéfiniment atténuée, il s'ensuit, non-seulement qu'il existe effectivement une fonction

$$\psi x = fx + \mathrm{f}x\sqrt{-1},$$

jouissant de la propriété de satisfaire aux équations (c) et (c_0), et par suite à l'équation (d), mais encore que les fonctions réelles fx, $\mathrm{f}x$, qui entrent dans la composition de ψx, peuvent être calculées numériquement, pour une valeur quelconque assignée à x, avec une approximation indéfinie.

A cause de l'équation (c_0), on a

$$f(0) = 1,\quad \mathrm{f}(0) = 0, \qquad (e)$$

et il vient, en vertu de l'équation (c),

$$(fx + \mathrm{f}x\sqrt{-1})(fz + \mathrm{f}z\sqrt{-1}) = f(x+z) + \mathrm{f}(x+z)\sqrt{-1},$$

d'où l'on conclut

$$\left.\begin{aligned} fx\,.\,fz - \mathrm{f}x\,.\,\mathrm{f}z &= f(x+z),\\ fx\,.\,\mathrm{f}z + \mathrm{f}x\,.\,fz &= \mathrm{f}(x+z),\end{aligned}\right\} \quad (f)$$

formules dont les conséquences seront développées tout à l'heure.

Puisque l'équation (c) n'est que la traduction de la règle algébrique pour le calcul des exposants, il s'ensuit que nous pouvons désigner par e^{ax}, même lorsque la constante a est imaginaire, la fonction ψx qui jouit de la propriété de satisfaire aux équations (c) et (c_0) :

car, bien que l'on ne puisse pas élever un nombre à une puissance imaginaire, et qu'ainsi l'expression e^{ax}, quand ax est imaginaire, n'indique pas une opération arithmétique possible, exactement ou par approximation, cependant, lorsqu'on appliquera les règles du calcul algébrique à une telle expression, on se conformera à la nature de la fonction ψ qu'elle représente, et l'on arrivera nécessairement à un résultat exact.

73. La fonction transcendante

$$y = \sin x$$

ayant la propriété de satisfaire à l'équation différentielle

$$dy = \cos x\, dx\,, \qquad (g)$$

ou

$$dy = \sqrt{1-y^2}\,.\,dx\,, \qquad (g')$$

on peut faire abstraction de la signification géométrique attachée à la fonction y, et la caractériser par la double condition d'être nulle en même temps que x et de croître avec continuité suivant une loi exprimée par l'équation (g'). On peut aussi envisager la fonction inverse comme une intégrale définie, et écrire

$$\text{arc} \sin y = \int_0^y \frac{dy}{\sqrt{1-y^2}}\,,$$

ou en changeant de lettre

$$\text{arc} \sin x = \int_0^x \frac{dx}{\sqrt{1-x^2}}\,,$$

en sorte que le nombre transcendant π sera déterminé par l'équation

$$\tfrac{1}{2}\pi = \int_0^1 \frac{dx}{\sqrt{1-x^2}}\,.$$

Les équations (g) et (g') coïncident pour les v
de y comprises entre -1 et $+1$, ou pour les v
de x comprises entre $-\frac{1}{2}\pi$ et $+\frac{1}{2}\pi$; mais quand x
à dépasser $\frac{1}{2}\pi$, il faut, d'après ce que la trigonon
nous enseigne sur le changement de signe du co
remplacer l'équation (g') par

$$dy = -\sqrt{1-y^2}\,.\,dx\,. \qquad (g'')$$

En effet, il est impossible que l'équation (g') su
pour des valeurs réelles de y, après que la varial
réputée indépendante et dont par conséquent ri
gêne l'accroissement continu, vient à dépasser la v
pour laquelle $y=1$: car alors l'accroissement dx
positif, et le radical $\sqrt{1-y^2}$ étant pris positiver
dy serait positif, d'où il résulterait que y dépasse l
leur 1, et qu'ainsi le radical $\sqrt{1-y^2}$ devient i
naire; ce qui ne peut arriver sans que dy et par s
prennent des valeurs imaginaires.

74. Mais, pour démontrer directement que l'o
passer de l'équation (g') à l'équation (g''), sans rie
prunter à la trigonométrie, ni dans cette démo
tion, ni dans la définition de la fonction y, consid
deux fonctions $\mathrm{f}x$, fx, déterminées simultanémen
le système des deux équations différentielles

$$d\,.\,\mathrm{f}x = fx\,dx\,, \qquad (i)$$

$$d\,.\,fx = -\,\mathrm{f}x\,dx\,, \qquad (j)$$

jointes aux conditions

$$\mathrm{f}(0) = 0,\ f(0) = 1\,. \qquad (i_0)$$

On tirera de ces équations

$$\mathrm{f}x\,d\,.\,\mathrm{f}x + fx\,d\,.\,fx = 0\,,$$

ou

$$\tfrac{1}{2}d\,.\,[(\mathrm{f}x)^2 + (fx)^2] = 0\,;$$

et de là on conclut

$$(\mathrm{f}x)^2 + (fx)^2 = C\,,$$

C désignant un nombre quelconque, indépendant de x. Mais les équations (i_0) donnent

$$(\mathrm{f}\,0)^2+(f\,0)^2=1\,;$$

donc

$$(\mathrm{f}x)^2+(fx)^2=1\,. \qquad (k)$$

Cela posé, tant que $\mathrm{f}\,x$ passe, pour des valeurs croissantes de x, de la valeur 0 à la valeur 1, $d.\mathrm{f}\,x$ est positif ainsi que dx : donc $f\,x$ est positif en vertu de l'équation (i), et l'on a

$$fx=\sqrt{1-(\mathrm{f}x)^2}\,.$$

Désignons par $\frac{1}{2}\pi$ la valeur de x pour laquelle on a $\mathrm{f}x=1$, et par suite $f\,x=0$. En vertu de l'équation (j), $d.\,f\,x$ est négatif, et $f\,x$ va en décroissant, pour des valeurs croissantes de x, tant que $\mathrm{f}\,x$ est positif; donc, pour des valeurs de x plus grandes que $\frac{1}{2}\pi$, $f\,x$, après avoir passé par zéro deviendra négatif, et sera égal à

$$-\sqrt{1-(\mathrm{f}x)^2}\,.$$

Donc $\mathrm{f}\,x$ croîtra et décroîtra symétriquement en deçà et au delà de sa valeur *maximum* $\mathrm{f}(\frac{1}{2}\pi)=1$, de sorte qu'on aura

$$\mathrm{f}\,(\tfrac{1}{2}\pi+z)=\mathrm{f}\,(\tfrac{1}{2}\pi-z)\,.$$

Par conséquent

$$\mathrm{f}(\pi)=\mathrm{f}\,(0)=0\,,\,f(\pi)=-1\,.$$

La variable indépendante x venant à dépasser la valeur π, et $f\,x$ étant négatif, $d.\ \mathrm{f}\,x$ sera négatif et $\mathrm{f}\,x$ continuera à décroître en prenant des valeurs négatives. Or, comme $f\,x$ ne change pas de valeur pour des valeurs de $\mathrm{f}\,x$ numériquement égales et de signes contraires, il en résulte encore que l'on a

$$\mathrm{f}\,(\pi+z)=-\mathrm{f}\,(\pi-z)\,,$$

et par suite

$$\mathrm{f}\,(\tfrac{3}{2}\pi)=-\,\mathrm{f}\,(\tfrac{1}{2}\pi)=-1\,,\,f\,(\tfrac{3}{2}\pi)=0\,.$$

Lorsque x aura dépassé la valeur $\frac{3}{2}\pi$, $f\,x$ redeviendra positif, $\mathrm{f}x$ recommencera à croître algébriquement en passant par des valeurs numériques de plus en plus petites; et par la raison déjà indiquée il décroîtra et croîtra symétriquement, en deçà et au delà de sa valeur *minimum* $\mathrm{f}(\frac{3}{2}\pi) = -1$, de façon qu'il viendra

$$\mathrm{f}(\tfrac{3}{2}\pi + z) = \mathrm{f}(\tfrac{3}{2}\pi - z),$$

et enfin

$$\mathrm{f}(2\pi) = \mathrm{f}(\pi) = 0, f(2\pi) = 1.$$

En ce moment, les valeurs de $\mathrm{f}x$ et de fx redevenant ce qu'elles étaient pour $x = 0$, $\mathrm{f}(x)$ repassera par la même série de valeurs également espacées, et l'intervalle de la période sera égal à 2π.

On discuterait de même la marche périodique de la fonction f, et l'on étendrait cette discussion aux valeurs négatives de x.

Ainsi, la règle pour le changement révolutif des signes des sinus et cosinus, qui n'était établie en trigonométrie que par induction, et par la vérification des formules lorsqu'on les étend, d'après cette règle, aux arcs plus grands que le quadrant, ou même plus grands qu'une circonférence entière, dérive en effet de la loi de génération de ces fonctions, abstraction faite de toute signification géométrique attribuée à la variable x et aux fonctions qui en dépendent.

75. Considérons la fonction

$$\psi x = \cos x + \sin x \,.\, \sqrt{-1}:$$

la différentiation donnera

$$\psi' x = -\sin x + \cos x \sqrt{-1} = \psi x \,.\, \sqrt{-1},$$

ou

$$\frac{\psi' x}{\psi x} = \sqrt{-1}.$$

D'ailleurs, la fonction ψx se réduit à l'unité pour

$x=0$: donc [72] la fonction ψx peut se représenter par $e^{x\sqrt{-1}}$, et l'on a cette formule fondamentale

$$e^{x\sqrt{-1}} = \cos x + \sin x \,.\, \sqrt{-1}\,. \qquad \text{(A)}$$

Il est bien évident en effet que les fonctions $\cos x$, $\sin x$ jouissent des propriétés qui doivent appartenir aux fonctions fx, $\mathrm{f}x$, en vertu des équations (e) et (f).

En changeant le signe du radical dans l'équation (A), on aura

$$e^{-x\sqrt{-1}} = \cos x - \sin x \,.\sqrt{-1}\,,$$

d'où l'on conclut

$$\left.\begin{aligned}\cos x &= \frac{e^{x\sqrt{-1}} + e^{-x\sqrt{-1}}}{2}\,,\\ \sin x &= \frac{e^{x\sqrt{-1}} - e^{-x\sqrt{-1}}}{2\sqrt{-1}}\,.\end{aligned}\right\} \qquad \text{(B)}$$

Ces formules, sans cesse employées dans l'analyse, ont été publiées pour la première fois par Euler, qui les attribue à son maître Jean Bernoulli.

On exprimerait de même en exponentielles imaginaires toutes les autres fonctions trigonométriques ; par exemple :

$$\operatorname{tang} x = \frac{1}{\sqrt{-1}} \cdot \frac{e^{x\sqrt{-1}} - e^{-x\sqrt{-1}}}{e^{x\sqrt{-1}} + e^{-x\sqrt{-1}}} = \frac{1}{\sqrt{-1}} \cdot \frac{e^{2x\sqrt{-1}} - 1}{e^{2x\sqrt{-1}} + 1} \cdot \qquad (l)$$

76. L'équation (A) donne encore

$$x\sqrt{-1} = \log\,(\cos x + \sin x \,.\, \sqrt{-1})\,;$$

et si l'on fait $x = 2i\pi$, i désignant un nombre entier quelconque, positif ou négatif, on en tirera

$$\log \,.\, 1 = 2i\pi\sqrt{-1}\,.$$

Ainsi, la signification des exposants imaginaires, et par suite celle des logarithmes imaginaires étant fixée, il en résulte que l'unité a une infinité de logarithmes imaginaires, en outre du logarithme réel zéro correspondant à $i=0$. Il faut aussi en conclure qu'un nombre

9.

positif quelconque a une infinité de logarithmes imaginaires ; car, en vertu de l'équation identique

$$a = a \times 1,$$

on aura

$$\log a = (\log a) + \log 1 = (\log a) + 2i\pi\sqrt{-1},$$

$(\log a)$ désignant le logarithme réel de a.

On trouverait de la même manière

$$\log(-1) = (2i+1)\pi\sqrt{-1},$$

$$\log(-a) = (\log a) + \log(-1) = (\log a) + (2i+1)\pi\sqrt{-1},$$

et cette formule montre que tous les logarithmes des nombres négatifs sont affectés d'imaginarité.

Enfin l'on aurait

$$\log(\sqrt{-1}) = \frac{4i+1}{2}\pi\sqrt{-1},$$

$$\log(-\sqrt{-1}) = \frac{4i+3}{2}\pi\sqrt{-1},$$

valeurs qui restent imaginaires, quel que soit i.

Il n'y a pas, dans l'analyse mathématique, de fait plus remarquable que cette liaison inattendue qui s'établit, comme une conséquence de l'emploi du signe algébrique $\sqrt{-1}$, d'une part, entre les fonctions exponentielles et les fonctions trigonométriques, d'autre part, entre les logarithmes et les arcs de cercle : c'est-à-dire entre des fonctions si diverses de nature et d'origine, tant qu'on ne remonte pas à la loi qui régit leurs accroissements différentiels.

§ 2. Formule de Moivre et notions sur la théorie des sections angulaires.

77. De l'équation (A) on déduit, en désignant par n un nombre entier positif,

$$e^{nx\sqrt{-1}} = \cos nx + \sin nx \,.\, \sqrt{-1},$$

et par conséquent

$$(\cos x + \sin x \,.\, \sqrt{-1})^n = \cos nx + \sin nx \,.\, \sqrt{-1}\,. \quad \text{(C)}$$

Cette équation se décompose en deux autres, comme toutes celles qui renferment à la fois des termes réels et des termes imaginaires. Ainsi, pour $n = 2$, on trouve

$$\cos^2 x - \sin^2 x + 2 \sin x \cos x \,.\, \sqrt{-1} = \cos 2x + \sin 2x \,.\, \sqrt{-1},$$

ce qui équivaut aux deux équations bien connues :

$$\sin 2x = 2 \sin x \cos x\,,$$
$$\cos 2x = \cos^2 x - \sin^2 x\,.$$

Le même calcul donnerait, pour $n = 3$,

$$\sin 3x = 3 \cos^2 x - \sin^3 x\,,$$
$$\cos 3x = \cos^3 x - 3 \cos x \sin^2 x\,.$$

Afin de généraliser ces résultats, nous remarquerons que l'équation (C) donne, par le changement de signe du radical,

$$(\cos x - \sin x \,.\, \sqrt{-1})^n = \cos nx - \sin nx \,.\, \sqrt{-1}\,,$$

ce qui conduit aux expressions

$$\cos nx = \frac{(\cos x + \sin x \,.\, \sqrt{-1})^n + (\cos x - \sin x \,.\, \sqrt{-1})^n}{2}\,,$$

$$\sin nx = \frac{(\cos x + \sin x \,.\, \sqrt{-1})^n - (\cos x - \sin x \,.\, \sqrt{-1})^n}{2\sqrt{-1}}\,.$$

En développant les puissances par la formule du binôme, on fait disparaître les imaginaires, et il vient :

$$\cos nx = \cos^n x - \frac{n(n-1)}{1.2} \cos^{n-2} x \sin^2 x$$
$$+ \frac{n(n-1)(n-2)n-3)}{1.2.3.4} \cos^{n-4} x \sin^4 x - \text{etc.}\,, \quad \text{(D)}$$

$$\sin nx = n \cos^{n-1} x \sin x - \frac{n(n-1)(n-2)}{1.2.3} \cos^{n-3} x \sin^3 x + \text{etc.} \quad \text{(E)}$$

Ces deux formules ne comprennent qu'un nombre fini de termes, toutes les fois que n est un nombre entier positif, comme nous le supposons ici.

78. Soit, pour la simplicité du calcul,

$$\cos x + \sin x \sqrt{-1} = u\,, \quad \cos x - \sin x \sqrt{-1} = v\,,$$

d'où

$$uv = 1\,,\quad u + v = 2\cos x\,,\quad u - v = 2\sin x\sqrt{-1}:$$

la formule du binôme donne, toujours dans le cas d'un exposant n entier et positif,

$$(2\cos x)^n = (u+v)^n = u^n + \frac{n}{1}u^{n-1}v + \frac{n(n-1)}{1.2}u^{n-2}v^2 + \ldots\ldots + v^n,$$

ou bien, à cause de $uv = 1$,

$$(2\cos x)^n = u^n + \frac{n}{1}u^{n-2} + \frac{n(n-1)}{1.2}u^{n-4} + \ldots\ldots\ldots$$

$$\ldots\ldots\ldots + \frac{n(n-1)}{1.2}v^{n-4} + \frac{n}{1}v^{n-2} + v^n.$$

Mais on a d'ailleurs

$$u^n = \cos nx + \sin nx\sqrt{-1}\,,\quad v^n = \cos nx - \sin nx\sqrt{-1}:$$

donc

$$(2\cos x)^n = \cos nx + n\cos(n-2)x + \frac{n(n-1)}{1.2}\cos(n-4)x + \ldots\ldots$$

$$\ldots\ldots + \frac{n(n-1)}{1.2}\cos(n-4)x + n\cos(n-2)x + \cos nx$$

$$+\sqrt{-1}\left[\sin nx + n\sin(n-2)x + \frac{n(n-1)}{1.2}\sin(n-4)x + \ldots\ldots\right.$$

$$\left.\ldots\ldots - \frac{n(n-1)}{1.2}\sin(n-4)x - n\sin(n-2)x - \sin nx\right]. \quad (m)$$

La partie réelle du second membre est formée de termes tous égaux deux à deux, à l'exception du terme moyen, dans le cas où n est pair : par la même raison, la partie imaginaire est formée de termes qui se détruisent deux à deux, le terme moyen s'évanouissant de lui-même si n est pair. Ainsi l'on a, pour les valeurs paires de n,

$$(2\cos x)^n = 2\left[\cos nx + n\cos(n-2)x + \frac{n(n-1)}{1.2}\cos(n-4)x\ldots\ldots\right.$$

$$\left. + \frac{n(n-1)\ldots\ldots\frac{n}{2}}{1.2.3\ldots\left(\frac{n}{2}-1\right)}\cos 2x\right] + \frac{n(n-1)\ldots\ldots\left(\frac{n}{2}+1\right)}{1.2.3\ldots\ldots\frac{n}{2}}, \quad (\mathrm{F}_1)$$

et pour les valeurs impaires de cet exposant,

$$(2\cos x)^n = 2\left[\cos nx + n\cos(n-2)x + \frac{n(n-1)}{1.2}\cos(n-4)x \ldots\ldots \right.$$

$$\left. + \frac{n(n-1)\ldots\ldots\left(\frac{n+3}{2}\right)}{1.2.3\ldots\ldots\left(\frac{n-1}{2}\right)}\cos x\right]. \qquad (F_2)$$

On trouve de même, selon que n est pair ou impair,

$$(2\sqrt{-1}\,.\sin x)^n = (u-v)^n = u^n - nu^{n-1}v + \frac{n(n-1)}{1.2}u^{n-2}v^2 \ldots\ldots\ldots \pm v^n$$

$$= u^n - nu^{n-2} + \frac{n(n-1)}{1.2}u^{n-4} - \ldots\ldots \mp nv^{n-2} \pm v^n$$

$$= \cos nx - n\cos(n-2)x + \frac{n(n-1)}{1.2}\cos(n-4)x \ldots\ldots\ldots$$

$$\ldots\ldots\ldots \mp n\cos(n-2)x \pm \cos nx$$

$$+\sqrt{-1}\left[\sin nx - n\sin(n-2)x + \frac{n(n-1)}{1.2}\sin(n-4)x - \ldots\ldots\ldots \right.$$

$$\left. \ldots\ldots\ldots \pm n\sin(n-2)x \mp \sin nx\right]. \qquad (m')$$

Dans le cas où n est pair, la série qui multiplie $\sqrt{-1}$, dans le dernier membre de l'équation, s'évanouit comme précédemment; les termes de la partie réelle s'accouplent, à l'exception du terme moyen, et l'on a

$$(-1)^{\frac{n}{2}}\left(2\sin x\right)^n = 2\left[\cos nx - n\cos(n-2)x + \frac{n(n-1)}{1.2}\cos(n-4)x - \ldots\ldots \right.$$

$$\left. \pm \frac{n(n-1)\ldots\ldots\frac{n}{2}}{1.2.3\ldots\ldots\left(\frac{n}{2}-1\right)}\cos 2x\right] \mp \frac{n(n-1)\ldots\ldots\left(\frac{n}{2}+1\right)}{1.2.3\ldots\ldots\frac{n}{2}}, \qquad (G_1)$$

formule dans laquelle il faut prendre les signes supérieurs ou inférieurs selon que $\frac{n}{2}$ est pair ou impair.

Dans le cas où n est impair, c'est la partie réelle du dernier membre de l'équation (m'), dont les termes se détruisent deux à deux, et la partie imaginaire dont les termes s'accouplent. Après qu'on a divisé de part et d'autre par $\sqrt{-1}$, il vient

$$\left(-1\right)^{\frac{n-1}{2}}\left(2\sin x\right)^n=2\left[\sin nx-n\sin(n-2)x+\frac{n(n-1)}{1.2}\sin(n-4)x-\ldots\right.$$

$$\left.\pm\frac{n(n-1)\ldots\ldots\left(\frac{n+3}{2}\right)}{1.2.3\ldots\ldots\left(\frac{n-1}{2}\right)}\sin x\right].\qquad (G_2)$$

79. La formule (C), due à Moivre, et qui porte le nom de ce géomètre, fournit immédiatement l'expression des racines des équations de la forme

$$x^n\mp 1=0,$$

auxquelles on sait que peuvent se ramener toutes les équations binômes.

Prenons d'abord l'équation

$$x^n-1=0,\qquad (n)$$

et posons

$$x=\cos\varphi+\sin\varphi.\sqrt{-1}:$$

cet angle φ devra être déterminé de manière à satisfaire à l'équation

$$\cos n\varphi+\sin n\varphi.\sqrt{-1}=1,$$

qui se décompose en deux autres

$$\cos n\varphi=1,\ \sin n\varphi=0,$$

auxquelles on satisfait simultanément si l'on prend $\varphi=\frac{2i\pi}{n}$, et par conséquent

$$x=\cos\frac{2i\pi}{n}+\sin\frac{2i\pi}{n}\cdot\sqrt{-1},\qquad (p)$$

i désignant un nombre entier quelconque.

Il est clair que lorsqu'on attribue à i les n valeurs entières

$$0,\ 1,\ 2,\ 3,\ \ldots\ldots n-1,$$

on a autant de valeurs différentes pour x; tandis que, si l'on attribue à i des valeurs entières, soit négatives, soit positives, mais numériquement plus grandes que $n-1$, on retombe sur des valeurs de x déjà obtenues. Ceci résulte de la formule

$$\begin{matrix}\cos\\ \sin\end{matrix}\left\{\frac{2(kn+r)\pi}{n}=\begin{matrix}\cos\\ \sin\end{matrix}\left(2k\pi+\frac{2r\pi}{n}\right)=\begin{matrix}\cos\\ \sin\end{matrix}\right\}\frac{2r\pi}{n},$$

où r désigne un nombre entier, positif et plus petit que n, et k un nombre entier quelconque, positif ou négatif.

Le nombre des racines distinctes données par la formule (p) est donc le même que celui qui exprime le degré de l'équation (n), conformément à la théorie des équations algébriques.

La valeur $i=0$ donne la racine réelle $x=1$, et si n est pair, auquel cas -1 est une autre racine réelle de l'équation, cette racine correspond à la valeur $i=\frac{n}{2}$. Toutes les autres valeurs de i donnent des racines imaginaires.

On sait qu'une équation algébrique à coefficients réels a toutes ses racines imaginaires conjuguées, de manière que le produit de deux racines conjuguées

$$\alpha+\beta\sqrt{-1},\ \alpha-\beta\sqrt{-1}$$

est une quantité réelle positive $\alpha^2+\beta^2$. La formule (p) satisfait à cette condition; car on a

$$\cos\frac{2(n-r)\pi}{n}=\cos\frac{2r\pi}{n},\ \sin\frac{2(n-r)\pi}{n}=-\sin\frac{2r\pi}{n},$$

de façon que la racine imaginaire donnée par la valeur $i=r$ se conjugue avec celle qui correspond à $i=n-r$. On peut donc exprimer toutes les racines de l'équation (n), ou toutes les *racines de l'unité*, par la formule

$$x = \cos\frac{2i\pi}{n} \pm \sin\frac{2i\pi}{n}\cdot\sqrt{-1},$$

dans laquelle on n'attribuera à i que les valeurs entières de o à $\frac{n}{2}$ inclusivement si n est pair, et de o à $\frac{n-1}{2}$ si n est impair.

Les facteurs réels du second degré, qui sont le produit de deux facteurs imaginaires conjugués, se trouvent compris dans la formule

$$x^2 - 2x\cos\frac{2i\pi}{n} + 1.$$

Cette proposition, à laquelle on peut donner facilement un énoncé géométrique, est connue sous le nom de *Théorème de Côtes*.

L'équation

$$x^n + 1 = 0$$

donne lieu à des formules analogues que l'on obtient en écrivant dans celles qui précèdent $2i+1$ au lieu de $2i$.

Réciproquement, toutes les fois que l'on saura résoudre algébriquement une équation binôme

$$x^n \mp 1 = 0,$$

c'est-à-dire exprimer ses racines imaginaires par un système de radicaux algébriques, on aura une expression algébrique des lignes trigonométriques

$$\left.\begin{matrix}\sin\\ \cos\end{matrix}\right|\frac{2i\pi}{n},\quad \left.\begin{matrix}\sin\\ \cos\end{matrix}\right|\frac{(2i+1)\pi}{n},$$

et en particulier des lignes

$$\sin\frac{2\pi}{n},\ \cos\frac{2\pi}{n}.$$

Donc, si ces racines imaginaires s'expriment par un système de radicaux du second degré, que l'on puisse construire avec la règle et le compas, comme on l'enseigne dans les éléments de la géométrie analytique, on pourra construire avec la règle et le compas le sinus ou le cosinus de l'arc qui est la n^e partie de la circonférence, et, par conséquent, diviser géométriquement (dans le sens des anciens) la circonférence en n parties égales. On voit par là comment ce problème, si célèbre chez les géomètres grecs, se rattache à la théorie de la résolution algébrique des équations, qui elle-même se lie étroitement à la théorie des combinaisons et à celle des nombres. Mais ce n'est pas ici le lieu d'insister sur ces rapprochements très-curieux, qui intéressent plutôt la philosophie des mathématiques que leur application aux autres sciences positives.

80. On résout, à l'aide des tables trigonométriques, non-seulement, comme on vient de le voir, les équations binômes, mais encore les équations trinômes de la forme

$$z^{2n} - 2az^n + b = 0; \qquad (q)$$

car, si l'on en tire pour z^2 une valeur réelle, elles se ramèneront immédiatement à des équations binômes du degré n; et dans le cas contraire, où l'on a $a^2 < b$, on pourra poser

$$z = \sqrt[2n]{b}.x, \quad \frac{a}{\sqrt{b}} = \pm \cos \lambda,$$

λ désignant un arc plus petit que le quadrant : au moyen de quoi l'équation (q) prendra l'une des deux formes

$$x^{2n} - 2x^n \cos \lambda + 1 = 0, \qquad (q_1)$$

$$x^{2n} + 2x^n \cos \lambda + 1 = 0. \qquad (q_2)$$

Admettons que ce soit la première, et posons

$$x = \cos \varphi + \sin \varphi . \sqrt{-1};$$

la valeur de l'angle φ devra satisfaire aux conditions

$$\cos 2n\varphi - 2\cos n\varphi . \cos \lambda + 1 = 0,$$

$$\sin 2n\varphi - 2\sin n\varphi . \cos \lambda = 0;$$

et elle y satisfera effectivement si l'on prend

$$\cos n\varphi = \cos\lambda\,,\ \text{d'où}\ \varphi = \frac{2i\pi \pm \lambda}{n},$$

i désignant un nombre entier quelconque. Ainsi les $2n$ racines de la proposée sont données par la formule

$$x = \cos\frac{2i\pi \pm \lambda}{n} + \sin\frac{2i\pi \pm \lambda}{n}\,.\sqrt{-1}\,,$$

dans laquelle on attribuera successivement à i toutes les valeurs entières, de 0 à $n-1$ inclusivement. Les facteurs réels de l'équation (q_1) sont représentés par la formule

$$x^2 - 2x\cos\frac{2i\pi \pm \lambda}{n} + 1\,.$$

Il faudrait remplacer dans les formules précédentes $2i$ par $2i+1$, afin de les adapter à la résolution de l'équation (q_2).

81. Lorsque dans la formule de Moivre

$$(\cos x + \sin x\,.\sqrt{-1})^n = \cos nx + \sin nx\,.\sqrt{-1} \qquad \text{(C)}$$

on attribue à n des valeurs entières, chaque membre de l'équation ne comporte qu'une seule valeur, et l'application de la formule n'exige aucune remarque nouvelle; mais si l'exposant n est une fraction rationnelle $\frac{p}{q}$, que l'on doit toujours supposer réduite à sa plus simple expression, le premier membre de l'équation comporte, d'après la théorie des racines de l'unité, q valeurs distinctes que l'on obtiendra en multipliant successivement le second membre par les racines de l'unité, du degré q. Or, d'après ce qui précède, ces racines sont données par la formule

$$\cos\frac{2i\pi}{q} + \sin\frac{2i\pi}{q}\,.\sqrt{-1}.$$

Donc, pour que dans ce cas la formule de Moivre acquière la généralité qu'elle doit avoir, il faut écrire

$$(\cos x + \sin x\,.\sqrt{-1})^{\frac{p}{q}} = \left(\cos\frac{p}{q}x + \sin\frac{p}{q}x\,.\sqrt{-1}\right)\left(\cos\frac{2i\pi}{q} + \sin\frac{2i\pi}{q}\right.$$

$$=\cos\frac{px+2i\pi}{q}+\sin\frac{px+2i\pi}{q}.\sqrt{-1}.$$

En outre, puisque p est un nombre entier, premier avec q, on peut remplacer i par pi, ce qui donnera cette formule plus élégante

$$\left(\cos x+\sin x.\sqrt{-1}\right)^{\frac{p}{q}}=\cos\frac{p}{q}\left(x+2i\pi\right)+\sin\frac{p}{q}\left(x+2i\pi\right).\sqrt{-1}$$

dans laquelle on attribuera à i toutes les valeurs entières, de 0 à $q-1$ inclusivement.

*82. Les formules (D), (E), (F_1), (F_2), (G_1), (G_2), qui servent à transformer les sinus et cosinus des multiples d'un arc en puissances des sinus et cosinus de l'arc simple, ou réciproquement, doivent recevoir des modifications analogues lorsque les indices des puissances sont des nombres fractionnaires; et ce point délicat de la théorie des sections angulaires a été mis dans un grand jour par l'intéressant mémoire que M. Poinsot a publié en 1825, sous le titre de *Recherches sur l'analyse des sections angulaires*. Voici quelques explications à ce sujet, que l'on pourra laisser de côté à une première lecture, comme étant moins essentielles que ce qui précède.

Soit

$$\left.\begin{aligned}\Phi x&=\cos nx+n\cos(n-2)x+\frac{n(n-1)}{1.2}\cos(n-4)x+\text{etc.}\\ \Psi x&=\sin nx+n\sin(n-2)x+\frac{n(n-1)}{1.2}\sin(n-4)x+\text{etc.}\end{aligned}\right\}\ (H)$$

la formule (m) deviendra

$$(2\cos x)^n=\Phi x+\Psi x\sqrt{-1};$$

et cette formule pourra être censée établie, d'après les calculs du n° 78, pour des valeurs quelconques de l'exposant n, si l'on admet que la formule du binôme subsiste pour des valeurs quelconques de l'exposant : ainsi que cela se prouve dans la plupart des traités d'algèbre, indépendamment de la démonstration par le calcul différentiel, qui doit être donnée plus loin.

Quand n est un nombre positif entier, la fonction Ψx est nulle; la fonction Φx est composée d'un nombre fini de termes qui s'ajoutent deux à deux, selon qu'on l'a expliqué : mais en général les seconds membres des équations (H) sont des séries formées d'un nombre infini de termes.

Donnons à n la valeur fractionnaire $\frac{p}{q}$ (p, q désignant des nombres entiers, positifs et premiers entre eux) : la quantité radicale

$$(2\cos x)^{\frac{p}{q}} \qquad (r)$$

admettra q valeurs distinctes, comprises dans l'expression

$$\left(\Phi x + \Psi x\sqrt{-1}\right)\left(\cos\frac{p}{q}\,2i\pi + \sin\frac{p}{q}\,.\,2i\pi\sqrt{-1}\right),$$

qui équivaut, d'après ce qu'on a vu plus haut, à

$$\Phi(x + 2i\pi) + \Psi(x + 2i\pi)\,.\sqrt{-1}),$$

i devant recevoir toutes les valeurs entières, de 0 à $q-1$ inclusivement.

Supposons que $\cos x$ soit positif, et désignons par X la valeur réelle et positive du radical (r) : on obtiendra les autres valeurs du radical en multipliant X par les racines de l'unité, autres que 1 ; c'est-à-dire que les q valeurs du radical seront comprises dans l'expression

$$X(\cos\frac{p}{q}\,.\,2i'\pi + \sin\frac{p}{q}\,.\,2i'\pi\,.\sqrt{-1}),$$

sous la condition d'attribuer à i' toutes les valeurs entières de 0 à $q-1$ inclusivement.

Donc, il sera toujours possible d'assigner entre ces limites aux nombres entiers i, i' des valeurs telles que l'on ait

$$\cos\frac{p}{q}.2i'\pi+\sin\frac{p}{q}.2i'\pi.\sqrt{-1})=\Phi(x+2i\pi)+\Psi(x+2i\pi(\sqrt{-1}),$$

ou, ce qui est la même chose,

$$X(\cos\frac{p}{q}.2i'\pi+\sin\frac{p}{q}.2i'\pi.\sqrt{-1})=$$

$$(\Phi x+\Psi x.\sqrt{-1})(\cos\frac{p}{q}.2i\pi+\sin\frac{p}{q}.2i\pi.\sqrt{-1}); \quad (t)$$

et la question est ramenée à déterminer les valeurs correspondantes des nombres i, i'.

Faisons dans l'équation précédente $x=0$: on a

$$\Psi(0)=0,\quad \Phi(0)=(1+1)^{\frac{p}{q}},\quad X_0=2^{\frac{p}{q}};$$

donc $i=i'$, et par conséquent la formule (s) devient

$$X(\cos\frac{p}{q}.2i\pi+\sin\frac{p}{q}.2i\pi.\sqrt{-1})=\Phi(x+2i\pi)+\Psi(x+2i\pi).\sqrt{-}$$

Comme on peut prendre maintenant $i=0$, il en faut conclure que l'on a, pour toutes les valeurs de x comprises entre $-\frac{1}{2}\pi$ et $\frac{1}{2}\pi$, qui font de $\cos x$ une fraction positive,

$$\Phi x=X,\quad \Psi x=0; \quad (u)$$

et plus généralement on a entre ces limites, à cause de l'indépendance des deux parties réelles et imaginaires,

$$\left.\begin{aligned}\Phi(x+2i\pi)&=X\cos\frac{p}{q}.2i\pi,\\ \Psi(x+2i\pi)&=X\sin\frac{p}{q}.2i\pi.\end{aligned}\right\}\quad (v)$$

*83. Supposons maintenant que $\cos x$ soit négatif (x tombant entre $\frac{1}{2}\pi$ et $\frac{3}{2}\pi$), et désignons par X la valeur réelle et positive du radical $(-2\cos x)^{\frac{p}{q}}$: on aura

$$(2\cos x)^{\frac{p}{q}}=X(-1)^{\frac{p}{q}}=X[\cos\frac{p}{q}(2i'+1)\pi+\sin\frac{p}{q}(2i'+1)\pi.\sqrt{-1}];$$

et, en conséquence, les équations (s) et (t) seront remplacées par

$$X[\cos\frac{p}{q}(2i'+1)\pi+\sin\frac{p}{q}(2i'+1)\pi.\sqrt{-1}]=$$
$$\Phi(x+2i\pi)+\Psi(x+2i\pi).\sqrt{-1}, \qquad (s')$$
$$X[\cos\frac{p}{q}(2i'+1)\pi+\sin\frac{p}{q}(2i'+1)\pi.\sqrt{-1}]=$$
$$(\Phi x+\Psi x.\sqrt{-1})(\cos\frac{p}{q}.2i\pi+\sin\frac{p}{q}.2i\pi.\sqrt{-1}). \qquad (t')$$

Les nombres i, i' continuent de comporter toutes les valeurs entières, de 0 à $q-1$ inclusivement; et parmi ces valeurs il s'agit de savoir quelles sont celles qui se correspondent.

Or, si l'on prend $x=\pi$, tous les cosinus et les sinus qui entrent dans les seconds membres des équations (H), devenant égaux à $\cos\frac{p}{q}\pi$, $\sin\frac{p}{q}\pi$, on trouve

$$\Phi(\pi)=(1+1)^{\frac{p}{q}}\cos\frac{p}{q}\pi,$$
$$\Psi(\pi)=(1+1)^{\frac{p}{q}}\sin\frac{p}{q}\pi,$$

et X_π a pour valeur $2^{\frac{p}{q}}$; de sorte qu'on tire de l'équation (t'), après la suppression du facteur commun $2^{\frac{p}{q}}$,

$$\cos\frac{p}{q}(2i'+1)\pi+\sin\frac{p}{q}(2i'+1)\pi.\sqrt{-1}$$
$$=(\cos\frac{p}{q}\pi+\sin\frac{p}{q}\pi.\sqrt{-1})(\cos\frac{p}{q}2i\pi+\sin\frac{p}{q}2i\pi.\sqrt{-1};$$
$$=\cos\frac{p}{q}(2i+1)\pi+\sin\frac{p}{q}(2i+1)\pi.\sqrt{-1};$$

d'où il faut conclure $i'=i$, et par suite

$$[\cos\frac{p}{q}(2i+1)\pi+\sin\frac{p}{q}(2i+1)\pi.\sqrt{-1}]=\Phi(x+2i\pi)+\Psi(x+2i\pi).\sqrt{}$$

Cette dernière équation se décompose dans les deux suivantes

$$\left.\begin{aligned}\Phi(x+2i\pi)&=\mathrm{X}\cos\frac{p}{q}(2i+1)\pi,\\ \Psi(x+2i\pi)&=\mathrm{X}\sin\frac{p}{q}(2i+1)\pi;\end{aligned}\right\}\quad(v')$$

et quand on pose $i=0$, il vient

$$\left.\begin{aligned}\Phi x&=\mathrm{X}\cos\frac{p}{q}\pi,\\ \Psi x&=\mathrm{X}\sin\frac{p}{q}\pi.\end{aligned}\right\}\quad(u')$$

* 84. Nous avons supposé, dans tout ce qui précède, que les fonctions Φ, Ψ ont une valeur déterminée, pour toutes les valeurs de x, en vertu des équations (H), ou qu'on pourrait construire avec une approximation indéfinie, au moyen de ces équations seulement, les courbes ayant pour abscisse x et pour ordonnées Φx, Ψx. Si cette condition essentielle n'était pas satisfaite, c'est-à-dire, si les seconds membres des équations (H) ne constituaient pas des séries convergentes, les formules obtenues deviendraient illusoires et n'offriraient réellement aucun sens déterminé. Or, la condition exigée se vérifie, comme M. Cauchy l'a fait voir, tant qu'on n'attribue à l'exposant n que des valeurs positives.

En effet l'on a, par la formule du binôme,

$$(1-\varepsilon)^n=1-\frac{n}{1}.\varepsilon-\frac{n(1-n)}{1.2}.\varepsilon^2-\frac{n(1-n)(2-n)}{1.2.3}.\varepsilon^3-\text{etc.},\quad(\varepsilon)$$

le développement ne s'arrêtant que pour les valeurs entières et positives de n, et conduisant, pour les autres valeurs de l'exposant, à une série infinie. Soit y_i le terme de cette série qui en a i avant lui : il viendra

$$\frac{y_{i+1}}{y_i}=\frac{i-n}{i+1}.\varepsilon=\frac{1-\frac{n}{i}}{1+\frac{1}{i}}.\varepsilon;\quad(\rho)$$

donc, à mesure que l'on fait croître i, la valeur du rapport (ρ) converge vers une limite numériquement plus petite ou plus grande que l'unité, selon que la valeur numérique de ε est elle-même inférieure ou supérieure à 1. Donc [26] la série (ε) est convergente pour toutes les valeurs de ε numériquement plus petites que l'unité. En outre, tous les termes de cette série, pour lesquels l'indice i est supérieur à la valeur numérique de $n+1$, se trouvent évidemment affectés du même signe, qui est celui du terme

$$\frac{n(1-n)(2-n)\ldots\ldots(\nu-n)}{1.2.3\ldots\ldots(\nu+1)}.\varepsilon^{\nu+1},$$

ν désignant le nombre entier immédiatement inférieur à n. Donc, à la limite $\varepsilon=1$, la série (ε) est convergente ou divergente, selon que la quantité $(1-\varepsilon)^n$ converge vers une limite finie ou nulle, ou vers une limite infinie, tandis que ε converge vers l'unité. Or, quand l'exposant n est positif, on a

$$\lim.\,(1-\varepsilon)^n=(1-1)^n=0,$$

et conséquemment il vient, pour les valeurs positives de n,

$$0=1-\frac{n}{1}-\frac{n(1-n)}{1.2}-\frac{n(1-n)(2-n)}{1.2.3}-\text{etc.}\qquad (h)$$

Mais, puisque la série (h), dont tous les termes, à partir d'un certain rang, ont le même signe, se trouve convergente, les séries (H) que l'on obtient en multipliant chaque terme de la série (h) par un facteur, tantôt positif, tantôt négatif, mais toujours numériquement plus petit que l'unité, sont à plus forte raison convergentes, tant que le paramètre n conserve une valeur positive, et quelle que soit la valeur de x.

Les formules des deux numéros précédents ont pour

résultat utile de faire connaître les valeurs des fonction Φx, Ψx, sans qu'on ait besoin de recourir aux calculs d'approximation fondés sur l'emploi des séries. Ainsi, les fonctions Φx, Ψx étant données par les équations (u) pour les valeurs de x comprises entre $-\frac{1}{2}\pi$ et $\frac{1}{2}\pi$, et par les équations (u') pour les valeurs de x comprises entre $\frac{1}{2}\pi$ et $\frac{3}{2}\pi$, se trouveront déterminées, en vertu des formules (v) et (v'), pour toutes les valeurs positives de $x < (2q-\frac{1}{2})\pi$; et comme on a d'ailleurs, d'après la forme des équations (H),

$$\Phi x = \Phi(x \pm 2kq\pi),$$
$$\Psi x = \Psi(x \pm 2kq\pi),$$

k désignant un nombre entier quelconque, il s'ensuit que les valeurs des fonctions Φx, Ψx seront connues pour toutes les valeurs de x; ou qu'on aura, pour toutes les valeurs de x, les limites vers lesquelles convergent les sommes des séries

$$\cos\frac{p}{q}x + \frac{p}{q}\varepsilon.\cos\left(\frac{p}{q}-2\right)x + \frac{\frac{p}{q}\left(\frac{p}{q}-1\right)}{1.2}\varepsilon^2.\cos\left(\frac{p}{q}-4\right)x + \text{etc.},$$

$$\sin\frac{p}{q}x + \frac{p}{q}\varepsilon.\sin\left(\frac{p}{q}-2\right)x + \frac{\frac{p}{q}\left(\frac{p}{q}-1\right)}{1.2}\varepsilon^2.\sin\left(\frac{p}{q}-4\right)x + \text{etc.},$$

quand le nombre ε, en restant plus petit que 1, converge indéfiniment vers l'unité.

Soit, par exemple, $n=\frac{p}{q}=\frac{1}{3}$, on aura pour les valeurs de x comprises

entre $-\frac{1}{2}\pi$ et $\frac{1}{2}\pi$, $\Phi x = \sqrt[3]{2\cos x}$,

entre $\frac{1}{2}\pi$ et $\frac{3}{2}\pi$, $\Phi x = \sqrt[3]{-2\cos x}.\cos\frac{1}{3}\pi = -\frac{1}{2}\sqrt[3]{2\cos x}$,

entre $\frac{3}{2}\pi$ et $\frac{5}{2}\pi$, $\Phi x = \sqrt[3]{2\cos x}\,.\cos\frac{2}{3}\pi = -\frac{1}{2}\sqrt[3]{2\cos x}$, entre $\frac{5}{2}\pi$ et $\frac{7}{2}\pi$, $\Phi x = \sqrt[3]{-2\cos x}.\cos\pi = \sqrt[3]{2\cos x}$,

entre $\frac{7}{2}\pi$ et $\frac{9}{2}\pi$, $\Phi x = \sqrt[3]{2\cos x}\,.\cos\frac{4}{3}\pi = -\frac{1}{2}\sqrt[3]{2\cos x}$,

entre $\frac{9}{2}\pi$ et $\frac{11}{2}\pi$, $\Phi x = \sqrt[3]{-2\cos x}.\cos\frac{5}{3}\pi = -\frac{1}{2}\sqrt[3]{2\cos x}$;

après quoi les valeurs de Φx repasseront périodiquement par les mêmes valeurs. En conséquence, la courbe périodique dont Φx est l'ordonnée a la forme indiquée par la *fig.* 29.

CHAPITRE III.

RÉSOLUTION DES CAS D'INDÉTERMINATION POUR LES FONCTIONS EXPLICITES D'UNE SEULE VARIABLE. — RECHERCHE DE LEURS VALEURS *MAXIMA* ET *MINIMA*.

§ 1er. Résolution des cas d'indétermination pour les fonctions explicites d'une seule variable.

85. Nous traiterons dans ce chapitre de deux applications importantes du calcul différentiel, et d'abord de celle qui consiste à trouver la valeur d'une fonction de x, quand elle se présente, pour une valeur particulière de x, sous la forme indéterminée $\frac{0}{0}$.

Le problème revient [28] à déterminer la limite vers laquelle converge la fonction

$$\varphi x = \frac{fx}{Fx},$$

lorsque x converge vers la valeur x_0, et qu'en même temps les fonctions fx, Fx convergent toutes deux vers zéro.

Or, on a

$$\varphi(x+\Delta x) = \frac{fx + \Delta . fx}{Fx + \Delta . Fx},$$

et pour la valeur x_0 qui fait évanouir fx et Fx,

$$\varphi(x_0+\Delta x) = \frac{\Delta . fx}{\Delta . Fx} = \frac{\frac{\Delta . fx}{\Delta x}}{\frac{\Delta . Fx}{\Delta x}},$$

d'où, en passant à la limite,

$$\varphi x_0 = \frac{f' x_0}{F' x_0}.$$

Un raisonnement absolument semblable fait voir que, si les fonctions $f' x$, $F' x$ étaient dans le cas des fonctions fx, Fx, c'est-à-dire, si elles s'évanouissaient simultanément pour $x = x_0$, on aurait

$$\varphi x_0 = \frac{f'' x_0}{F'' x_0},$$

et ainsi de suite.

La valeur de φx_0, ainsi déterminée, peut être nulle ou infinie.

Si la valeur x rendait infinies les deux fonctions fx, Fx, elle ferait évanouir les fonctions

$$\frac{1}{fx}, \quad \frac{1}{Fx},$$

qui ont respectivement pour dérivées du premier ordre

$$-\frac{f' x}{(fx)^2}, \quad -\frac{F' x}{(Fx)^2}.$$

Il viendrait donc

$$\frac{1}{fx_0} : \frac{1}{Fx_0} = \frac{f' x_0}{(fx_0)^2} : \frac{F' x_0}{(Fx_0)^2},$$

équation d'où l'on tire

$$\frac{fx_0}{Fx_0} = \frac{f' x_0}{F' x_0}.$$

Nous en conclurons avec M. Cauchy que la règle pour trouver la valeur de φx_0 reste la même, quelle que soit celle des deux formes indéterminées $\frac{0}{0}$, $\pm \frac{\infty}{\infty}$, sous laquelle se présente le rapport $\frac{fx_0}{Fx_0}$.

86. On trouvera, en appliquant cette règle, et en la combinant avec les règles de différentiation données dans l'avant-dernier chapitre :

1° pour $x=0$,

$$\frac{a^x-b^x}{x}=\log a-\log b=\log\left(\frac{a}{b}\right),$$

$$\frac{\log\left(\frac{1}{x}\right)}{\cot x}=\frac{\sin^2 x}{x}=2\sin x\cos x=0,$$

$$\frac{x-\sin x}{x^3}=\frac{1-\cos x}{3x^2}=\frac{\sin x}{6x}=\frac{\cos x}{6}=\frac{1}{6},$$

$$\frac{\sin^3 x}{x-\frac{1}{2}\sin 2x}=\frac{3\sin^2 x\cos x}{1-\cos 2x}=\frac{3\sin x(2\cos^2 x-\sin^2 x)}{2\sin 2x}$$

$$=\frac{3\cos x(2\cos^2 x-7\sin^2 x)}{4\cos 2x}=\frac{3}{2},$$

2° pour $x=1$,

$$\frac{\log x}{x-1}=\frac{1}{x}=1,$$

$$\frac{x-1}{x^n-1}=\frac{1}{nx^{n-1}}=\frac{1}{n},$$

$$\frac{x^{\frac{3}{2}}-1+(x-1)^{\frac{3}{2}}}{(x^2-1)^{\frac{3}{2}}-x+1}=\frac{\frac{3}{2}\sqrt{x}+\frac{3}{2}\sqrt{x-1}}{3x\sqrt{x-1}-1}=-\frac{3}{2},$$

$$\frac{x^{\frac{3}{2}}-1+(x-1)^{\frac{3}{2}}}{\sqrt{x^2-1}}=\frac{\frac{3}{2}\sqrt{x}+\frac{3}{2}\sqrt{x-1}}{\frac{x}{\sqrt{x^2-1}}}=\frac{\frac{3}{2}}{\infty}=0.$$

87. Supposons que la fonction Fx se réduise à x, et que l'autre fonction fx jouisse de la propriété de devenir nulle ou infinie en même temps que x, on pourra être curieux de connaître le rapport qui subsiste entre cette fonction et la variable x, quand l'une et l'autre deviennent nulles ou infinies. Ce problème rentre dans celui qui vient d'être traité : ainsi l'on trouvera, pour $x=0$,

$$\frac{1-\cos x}{x}=0,$$

et pour $x=\infty$,

$$\frac{\log x}{x} = \frac{1}{\infty} = 0.$$

On énonce ces résultats en disant que le sinus verse d'un arc infiniment petit est infiniment petit par rapport à cet arc; et que le logarithme d'un nombre infiniment grand est infiniment petit par rapport à ce nombre.

Soit proposé de discuter la courbe qui a pour équation

$$y = x \log x;$$

les valeurs négatives de x rendent y imaginaire, et l'ordonnée y est positive ou négative selon que les valeurs positives de x sont $>$ ou < 1. Pour savoir quelle est la valeur de y correspondant à $x=0$, on fera

$$x = \frac{1}{z},$$

et il viendra

$$y = -\frac{\log z}{z}.$$

Or, d'après ce qui précède, $y=0$ pour $z=\infty$ ou pour $x=0$; d'ailleurs on a

$$\frac{dy}{dx} = \log x + 1,$$

quantité qui devient infinie pour $x=0$, en sorte que la courbe touche l'axe des y à l'origine des coordonnées (*fig.* 30). On peut ajouter cet exemple à celui qui a déjà été donné [16], de courbes transcendantes qui sont interrompues brusquement dans leur cours, sans qu'il y ait raccordement entre deux branches de la même courbe, comme cela arrive toujours pour les courbes à équations algébriques.

88. S'il arrivait que toutes les dérivées de fx et de $\mathrm{F}x$ devinssent nulles ou infinies en même temps que les fonctions dont elles dérivent, la méthode serait en défaut, et il faudrait déterminer la valeur de φx_0 à

l'aide de procédés particuliers. Si, par exemple, on avait

$$fx = \sqrt{x} - 1 + \sqrt{x-1},$$
$$Fx = \sqrt{x^2-1},$$

quand on ferait $x=1$, ces deux fonctions s'évanouiraient, et leurs dérivées de tous les ordres deviendraient simultanément infinies. Mais si nous posons $x-1=z$, il viendra

$$\varphi x = \frac{\sqrt{1+z} - 1 + \sqrt{z}}{\sqrt{z(z+2)}}.$$

En multipliant les deux termes de la fraction par

$$\sqrt{1+z} + 1 - \sqrt{z},$$

et supprimant le facteur $\sqrt{z}$ qui devient commun aux deux termes, on obtient

$$\varphi x = \frac{2}{\sqrt{z+2} \cdot \{\sqrt{1+z} + 1 - \sqrt{z}\}},$$

expression qui donne

$$\varphi x = \frac{1}{\sqrt{2}},$$

quand on y fait $z=0$, ou $x=1$.

89. Nous savons qu'une fonction ne peut devenir infinie, pour une valeur particulière de la variable, sans que toutes ses dérivées deviennent simultanément infinies [35], et ainsi, le cas où la méthode générale se trouve en défaut, doit se présenter toutes les fois que la valeur de x qui fait évanouir fx et Fx rend infinies $f'x$ et $F'x$. Au contraire, on ne peut regarder que comme une exception singulière de la méthode (du moins pour les fonctions susceptibles d'une expression mathématique), celle qui résulterait de l'évanouissement simultané des dérivées de tous les ordres des fonctions f et F. On a pourtant signalé des fonctions pour lesquelles cette exception se rencontre. Prenons

$$fx = a^{-\frac{1}{x^n}}$$

a et n désignant des nombres positifs dont le premier est plus grand que l'unité : on aura

$$f'x = \frac{n\log a . a^{-\frac{1}{x^n}}}{x^{n+1}}, f''x = n\log a . a^{-\frac{1}{x^n}}\left(\frac{n\log a}{x^{(n+1)^2}} - \frac{n+1}{x^{n+2}}\right), \text{ etc.}$$

Quand on fait $x = 0$, la quantité

$$fx = a^{-\frac{1}{x^n}} = \frac{1}{a^{\frac{1}{x^n}}}$$

est infiniment petite ou nulle, ce qui met toutes les dérivées $f'x$, $f''x$, ... sous la forme $\frac{0}{0}$. Posons

$$\frac{1}{x} = z,$$

il viendra

$$f'x = \frac{n\log a . z^{n+1}}{a^{z^n}}, f''x = \frac{n\log a . (n\log a . z^{(n+1)^2} - (n+1)z^{n+2})}{a^{z^n}}, \text{ e}$$

et la valeur $x = 0$ correspondra à $z = \infty$. Or, il est facile de voir que toute expression de la forme

$$\frac{z^m}{a^{z^n}}$$

(dans laquelle a, m et n désignent des nombres positifs et a un nombre plus grand que 1), est nulle pour $z = \infty$; car si l'on applique à cet exemple la règle générale concernant la détermination des fonctions qui se présentent sous la forme indéterminée

$$\frac{\infty}{\infty},$$

on différentiera i fois de suite les deux termes de la fraction, i étant le nombre entier immédiatement supérieur à m, et l'on aura pour $z = \infty$,

$$\frac{z^m}{a^{z^n}} = \frac{k}{\psi z},$$

k étant un nombre constant, et ψz une fonction qui reste infinie quand z est infini. Par conséquent toutes les dérivées de la fonction fx s'évanouiront, quand on y fera $x=0$.

Si donc l'on donnait

$$fx = a^{-\frac{1}{x^n}}, \quad Fx = b^{-\frac{1}{x^{n'}}},$$

b étant ainsi que a un nombre positif plus grand que l'unité, et n' un nombre positif aussi bien que n, les dérivées de tous les ordres des deux termes de la fraction

$$\varphi x = \frac{a^{-\frac{1}{x^n}}}{b^{-\frac{1}{x^{n'}}}}$$

s'évanouiraient simultanément pour $x=0$, et l'on ne pourrait plus appliquer la règle générale. Dans le cas de $n'=n$, il viendra

$$\varphi x = \left(\frac{a}{b}\right)^{-\frac{1}{x}},$$

et la valeur $x=0$ rendra φx nulle ou infinie, selon qu'on aura $a >$ ou $< b$.

90. On trouve de la même manière que la valeur de la fonction

$$\frac{e^{-\frac{1}{x}}}{x}$$

converge vers zéro, et que celle de la fonction

$$\frac{e^{\frac{1}{x}}}{x}$$

converge vers l'infini quand on prend pour x une quantité positive de plus en plus petite. Conséquemment la valeur de la fonction

$$y=\frac{e^{-\frac{1}{x}}}{x},$$

qui se présente sous la forme $\frac{0}{0}$, quand on y fait $x=0$, est zéro ou l'infini, selon qu'on y considère zéro comme la limite des x positifs ou comme celle des x négatifs. Ceci tient à une solution de continuité de la fonction y, du genre de celles qui ont été signalées dans des fonctions analogues [16 *et* 87].

§ 2. *Maxima* et *minima* des fonctions explicites d'une seule variable.

91. Représentons-nous la succession des valeurs que prend la fonction $y=fx$, lorsqu'on donne à x toutes les valeurs possibles, sans que y cesse de conserver une valeur réelle et finie. Si les valeurs de y, après avoir été croissantes, deviennent décroissantes, y aura passé dans l'intervalle par une valeur plus grande que celles qui la précèdent et que celles qui la suivent immédiatement : cette valeur se nomme un *maximum*. Au contraire, si les valeurs de y, après avoir diminué progressivement, viennent ensuite à augmenter progressivement, la valeur intermédiaire, plus petite que celles qui la précèdent et que celles qui la suivent immédiatement, se nomme un *minimum*. On voit qu'il est possible qu'une fonction n'ait ni *maximum*, ni *minimum*, ou qu'elle ait plusieurs *maxima* et *minima*, de manière qu'un *minimum* tombe toujours entre deux *maxima*, et un *maximum* entre deux *minima* consécutifs. La question consiste à déterminer les valeurs de la véritable indépendante, s'il

en existe, auxquelles correspondent des *maxima* ou des *minima* de la fonction.

Admettons d'abord, pour plus de clarté, que ni la fonction fx ni ses dérivées n'éprouvent de solution de continuité en même temps que l'une de ces fonctions atteint une valeur *maximum* ou *minimum* : il est évident, dans cette hypothèse, que la différentielle

$$dy = f'x \, . \, dx$$

change de signe, en devenant nulle, au moment du *maximum* ou du *minimum* de fx; qu'elle passe du positif au négatif dans le cas du *maximum*, et du négatif au positif dans le cas du *minimum*. Donc, la condition commune au *maximum* et au *minimum* de fx est exprimée par l'équation

$$f'x = 0\,; \qquad (1)$$

et il faut en outre pour le *maximum* que $f'x$ passe du positif au négatif, c'est-à-dire, soit une fonction décroissante quand x croît, et par conséquent que l'on ait

$$f''x < 0\,.$$

Par une raison semblable, il faut, dans le cas du *minimum*, que la vàleur de x tirée de l'équation (1) vérifie l'inégalité

$$f''x > 0\,.$$

Mais si $f''x$ s'évanouit, pour la même valeur de x qui fait évanouir $f'x$, la valeur de $f'x$ qui est zéro, correspond à un *maximum* ou à un *minimum* de cette dernière fonction. Dans le premier cas, $f'x$ est négative en deçà et au delà de la valeur x, et fx est constamment décroissante pour des valeurs croissantes de x; dans le second cas, $f'x$ est positive en deçà et au delà de la valeur x, et fx est constamment croissante avec x : donc l'équation $f'x = 0$ n'entraîne ni *maximum* ni *minimum* de fx, si elle est accompagnée de l'équation $f''x=0$.

Or, par la même raison, l'équation $f''x=0$ n'entraînera ni *maximum* ni *minimum* de $f'x$, si l'on a $f'''x=0$, et si $f''x$ passe elle-même par un *maximum* ou un *minimum*. Quand $f''x$ passe par un *maximum*, $f'x$ est décroissante pour des valeurs croissantes de x, passe conséquemment du positif au négatif en s'annulant, et fx passe par un *maximum*. On verrait de même que le *minimum* de $f''x$ entraîne dans ce cas le *minimum* de fx.

Donc, pour le cas où l'on a simultanément

$$f'x=0\,,\; f''x=0\,,$$

fx ne passe par un *maximum* ou un *minimum* qu'autant que $f''x$ passe elle-même par un *maximum* ou un *minimum*, c'est-à-dire, qu'autant que l'on a

$$f'''x=0\,,\; f^{\text{IV}}x<0\,,$$

ou bien

$$f'''x=0\,,\; f^{\text{IV}}x>0\,.$$

Dans ce cas, l'analogie conduit à dire que fx passe par un *maximum* ou un *minimum* du second ordre.

En généralisant ce raisonnement, on en conclut qu'il ne peut y avoir *maximum* ou *minimum* de la fonction fx, pour une valeur donnée de x, qu'autant que le premier coefficient différentiel de la fonction, que cette valeur n'annule pas, est d'ordre pair. Il y a *maximum* ou *minimum* suivant que ce coefficient prend une valeur négative ou positive.

Tous ces résultats prennent une forme sensible lorsqu'on représente graphiquement la fonction par l'ordonnée d'une courbe. L'équation $f'x=0$ exprime que la tangente est parallèle à l'axe des abscisses: les inégalités $f''x<0$, $f''x>0$ expriment que la courbe tourne sa concavité ou sa convexité vers l'axe des x, dans le cas d'une ordonnée positive; sa convexité ou sa concavité vers le même axe, dans le cas d'une ordonnée négative. Enfin, si l'on a $f''x=0$, sans que $f'''x$ s'évanouisse, la courbe subit une inflexion [30], en sorte que le parallélisme de la tangente à l'axe des x n'empêche pas l'ordonnée de croître ou de décroître, de part et d'autre du point de contact.

92. D'après ce qui précède, toutes les fois que la fonction fx aura un coefficient différentiel $f'x$, exprimé algébriquement, on obtiendra les valeurs de x qui correspondent à des valeurs *maxima* ou *minima* de la fonction, en résolvant par rapport à x l'équation $f'x=0$. On distinguera ensuite le *maximum* du *minimum*, en substituant pour x les racines de cette équation dans la fonction $f''x$, puis dans $f'''x$, si $f''x$ s'évanouit aussi, et ainsi de suite.

Mais il faut observer que souvent, par la nature de la question, on sait *à priori* qu'une fonction ne comporte pas de *maximum*, ou qu'elle ne comporte pas de *minimum* : alors on est dispensé d'une discussion de signes, et il suffit de résoudre l'équation $f'x=0$; en supposant toutefois que l'on sache aussi que les racines de cette équation n'annulent pas les dérivées subséquentes.

Appliquons la règle générale à la fonction prise pour exemple dans le n° 5,

$$fx=\frac{x^2-7x+6}{x-10}:$$

on aura

$$f'x=\frac{x^2-20x+64}{(x-10)^2}.$$

L'équation à résoudre est

$$x^2-20x+64=0,$$

dont les racines sont $x=16$ et $x=4$. On trouve ensuite

$$f''x=\frac{72}{(x-10)^3},$$

valeur qui devient positive pour $x=16$, négative pour $x=4$: ainsi la racine 16 correspond à un *minimum*, et la racine 4 à un *maximum*.

Si l'on se donne

$$fx=e^x+2\cos x+e^{-x},$$

on trouvera :

$$f'x=e^x-2\sin x-e^{-x},$$
$$f''x=e^x-2\cos x+e^{-x},$$
$$f'''x=e^x+2\sin x-e^{-x},$$
$$f^{\text{IV}}x=e^x+2\cos x+e^{-x}=fx.$$

La valeur $x=0$, qui fait évanouir $f'x$, $f''x$, $f'''x$, donne à $f^{\text{IV}}x$ la valeur positive 4 : la valeur correspondante de fx, qui est aussi 4, constitue donc une valeur *minimum* de cette fonction.

93. Maintenant il peut se faire que $f'x$ change de signe en passant par l'infini, et que néanmoins fx n'éprouve qu'une solution de continuité du second ordre, en sorte que la différentielle

$$dy=f'x\,dx$$

reste infiniment petite [35 *et* 54]. Dans ces circonstances y passe par un *maximum* ou par un *minimum*, selon que dy passe du positif au négatif ou du négatif au positif; mais il faut s'en assurer directement par la discussion de la fonction fx, attendu que toutes les dérivées $f''x$, $f'''x$, etc., prennent, en même temps que $f'x$, des valeurs infinies.

Si, par exemple, on avait

$$fx=(x-1)^{\frac{2}{3}},$$

d'où

$$f'x = \frac{2}{3}(x-1)^{-\frac{1}{3}},$$

la valeur $x=1$ rendrait $f'x$ infinie et fx nulle. Il est d'ailleurs évident que $f'x$ sera négative ou positive pour des valeurs de $x <$ ou > 1, tandis que fx restera constamment positive : ainsi la valeur $x=1$ correspond à un *minimum* de fx. C'est le cas où la courbe dont fx est l'ordonnée a un point de rebroussement répondant à l'ordonnée *minimum* (*fig.* 31).

Au contraire si l'on posait

$$fx = (x-1)^{\frac{1}{3}},$$

d'où

$$f'x = \frac{1}{3}(x-1)^{-\frac{2}{3}},$$

la valeur $x=1$ rendrait encore $f'x$ infinie et fx nulle; mais $f'x$ ne changerait plus de signe en passant par l'infini, tandis que fx passerait du négatif au positif, et conséquemment n'atteindrait ni *maximum* ni *minimum*. En pareilles circonstances, la courbe subit une inflexion, et la tangente au point d'inflexion est perpendiculaire aux abscisses (*fig.* 32).

Dans le cas où la racine de $f'x=0$ rend infinie $f''x$, ce qui correspond à une solution de continuité du second ordre pour la fonction fx, il faut encore examiner directement si $f'x$ passe du positif au négatif, ou du négatif au positif, ou bien, enfin, si elle s'évanouit sans changer de signe; car dans la première supposition il y a *maximum*, dans la seconde, *minimum*, et dans la troisième on n'a ni *maximum* ni *minimum*

Ces trois suppositions se réalisent respectivement pour les fonctions

$$fx = -(x-1)^{\frac{4}{3}},\quad fx = (x-1)^{\frac{4}{3}},\quad fx = (x-1)^{\frac{5}{3}}.$$

Enfin, le cas où toutes les dérivées d'une fonction s'évanouissent simultanément [89] est évidemment un de ceux qui échappent à la règle générale des *maxima* et *minima*.

Les *maxima* et *minima* singuliers, dont il est question dans ce n°, ne vérifient plus le principe de Kepler [6], et leur théorie est de peu d'importance dans les applications aux questions physiques : aussi ne nous y arrêterons-nous pas davantage. Au contraire, l'importance de la théorie des *maxima* et *minima* ordinaires nous engage à l'éclaircir encore par la discussion des trois problèmes suivants, qui se rattachent à des questions de physique ou de géométrie appliquée.

94. 1er *problème*. Un disque m, posé sur une table horizontale AB (*fig.* 33), est éclairé par une lampe F, dont le pied B est fixé à une distance invariable du disque m, mais que l'on peut hausser ou baisser suivant la verticale BF. On demande à quelle hauteur on doit la fixer pour que le disque m reçoive la plus grande clarté possible. On regarde comme des quantités très-petites et négligeables les dimensions du disque et du foyer lumineux par rapport à la distance qui les sépare, et l'on sait d'ailleurs, par la théorie et par l'expérience, que l'intensité de la lumière projetée par un point lumineux sur un élément de surface, est en raison directe du sinus de l'angle que les rayons lumineux font avec la surface, et en raison inverse du carré de la distance de l'élément éclairé au point lumineux.

Soient a la distance invariable mB du centre du disque au pied de la verticale menée par le point lumineux F, x l'angle variable BmF,

$$\delta = \frac{a}{\cos x}$$

la distance mF, fx l'intensité de la lumière projetée sur le disque, A l'intensité de la lumière qu'il recevrait, sous l'incidence perpendiculaire des rayons, et à une distance du foyer égale à l'unité linéaire : on aura

$$fx = \frac{A \sin x}{\delta^2} = \frac{A}{a^2} \cdot \sin x \cos^2 x .$$

L'équation $f'x = 0$ devient, dans ce cas,

$$\cos^3 x - 2 \cos x \sin^2 x = 0,$$

et se décompose en

$$\cos x = 0 , \quad \tan x = \pm \frac{1}{\sqrt{2}} .$$

On a ensuite

$$f''x = \frac{A}{a^2} \cdot (9 \sin^2 x - 7) \sin x .$$

La solution $\cos x = 0$ donne

$$fx = 0 , \ \sin x = \pm 1 , f''x = \pm \frac{2A}{a^2} .$$

Les valeurs négatives de x ou de $\sin x$ donneraient pour fx des valeurs négatives, et sont étrangères à la question telle qu'on l'a posée, bien qu'on puisse admettre par convention que les valeurs fx seront considérées comme positives ou comme négatives, selon que le disque sera éclairé par sa surface supérieure ou par sa surface inférieure. En écartant donc les solutions négatives, on voit que la solution $\cos x = 0$ correspond à un *minimum*. Effectivement, il est manifeste que, si l'on élève indéfiniment le foyer lumineux, l'intensité de la lumière projetée sur le disque s'affaiblit indéfiniment : conséquemment il ne s'agit ici que d'un *minimum* mathématique, impossible à réaliser physiquement.

La solution

$$\tan x = \frac{1}{\sqrt{2}},$$

la seule qui nous intéresse, donne

$$fx = \frac{2}{3\sqrt{3}} \cdot \frac{A}{a^2}, \qquad f''x = -\frac{4}{\sqrt{3}} \cdot \frac{A}{a^2},$$

et correspond au *maximum* cherché.

95. 2ᵉ *problème*. Trouver le point le moins échauffé sur la droite qui joint deux foyers de chaleur, sachant que l'intensité de la chaleur rayonnante varie en raison inverse du carré de la distance au foyer calorifique.

Supposons que les pouvoirs échauffants des foyers A, B, à l'unité de distance, soient entre eux comme les nombres α^3 et β^3; désignons par a la distance des foyers A, B, et par x celle de la particule échauffée au foyer A : l'intensité de la chaleur rayonnante reçue par cette particule aura pour mesure

$$fx = \frac{\alpha^3}{x^2} + \frac{\beta^3}{(a-x)^2},$$

expression qu'il faudra rendre un *minimum*, en posant

$$f'x = -\frac{2\alpha^3}{x^3} + \frac{2\beta^3}{(a-x)^3} = 0.$$

D'abord les valeurs $x = \pm\infty$ satisfont à cette équation en faisant évanouir fx; la solution que l'on cherche s'obtient quand on fait

$$\beta^3 x^3 = \alpha^3 (a-x)^3, \text{ ou } x = \frac{a\alpha}{\alpha+\beta}:$$

et comme la dérivée $f''x$ a pour valeur

$$6\left[\frac{\alpha^3}{x^4} + \frac{\beta^3}{(a-x)^4}\right],$$

expression qui reste constamment positive, il en résulte que la solution correspond bien à un *minimum*.

Enfin, les valeurs $x = 0$ et $x = a$, qui rendent $f'x$ infinie, faisant subir à fx la même solution de continuité, ne correspondent pas à des *maxima*, dans le sens ordinaire du terme. D'ailleurs, ces valeurs infinies de fx sont inadmissibles physiquement, par des raisons analogues à celles qui ont déjà été indiquées [4].

96. 3ᵉ *problème*. Quand on veut mesurer la hauteur h d'une ligne verticale AB (*fig.* 34), on mesure, à partir du pied de la verticale, une distance horizontale $BC = b$; on observe l'angle $BCA = x$, et l'on a

$$h = b \tan x. \qquad (2)$$

Cela posé, il s'agit de choisir la base arbitraire b, de manière à former le triangle le plus *avantageux*, c'est-à-dire, celui qui est tel qu'à une même erreur sur l'angle x correspond l'erreur *minimum* sur la hauteur cherchée h.

Si, au lieu d'observer exactement l'angle x, on observe un angle $x + \Delta x$ qui en diffère peu, la valeur qu'on en conclura pour la hauteur cherchée pourra s'exprimer par $h + \Delta h$, et l'on aura sensiblement

$$\Delta h = \frac{d.(b \tan x)}{dx} \Delta x = \frac{b}{\cos^2 x} \cdot \Delta x.$$

Donc, pour que le rapport de l'erreur Δh sur la valeur calculée, à l'erreur d'observation Δx, soit un *minimum*, il faut que la vraie valeur de l'angle x et celle de la base b qui en dépend rendent un *minimum* le facteur

$$\frac{b}{\cos^2 x},$$

c'est-à-dire (substitution faite pour b de sa valeur donnée par l'équation (2) en fonction de x et de la constante h), le facteur

$$\frac{h}{\tan x \cos^2 x}.$$

Le problème revient par conséquent à rendre un *maximum* la fonction

$$fx = \tan x \cos^2 x = \sin x \cos x.$$

Or, on a

$$f'x = \cos^2 x - \sin^2 x, \quad f''x = -4 \sin x \cos x.$$

Donc le *maximum* cherché correspond à

$$\sin x = \cos x = \frac{1}{\sqrt{2}},\ b = h.$$

C'est la règle pratique que l'on découvre, pour ainsi dire, instinctivement, mais dont le calcul seul peut donner une démonstration rigoureuse.

La solution

$$\sin x = -\frac{1}{\sqrt{2}}$$

résoudrait aussi le problème analytiquement, mais ne présenterait aucun sens, d'après les conditions géométriques de la question.

97. Soient $y = fx$, $x = \varphi t$: il viendra

$$\frac{dy}{dt} = f'x \,.\, \varphi' t.$$

Par conséquent, l'équation

$$\frac{dy}{dt} = 0$$

se décomposera d'elle-même en deux autres

$$f'x = 0,\ \varphi' t = 0,$$

dont chacune pourra déterminer des *maxima* ou *minima* de y, considéré comme fonction médiate de t. Mais si les valeurs numériques de x, tirées de l'équation $f'x = 0$, sont plus grandes que la valeur *maximum* de φt, ou plus petites que sa valeur *minimum*, ces solutions devront être rejetées comme étrangères à la question qui est de déterminer les *maxima* et *minima* de y quand t est la variable indépendante. En conséquence, si l'on range par ordre de grandeur les valeurs de x correspondant aux valeurs de t tirées de l'équation $\varphi' t = 0$, il faudra que les racines de l'équation $f'x = 0$ tombent entre les deux termes extrêmes de la série.

CHAPITRE IV.

FORMULES DE TAYLOR ET DE MACLAURIN.

§ 1er. Formule de Taylor.

98. La génération des dérivées des divers ordres conduit au développement des fonctions en séries ordonnées par rapport aux puissances entières et ascendantes de la variable. Cette théorie importante, qu'il convient d'envisager sous plusieurs aspects, sera l'objet de ce chapitre.

Représentons, comme au chapitre IV du premier livre, par

$$y, \quad y_1, \quad y_2, \quad y_3, \ldots y_n,$$

les valeurs d'une fonction fx qui correspondent aux valeurs

$$x, \quad x+\Delta x, \quad x+2\Delta x, \quad x+3\Delta x, \ldots x+n\Delta x$$

de la variable indépendante : on aura [43]

$$=f(x+n\Delta x)=y+\frac{n}{1}\Delta y+\frac{n(n-1)}{1.2}\Delta^2 y+\frac{n(n-1)(n-2)}{1.2.3}\Delta^3 y+\ldots+\Delta^n y.$$

On peut mettre cette équation sous la forme

$$+n\Delta x)=fx+\frac{n\Delta x}{1}\cdot\frac{\Delta fx}{\Delta x}+\frac{n^2\Delta x^2}{1.2}\cdot\left(1-\frac{1}{n}\right)\cdot\frac{\Delta^2 fx}{\Delta x^2}$$
$$+\frac{n^3\Delta x^3}{1.2.3}\left(1-\frac{1}{n}\right)\left(1-\frac{2}{n}\right)\cdot\frac{\Delta^3 fx}{\Delta x^3}+\ldots.$$
$$+\frac{n^n\Delta x^n}{1.2.3\ldots.n}\left(1-\frac{1}{n}\right)\left(1-\frac{2}{n}\right)\left(1-\frac{3}{n}\right)\ldots.\left(1-\frac{n-1}{n}\right)\cdot\frac{\Delta^n fx}{\Delta x^n}$$

ce qui donne, quand on fait $n\Delta x=h$,

$$+h)=fx+\frac{h}{1}\cdot\frac{\Delta fx}{\Delta x}+\frac{h^2}{1.2}\left(1-\frac{1}{n}\right)\cdot\frac{\Delta^2 fx}{\Delta x^2}+\frac{h^3}{1.2.3}\left(1-\frac{1}{n}\right)\left(1-\frac{2}{n}\right)\cdot\frac{\Delta^3 fx}{\Delta x^3}$$
$$+\ldots\ldots+\frac{h^n}{1.2.3\ldots.n}\left(1-\frac{1}{n}\right)\left(1-\frac{2}{n}\right)\left(1-\frac{3}{n}\right)\ldots.\left(1-\frac{n-1}{n}\right)\cdot\frac{\Delta^n fx}{\Delta x^n}\cdot\ (a$$

Concevons maintenant que l'on diminue indéfiniment l'intervalle Δx, en augmentant indéfiniment le nombre n, de manière que le produit $n\Delta x$ reste égal à la quantité constante h : le nombre de termes dont se compose le second membre de l'équation précédente ira en croissant indéfiniment, et les rapports

$$\frac{\Delta f x}{\Delta x}, \frac{\Delta^2 f x}{\Delta x^2}, \frac{\Delta^3 f x}{\Delta x^3}, \ldots\ldots\ldots$$

convergeront vers les limites

$$\frac{d f x}{dx}, \frac{d^2 f x}{dx^2}, \frac{d^3 f x}{dx^3}, \ldots\ldots\ldots$$

ou

$$f'x, f''x, f'''x, \ldots\ldots\ldots$$

De plus, les fractions

$$1 - \frac{1}{n},$$

$$\left(1 - \frac{1}{n}\right)\left(1 - \frac{2}{n}\right),$$

$$\left(1 - \frac{1}{n}\right)\left(1 - \frac{2}{n}\right)\left(1 - \frac{3}{n}\right),$$

$$\ldots\ldots\ldots\ldots\ldots\ldots\ldots\ldots\ldots$$

$$\left(1 - \frac{1}{n}\right)\left(1 - \frac{2}{n}\right)\left(1 - \frac{3}{n}\right)\ldots\ldots\left(1 - \frac{i-1}{n}\right)$$

(i étant un nombre positif quelconque $< n$, qui reste constant tandis que n augmente) convergeront toutes vers l'unité. Donc, quelque grand que soit le nombre i, et quelle que soit la valeur assignée à l'accroissement h, on pourra prendre n assez grand pour que la somme des $i+1$ premiers termes du second membre de l'équation (a), diffère d'aussi peu qu'on voudra de la somme

$$x + \frac{h}{1} f'x + \frac{h^2}{1.2} f''x + \frac{h^3}{1.2.3} f'''x + \ldots\ldots\ldots + \frac{h^i}{1.2.3\ldots.i} f^{(i)} x.$$

CHAPITRE IV.

FORMULES DE TAYLOR ET DE MACLAURIN.

§ 1er. Formule de Taylor.

98. La génération des dérivées des divers ordres conduit au développement des fonctions en séries ordonnées par rapport aux puissances entières et ascendantes de la variable. Cette théorie importante, qu'il convient d'envisager sous plusieurs aspects, sera l'objet de ce chapitre.

Représentons, comme au chapitre IV du premier livre, par

$$y,\quad y_1,\quad y_2,\quad y_3,\ldots y_n,$$

les valeurs d'une fonction fx qui correspondent aux valeurs

$$x,\quad x+\Delta x,\quad x+2\Delta x,\quad x+3\Delta x,\ldots x+n\Delta x$$

de la variable indépendante: on aura [43]

$$=f(x+n\Delta x)=y+\frac{n}{1}\Delta y+\frac{n(n-1)}{1.2}\Delta^2 y+\frac{n(n-1)(n-2)}{1.2.3}\Delta^3 y+\ldots+\Delta^n y$$

On peut mettre cette équation sous la forme

$$+n\Delta x)=fx+\frac{n\Delta x}{1}\cdot\frac{\Delta fx}{\Delta x}+\frac{n^2\Delta x^2}{1.2}\cdot\left(1-\frac{1}{n}\right)\cdot\frac{\Delta^2 fx}{\Delta x^2}$$
$$+\frac{n^3\Delta x^3}{1.2.3}\left(1-\frac{1}{n}\right)\left(1-\frac{2}{n}\right)\cdot\frac{\Delta^3 fx}{\Delta x^3}+\ldots.$$
$$+\frac{n^n\Delta x^n}{1.2.3\ldots n}\left(1-\frac{1}{n}\right)\left(1-\frac{2}{n}\right)\left(1-\frac{3}{n}\right)\ldots\left(1-\frac{n-1}{n}\right)\cdot\Delta^n$$

ce qui donne, quand on fait $n\Delta x=h$,

$$+h)=fx+\frac{h}{1}\cdot\frac{\Delta fx}{\Delta x}+\frac{h^2}{1.2}\left(1-\frac{1}{n}\right)\cdot\frac{\Delta^2 fx}{\Delta x^2}+\frac{h^3}{1.2.3}\left(1-\frac{1}{n}\right)\left(1-\frac{2}{n}\right)\Delta^3$$
$$+\ldots\ldots+\frac{h^n}{1.2.3\ldots n}\left(1-\frac{1}{n}\right)\left(1-\frac{2}{n}\right)\left(1-\frac{3}{n}\right)\ldots\left(1-\frac{n-1}{n}\right)\cdot\frac{\Delta^n fx}{\Delta x^n}.$$

serve le même signe entre les limites o, h, sans passer par l'infini, la fonction φh sera de même signe que $\varphi' h$; car on peut la considérer comme la somme d'éléments infiniment petits, tous de même signe que $\varphi' h$. On suppose que la variable h est indépendante et que la limite h est positive : les résultats seraient inverses s'il s'agissait d'une limite négative.

Cela posé, donnons, ce qui est permis, à la fonction inconnue R_i la forme

$$\frac{h^{i+1}}{1.2.3\ldots.(i+1)}\cdot\psi(x, h),$$

ψ étant une autre fonction inconnue : on déterminera évidemment des limites inférieure et supérieure de R_i, si l'on assigne des nombres P, Q tels que l'on ait, pour toutes les valeurs de h,

$$\left.\begin{aligned}
&f(x+h)-\left\{fx+\frac{h}{1}f'x+\frac{h^2}{1.2}f''x+\frac{h^3}{1.2.3}f'''x+\ldots\right.\\
&\qquad\left.+\frac{h^i}{1.2.3\ldots i}f^{(i)}x+\frac{h^{i+1}}{1.2.3\ldots(i+1)}P\right\}>0,\\
&f(x+h)-\left\{fx+\frac{h}{1}f'x+\frac{h^2}{1.2}f''x+\frac{h^3}{1.2.3}f'''x+\ldots\right.\\
&\qquad\left.+\frac{h^i}{1.2.3\ldots i}f^{(i)}x+\frac{h^{i+1}}{1.2.3\ldots(i+1)}Q\right\}<0.
\end{aligned}\right\}\quad(c)$$

Soient $\varphi_1 h$, $\varphi_2 h$ les premiers membres de ces inégalités : les fonctions φ_1, φ_2 s'évanouissent quand on y fait $h=0$; donc les inégalités seront satisfaites, d'après la remarque précédente, si l'on a pour toutes les valeurs de h,

$$\varphi_1' h=\frac{d.\varphi_1 h}{dh}>0,\quad \varphi_2' h=\frac{d.\varphi_2 h}{dh}<0,$$

ou

$$\left.\begin{aligned}
&f'(x+h)-\Big\{f'x+\frac{h}{1}f''x+\frac{h^2}{1.2}f'''x+\ldots\\
&\quad+\frac{h^{(i-1)}}{1.2.3\ldots(i-1)}f^{(i-1)}x+\frac{h^i}{1.2.3\ldots i}\mathrm{P}\Big\}>0,\\
&f'(x+h)-\Big\{f'x+\frac{h}{1}f''x+\frac{h^2}{1.2}f'''x+\ldots\\
&\quad+\frac{h^{i-1}}{1.2.3\ldots i-1}f^{(i-1)}\,x+\frac{h^i}{1.2.3\ldots i}\mathrm{Q}\Big\}<0.
\end{aligned}\right\}\quad(c')$$

Mais φ'_1h, φ'_2h sont aussi des fonctions de h qui s'évanouissent pour $h=0$: donc les inégalités (c'), et par suite les inégalités (c), seront satisfaites si l'on a

$$\varphi''_1h=\frac{d^2.\varphi_1h}{dh^2}>0,\quad \varphi''_2h=\frac{d^2.\varphi_2h}{dh^2}<0,$$

ou

$$\left.\begin{aligned}
&f''(x+h)-\Big\{f''x+\frac{h}{1}f'''x+\ldots+\frac{h^{i-2}}{1.2.3\ldots(i-2)}f^{(i-2)}x\\
&\qquad\qquad+\frac{h^{i-1}}{1.2.3\ldots(i-1}\mathrm{P}\Big\}>0,\\
&f''(x+h)-\Big\{f''x+\frac{h}{1}f'''x+\ldots+\frac{h^{i-2}}{1.2.3\ldots(i-2)}f^{(i-2)}x\\
&\qquad\qquad+\frac{h^{i-1}}{1.2.3\ldots(i-1)}\mathrm{Q}\Big\}<0.
\end{aligned}\right\}\quad(c''$$

En continuant ce raisonnement, on parviendra, après $i+1$ différentiations successives, aux inégalités

$$\left.\begin{aligned}
&f^{(i+1)}(x+h)-\mathrm{P}>0.\\
&f^{(i+1)}(x+h)-\mathrm{Q}<0,
\end{aligned}\right\}\quad(c^{(i+1)})$$

Or, ces inégalités finales, et par suite les inégalités primitives (c), seront satisfaites, si l'on choisit pour P et pour Q respectivement la plus petite et la plus grande valeur que prenne la fonction dérivée

$$f^{(i+1)}z,$$

pour les valeurs de z comprises entre x et $x+h$.

Si cette fonction était constamment croissante ou décroissante, de x à $x+h$, on pourrait poser

$$P=f^{(i+1)}(x),\ Q=f^{(i+1)}(x+h),$$

ou inversement

$$P=f^{(i+1)}(x+h),\ Q=f^{(i+1)}(x).$$

Donc le reste R_i a pour expression

$$\frac{h^{i+1}}{1.2.3\ldots.(i+1)}f^{(i+1)}(x+\theta h),$$

θ désignant un nombre inconnu, compris entre o et 1, de manière que $x+\theta h$ tombe entre x et $x+h$.

Nous écrirons d'après cela

$$f(x+h)=fx+\frac{h}{1}f'x+\frac{h^2}{1.2}f''x+\frac{h^3}{1.2.3}f'''x+\ldots.$$
$$+\frac{h^i}{1.2.3\ldots i}f^{(i)}x+\frac{h^{i+1}}{1.2.3\ldots(i+1)}f^{(i+1)}(x+\theta h).\qquad \text{(A)}$$

Maintenant, s'il arrive que les valeurs numériques des fonctions

$$f^{(i+1)}z$$

ne dépassent jamais une certaine limite λ, pour toutes les valeurs de z comprises entre x et $x+h$, et pour toutes les valeurs possibles de l'indice de différentiation i, on aura numériquement

$$R_i < \frac{h^{i+1}\lambda}{1.2.3\ldots.(i+1)};$$

et alors, quel que soit h, on pourra toujours prendre i assez grand pour que R_i tombe au-dessous de toute grandeur donnée. Par conséquent, dans ce cas, la fonction $f(x+h)$ sera la somme de la suite (b), prolongée à l'infini; ce que nous indiquerons en écrivant :

$$f(x+h)=fx+\frac{h}{1}f'x+\frac{h^2}{1.2}f''x+\frac{h^3}{1.2.3}f'''x+\text{etc.}\qquad \text{(B)}$$

Cette formule porte le nom du géomètre anglais *Taylor* qui l'a découverte, et l'on en fait un perpétuel usage en analyse. On en a donné une foule de démonstrations : celle qui précède, telle que nous l'avons présentée, nous semble parfaitement rigoureuse; et nous l'avons préférée, non-seulement pour nous rapprocher de la marche de l'inventeur, mais parce qu'elle nous paraît très-propre à bien fixer le sens et l'étendue de cette formule fondamentale.

100. Il sera bon, néanmoins, d'indiquer un autre tour de démonstration. On peut toujours poser

$$f(x+h)=fx+h\varphi(x,h),$$

la fonction inconnue φ devant être telle que le terme $h\varphi(x,h)$ se réduit à zéro pour $h=0$. On tire de là

$$\varphi(x,h)=\frac{f(x+h)-fx}{h},$$

expression qui se présente sous la forme $\frac{0}{0}$, et se réduit, comme on sait, à $f'x$, quand on y fait $h=0$. D'après cela nous pouvons poser,

$$\varphi(x,h)=f'x+h\varphi_1(x,h),$$

d'où

$$f(x+h)=fx+\frac{h}{1}f'x+h^2\varphi_1(x,h),$$

$$\varphi_1(x,h)=\frac{f(x+h)-fx-hf'x}{h^2}.$$

Cette expression de φ_1 se réduit encore à $\frac{0}{0}$, pour $h=0$. Appliquons la règle générale [85] en prenant les dérivées des deux termes de la fraction par rapport à h : il viendra

$$\varphi_1(x,0)=\frac{f'(x+h)-f'x}{1.2.\,h},$$

et en différentiant de nouveau, pour faire disparaître l'indétermination qui subsiste encore,

$$\varphi_1(x,0)=\frac{f''x}{1.2},$$

d'où

$$f(x+h)=fx+\frac{h}{1}f'x+\frac{h^2}{1.2}\left[f''x+h\varphi_2(x,h)\right].$$

Sans pousser ce calcul plus loin, on voit comment on retrouverait la loi du développement, après quoi on assignerait, comme ci-dessus, les limites du reste R_i.

101. Enfin, si l'on veut appliquer les règles élémentaires de l'intégration déjà exposées [55], on trouvera de la manière la plus directe, non-seulement la loi du développement de Taylor, et les limites de R_i, mais la valeur même de R_i exprimée par une intégrale définie. En effet, quelle que soit la fonction f, pourvu que cette fonction reste continue entre les valeurs de la variable désignées par x et par $x+h$, on a

$$f(x+h)-f(x)=\int_x^{x+h} f'x\,.\,dx\,.$$

Pour mieux distinguer la variable courante x, sous le signe d'intégration, de la valeur x qui entre dans l'expression des limites, on peut écrire

$$f(x+h)-fx=\int_x^{x+h} f'x'.dx'\,,$$

ou bien encore, en changeant de variable, et en posant $x'=x+h-z$, $dx'=-dz$,

$$f(x+h)-fx=-\int_h^0 f'(x+h-z)\,dz$$
$$=\int_0^h f'(x+h-z)\,dz.$$

La formule (8) du n° 55 devient, quand on y remplace x par z, et quand on prend pour limite inférieure des intégrales $z_0=0$, pour limite supérieure $=h$,

$$\int_0^h \varphi z.\psi' z dz=\varphi h.\psi h-\varphi(0).\psi(0)-\int_0^h \psi z.\varphi' z dz. \qquad (d)$$

dans cette formule

$$f'(x+h-z)\,,\ \psi z=z\,,$$

d'où

$$\varphi(0)=f'(x+h),\ \varphi h=f'x,\ \psi(0)=0,\ \psi h=h,$$
$$\varphi'z=-f''(x+h-z),\ \psi'z=1:$$

il viendra

$$\int_0^h f'(x+h-z)dz=hf'x+\int_0^h zf''(x+h-z)dz,$$

et par suite

$$f(x+h)=fx+\frac{h}{1}f'x+\int_0^h zf''(x+h-z)\,dz.$$

Introduisons maintenant dans la formule (d) la supposition

$$\varphi z=f''(x+h-z),\ \psi z=\tfrac{1}{2}z^2,$$

d'où

$$\varphi(0)=f''(x+h),\ \varphi h=f''x,\ \psi(0)=0,\ \psi h=\tfrac{1}{2}h^2,$$
$$\varphi'z=-f'''(x+h-z),\ \psi'z=z:$$

nous aurons

$$\int_0^h zf''(x+h-z)dz=\tfrac{1}{2}h^2f''x+\tfrac{1}{2}\int_0^h z^2f'''(x+h-z)dz,$$

et en conséquence

$$f(x+h)=fx+\frac{h}{1}f'x+\frac{h^2}{1.2}f''x+\frac{1}{1.2}\int_0^h z^2f'''(x+h-z)dz.$$

On trouverait de même

$$f(x+h)=fx+\frac{h}{1}f'x+\frac{h^2}{1.2}f''x+\frac{h^3}{1.2.3}f'''x$$
$$+\frac{1}{1.2.3}\int_0^h z^3f^{\text{IV}}(x+h-z)\,dz,$$

et en continuant ce calcul de proche en proche,

$$f(x+h)=fx+\frac{h}{1}f'x+\frac{h^2}{1.2}f''x+\frac{h^3}{1.2.3}f'''x+\ldots\ldots$$
$$\ldots+\frac{h^i}{1.2.3\ldots i}f^{(i)}x+\frac{1}{1.2.3\ldots i}\int_0^h z^if^{(i+1)}(x+h-z)dz.$$

Maintenant il est clair que si l'on désigne, comme ci-dessus, par P et Q la plus petite et la plus grande valeur de

$$f^{(i+1)}(x+h-z),$$

pour la série des valeurs de z comprises entre o et h, on aura

$$\int_0^h z^i f^{(i+1)}(x+h-z)dz > \mathrm{P}\int_0^h z^i\,dz,$$

ou

$$\int_0^h z^i f^{(i+1)}(x+h-z)dz > \frac{\mathrm{P}\,h^{i+1}}{i+1},$$

car la dérivée de la fonction $\frac{z^{i+1}}{i+1}$ est $z^i\,dz$ [59]. Il vient par la même raison

$$\int_0^h z^i f^{(i+1)}(x+h-z)dz < \frac{\mathrm{Q}\,h^{i+1}}{i+1};$$

donc la valeur de R_i tombe entre

$$\frac{\mathrm{P}\,h^{i+1}}{1.2.3\ldots(i+1)} \quad \text{et} \quad \frac{\mathrm{Q}\,h^{i+1}}{1.2.3\ldots(i+1)},$$

et de plus on a

$$\mathrm{R}_i = \frac{1}{1.2.3\ldots i}\int_0^h z^i f^{(i+1)}(x+h-z)\,dz, \quad (e)$$

valeur que l'on pourra calculer exactement, ou par approximation, à l'aide des procédés qui seront exposés plus tard, en supposant donnée la fonction f, et par suite la dérivée $f^{(i+1)}$.

102. Écrivons z au lieu de x dans la formule (**A**), et ensuite remplaçons h par $x-z$: cette formule deviendra

$$fx = fz + \frac{x-z}{1}f'z + \frac{(x-z)^2}{1.2}f''z + \ldots\ldots + \frac{(x-z)^i}{1.2.3\ldots i}f^{(i)}z + \varphi z, \quad (\varphi)$$

en posant par abréviation

$$\varphi z = \frac{(x-z)^{i+1}}{1.2.3\ldots\ldots i+1}f^{(i+1)}[z+\theta(x-z)].$$

Pour $i=0$, la formule donne

$$fx = fz + (x-z)f'[z+\theta_1(x-z)];$$

θ_1 désignant un nombre compris comme θ entre o et 1, mais en général différent de θ; et de là on tire, en remplaçant f par φ,

$$\varphi x = \varphi z + (x-z)\varphi'[z+\theta_1(x-z)]. \qquad (\varphi')$$

Mais d'après l'équation (φ) on a évidemment $\varphi x = 0$; et si l'on différentie cette même équation (φ) par rapport à z, en supprimant à mesure les termes qui se détruisent, il restera

$$\varphi' z = -\frac{(x-z)^i}{1.2.3\ldots i} f^{(i+1)} z,$$

d'où

$$\varphi'[z+\theta_1(x-z)] = -\frac{(1-\theta_1)^i (x-z)^i}{1.2.3\ldots i} f^{(i+1)}[z+\theta_1(x-z)].$$

En conséquence, on tire de l'équation (φ')

$$\varphi z = \frac{(1-\theta_1)^i (x-z)^{i+1}}{1.2.3\ldots i} f^{(i+1)}[z+\theta_1(x-z)],$$

et l'on peut, dans la formule (A), remplacer l'expression du reste R_i

$$\frac{h^{i+1}}{1.2.3\ldots(i+1)} \cdot f^{(i+1)}(x+\theta h),$$

par cette expression équivalente, due à M. Cauchy,

$$R_i = \frac{(1-\theta_1)^i h^{i+1}}{1.2.3\ldots i} \cdot f^{(i+1)}(x+\theta_1 h).$$

103. De quelque manière que l'on arrive au développement de Taylor, ce développement n'a de sens qu'autant que l'on conçoit la suite des termes obtenus complétée par un reste, qui peut, dans certains cas, décroître au-dessous de toutes limites, ce qui permet de considérer la série prolongée à l'infini comme équivalente à la fonction proposée. Dans cette hypothèse, il faut bien que la série soit convergente ; mais la réciproque n'est point vraie, et la série prolongée à l'infini pourrait être convergente sans que le reste R_i, qu'il faut toujours calculer directement, allât en décroissant indéfiniment. Dans ce cas la série de Taylor serait en défaut, la somme de la série convergente ne coïncidant pas avec la fonction donnée.

Pour se convaincre de la vérité de cette proposition, il suffit de considérer que, dans tous les raisonnements qui précèdent, la fonction fx est supposée quelconque : elle peut être mathématique ou empirique ; il suffit, pour l'application des formules, que cette fonction et ses dérivées de tous les ordres n'éprouvent aucune solution de continuité correspondante aux diverses valeurs de la variable, de x à $x+h$ inclusivement. Cela posé, le tracé de la courbe $y=fz$ étant arbitraire entre les valeurs $z=x$ et $z=x+h$, et ne dépendant point de la forme de la courbe dans le voisinage du point initial, il serait absurde que les quantités,

$$fx\,,\; f'x\,,\; f''x\,,\; f'''x\,,\;\ldots\ldots$$

qui toutes se rapportent au point initial, déterminassent implicitement le tracé de la courbe dans tout l'intervalle que l'on considère. Par conséquent, $f(x+h)$ ne peut pas en général être déterminée par la série des quantités fx, $f'x, \ldots\ldots$, même prolongée à l'infini. Mais du moment que l'on a égard au reste R_i, pour l'évaluation duquel il faut tenir compte de toutes les valeurs de la fonction, dans l'intervalle de x à $x+h$, la difficulté disparaît, et rien ne saurait infirmer la légitimité du développement.

A la vérité, on pourrait supposer que, si deux fonctions fz, f_1z, non identiques dans l'intervalle de $z=x$ à $z=x+h$, étaient telles néanmoins que l'on eût

$$f_1x=fx\,,\; f_1'x=f'x\,,\; f_1''x=f''x\,,\;\ldots\ldots \qquad (f)$$

jusqu'à l'infini, l'une au moins de ces fonctions devrait subir, pour $z=x$, une solution de continuité d'un ordre quelconque, ce qui suffirait pour qu'on ne pût pas prolonger à l'infini la série de Taylor, et ce qui rentrerait dans une exception déjà signalée. Effectivement nous avons admis déjà [37] et nous démontrerons plus loin que, si les fonctions fz, f_1z sont déterminées, explicitement ou implicitement, par des équations algébriques, la série des équations (f) entraînera l'identité des deux fonctions; en sorte que, si les deux fonctions avaient dans une partie de leur cours la même expression algébrique, et dans une autre portion de leur cours des expressions algébriques non identiques, elles éprouveraient nécessairement, au passage d'une expression à l'autre, une solution de continuité d'un ordre quelconque. Mais rien n'autorise à généraliser cette remarque en l'étendant aux fonctions empiriques, ni même aux fonctions transcendantes, comme M. Cauchy l'a montré sur un exemple bien simple.

Prenons en effet

$$f_1z = fz + e^{-\frac{1}{z^2}},$$

fz restant quelconque. Nous avons vu [89] que, pour $z=0$, les dérivées de tous les ordres de la transcendante $e^{-\frac{1}{z^2}}$ s'évanouissent avec la transcendante dont elles dérivent : par conséquent, pour $x=0$, on aura

$$f_1x = fx,\; f_1'x = f'x,\; f_1''x = f''x,\; \ldots\ldots$$

jusqu'à l'infini, bien que les fonctions f et f_1 restent distinctes pour toute autre valeur de z.

D'après cela, le développement de f_1h par la série de Taylor, prolongée à l'infini, ne différera point du développement de fh; et si la série de Taylor ainsi prolongée est convergente et a pour somme fh, le même développement, quoique convergent, sera fautif quand on l'appliquera à la fonction f_1.

Désignons en général par φz une fonction de z telle que, pour une valeur particulière $z = x$, on ait

$$0 = \varphi x = \varphi' x = \varphi'' x = \ldots\ldots$$

jusqu'à l'infini; et soient $R^{(i)}$, $R_1^{(i)}$ les restes de la série de Taylor pour les fonctions

$$f(x+h),\ f_1(x+h) = f(x+h) + \varphi(x+h),$$

il faudra évidemment qu'on ait, quel que soit l'indice i,

$$R_1^{(i)} - R^{(i)} = \varphi(x+h),$$

ce qu'il serait d'ailleurs facile de retrouver *à posteriori*, au moyen de l'expression du reste en intégrale définie.

104. Le nombre de termes dont se compose la série de Taylor n'est limité que dans un cas, savoir : quand fx est une fonction algébrique entière; car alors, m désignant le plus haut exposant de x dans cette fonction, la dérivée du m^e ordre est une quantité constante, et les dérivées des ordres supérieurs s'évanouissent [60].

Si l'on pose $fx = x^m$, la série de Taylor donne, pour un exposant quelconque m, le développement de $(x+h)^m$, et coïncide avec la formule de Newton, qui se trouve ainsi démontrée pour un exposant quelconque, comme nous l'avions annoncé [66 *et* 82]. On a en même temps

$$R_i = \frac{m(m-1)\ldots\ldots(m-i)}{1.2.3\ldots i}\int_0^h z^i(x+h-z)^{m-i-1}\,dz.$$

105. La série de Taylor, par sa généralité, avait déjà fixé depuis longtemps l'attention des analystes, lorsque Lagrange imagina de la prendre pour base de la théorie des fonctions, et par ce moyen d'éluder, à ce qu'il croyait, dans le passage de la discontinuité à la continuité, l'emploi de toute notion auxiliaire de limite, de fluxion ou d'infiniment petit. A cet effet, Lagrange admet qu'une

fonction quelconque, ou du moins qu'une fonction mathématique quelconque $f(x+h)$ peut se développer en une série telle que

$$fx + \varphi_1 x \cdot h^\alpha + \varphi_2 x \cdot h^\beta + \varphi_3 x \cdot h^\gamma + \text{etc.}$$

Il montre, en s'appuyant sur la nature algébrique de la fonction, que ces puissances ne peuvent être ni négatives, ni fractionnaires, tant que x et h restent indéterminés. Car d'abord, si la série contenait des puissances négatives de h, en y faisant $h=0$, les termes affectés des puissances négatives deviendraient infinis, et, par conséquent, fx aurait une valeur infinie, ce qui ne peut arriver que pour des valeurs particulières de x. En second lieu, si la série contenait un terme affecté de la puissance fractionnaire $\frac{p}{q}$, d'après les propriétés des radicaux, ce terme aurait autant de valeurs distinctes qu'il y a d'unités dans le dénominateur q; en sorte que, pour un même système de valeurs de x et de fx, $f(x+h)$ aurait plusieurs valeurs distinctes; ce qui ne peut arriver que pour certaines valeurs particulières de x et de fx, par la même raison qu'il est impossible que tous les points d'une courbe soient des points de rencontre de plusieurs branches de la courbe.

On peut donc admettre que le développement de $f(x+h)$ est donné d'une manière générale par la formule

$$f(x+h) = fx + h\varphi_1 x + h^2\varphi_2 x + h^3\varphi_3 x + \text{etc.}; \quad (h)$$

et, ceci posé, Lagrange appelle la fonction $\varphi_1 x$ la *dérivée* de fx, en la désignant par la notation $f'x$, pour mieux rappeler la liaison qui existe entre fx et $\varphi_1 x$. Le mode de dérivation ainsi défini, il ne lui est pas difficile de trouver la loi suivant laquelle les fonctions $\varphi_2 x$,

$\varphi_3 x, \ldots$. dérivent de $f'x$, et d'écrire dans sa notation la formule de Taylor

$$f(x+h)=fx+\frac{h}{1}f'x+\frac{h^2}{1.2}f''x+\frac{h^3}{1.2.3}f'''x+\text{etc.}$$

Il suffit maintenant de substituer successivement à fx les fonctions élémentaires x^m, log x, sin x, et de trouver, par les méthodes algébriques connues, les premiers termes des développements des fonctions $(x+h)^m$, log $(x+h)$, sin $(x+h)$, suivant les puissances de h, pour en conclure les premières dérivées de ces fonctions élémentaires, et par suite leurs dérivées des ordres supérieurs, comme aussi les dérivées des fonctions quelconques, composées de ces fonctions élémentaires.

C'est ainsi, selon Lagrange, que la théorie des fonctions se trouve ramenée à une simple application des règles du calcul algébrique ordinaire. On peut consulter, pour le développement de cette idée fondamentale, les deux traités spéciaux que ce grand géomètre y a consacrés, la *Théorie des fonctions analytiques* et les *Leçons sur le calcul des fonctions*.

Mais si ces deux ouvrages, à cause du nom imposant de leur auteur, ont été d'abord accueillis, par toute une génération de jeunes géomètres, comme fixant les bases de l'enseignement, un examen attentif a dû montrer qu'il s'y trouve un de ces paralogismes métaphysiques dans lesquels les plus grands maîtres peuvent tomber, lorsque la nature de leur sujet les force à sortir de l'analyse et de la synthèse scientifiques, pour entrer dans la critique des idées qui sont les matériaux mêmes de la science.

En effet, le développement en série n'a de sens que lorsqu'il mène à une série convergente, ou mieux encore lorsqu'il est démontré que le reste de la série tend sans cesse vers la limite zéro quand le nombre des termes croît indéfiniment. Toute induction tirée d'un développement en série non convergente manque de solidité, et peut conduire, comme des exemples le font voir, à des résultats fautifs. La méthode de Lagrange n'a donc point l'avantage d'éliminer la notion des limites ou toute autre équivalente. La nature des choses et les lois de l'entendement exigent ici l'emploi de l'une de ces notions auxiliaires, dont le simple développement par l'algèbre du principe d'identité ne peut tenir la place.

D'ailleurs, les raisonnements indiqués ci-dessus, et qui servent à justifier la forme attribuée à la série (h), outre qu'ils reposent sur un principe subtil et sujet à controverse, suivant que l'on regarderait l'ambiguïté des signes des radicaux comme le résultat d'une convention ou comme un fait nécessaire, ne peuvent en tous cas s'appliquer qu'aux fonctions algébriques : tandis que la théorie des fonctions, comme nous nous sommes attaché à le faire voir, doit essentiellement comprendre les fonctions continues quelconques, et former un corps de doctrine qui subsiste indépendamment des applications à l'algèbre. Le développement en série n'est qu'un artifice de calcul, et ne peut convenablement servir à établir des lois et des rapports dont l'existence est indépendante de nos procédés artificiels.

106. On dit que la formule de Taylor *tombe en défaut*, lorsque la valeur particulière de x que l'on considère, rend infinie la fonction fx ou ses dérivées à partir d'un ordre quelconque. Alors, en effet, si la fonction f est algébrique, la fonction $f(x+h)$ est susceptible de

se développer en une série qui contient des puissances négatives ou fractionnaires de h, mais qui n'a de sens qu'autant que l'on peut faire converger indéfiniment vers zéro le reste de la série. Soit, par exemple,

$$fx = \frac{\varphi x}{(1-x)^m},$$

m désignant un nombre positif, et φx une fonction qui prend, ainsi que toutes ses dérivées, une valeur finie quand on y fait $x=1$. La fonction $f(1+h)$ pourra se développer en série contenant des puissances négatives de h, car on aura

$$1+h) = \frac{\varphi(1+h)}{h^m} = h^{-m}\varphi(1) + \frac{h^{-(m-1)}}{1}\varphi'(1) + \frac{h^{-(m-2)}}{1.2}\varphi''(1) + \text{etc}$$

Si la fonction algébrique f ne devient pas infinie, mais que ses dérivées le deviennent à partir d'un ordre quelconque, il est clair que son développement ne peut contenir uniquement des puissances entières et positives de h : car alors ses dérivées pourraient se développer aussi suivant les puissances entières et positives de h, et, par conséquent, ne deviendraient pas infinies pour $h=0$; tandis que, si le développement de la fonction proposée contient des puissances fractionnaires et positives de h, telles que $h^{\frac{p}{q}}$, et si m désigne le plus grand nombre entier contenu dans $\frac{p}{q}$, la différentiation amènera, dans le développement des fonctions dérivées de l'ordre $m+1$ et des ordres supérieurs, des puissances négatives de h.

Ce cas se présente toutes les fois que fx contient en numérateur un radical de la forme $(x-a)^{\frac{p}{q}}$, et qu'on y donne à x la valeur particulière a. Soit, par exemple,

$$fx = \varphi x + \psi x . \sqrt{x^2 - 1},$$

φ et ψ désignant des fonctions algébriques entières, qui ne s'évanouissent pas pour $x = 1$: toutes les dérivées de fx, à partir de la première, deviendront infinies pour la même valeur de x, et la formule de Taylor tombera en défaut. Mais si l'on substitue directement $1 + h$ à x, il viendra

$$f(1+h) = \varphi(1+h) + \psi(1+h) . \sqrt{h} . \sqrt{2+h};$$

et ainsi, en développant par la série de Taylor, suivant les puissances entières de h, les fonctions

$$\varphi(1+h),\ \psi(1+h),\ \sqrt{2+h},$$

on obtiendra $f(1+h)$, exprimée par une série qui renferme des puissances fractionnaires de h.

Quand la première dérivée de fx qui devient infinie pour la valeur particulière $x = a$, est la dérivée de l'ordre $i + 2$, on peut employer la série de Taylor en l'arrêtant au terme affecté de h^i, et en évaluant le reste R_i par la formule (e) qui subsiste toujours, puisque $f^{(i+1)}$ n'éprouve point encore de solution de continuité du premier ordre; ou en s'assurant, par la considération des limites de ce reste, qu'il est d'un ordre de grandeur tel qu'on puisse le négliger.

107. Lagrange emploie un raisonnement semblable à celui qui a été indiqué ci-dessus [105] pour montrer *à priori* que la fonction $f(x+h)$ doit renfermer dans son développement des puissances fractionnaires de h, quand des valeurs particulières de x font évanouir les radicaux qui entrent dans fx. En effet, le radical $(x-a)^{\frac{p}{q}}$ donne à la fonction autant de valeurs distinctes, réelles ou imaginaires, qu'il y a d'unités dans le nombre en-

tier q. Comme ce même radical se reproduit dans les coefficients différentiels de fx, tant que x reste indéterminé, ces coefficients prennent eux-mêmes, comme cela doit être, un nombre q de valeurs différentes. Ainsi il y a, à proprement parler, autant de fonctions $f(x+h)$ et de développements distincts, que le radical dont il s'agit comporte de valeurs. Mais si l'on donne à x la valeur particulière a, le radical disparaît de tous les coefficients de la série de Taylor

$$fa, f'a, f''a, \text{etc.};$$

tandis qu'il subsiste dans la fonction $f(a+h)$, où il est devenu $h^{\frac{p}{q}}$. Donc la série, dans sa forme ordinaire, ne peut plus alors représenter la fonction, puisque celle-ci a plusieurs valeurs, tandis que la série n'en aurait qu'une: donc il faut que le développement de $f(a+h)$ contienne des termes affectés du radical $h^{\frac{p}{q}}$.

Remarquons d'ailleurs qu'un radical contenu dans fx peut disparaître de deux manières distinctes pour des valeurs particulières de x: 1° parce que la quantité sous le signe radical devient nulle; 2° parce qu'un facteur affectant le radical s'évanouit. Ce dernier cas ne doit point, d'après les mêmes principes, faire exception à la formule de Taylor. Soit en effet

$$(x-a_1)^m (x-a)^{\frac{p}{q}}$$

un terme qui introduit dans fx le radical $(x-a)^{\frac{p}{q}}$: ce terme disparaissant pour la valeur $x=a_1$, laquelle fait évanouir le facteur $(x-a_1)^m$. Comme l'exposant du binôme $x-a_1$, supposé entier et positif, diminue d'une unité à chaque différentiation, il y aura, dans les dérivées de fx de l'ordre m et des ordres supérieurs, des termes où ce binôme cessera d'affecter comme facteur le radical $(x-a)^{\frac{2}{q}}$: d'où il suit que le développement par la série de Taylor de la fonction $f(a_1+h)$, prolongé au moins jusqu'au terme de rang $m-1$ inclusivement, conserve autant de valeurs distinctes que le radical $(x-a)^{\frac{2}{q}}$ en attribue à $f(a_1+h)$.

Il ne faut pas conclure de ce qui précède, avec quelques auteurs, qu'en pareil cas la série de Taylor doit au moins être prolongée jusqu'au terme inclusivement où reparaît le radical $(x-a)^{\frac{2}{q}}$: car ce radical subsiste toujours, avec la multiplicité de ses valeurs, dans l'intégrale définie qui exprime la valeur du reste R_i, quelle que soit la valeur de l'indice i; et il faut toujours tenir compte du reste de la série pour donner de la rigueur aux raisonnements.

On voit, par exemple, que, si le facteur qui affecte le radical était une fonction transcendante de la nature de celles indiquées ci-dessus [102], qui deviennent nulles, ainsi que toutes leurs dérivées, pour certaines valeurs de x, le raisonnement de Lagrange ne serait plus applicable; et l'identité entre le développement et la fonction développée ne pourrait subsister qu'autant qu'on arrêterait la série à un terme quelconque, en tenant compte du reste.

108. Lorsque la fonction fz ou ses dérivées, à partir d'un ordre quelconque, éprouvent une solution de continuité du premier ordre, non plus pour la valeur initiale $z=x$, mais pour une valeur $z=a$ comprise entre $z=x$ et $z=x+h$, la formule de Taylor, dès l'instant

qu'on y fait $h =$ ou $> a-x$, doit être inapplicable, aussi bien que si la solution de continuité se rapportait à la valeur initiale : cependant la métaphysique de Lagrange ne s'applique pas à ce cas, et l'on n'est pas dans l'usage de le considérer comme un *cas de défaut* de la formule de Taylor. Mais du moment que l'on tient compte du reste R_i, comme cela doit toujours se faire, le défaut se manifeste par l'impossibilité d'assigner des limites au reste, ou de l'évaluer en intégrale définie, quand la fonction sous le signe $\int$ passe par l'infini, que ce soit à la limite ou dans le cours de l'intégration.

§ 2. Formule de Maclaurin et ses applications.

109. Si l'on fait dans la formule (B) $x=0$, ce qui donne

$$fx = f(0) + \frac{h}{1} \cdot f'(0) + \frac{h^2}{1.2} \cdot f''(0) + \frac{h^3}{1.2.3} \cdot f'''(0) + \text{etc.},$$

et qu'on écrive ensuite x au lieu de h, il viendra

$$fx = f(0) + \frac{x}{1} \cdot f'(0) + \frac{x^2}{1.2} \cdot f''(0) + \frac{x^3}{1.2.3} \cdot f'''(0) + \text{etc.}; \quad \text{(C)}$$

en sorte qu'on aura résolu de la manière la plus générale le problème qui consiste à transformer une fonction quelconque en série ordonnée suivant les puissances entières et ascendantes de la variable. On pourrait trouver très-simplement la loi de cette série par la méthode connue des coefficients indéterminés, sans passer par la formule de Taylor. Admettons, en effet, que la fonction fx soit susceptible de se développer en série convergente procédant suivant les puissances entières et ascendantes de x, et posons

$$fx = A + Bx + Cx^2 + Dx^3 + \text{etc.}:$$

on aura, en différentiant,

$$f'x = B + 2Cx + 3Dx^2 + \text{etc.},$$
$$f''x = 2C + 2.3Dx + \text{etc.},$$
$$f'''x = 2.3.D + \text{etc.},$$
etc.

Faisons dans toutes ces équations $x=0$: il viendra

$$A=f(0),\ B=f'(0),\ C=\frac{1}{2}f''(0),\ D=\frac{1}{2.3}f'''(0),\quad \text{etc.}$$

C'est par ce procédé (dont on ferait pareillement usage pour établir la loi de la série de Taylor) que Maclaurin a obtenu la formule (C), qui porte encore son nom, quoiqu'on ait revendiqué dans ces dernières années la priorité de la découverte en faveur du géomètre Stirling. D'ailleurs, on ne doit pas regarder cette formule comme essentiellement distincte de celle de Taylor : seulement la formule de Taylor a plus de généralité, en ce qu'elle subsiste tant que x et h conservent leur indétermination, et ne tombe en défaut, d'une manière ou d'une autre, que pour des valeurs particulières attribuées à ces lettres ; tandis que la formule de Maclaurin n'est applicable qu'autant que la fonction fx n'éprouve pas de solutions de continuité, pour $x=0$.

La série de Maclaurin doit, comme celle de Taylor, et par la même raison, être complétée par un reste. Soit r_i le reste de la série de Maclaurin, arrêtée au terme de rang $i+1$, en sorte qu'on ait

$$fx=f(0)+\frac{x}{1}f'(0)+\ldots\ldots+\frac{x^i}{1.2.3\ldots i}f^{(i)}(0)+r_i,$$

l'expression de r_i en intégrale définie sera évidemment, d'après ce qui précède, donnée par l'équation

$$r_i=\frac{1}{1.2.3\ldots i}\int_0^x z^i f^{(i+1)}(x-z)\,dz\,;$$

la valeur de r_i tombera entre

$$\frac{px^{i+1}}{1.2.3\ldots(i+1)} \quad \text{et} \quad \frac{qx^{i+1}}{1.2.3\ldots(i+1)},$$

p, q désignant la plus petite et la plus grande valeur de $f^{(i+1)}(x-z)$, entre les limites $z=0$, $z=x$, ou celles de $f^{(i+1)}z$ entre les mêmes limites.

Si l'on désigne par θ, θ_1 des nombres compris entre 0 et 1, on aura encore pour r_i ces deux expressions

$$r_i = \frac{x^{i+1}}{1.2.3\ldots(i+1)} \cdot f^{(i+1)}(\theta x), \quad r_i = \frac{(1-\theta_1)^i x^{i+1}}{1.2.3\ldots i} \cdot f^{(i+1)}(\theta_1 x).$$

Ces explications pouvant suffire, nous allons passer à l'application remarquable que l'on fait de la formule de Maclaurin au développement des fonctions logarithmique, exponentielle et circulaires.

110. Si nous voulions développer la fonction $\log x$ suivant les puissances positives et ascendantes de x, nous trouverions que cette fonction et ses dérivées des divers ordres deviennent infinies pour $x=0$, en sorte que la série de Maclaurin tombe en défaut. Mais en prenant

$$fx = \log(1+x),$$

et en supposant toujours, pour plus de simplicité, qu'il s'agit d'un logarithme népérien, nous trouverons

$$f'(x) = \frac{1}{1+x},\ f''x = -\frac{1}{(1+x)^2},\ f'''x = \frac{1.2}{(1+x)^3},\ \ldots\ldots$$

$$f^{(i)}x = \mp \frac{1.2.3\ldots\ldots(i-1)}{(1+x)^i},$$

suivant que i est pair ou impair; d'où

$$\log(1+x) = x - \frac{x^2}{2} + \frac{x^3}{3} - \frac{x^4}{4} + \frac{x^5}{5} - \text{etc.}, \qquad (i)$$

série convergente, tant que x est compris entre -1 et $+1$. A la limite supérieure $x=1$, la série est encore convergente; car on a

$$\log 2 = 1 - \frac{1}{2} + \frac{1}{3} - \frac{1}{4} + \frac{1}{5} - \text{etc.}, \qquad (j)$$

et l'on sait que toute série dont les termes, alternativement positifs et négatifs, vont en diminuant, est nécessairement convergente [26].

Si l'on fait $x = -1$, il vient

$$\log 0 = -\left\{ 1 + \frac{1}{2} + \frac{1}{3} + \frac{1}{4} + \frac{1}{5} + \text{etc.} \right\}.$$

On sait que zéro a pour logarithme l'infini négatif : donc la série

$$1 + \frac{1}{2} + \frac{1}{3} + \frac{1}{4} + \frac{1}{5} + \text{etc.}$$

est divergente, ce qui se démontre d'ailleurs directement.

On a

$$\log\left(\frac{1+x}{1-x}\right) = \log(1+x) - \log(1-x)$$

$$= 2\left\{ x + \frac{x^3}{3} + \frac{x^5}{5} + \frac{x^7}{7} + \text{etc.} \right\}. \qquad (k)$$

Si l'on fait ensuite

$$\frac{1+x}{1-x} = 1 + \frac{\nu}{n}, \text{ d'où } x = \frac{\nu}{2n+\nu},$$

il viendra :

$$\log\left(1 + \frac{\nu}{n}\right) = \log\left(\frac{n+\nu}{n}\right) = \log(n+\nu) - \log n$$

$$2\left\{ \frac{\nu}{2n+\nu} + \frac{1}{3}\left(\frac{\nu}{2n+\nu}\right)^3 + \frac{1}{5}\left(\frac{\nu}{2n+\nu}\right)^5 + \frac{1}{7}\left(\frac{\nu}{2n+\nu}\right)^7 + \text{etc.} \right\}. \quad (l)$$

Cette dernière série est toujours très-rapidement convergente pour des valeurs entières des nombres n et ν, et elle fait connaître le logarithme du nombre $n+\nu$ quand celui de n est connu. On ne calculera, bien entendu, par le moyen de cette série que les logarithmes des nombres premiers : les autres s'obtiendront par de simples additions ; et pour cela on aura soin de calculer les logarithmes des nombres premiers avec un plus grand nombre de décimales qu'on n'en veut conserver dans la table.

Supposons $n=1$, $\nu=1$: comme le logarithme de l'unité est zéro, on aura

$$\log 2 = 2\left(\frac{1}{3}+\frac{1}{3.3^3}+\frac{1}{5.3^5}+\frac{1}{7.3^7}+ \text{etc.}\right),$$

série bien plus rapidement convergente que la série (j), et dont il suffit de calculer un petit nombre de termes pour trouver

$$\log 2 = 0{,}69314718\ldots\ldots$$

Par conséquent

$$\log 4 = 1{,}38629436\ldots\ldots$$

En faisant dans la série (l) $n=4$, $\nu=1$, il vient

$$\log 5 = \log 4 + 2\left(\frac{1}{9}+\frac{1}{3.9^3}+\frac{1}{5.9^5}+\frac{1}{7.9^7}+ \text{etc.}\right),$$

d'où

$$\log 5 = 1{,}60943791\ldots\ldots$$

Le troisième terme de la série n'influe déjà plus que sur le chiffre de l'ordre des millionièmes, et le cinquième serait tout à fait insensible dans le calcul des tables ordinaires.

La somme des logarithmes de 2 et de 5 donne le logarithme népérien de 10, égal à 2,3025809.....

En divisant par ce nombre l'unité qui est le logarithme vulgaire de 10, on a [64] le logarithme vulgaire de e, ou le *module* des logarithmes de Briggs, égal à 0,4342944819.....

Avec ce module on forme les logarithmes vulgaires de tous les nombres premiers dont on a préalablement calculé les logarithmes népériens.

L'analyse fournit des méthodes encore plus expéditives pour calculer les logarithmes; mais toutes ces méthodes, y compris celle dont nous venons de donner une idée, n'ont été imaginées que lorsqu'on possédait depuis longtemps des tables calculées par des procédés bien plus laborieux.

111. Toutes les dérivées de la fonction e^x étant identiques avec la fonction primitive, se réduisent comme elle à l'unité pour $x=0$. En conséquence la formule de Maclaurin donne

$$e^x = 1 + \frac{x}{1} + \frac{x^2}{1.2} + \frac{x^3}{1.2.3} + \frac{x^4}{1.2.3.4} + \frac{x^5}{1.2.3.4.5} + \text{etc.}, \quad (m)$$

série qui finit toujours par converger, quelle que soit la valeur donnée à x. En effet [26], si l'on désigne par y_i le terme de cette série qui en a i avant lui, il viendra

$$\frac{y_{i+1}}{y_i} = \frac{x}{i+1},$$

rapport qui converge indéfiniment vers la limite zéro, quel que soit x, quand i prend des valeurs de plus en plus grandes.

En faisant $x=1$, nous retrouverons l'expression du nombre e en série, telle qu'on l'a déduite de la formule du binôme [61].

D'après les formules (d) du n° 67 on trouve aussi

$$\sin x = \frac{x}{1} - \frac{x^3}{1.2.3} + \frac{x^5}{1.2.3.4.5} - \frac{x^7}{1.2.3.4.5.6.7} + \text{etc.}, \quad (m_1)$$

$$\cos x = 1 - \frac{x^2}{1.2} + \frac{x^4}{1.2.3.4} - \frac{x^6}{1.2.3.4.5.6} + \text{etc.} \quad (m_2)$$

Ces séries très-remarquables, données par Newton, jouissent, comme la série (m), de la propriété d'être toujours finalement convergentes, quel que soit x, en sorte qu'elles s'étendent aux arcs qui surpassent la circonférence ou un nombre quelconque de circonférences. On pourrait s'en servir pour calculer des tables de sinus et de cosinus *naturels*, dont on calculerait ensuite les logarithmes au moyen de la série (i); mais c'est par des méthodes plus élémentaires qu'ont été effectivement construites les tables trigonométriques pour les besoins de l'astronomie, bien avant le siècle de Newton.

Les séries (m), (m_1), (m_2) étant convergentes pour toutes les valeurs de x, rien n'empêcherait de partir de ces séries et de poser *à priori*

$$\left.\begin{aligned} \psi x &= 1 + \frac{x}{1} + \frac{x^2}{1.2} + \frac{x^3}{1.2.3} + \text{etc.}, \\ \mathrm{f}\, x &= \frac{x}{1} - \frac{x^3}{1.2.3} + \frac{x^5}{1.2.3.4.5} - \text{etc.}, \\ f x &= 1 - \frac{x^2}{1.2} + \frac{x^4}{1.2.3.4} + \text{etc}; \end{aligned}\right\} (n)$$

puis, de déterminer les propriétés des fonctions ψ, f, f, d'après les propriétés des séries convergentes dont elles sont les sommes. On trouverait ainsi

$$\left.\begin{aligned} &\psi(0) = 1,\ \mathrm{f}(0) = 0,\ f(0) = 1; \\ &\psi' x = \psi x,\ \mathrm{f}' x = f x,\ f' x = -\mathrm{f} x; \end{aligned}\right\} (o)$$

et de ce système d'équation on pourrait, comme on l'a indiqué au chapitre II du présent livre, déduire toutes les propriétés des fonctions ψ, f, f. Les équations (n) donneraient même directement ces propriétés, sans qu'on eût besoin de passer par l'intermédiaire des équations (o). Ainsi l'on trouverait, par la forme même des séries,

$$\psi(x\sqrt{-1}) = f x + \mathrm{f} x \,.\, \sqrt{-1},$$
$$\psi(-x\sqrt{-1}) = f x - \mathrm{f} x \,.\, \sqrt{-1};$$
$$(\mathrm{f} x)^2 + (f x)^2 = 1,$$
$$\mathrm{f}(x+y) = \mathrm{f} x \,.\, f y + \mathrm{f} y \,.\, f x, \text{ etc.}$$

Mais, quoique cette marche soit logiquement rigoureuse, elle ne nous semble pas convenable dans une exposition didactique où l'on doit surtout rechercher l'enchaînement rationnel des théories. En général, les fonctions sont caractérisées, dans l'ensemble de leur cours, par la loi de leurs accroissements différentiels ; et ce n'est que sous de certaines conditions qu'elles peuvent être exprimées (aussi dans toute l'étendue de leur cours), par des séries convergentes pour toutes les valeurs de la variable ([1]).

112. Dans les applications qui font l'objet des deux numéros précédents, nous n'avons fait que constater la convergence de la série de Maclaurin. A la rigueur, on est tenu de prouver directement que ces développements convergents ont pour sommes les fonctions développées, ou que le reste r_i tombe au-dessous de toute grandeur donnée, pour des valeurs convenables de i. Or, le reste r_i, dans les développements (i), (m), (m_1), (m_2), est exprimé par

$$\mp\frac{x^{i+1}}{(i+1)(1+\theta x)^{i+1}},\quad \frac{x^{i+1}}{1.2.3\ldots(i+1)}.\,e^{\theta x},$$
$$\pm\frac{x^{i+1}}{1.2.3\ldots(i+1)}.\begin{cases}\sin\\ \cos\end{cases}(\theta x).$$

Les deux dernières expressions donnent pour la valeur numérique du rapport $\frac{r_{i+1}}{r_i}$, une fraction qui peut tomber au-dessous de toute grandeur donnée, quel que soit x, pourvu qu'on prenne pour i un nombre suffisamment grand. La même condition est satisfaite, à l'égard de la première expression de r_i, dès qu'on prend pour x un nombre positif.

113. On tire de la formule (l) du n° 75

$$x=\frac{1}{2\sqrt{-1}}.\log\left(\frac{1+\sqrt{-1}\,.\,\mathrm{tang}\,x}{1-\sqrt{-1}\,.\,\mathrm{tang}\,x}\right),$$

([1]) M. Cauchy a donné dans ces derniers temps une règle très-remarquable, pour fixer les conditions de la convergence du développement d'une fonction suivant les puissances entières et positives de la variable indépendante. Désignons par

$_0+\sqrt{-1}\,.\sin\theta_0)$, $\rho_1(\cos\theta_1+\sqrt{-1}\,.\sin\theta_1)$, $\rho_2(\cos\theta_2+\sqrt{-1}\,.\sin\theta_2)$, et en développant le logarithme par la formule (k),

$$x = \tang x - \tfrac{1}{3}\tang^3 x + \tfrac{1}{5}\tang^5 x - \tfrac{1}{7}\tang^7 x + \text{etc.} \quad (p)$$

Cette dernière série a été donnée par Leibnitz. La convergence ne subsiste et par conséquent la série n'est applicable que par les valeurs de tang x comprises entre -1 et $+1$, ou pour les valeurs de x comprises entre $-\frac{1}{4}\pi$ et $+\frac{1}{4}\pi$, quoique la fonction tang x reste continue entre les limites $x = -\frac{1}{2}\pi$ et $x = \frac{1}{2}\pi$.

A la limite $x = \frac{1}{4}\pi$, la série (p) est encore convergente, et il vient

$$\frac{\pi}{4} = 1 - \frac{1}{3} + \frac{1}{5} - \frac{1}{7} + \text{etc.};$$

mais la convergence est trop lente pour que cette série puisse servir à calculer commodément la valeur du nombre transcendant π. Si l'on prend pour x l'arc de 30°

des valeurs réelles ou imaginaires, qui, mises à la place de x, rendent infinie la fonction fx ou sa première dérivée $f'x$, ou bien qui satisfont à l'une des équations

$$\frac{1}{fx} = 0, \quad \frac{1}{f'x} = 0:$$

ces valeurs seront réelles et positives ou négatives, si les nombres positifs ou négatifs θ_0, θ_1, θ_2, etc., deviennent des multiples pairs ou impairs de π; quant aux nombres ρ_0, ρ_1, ρ_2, etc., auxquels M. Cauchy est dans l'usage de donner le nom de *modules*, on peut les regarder comme essentiellement positifs. Cela posé, le développement de fx en série procédant suivant les puissances entières et positives de x, sera convergent pour toute valeur de x, réelle ou imaginaire,

$$\rho(\cos\theta + \sqrt{-1}.\sin\theta),$$

dont le module ρ tombera au-dessous du plus petit des modules ρ_0, ρ_1, ρ_2, etc. On conclut immédiatement de cette proposition, que toute fonction périodique, telle que sin x, cos x, qui ne devient infinie, non plus que sa première dérivée, pour aucune valeur réelle ou imaginaire de x, se développe suivant les puissances entières et positives de x en série convergente, quel que soit x.

dont la tangente est $\frac{1}{\sqrt{3}}$, la formule donnera

$$\frac{\pi}{6} = \frac{1}{\sqrt{3}}\left(1 - \frac{1}{3.3} + \frac{1}{5.3^2} - \frac{1}{7.3^3} + \text{etc.}\right).$$

C'est par cette dernière série que Lagny a calculé le nombre π avec 127 décimales. On connaît d'ailleurs d'autres développements propres à donner beaucoup plus rapidement encore la valeur de π.

On tire de la formule (i):

$$\log x = \log\left(\frac{1+x}{1+\frac{1}{x}}\right) = \log(1+x) - \log\left(1+\frac{1}{x}\right)$$

$$= x - \frac{1}{x} - \frac{1}{2}\left(x^2 - \frac{1}{x^2}\right) + \frac{1}{3}\left(x^3 - \frac{1}{x^3}\right) - \frac{1}{4}\left(x^4 - \frac{1}{x^4}\right) + \text{etc.}$$

A la vérité, cette nouvelle série, est divergente pour toutes les valeurs réelles de x; mais, si nous donnons à x la valeur imaginaire $e^{z\sqrt{-1}}$, on aura

$$= z\sqrt{-1},\ x^m - \frac{1}{x^m} = e^{mz\sqrt{-1}} - e^{-mz\sqrt{-1}} = 2\sqrt{-1}\,.\sin mz\,;$$

t par suite la formule précédente deviendra, après qu'on ura divisé par $2\sqrt{-1}$,

$$\frac{1}{2}z = \sin z - \frac{1}{2}\sin 2z + \frac{1}{3}\sin 3z - \frac{1}{4}\sin 4z + \text{etc.},$$

ette nouvelle série est évidemment convergente, quel ue soit z; mais elle n'a pour somme $\frac{1}{2}z$ que quand la aleur de z est comprise entre les limites $-\frac{1}{2}\pi$, $+\frac{1}{2}\pi$.

Le lieu géométrique de l'équation

$$= \sin x - \frac{1}{2}\sin 2x + \frac{1}{3}\sin 3x - \frac{1}{4}\sin 4x + \text{etc.} \quad (q)$$

erait un système de portions de droites parallèles

$$\ldots\ldots M_1N_1,\ MN,\ M'N',\ M''N'',\ \ldots\ldots \quad (\textit{fig. } 35)$$

yant respectivement pour équations en termes finis [37]:

$$\ldots\, y=\frac{1}{2}(x+\pi),\ y=\frac{1}{2}x,\ y=\frac{1}{2}(x-\pi),\ y=\frac{1}{2}(x-2\pi),\ldots$$

Les points N, M', ont pour abscisse commune $OP=\pi$; mais l'équation (q), quand on y fait $x=\pi$, ne donne pour la valeur de y, ni l'ordonnée PN, ni l'ordonnée PM', égale et de signe contraire. On tire de cette équation $y=0$, c'est-à-dire une valeur de y égale à la demi-somme des ordonnées PN, PM'. La même chose arrive quand on prend pour x un multiple positif ou négatif de π [38]. Nous reviendrons dans la suite sur cette particularité essentielle du développement des fonctions discontinues; et nous retrouverons l'équation (q) comme un cas particulier de formules beaucoup plus générales.

114. Le développement d'une fonction en série procédant suivant les puissances de la variable, conduit au développement des fonctions en séries d'exponentielles: car, soit fx la fonction proposée: si l'on fait

$$x=\log z,\ \text{ou}\ z=e^x,$$

elle deviendra $f(\log z)=Fz$, et pourra, en général, se développer suivant les puissances de z. Soit Az^m un terme du développement; quand on y mettra pour z sa valeur, ce terme prendra la forme Ae^{mx}; et ainsi la fonction f se trouvera développée en série d'exponentielles.

LIVRE TROISIÈME.

DIFFÉRENTIATION

DES FONCTIONS EXPLICITES DE PLUSIEURS VARIABLES ET DES FONCTIONS IMPLICITES.

CHAPITRE PREMIER.

DES FONCTIONS EXPLICITES DE PLUSIEURS VARIABLES INDÉPENDANTES, ET DE LEUR DIFFÉRENTIATION. — NOTIONS SUR LES SOLUTIONS DE CONTINUITÉ DES FONCTIONS DE DEUX ET DE TROIS VARIABLES.

115. Nous n'avons considéré jusqu'ici que des fonctions d'une seule variable, c'est-à-dire, des grandeurs dont la valeur est déterminée par cela seul qu'on assigne la valeur d'une autre grandeur variable dont elles dépendent; mais plus généralement la valeur d'une quantité dépend des valeurs que prennent plusieurs autres quantités susceptibles de varier, chacune séparément et indépendamment des autres : ce qu'on exprime en disant que la première quantité est une fonction de plusieurs variables indépendantes.

Ainsi l'intensité de la pesanteur terrestre varie avec la hauteur du corps pesant au-dessus du niveau des mers, et elle varie aussi avec la latitude. Ces variables sont indépendantes; car on peut concevoir que la hauteur change sans que la latitude varie, et réciproquement. Si la figure de la terre s'écartait sensiblement de celle d'un sphéroïde de révolution, l'intensité de la pesanteur varierait encore avec la longitude, et deviendrait une fonction de trois variables indépendantes.

Quand un corps solide, primitivement échauffé d'une manière uniforme, se refroidit, la température en chaque point de la masse varie avec le temps : elle varie aussi, au même instant, d'un point à un autre; car les molécules voisines de la surface par où la chaleur se dissipe, doivent arriver à une température rapprochée de celle du milieu ambiant, plus tôt que les molécules placées dans la partie centrale du corps. La température en chaque point de la masse est donc une fonction de quatre variables indépendantes, savoir, du temps écoulé depuis l'origine du refroidissement, et des trois coordonnées qui fixent la position du point dans l'intérieur du corps.

On pourrait multiplier indéfiniment ces exemples, et il est facile de reconnaître que, dans la plupart des phénomènes naturels, chaque quantité mesurable dépend de beaucoup d'autres quantités susceptibles de varier séparément. Mais, afin de simplifier les questions et de les rendre accessibles au calcul, on considère les cas où ces quantités reçoivent des valeurs fixes, ou sensiblement fixes, à l'exception d'une, de deux, de trois d'entre elles; et alors les quantités dépendantes deviennent fonctions d'une, de deux, de trois variables.

Pour exprimer qu'une quantité u est fonction de plusieurs variables $x, y, z, \ldots$ on emploie la notation

$$u = f(x, y, z, \ldots);$$

et si l'on voulait indiquer qu'il entre en outre des constantes ou des paramètres $a, b, c, \ldots$ dans la détermination de la fonction, on écrirait

$$u = f(x, y, z, \ldots . a, b, c, \ldots .).$$

Par rapport à chacune des variables dont elle dépend, une fonction peut être mathématique ou empirique, algébrique ou transcendante, rationnelle ou irrationnelle, entière ou fractionnaire, linéaire ou non linéaire, etc. : il n'y a rien à ajouter aux explications que nous avons données sur ces diverses classes de fonctions, en traitant des fonctions d'une seule variable.

Quand la fonction u est définie mathématiquement par une équation

$$F(u, x, y, z, \ldots .) = 0,$$

non résolue par rapport à u, la fonction est implicite : elle devient explicite après qu'on a résolu l'équation par rapport à u.

116. Une fonction de plusieurs variables, qui n'a pas, ou à laquelle on ne connaît pas d'expression mathématique, est censée connue, pour les valeurs des variables indépendantes comprises entre des limites assignées, au moyen de tables qui donnent les valeurs de la fonction, correspondant à autant de systèmes de valeurs très-rapprochées, assignées aux variables indépendantes. Mais la construction de ces tables n'est réellement praticable que pour les fonctions de deux variables seulement. Soient

$$x_1, x_2, x_3, \ldots\ldots x_{m-1}, x_m;$$
$$y_1, y_2, y_3, \ldots\ldots\ldots y_{n-1}, y_n;$$

deux séries de valeurs de x et de y, suffisamment rapprochées, et désignons par $u_{h,k}$ la valeur de la fonction u qui correspond au système (x_h, y_k) : les valeurs de u, correspondant à toutes les combinaisons qu'on peut former entre les valeurs de x et celles de y, comprises dans les deux séries ci-dessus, pourront, pour la commodité des recherches, être disposées en tableau comme il suit :

	x_1	x_2	x_3	....	x_{m-1}	x_m
y_1	$u_{1,1}$	$u_{2,1}$	$u_{3,1}$		$u_{m-1,1}$	$u_{m,1}$
y_2	$u_{1,2}$	$u_{2,2}$	$u_{3,2}$		$u_{m-1,2}$	$u_{m,2}$
y_3	$u_{1,3}$	$u_{2,3}$	$u_{3,3}$		$u_{m-1,3}$	$u_{m,3}$
⋮	⋮	⋮	⋮	⋮	⋮	⋮
y_{n-1}	$u_{1,n-1}$	$u_{2,n-1}$	$u_{3,n-1}$		$u_{m-1,n-1}$	$u_{m,n-1}$
y_n	$u_{1,n}$	$u_{2,n}$	$u_{3,n}$	....	$u_{m-1,n}$	$u_{m,n}$

de manière que la valeur $u_{h,k}$ se trouve dans la bande verticale, en tête ou *à l'entrée* de laquelle figure x_h, et dans la bande horizontale, à gauche ou *à l'entrée* de laquelle figure y_k. Une table ainsi construite se nomme une table *à double entrée*. La table de Pythagore est l'exemple le plus connu d'une table à double entrée. Une table de logarithmes est de sa nature à simple entrée, comme toutes celles qui comprennent la série des valeurs des fonctions d'une seule variable; mais par la manière dont on a disposé les tables ordinaires, pour en diminuer le volume, on les a artificiellement converties en tables à double entrée.

Une fonction de trois variables indépendantes x, y, z pourrait être donnée au moyen d'une table *à triple entrée*, dont on se fera une idée en imaginant l'espace partagé en cases cubiques par trois systèmes de plans parallèles dont chacun coupe à angles droits ceux des deux autres systèmes; et en supposant qu'on inscrive dans chaque case une valeur de la fonction u, de manière que la valeur $u_{k,i,l}$ se trouve au-dessus de la case $u_{k,i}$ du précédent tableau, supposé horizontal, et dans l'*assise* horizontale pour laquelle la variable z a la valeur z_l. S'il y avait plus de trois variables indépendantes, on ne pourrait plus imaginer de disposition géométrique analogue, propre à coordonner dans l'espace toutes les valeurs particulières de la fonction qui en dépend.

117. La fonction $f(x,y,z,\ldots\ldots)$, mathématique ou empirique, doit en général être continue, pour les raisons que nous avons indiquées en parlant des fonctions d'une seule variable; et de cet attribut de continuité dérivent des conséquences importantes, indépendantes de la propriété que les fonctions peuvent avoir, de s'exprimer par des formules mathématiques.

La continuité dont jouit la fonction n'empêche pas qu'elle ne puisse éprouver des solutions de continuité, ou pour des systèmes de valeurs particulières

$$x=\xi,\ y=\eta,\ z=\zeta,\ \text{etc.};$$

ou pour des systèmes de valeurs qui, sans être individuellement déterminées, satisfont à certaines conditions particulières

$$\varphi(x,y,z,\ldots\ldots)=0,\ \psi(x,y,z\ldots\ldots)=0,\ \text{etc.};$$

mais, avant de s'occuper de ces solutions de continuité, il convient d'étendre aux fonctions de plusieurs variables la théorie des dérivées ou des variations infiniment petites.

118. Considérons, en premier lieu, une fonction de deux variables

$$z=f(x,y),$$

et supposons que x et y prennent les accroissements

Δx, Δy : la variation correspondante de z sera

$$\Delta z = f(x+\Delta x, y+\Delta y) - f(x, y),$$

et nous pourrons la mettre sous la forme

$$\Delta z = [f(x+\Delta x, y) - f(x, y)] + f(x+\Delta x, y+\Delta y) - f(x+\Delta x, y),$$

de manière que la quantité isolée par des crochets soit la valeur qu'aurait prise la variation Δz, si x seul avait varié.

Nous pourrons mettre encore l'expression de Δz sous la forme

$$\Delta z = \frac{f(x+\Delta x, y) - f(x, y)}{\Delta x} \cdot \Delta x$$

$$+ \frac{f(x+\Delta x, y+\Delta y) - f(x+\Delta x, y)}{\Delta y} \cdot \Delta y.$$

Admettons maintenant que les différences Δx, Δy s'approchent indéfiniment de zéro : le rapport

$$\frac{f(x+\Delta x, y) - f(x, y)}{\Delta x}$$

aura pour limite $f'(x, y)$; cette notation désignant la dérivée de $f(x, y)$ par rapport à la variable x. Et si nous désignons par $f_{,}(x, y)$ la dérivée de $f(x, y)$ que l'on obtient en traitant y comme la variable, le rapport

$$\frac{f(x+\Delta x, y+\Delta y) - f(x+\Delta x, y)}{\Delta y}$$

convergera vers la limite $f_{,}(x+\Delta x, y)$ quand Δy deviendra de plus en plus petit.

Enfin cette dernière limite, dont la valeur varie avec Δx, convergera à son tour vers la limite $f_{,}(x, y)$ quand Δx convergera vers zéro.

Donc, en désignant par dx, dy, dz des valeurs infiniment petites de Δx, Δy, Δz, on aura

$$dz = f'(x, y)\,dx + f_{,}(x, y)\,dy.$$

Mais, d'un autre côté, si nous désignons par $d_x z$ la différentielle de z dans l'hypothèse où x varierait seul, et par $d_y z$ la différentielle de z dans l'hypothèse opposée où y serait seul variable, on aura, selon les principes de la notation différentielle,

$$f'(x, y) = \frac{d_x z}{dx}, \quad f_{,}(x, y) = \frac{d_y z}{dy},$$

et, par conséquent,

$$dz = \frac{d_x z}{dx} dx + \frac{d_y z}{dy} dy . \qquad (1)$$

dz désigne alors une différentielle *totale ;* $d_x z$, $d_y z$ sont des différentielles *partielles ;*

$$\frac{d_x z}{dx}, \ \frac{d_y z}{dy}$$

sont des coefficients différentiels partiels, ou des dérivées partielles.

L'usage a fait prévaloir la dénomination de *différences partielles* sur celle de *différentielles partielles*, qui est plus régulière, mais moins euphonique. Cet usage provient de ce que les géomètres du siècle dernier substituaient communément à l'expression de *différentielle* celle de *différence*, en sous-entendant la qualification d'*infiniment petite.*

La formule (1), telle que nous venons de l'écrire, n'offrirait aucune ambiguïté : mais en pratique l'emploi des indices au bas des caractéristiques de différentiation occasionnerait des embarras et souvent des fautes d'écriture ou d'impression. On préfère écrire simplement

$$dz = \frac{dz}{dx} dx + \frac{dz}{dy} dy ; \qquad (2)$$

et l'on ne craint point de confondre le dz (différentielle totale) qui est au premier membre de l'équation, avec les dz (différentielles partielles) qui figurent aux numérateurs des coefficients différentiels dans le second membre.

Rappelons-nous en effet que les différentielles ne sont que des symboles auxiliaires, employés dans le cours des combinaisons analytiques pour parvenir à des coefficients différentiels qui sont des fonctions numériquement déterminées, dès l'instant que l'on assigne des valeurs numériques aux variables dont elles dépendent. Or, tant que les variables x, y sont indépendantes, et que les variations dx, dy ne se trouvent liées par aucun rapport, les rapports de la différentielle totale dz à dx ou à dy, savoir :

$$\frac{d_x z}{dx}+\frac{d_y z}{dy}\cdot\frac{dy}{dx}, \quad \frac{d_x z}{dx}\cdot\frac{dx}{dy}+\frac{d_y z}{dy},$$

sont indéterminés. Les expressions

$$\frac{dz}{dx}, \frac{dz}{dy}$$

n'auraient donc aucune valeur déterminée si, par le dz qui figure aux numérateurs, on devait entendre une différentielle totale; et le calcul, appliqué à des questions susceptibles d'une solution déterminée, ne doit pas les amener.

Néanmoins, pour plus de clarté, quelques analystes écrivent, à l'exemple d'Euler et de Laplace, les coefficients différentiels partiels entre parenthèses, de la manière suivante

$$dz=\left(\frac{dz}{dx}\right)dx+\left(\frac{dz}{dy}\right)dy\;;$$

mais d'ordinaire on regarde ces parenthèses comme superflues.

119. La formule (2) s'étend, sans aucune difficulté, aux fonctions d'un nombre quelconque de variables indépendantes. Ainsi l'on a, pour $u=f(x, y, z, t, \ldots.)$,

$$du=\frac{du}{dx}dx+\frac{du}{dy}dy+\frac{du}{dz}dz+\frac{du}{dt}dt+\text{etc.} \qquad (3)$$

Il en résulte que, si Δu, Δx, Δy, Δz, Δt, etc., désignent des variations très-petites du premier ordre, on a, aux quantités près du second ordre et des ordres supérieurs,

$$\Delta u = \frac{du}{dx}\Delta x + \frac{du}{dy}\Delta y + \frac{du}{dz}\Delta z + \frac{du}{dt}\Delta t + \text{etc.}, \qquad (4)$$

du moins tant que les dérivées partielles

$$\frac{du}{dx}, \quad \frac{du}{dy}, \quad \frac{du}{dz}, \quad \frac{du}{dt}, \text{ etc.}$$

ne prennent pas de très-grandes valeurs qui rendraient les fractions

$$\frac{1}{\frac{du}{dx}}, \quad \frac{1}{\frac{du}{dy}}, \quad \frac{1}{\frac{du}{dz}}, \quad \frac{1}{\frac{du}{dt}}, \text{ etc.}$$

comparables pour leur petitesse à Δx, Δy, Δz, Δt, etc. [45].

Donc, si une fonction dépend de quantités qui éprouvent des variations très-petites, positives ou négatives, la variation totale de la fonction est sensiblement égale à la somme algébrique des variations que cette fonction aurait subies dans sa valeur, si chacune des quantités dont elle dépend eût varié seule.

Le principe de la *superposition* des mouvements très-petits, qui joue un rôle si important dans l'explication des phénomènes physiques, et sur lequel reposent les théories modernes du son et de la lumière, n'est lui-même qu'une conséquence du principe que l'on vient d'énoncer, et que l'on pourrait appeler le principe de la superposition des petites variations. Si l'on rapproche ce principe de celui de la proportionnalité des petites variations [5], on comprendra comment un nombre borné d'expériences fournit les moyens de calculer les variations d'une quantité qui dépend de plusieurs autres suivant une loi empirique et inconnue, pourvu que les variations de ces dernières quantités soient renfermées dans des limites étroites. Car il suffira, à la rigueur, d'observer les valeurs de Δu pour autant de systèmes de valeurs de Δx, Δy, Δz, Δt, etc., qu'il y a de dérivées partielles à déterminer numériquement dans l'équation (4); et ensuite cette équation donnera Δu en fonction linéaire de Δx, Δy, etc., pour des valeurs très-petites, mais d'ailleurs quelconques, de ces variations. L'art des observations consiste à observer dans des circonstances qui permettent de déterminer ces coefficients inconnus avec la plus grande précision; et la théorie des chances fournit à ce sujet des indications que nous n'avons pas à rappeler ici.

120. La démonstration de la formule (2) ou de la formule (3), qui est une généralisation de la première, n'exige point que les variables x, y, z, etc., soient indépendantes. Nous l'avons supposé pour plus de généralité; mais rien n'empêche de considérer toutes les variables x, y, etc., ou quelques-unes d'entre elles, comme des fonctions d'une nouvelle variable indépendante v; ou bien encore de supposer que plusieurs de ces variables (y et z par exemple) sont fonctions de x. Alors u sera fonction de x sous un double rapport : immédiatement, en tant que x entre dans l'expression de u; médiatement, en ce que u est une fonction des grandeurs y et z, qui sont elles-mêmes des fonctions immédiates de x. Il faudra remplacer dans la formule (3) les termes

$$\frac{du}{dy}dy + \frac{du}{dz}dz$$

par

$$\left(\frac{du}{dy}\cdot\frac{dy}{dx}+\frac{du}{dz}\cdot\frac{dz}{dx}\right)dx\,,$$

et ainsi pour tous les cas semblables.

On profite de cette observation pour faciliter la di férentiation des fonctions mathématiques d'une seul variable, quand l'expression en est compliquée. Si, pa exemple, on avait à différentier la fonction

$$u=\frac{1+x}{\sqrt{1+x}-\sqrt{1-x}}\,,$$

on pourrait poser

$$\sqrt{1+x}=y,\quad \sqrt{1-x}=z\,,$$

d'où

$$dy=\frac{dx}{2\sqrt{1+x}},\quad dz=-\frac{dx}{2\sqrt{1-x}}\,.$$

On aurait d'un autre côté

$$u=\frac{y^2}{y-z}\,,$$

ce qui donne

$$\frac{du}{dy}=\frac{y^2-2yz}{(y-z)^2},\quad \frac{du}{dz}=\frac{y^2}{(y-z)^2}.$$

Si l'on substitue ces valeurs dans la formule

$$du=\frac{du}{dy}dy+\frac{du}{dz}dz=\left(\frac{du}{dy}\cdot\frac{dy}{dx}+\frac{du}{dz}\cdot\frac{dz}{dx}\right)dx\,,$$

on trouvera

$$du=\left(\frac{y-2z}{2(y-z)^2}-\frac{y^2}{2z(y-z)^2}\right)dx\,,$$

et après qu'on aura remplacé les variables auxiliaires y, par leurs valeurs en x,

$$du=\frac{x-3+\sqrt{1-x^2}}{4(1-\sqrt{1-x^2})}\,.\,dx\,.$$

121. Dans les applications du calcul aux phénomèn naturels, lorsqu'une fonction u dépend d'une certain grandeur t, à la fois immédiatement et médiatement, est quelquefois, non-seulement commode, mais indis pensable, de considérer séparément dans la variation de u la part qui provient immédiatement de la variation de t, et celle qui provient de la variation d'une quantité v qui elle-même est fonction de t. Pour fixer les idées par un exemple sur cette double dépendance, imaginons une particule matérielle mue dans l'espace par l'action qu'elle éprouve de la part d'un corps électrisé. L'intensité de la force motrice est une fonction immédiate du temps t, à cause que la charge du corps électrisé éprouve une déperdition continuelle, et une fonction médiate de la même variable, en ce qu'elle dépend des coordonnées du point en mouvement, qui changent d'un instant à l'autre. Les questions les plus délicates de la théorie des mouvements des corps célestes tiennent à des distinctions de ce genre entre les diverses parties de la variation d'une fonction, que l'on doit considérer comme autant d'effets séparés de la variation d'une même variable. En pareil cas, le coefficient différentiel $\frac{du}{dt}$ peut avoir des valeurs différentes et toutes définies, soit que l'on considère *du* comme une différentielle totale ou comme une différentielle partielle. Il faut convenir alors de certaines notations propres à lever toute ambiguïté; mais il n'y a pas de règles générales à cet égard.

122. La formule (3) sert à démontrer une relation connue sous le nom de *théorème des fonctions homogènes*. En un sens purement algébrique, on dit qu'une fonction $f(x, y, z, \ldots)$, est homogène si l'on a, quel que soit θ,

$$f(\theta x, \theta y, \theta z, \ldots) = \theta^n f(x, y, z, \ldots).$$

En prenant les différentielles des deux membres par rapport à θ, on aura cette autre identité

$$\frac{d.f(\theta x, \theta y, \theta z, \ldots)}{dx} x d\theta + \frac{d.f(\theta x, \theta y, \theta z, \ldots)}{dy} y d\theta$$
$$+ \frac{d.f(\theta x, \theta y, \theta z, \ldots)}{dz} z d\theta + \text{etc.} = n\theta^{n-1} d\theta . f(x, y, z, \ldots).$$

Divisons par $d\theta$ et faisons ensuite $\theta = 1$: il viendra

$$\frac{df(x,y,z,\ldots)}{dx} + y\frac{df(x,y,z,\ldots)}{dy} + z\frac{df(x,y,z,\ldots)}{dz} + \text{etc.} = nf(x,y,z,\ldots).$$

Cette dernière formule est l'expression analytique du théorème des fonctions homogènes.

123. Reprenons la fonction à deux variables indépendantes

$$z = f(x, y).$$

Si nous désignons par $\Delta_x z$, $\Delta_y z$ les variations partielles que subit cette fonction quand on augmente x de Δx sans toucher à y, ou y de Δy sans toucher à x, nous aurons

$$\Delta_x z = f(x + \Delta x, y) - f(x, y).$$

Les variations que les deux membres de cette équation subissent, quand on y remplace y par $y + \Delta y$, doivent être exprimées par

$$\Delta_y \Delta_x z = f(x + \Delta x, y + \Delta y) - f(x + \Delta x, y)$$
$$- f(x, y + \Delta y) + f(x, y).$$

La symétrie du second membre de cette équation, par rapport aux variables x, y, exige que l'on ait

$$\Delta_y \Delta_x z = \Delta_x \Delta_y z,$$

quels que soient les accroissements Δx, Δy : donc, à la limite

$$d_y d_x z = d_x d_y z, \tag{5}$$

et

$$\frac{d_y d_x z}{dydx} = \frac{d_x d_y z}{dxdy}.$$

Dans une formule telle que celle-ci, on admet que la nature et l'ordre des différentiations partielles sont indiqués suffisamment par la présence et par l'ordre de succession des facteurs dx, dy qui figurent aux dénominateurs. En conséquence, on écrit

$$\frac{ddz}{dy\,dx}=\frac{ddz}{dx\,dy},$$

ou plus simplement encore

$$\frac{d^2z}{dy\,dx}=\frac{d^2z}{dx\,dy}.$$

Le principe qui vient d'être établi s'applique à toute espèce de fonctions continues, et doit toujours se vérifier, numériquement ou algébriquement. Prenons, par exemple,

$$z=\text{arc tang}\frac{x}{y}:$$

on a

$$\frac{dz}{dx}=\frac{y}{x^2+y^2},\quad \frac{dz}{dy}=-\frac{x}{x^2+y^2},$$

$$\frac{d^2z}{dy\,dx}=\frac{d^2z}{dx\,dy}=\frac{x^2-y^2}{(x^2+y^2)^2}.$$

Soit encore

$$z=\frac{x^2y}{1+y^2}:$$

il vient

$$\frac{dz}{dx}=\frac{2xy}{1+y^2},\quad \frac{dz}{dy}=\frac{x^2(1-y^2)}{(1+y^2)^2},$$

$$\frac{d^2z}{dy\,dx}=\frac{d^2z}{dx\,dy}=\frac{2x(1-y^2)}{(1+y^2)^2}.$$

L'identité des deux membres de l'équation (5) une fois établie, il en résulte que, dans une expression de la forme

$$d_x d_y d_z \ldots\ldots u,$$

on peut intervertir l'ordre de deux indices consécutifs quelconques, et, à l'aide d'une ou de plusieurs interversions semblables, faire dans l'ordre des indices ou des différentiations successives toutes les permutations possibles sans rien changer au résultat final. Le raisonnement est le même que celui qu'on emploie dans les éléments d'arithmétique pour prouver que l'on peut, sans changer la valeur d'un produit de plusieurs facteurs, intervertir de toutes les manières possibles l'ordre des multiplications successives ; après qu'on a prouvé préalablement que le produit de deux facteurs ne change pas, quel que soit celui des deux facteurs que l'on considère comme multiplicande ou comme multiplicateur.

124. Au moyen du théorème qui fait l'objet du numéro précédent, on trouve sans difficulté l'expression des différentielles totales des divers ordres, pour les fonctions de plusieurs variables indépendantes. En différentiant par rapport aux deux variables x, y les deux membres de l'équation

$$dz = \frac{dz}{dx}dx + \frac{dz}{dy}dy,$$

où $\frac{dz}{dx}, \frac{dz}{dy}$ désignent des fonctions de x, y, et où dx, dy peuvent être traités comme des facteurs constants, puisque x, y représentent des variables indépendantes, on a

$$\begin{aligned} d^2z &= \left[\frac{d.\frac{dz}{dx}}{dx}dx + \frac{d.\frac{dz}{dx}}{dy}\right]dx + \left[\frac{d.\frac{dz}{dy}}{dx}dx + \frac{d.\frac{dz}{dy}}{dy}dy\right]dy \\ &= \left(\frac{d^2z}{dx^2}dx + \frac{d^2z}{dydz}dy\right)dx + \left(\frac{d^2z}{dxdy}dx + \frac{d^2z}{dy^2}dy\right)dy \\ &= \frac{d^2z}{dx^2}dx^2 + 2\frac{d^2z}{dxdy}dxdy + \frac{d^2z}{dy^2}dy^2. \end{aligned}$$

Le d^2z du premier membre indique une différentielle totale du second ordre : les expressions

$$\frac{d^2z}{dx^2}, \quad \frac{d^2z}{dxdy}, \quad \frac{d^2z}{dz^2}$$

désignent les trois coefficients différentiels partiels, ou les trois dérivées partielles du second ordre, qui sont en général des fonctions déterminées des deux variables indépendantes x, y; mais qui peuvent accidentellement ne contenir qu'une de ces variables, ou se réduire à des constantes, ou même, pour certaines valeurs des variables x, y, rester indéterminées, comme nous le verrons en son lieu.

En poursuivant ce calcul, on trouverait pour la différentielle totale de l'ordre n, d'une fonction de deux variables indépendantes x, y,

$$d^n z = \frac{d^n z}{dx^n} dx^n + \frac{n}{1} \cdot \frac{d^n z}{dx^{n-1} dy} dx^{n-1} dy$$
$$+ \frac{n(n-1)}{1 \cdot 2} \cdot \frac{d^n z}{dx^{n-2} dy^2} dx^{n-2} dy^2 + \text{etc.} + \frac{d^n z}{dy^n} dy^n;$$

expression évidemment analogue à la formule du binôme, qui se démontrerait par induction de la même manière, et qu'on peut écrire sous la forme symbolique

$$d^n z = \left(\frac{1}{dx} \cdot dx + \frac{1}{dy} \cdot dy\right)^n d^n z.$$

On indiquerait de même la loi du développement de la différentielle totale de l'ordre n, d'une fonction u des variables indépendantes $x, y, z, t, \ldots\ldots$ par l'équation symbolique

$$d^n u = \left(\frac{1}{dx} \cdot dx + \frac{1}{dy} \cdot dy + \frac{1}{dz} \cdot dz + \text{etc.}\right)^n d^n u.$$

Nous avons déjà indiqué [43] la raison de ces analogies entre le développement des puissances, et celui des différences finies ou infiniment petites.

On appelle *équations aux différentielles partielles*, ou plus ordinairement [118] *équations aux différences partielles*, celles qui ont lieu entre des variables indépendantes, les fonctions qui en dépendent, et les dérivées partielles, ou les coefficients différentiels partiels de ces mêmes fonctions. Par opposition, on nomme *équations différentielles ordinaires*, ou simplement *équations différentielles* celles dans lesquelles n'entrent que des coefficients différentiels, comme ceux dont il a été question dans la théorie des fonctions d'une seule variable. L'ordre d'une équation aux différences partielles est celui du coefficient différentiel de l'ordre le plus élevé, parmi ceux qui entrent dans la composition de l'équation. La forme la plus générale d'une équation aux différences partielles du premier ordre, entre les deux variables indépendantes x, y et la fonction z, est

$$f\left(x, y, z, \frac{dz}{dx}, \frac{dz}{dy}\right) = 0 ;$$

celle d'une équation aux différences partielles du second ordre entre les mêmes variables :

$$f\left(x, y, z, \frac{dz}{dx}, \frac{dz}{dy}, \frac{d^2z}{dx^2}, \frac{d^2z}{dxdy}, \frac{d^2z}{dy^2}\right) = 0 ;$$

et ainsi de suite.

On entend par *Calcul des différences partielles* la branche de la théorie des fonctions, où l'on traite des rapports entre les fonctions de plusieurs variables indépendantes et leurs coefficients différentiels ou dérivées partielles, et généralement des équations aux différences partielles des divers ordres.

Quand on se borne à considérer (comme cela a presque toujours lieu dans les applications à la géométrie) deux variables indépendantes x, y et une fonction z de ces deux variables, on trouve commode de désigner par une seule lettre chaque dérivée partielle des trois premiers ordres, dont l'emploi revient souvent; et dans ce but nous adopterons, d'après Monge, la notation suivante:

$$p = \frac{dz}{dx}, \quad q = \frac{dz}{dy};$$

$$r = \frac{d^2z}{dx^2}, \quad s = \frac{d^2z}{dxdy}, \quad t = \frac{d^2z}{dy^2};$$

$$u = \frac{d^3z}{dx^3}, \quad w = \frac{d^3z}{dx^2dy}, \quad w = \frac{d^3z}{dxdy^2}, \quad v = \frac{d^3z}{dy^3};$$

ou

$$dz = p\,dx + q\,dy,$$
$$d^2z = r\,dx^2 + 2s\,dxdy + t\,dy^2,$$
$$d^3z = u\,dx^3 + 3w\,dx^2dy + 3w\,dxdy^2 + v\,dy^3.$$

Suivant cette notation, les équations aux différences partielles du premier et du second ordre, entre les trois variables x, y, z, seraient désignées d'une manière générale par

$$f(x, y, z, p, q) = 0, \quad f(x, y, z, p, q, r, s, t) = 0.$$

125. D'après la conception de Descartes [1], dont l'extension à la géométrie dans l'espace est censée connue de nos lecteurs, la fonction $z = f(x, y)$, réputée continue, peut toujours représenter l'ordonnée d'une surface courbe, rapportée à trois axes que, pour plus de simplicité, il convient de prendre rectangulaires. Les valeurs des dérivées p, q, r, s, t ont, avec la direction du plan tangent, et avec certains caractères géométriques de la surface, des rapports dont la discussion viendra lorsque nous traiterons spécialement de l'application de l'analyse différentielle à la géométrie aux trois dimensions. Quant à présent, nous cherchons au contraire de quelle utilité peuvent être les conceptions géométriques pour l'intelligence de la théorie des fonctions.

Or, sous ce point de vue, il faut reconnaître que la ...sentation des fonctions de deux variables par des ... de surfaces, est de peu d'utilité pratique: ...icile de tracer sur un plan une courbe dont on connaît un nombre fini de points, suffisamment rapprochés, on manque de procédés commodes pour figurer dans l'espace une surface dont on ne connaît qu'un nombre fini de points, ou même une surface dont on connaît la loi de génération; et cette difficulté a fait naître la branche de la géométrie à laquelle on donne le nom de *géométrie descriptive*, dont l'objet est de ramener les constructions qui devraient se faire dans l'espace, à des opérations graphiques sur un plan.

126. De tous les procédés de la géométrie descriptive pour la détermination des surfaces à l'aide de constructions planes, le plus général, et le seul dont nous ayons à nous occuper ici, à cause de sa liaison très-directe avec la théorie analytique des fonctions, consiste à couper la surface par une série de plans horizontaux, et à projeter sur le plan horizontal xy les courbes d'intersection que l'on appelle des *lignes de niveau*, les courbes projetées et leurs projections devant être parfaitement superposables, à cause du parallélisme des plans.

Pour chaque ligne de niveau on aura $z=c$, c désignant une constante quelconque : par conséquent $dz=0$, ou

$$pdx+qdy=0,$$

équation différentielle commune à toutes les projections des lignes de niveau, et d'où l'on tire

$$y'=-\frac{p}{q}, \tag{6}$$

ce qui fait connaître, pour chaque point (x, y), la direction de la tangente à la projection d'une ligne de niveau, passant par ce point.

Lorsqu'on va, du point de la surface dont les coordonnées sont x, y, z, au point infiniment voisin qui a pour coordonnées $x+dx$, $y+dy$, $z+dz$, on s'élève verticalement de la hauteur dz, et l'on décrit, parallèlement au plan horizontal, la ligne infiniment petite $\sqrt{dx^2+dy^2}$. La *pente* de la ligne décrite sur la surface, ou la tangente de l'angle qu'elle fait avec le plan horizontal, a donc pour mesure

$$\frac{dz}{\sqrt{dx^2+dy^2}}=\frac{p+qy'}{\sqrt{1+y'^2}}. \tag{7}$$

La grandeur de cette pente varie, en un même point de la surface, ou pour les mêmes valeurs de x, y, p, q, avec le rapport arbitraire y'. Si l'on veut déterminer la direction de la *ligne de plus grande pente*, on égalera à zéro la dérivée de l'expression précédente, considérée comme fonction de y'; ce qui donnera

$$y'=\frac{q}{p}, \tag{8}$$

ou

$$qdx-pdy=0,$$

pour l'équation différentielle commune à toutes les projections en xy des lignes de plus grande pente. D'après un théorème connu, la comparaison des équations (6) et (8) fait voir que le système des projections des lignes de niveau est coupé à angles droits par le système des projections des lignes de plus grande pente. Par conséquent, si l'on donne un certain nombre de courbes de l'un des systèmes, suffisamment rapprochées les unes des autres, on pourra tracer avec une approximation suffisante les courbes de l'autre système.

La substitution dans le second membre de l'équation (7), de la valeur de y' tirée de l'équation (8), donne pour la valeur de la pente *maximum*,

$$\sqrt{p^2+q^2}.$$

La méthode adoptée maintenant en France, dans les grands travaux topographiques, pour exprimer sur un plan supposé horizontal le relief d'un terrain, consiste en effet à tracer sur le plan la série des projections des lignes de niveau que l'on obtient en coupant la surface du terrain par des plans horizontaux équidistants, et surabondamment la série des projections des lignes de plus grande pente, qui viennent couper les courbes du premier système à angles droits.

127. Lorsque chaque ordonnée verticale ne rencontre la surface qu'en un point, et conserve toujours une valeur finie, les projections des lignes de niveau forment une série de lignes dont aucune ne coupe les autres, et qui ne reviennent pas non plus sur elles-mêmes, après que z a dépassé certaines valeurs. Ce cas mérite une attention particulière, parce que c'est celui qui se présente dans toutes les questions où la variable z désigne une grandeur physique, fonction de deux coordonnées d'un point matériel. Soit, pour fixer les idées, une plaque circulaire dont le centre est l'origine des coordonnées x, y, et qui a été primitivement échauffée d'une manière quelconque : on suppose l'épaisseur assez petite pour que la température de toutes les molécules situées sur une normale aux deux faces de la plaque soit sensiblement la même; alors, z désignant en un instant quelconque la température des molécules ou des points matériels situés sur une même normale, deviendra une fonction des cordonnées x, y, du pied de la normale. Cette fonction pourra être positive ou négative, selon la place assignée au zéro des températures, mais elle

conservera toujours une valeur finie, et n'aura en général qu'une seule valeur pour chaque système de valeurs des coordonnées x, y. La loi de cette fonction sera rendue sensible si l'on trace sur le plan xy une suite de lignes α, β, γ,..... (*fig.* 36) qui satisfont à l'équation différentielle

$$pdx + qdy = 0,$$

ou le long desquelles la température conserve la même valeur, et si l'on affecte chaque ligne d'une *cote* qui indique la valeur de la température pour les points situés sur cette ligne. On appelle *lignes isothermes* ces lignes d'égales températures dont le système est propre à définir et à représenter graphiquement la loi de la fonction z.

La variable z pourrait désigner, non plus la température d'une particule matérielle, mais sa densité, sa dilatation ou sa contraction, la pression qu'elle éprouve, l'intensité de la lumière qui l'éclaire, celle des forces électriques ou magnétiques qui en émanent, etc. Les caractères généraux de la fonction, les seuls dont nous ayons à nous occuper dans cet ordre de recherches, resteraient les mêmes.

Par extension, et afin de ne pas innover dans les termes sans une nécessité absolue[1], nous continuerons d'appeler *lignes de niveau* celles le long desquelles la fonction $z = f(x, y)$ conserve une valeur constante,

[1] Autrement, il paraîtrait assez convenable de nommer *lignes isomériques* celles qui lient ensemble des particules matérielles qui se trouvent dans le même état physique, ou pour lesquelles la grandeur physique que l'on considère, $z = f(x, y)$, a la même valeur. Cette dénomination est analogue à celle de *lignes isothermes*, qui a déjà passé dans l'usage.

bien que la fonction z soit censée représenter une grandeur physique, et non plus l'ordonnée verticale d'une surface dont le point (x, y, z) aurait pour projection horizontale le point (x, y). La variation de la fonction z est nulle quand on passe d'un point au point contigu sur la ligne de niveau : elle est la plus grande possible (pour un même déplacement infiniment petit), quand le déplacement s'opère perpendiculairement à la ligne de niveau [126]. On peut donc qualifier de lignes de variation *maximum*, celles qui coupent à angles droits les lignes de niveau, et qui correspondent aux projections des lignes de plus grande pente dans la théorie des surfaces.

* 128. Les fonctions z dont il s'agit dans le numéro précédent, et qui peuvent comporter ou ne pas comporter d'expression mathématique, ne sauraient devenir infinies; mais elles sont susceptibles d'éprouver des solutions de continuité du premier ordre, consistant dans le passage brusque d'une valeur finie à une autre. Ceci résulte, comme nous l'avons expliqué dans un cas analogue [38], de la règle même en vertu de laquelle nous pouvons concevoir qu'une grandeur physique z devient fonction des coordonnées d'un point mathématique (x, y). Admettons, pour fixer les idées, que z désigne la densité de la plaque M (*fig.* 36) le long de la normale qui a pour pied le point (x, y). Afin d'attacher un sens physique à cette définition, il faut imaginer une courbe fermée, tracée arbitrairement à la surface de la plaque, et qui comprend le point (x, y) dans l'aire ω limitée par son périmètre σ. L'aire ω pourra être prise pour la base d'un cylindre droit dont la hauteur serait l'épaisseur de la plaque; et le rapport de la masse de

ce cylindre à son volume sera un certain nombre D mesurant la densité moyenne du cylindre. Si maintenant on conçoit que l'aire ω décroisse indéfiniment, sans cesser de contenir le point (x, y), la limite z vers laquelle convergera le rapport variable D, limite susceptible de varier avec les coordonnées x, y, sera la fonction de x, y, que l'on prend pour mesure de la densité de la plaque sur la normale élevée au point (x, y). On appliquerait à la mesure de la température ou de toute autre grandeur physique ce que nous venons de dire au sujet de la mesure de la densité.

En général, la limite z ne changera pas, quelles que soient la forme des courbes σ et la position du point (x, y) dans l'étendue de l'aire ω limitée par ces courbes. Elle ne changerait pas non plus, en général, si l'on plaçait le point (x, y) sur le périmètre même de l'aire ω : car on pourrait substituer à ce point un point infiniment voisin $(x+dx, y+dy)$, compris dans l'intérieur, et pour lequel la valeur de la fonction z ne différerait de celle de la même fonction au point (x, y) que d'une quantité infiniment petite et partant négligeable. Mais néanmoins on conçoit que, pour certaines valeurs particulières de x, y, la limite z peut changer, selon que l'aire infiniment petite ω comprend tous les points qui avoisinent (x, y), dans toutes les directions, ou ne comprend que les points renfermés entre certaines lignes menées par le point (x, y). Dans ce cas, la différence des valeurs de z, pour deux points infiniment voisins, n'est plus infiniment petite; ou, en d'autres termes, la fonction z éprouve une solution de continuité du premier ordre, consistant dans le passage brusque d'une valeur finie à une autre.

On aura un exemple des solutions de continuité de cette nature, si l'on imagine la plaque M (*fig.* 37), formée de deux métaux différents, soudés suivant la ligne *np*. La densité de la plaque sera une fonction qui variera brusquement en passant par la ligne de soudure, et si l'on prend pour (x, y) un point μ situé sur cette ligne, la fonction z aura deux valeurs distinctes, selon que l'on considérera ce point comme appartenant à la portion A ou à la portion B de la plaque. Soient z_1, z_2 ces deux valeurs de la fonction z : la limite dont il était question tout à l'heure sera égale à

$$\frac{z_1 + z_2}{2},$$

quand le point μ tombera dans l'intérieur de l'aire ω; elle aura pour valeur z_1, lorsque le périmètre σ passera par le point μ et sera situé à gauche de la tangente st; enfin elle aura pour valeur z_2 lorsque le périmètre passera encore par le point μ, mais sera situé à droite de la même tangente.

Nous appellerons *lignes de rupture* les lignes telles que *np*, le long desquelles la fonction passe brusquement d'une valeur finie à une autre.

Plusieurs lignes de rupture np, $n'p'$, $n''p''$, etc. (*fig.* 38) peuvent avoir une intersection commune en μ. Par le point μ menons à ces lignes les tangentes st, $s't'$, $s''t''$, etc., et désignons par α_1, α_2, α_3, etc., les arcs qui mesurent les angles

$$s\mu s', \quad s'\mu s'', \quad s''\mu t, \text{ etc.}$$

sur la circonférence du cercle dont le rayon est l'unité: la fonction z aura au point μ des valeurs distinctes z_1, z_2, z_3, etc., selon que l'on considérera le point μ comme appartenant à l'un ou à l'autre des espaces angulaires

$$n\mu n', \quad n'\mu n'', \quad n''\mu p, \text{ etc.} \qquad (\alpha)$$

La limite z, avec laquelle cette fonction coïncide en général, aura pour valeur

$$\frac{\alpha_1 z_1 + \alpha_2 z_2 + \alpha_3 z_3 + \text{etc.}}{2\pi},$$

lorsque le point μ tombera dans l'intérieur de l'aire ω; et elle prendra les valeurs z_1, z_2, z_3, etc., lorsque le périmètre σ, étant assujetti à passer par le point μ, sera de plus entièrement compris dans l'un des espaces angulaires (α).

Les lignes de rupture, quand elles existent, empêchent les lignes de niveau d'être des courbes fermées. Ainsi, np (*fig.* 39) étant une ligne de rupture, une ligne de niveau partie du point μ, à gauche de la ligne de rupture, viendra en général aboutir à droite de la même ligne, à un point ν, distinct de μ.

Réciproquement, on peut considérer la ligne de rupture comme une ligne qui joint les points de rupture des lignes de niveau consécutives, lorsque ces lignes, et par suite la fonction z, éprouvent des solutions de continuité du premier ordre.

Les solutions de continuité du second ordre, éprouvées par la fonction z, sont caractérisées par l'existence de points saillants dans les lignes de niveau : si l'on joint les points saillants qui se correspondent dans les lignes de niveau consécutives, on tracera une autre ligne que l'on peut nommer ligne de rupture du second ordre; et ainsi de suite.

129. Passons à ce qui concerne les fonctions de trois variables indépendantes

$$u = f(x, y, z),$$

quand on suppose que u désigne la valeur, au point (x, y, z) d'une certaine grandeur physique, telle qu'une force attractive ou répulsive, une densité, une pression, une température, etc.

Si l'on pose

$$\frac{d.f(x,y,z)}{dx}=\mathrm{X}, \quad \frac{d.f(x,y,z)}{dy}=\mathrm{Y}, \quad \frac{d.f(x,y,z)}{dz}=\mathrm{Z},$$

on aura

$$du=\mathrm{X}\,dx+\mathrm{Y}\,dy+\mathrm{Z}\,dz,$$

expression dans laquelle chacune des lettres X, Y, Z, désigne en général une fonction des trois variables indépendantes x, y, z. Comme on a d'ailleurs [123]

$$\frac{d^2u}{dxdy}=\frac{d^2u}{dydx}, \quad \frac{d^2u}{dxdz}=\frac{d^2u}{dzdx}, \quad \frac{d^2u}{dydz}=\frac{d^2u}{dzdy},$$

les fonctions X, Y, Z, devront vérifier les trois équations de condition

$$\frac{d\mathrm{X}}{dy}=\frac{d\mathrm{Y}}{dx}, \quad \frac{d\mathrm{X}}{dz}=\frac{d\mathrm{Z}}{dx}, \quad \frac{d\mathrm{Y}}{dz}=\frac{d\mathrm{Z}}{dy}. \qquad \text{(B)}$$

En assignant à u une suite de valeurs constantes, on aura une suite de surfaces qui toutes satisferont à l'équation différentielle

$$\mathrm{X}\,dx+\mathrm{Y}\,dy+\mathrm{Z}\,dz=0,$$

et qui ne devront point se couper; sans quoi la fonction serait susceptible de prendre, pour le même point matériel, plusieurs valeurs distinctes. Quand la fonction u désigne une température, elles prennent le nom de *surfaces isothermes;* en hydrostatique, où la fonction u désigne une pression, on les appelle *surfaces de niveau;* et par la raison déjà indiquée [127], nous retiendrons cette dernière expression, quelle que soit la signification physique de la fonction u (¹).

Les coordonnées x, y, z, étant rectangulaires, la

(¹) On pourrait nommer aussi les surfaces dont il s'agit, *surfaces isomériques*. Voir la note de la page 220.

distance du point (x, y, z) au point infiniment voisin $(x+dx, y+dy, z+dz)$ a pour mesure $\sqrt{dx^2+dy^2+dz^2}$; et dans le passage d'un point à l'autre, la fonction u prend l'accroissement du; de sorte que le rapport de l'accroissement à la distance des points a pour valeur

$$\frac{X\,dx + Y\,dy + Z\,dz}{\sqrt{dx^2+dy^2+dz^2}},$$

ou

$$\frac{X + Yy' + Zz'}{\sqrt{1+y'^2+z'^2}}, \qquad (m)$$

en posant, pour abréger,

$$\frac{dy}{dx} = y', \quad \frac{dz}{dx} = z'.$$

La grandeur de ce rapport varie, en un même point de l'espace, ou pour les mêmes valeurs des quantités X, Y, Z, avec les rapports arbitraires y', z', qui déterminent la direction suivant laquelle le déplacement a lieu. Quand on applique à la quantité (m), considérée comme fonction de y', z', la méthode qui sera indiquée plus loin, pour la détermination des *maxima* et *minima* des fonctions de plusieurs variables, on trouve que la valeur *maximum* du rapport (m) est

$$\sqrt{X^2+Y^2+Z^2},$$

et que les lignes de variation *maximum* rencontrent à angles droits les surfaces de niveau.

* 130. La théorie des solutions de continuité, pour les fonctions d'une ou de deux variables qui représentent des grandeurs physiques [38 *et* 128], s'étend sans difficulté aux fonctions de trois variables. Admettons, afin de fixer les idées, que u désigne la densité du corps M au point (x, y, z). Pour préciser le sens de cette définition, il faut imaginer une surface fermée ω, menée

arbitrairement dans l'intérieur du corps, de manière seulement à entourer le point (x, y, z). Le rapport de la masse du volume v, enveloppé par la surface, à ce volume même, est un certain nombre D qui mesure la densité moyenne de v. Si maintenant on conçoit que, par la variation continuelle de la surface ω, les dimensions du volume v décroissent indéfiniment, sans que le point (x, y, z) cesse de s'y trouver compris, la limite vers laquelle converge le rapport variable D est cette fonction u de x, y, z, que l'on prend pour mesure de la densité du corps au point (x, y, z). On appliquerait cette définition, *mutatis mutandis*, à la mesure de la température ou de toute autre grandeur physique.

D'après cela, il est aisé de concevoir comment la fonction u, continue en général, peut passer brusquement d'une valeur finie à une autre, pour les points situés sur de certaines surfaces, que nous appellerons pour cette raison surfaces de rupture. Soient μ un point situé sur une telle surface; A et B les deux portions de M séparées par la surface; u_1, u_2, les valeurs de la limite u pour deux points infiniment voisins de μ, l'un en A, l'autre en B : la valeur de la limite au point μ sera

$$\frac{u_1 + u_2}{2}.$$

Si le point μ est l'intersection commune de plusieurs surfaces de rupture, on mènera les tangentes aux lignes d'intersection de ces surfaces au point μ; on imaginera une sphère décrite du point μ comme centre avec le rayon 1 ; on joindra deux à deux par des arcs de grands cercles les points où les tangentes pénètrent la surface sphérique, et l'on divisera ainsi cette surface en compartiments dont les aires τ_1, τ_2, τ_3, etc., correspondront aux régions du corps M, pour lesquelles la limite u prend, dans le voisinage immédiat du point μ, les valeurs u_1, u_2, u_3, etc. Cela posé, la valeur de cette fonction au point μ sera la moyenne

$$\frac{u_1\tau_1 + u_2\tau_2 + u_3\tau_3 + \text{etc.}}{\tau_1 + \tau_2 + \tau_3 + \text{etc.}} = \frac{u_1\tau_1 + u_2\tau_2 + u_3\tau_3 + \text{etc.}}{4\pi}.$$

On peut considérer la surface de rupture comme le lieu des lignes de rupture des surfaces de niveau, lorsque ces surfaces, et par suite la fonction u, éprouvent des solutions de continuité du premier ordre.

Les solutions de continuité du second ordre, éprouvées par la fonction u, correspondent à des *arêtes* ou à des lignes saillantes sur les surfaces de niveau : le lieu des arêtes qui se correspondent sur les surfaces de niveau consécutives, est une autre surface que l'on peut qualifier de surface de rupture du second ordre, et ainsi de suite.

CHAPITRE II.

DIFFÉRENTIATION DES FONCTIONS IMPLICITES D'UNE OU DE PLUSIEURS VARIABLES INDÉPENDANTES. — CHANGEMENT DE VARIABLES.

§ 1er. Différentiation des fonctions implicites.

131. Lorsque la variable y est déterminée implicitement en fonction de x par l'équation non résolue

$$f(x,y)=0, \qquad (a)$$

le premier membre de l'équation peut être regardé comme une fonction u des variables x, y, assujettie à rester constamment nulle, en sorte que les incréments dx, dy sont liés par l'équation

$$du=\frac{du}{dx}dx+\frac{du}{dy}dy=0, \text{ ou } \frac{dy}{dx}=-\frac{du}{dx}:\frac{du}{dy}.$$

Au lieu d'employer le signe auxiliaire u, on peut écrire

$$\frac{df(x,y)}{dx}dx+\frac{df(x,y)}{dy}dy=0,$$

ou plus simplement encore

$$\frac{df}{dx}dx+\frac{df}{dy}dy=0.$$

Quand on emploie y' pour désigner le coefficient différentiel $\frac{dy}{dx}$, cette équation prend la forme

$$\frac{df}{dx}+\frac{df}{dy}y'=0, \qquad (a')$$

d'où

$$y'=-\frac{df}{dx}:\frac{df}{dy}.$$

En général, le second membre de cette équation est une fonction explicite des deux variables x, y; lorsqu'on y substitue la valeur de y en x, tirée de l'équation (a), y' se trouve exprimé en fonction de la seule variable x. Si l'équation (a) est algébrique, on peut encore éliminer y entre (a), (a') par les méthodes ordinaires; et l'équation résultante, qui, en général, n'est pas résoluble algébriquement par rapport à y', détermine implicitement y' en fonction de x.

A cause des liaisons qui subsistent entre la variable indépendante x et chacune des fonctions y, y', le premier membre de (a') est une fonction de x qui doit rester nulle, quelque valeur que prenne x. Donc la dérivée de ce premier membre, prise en traitant y, y' comme des fonctions de x, est nulle, et l'on a entre x, y, y', y'', l'équation

$$\frac{d^2f}{dx^2}+2\frac{d^2f}{dxdy}y'+\frac{d^2f}{dy^2}y'^2+\frac{df}{dy}y''=0; \qquad (a'')$$

de sorte qu'on peut éliminer deux quelconques de ces quatre variables entre (a), (a'), (a''). Si l'on chasse par exemple y', on aura entre x, y, y'' l'équation

$$\frac{d^2f}{dx^2}\cdot\left(\frac{df}{dy}\right)^2-2\frac{d^2f}{dxdy}\cdot\frac{df}{dx}\cdot\frac{df}{dy}+\frac{d^2f}{dy^2}\cdot\left(\frac{df}{dx}\right)^2+\left(\frac{df}{dy}\right)^3y''=0$$

De même, pour déterminer y''', on prendrait la dérivée par rapport à x du premier membre de (a''), en appliquant toujours la règle de la différentiation des fonctions médiates, ce qui donnerait

$$\frac{d^3f}{dx^3}+3\frac{d^3f}{dx^2dy}y'+3\frac{d^3f}{dxdy^2}y'^2+\frac{d^3f}{dy^3}y'^3$$
$$+3\frac{d^2f}{dxdy}y''+3\frac{d^2f}{dy^2}y'y''+\frac{df}{dy}y'''=0.$$

Il n'y a aucune difficulté à continuer ce calcul de proche en proche, ni à construire immédiatement la formule qui donnerait la valeur de $y^{(n)}$.

132. Quand on a un nombre n d'équations entre $n+1$ variables, ce système ne laisse qu'une seule variable indépendante dont toutes les autres sont des fonctions qui s'exprimeraient explicitement, si l'élimination entre les proposées et la résolution des équations résultantes pouvaient s'opérer.

Désignons, pour abréger, par

$$f_1=0,\ f_2=0,\ f_3=0,\ \ldots\ldots f_n=0, \qquad (b)$$

les équations qui lient entre elles les variables t, x, y, z,......., en nombre $n+1$: on aura aussi les équations dérivées

$$\left.\begin{array}{l}
df_1=\frac{df_1}{dt}dt+\frac{df}{dx}dx+\frac{df_1}{dy}dy+\frac{df_1}{dz}dz+\text{etc.}=0,\\
df_2=\frac{df_2}{dt}dt+\frac{df_2}{dx}dx+\frac{df_2}{dy}dy+\frac{df_2}{dz}dz+\text{etc.}=0,\\
\ldots\ldots\ldots\ldots\ldots\ldots\ldots\ldots\ldots\ldots\ldots\ldots\\
df_n=\frac{df_n}{dt}dt+\frac{df_n}{dx}dx+\frac{df_n}{dy}dy+\frac{df_n}{dz}dz+\text{etc.}=0.
\end{array}\right\} \quad (b')$$

Maintenant, si la variable indépendante est t, on divisera toutes les équations (b') par dt, et l'on aura n équations linéaires entre les n coefficients différentiels

$$\frac{dx}{dt},\ \frac{dy}{dt},\ \frac{dz}{dt},\ \text{etc.},$$

au moyen desquelles ces coefficients seront individuellement déterminés en fonction de t, x, y, z, etc.

De même les équations

$$\overline{\frac{d^2f_1}{dt_2}}=0,\ \overline{\frac{d^2f_2}{dt^2}}=0,\ \ldots\ldots\ \overline{\frac{d^2f_n}{dt^2}}=0, \qquad (b'')$$

que l'on obtiendra par la différentiation des équations (b'), en considérant x, y, z, etc., comme des fonctions de t, détermineront les dérivées du second ordre

$$\frac{d^2x}{dt},\ \frac{d^2y}{dt},\ \frac{d^2z}{dt^2},\ \text{etc.}$$

et ainsi de suite. Nous avons surmonté d'un trait les quantités $\overline{d^2 f_1}$, $\overline{d^2 f_2}$, etc., pour montrer qu'elles indiquent des différentielles totales, et non des différentielles partielles [118].

Afin de mieux fixer les idées, supposons qu'on ait entre les trois variables x, y, z, les deux équations

$$f_1(x,y,z)=0, \quad f_2(x,y,z)=0,$$

et que l'on prenne x pour variable indépendante : une première différentiation donne

$$\frac{df_1}{dx}+\frac{df_1}{dy}y'+\frac{df_1}{dz}z'=0,$$
$$\frac{df_2}{dx}+\frac{df_2}{dy}y'+\frac{df_2}{dz}z'=0.$$

De là on tire

$$y'=\left(\frac{df_1}{dx}\cdot\frac{df_2}{dz}-\frac{df_1}{dz}\cdot\frac{df_2}{dx}\right):\left(\frac{df_1}{dy}\cdot\frac{df_2}{dz}-\frac{df_1}{dz}\cdot\frac{df_2}{dy}\right),$$
$$z'=\left(\frac{df_1}{dy}\cdot\frac{df_2}{dx}-\frac{df_1}{dx}\cdot\frac{df_2}{dy}\right):\left(\frac{df_1}{dy}\cdot\frac{df_2}{dz}-\frac{df_1}{dz}\cdot\frac{df_2}{dy}\right).$$

Une seconde différentiation conduit aux équations du second ordre

$$\frac{d^2f_1}{dx^2}+2\frac{d^2f_1}{dxdy}y'+2\frac{d^2f_1}{dxdz}z'+2\frac{d^2f_1}{dydz}y'z'$$
$$+\frac{d^2f_1}{dy^2}y'^2+\frac{d^2f_1}{dz^2}z'^2+\frac{df_1}{dy}y''+\frac{df^1}{dz}z''=0,$$
$$\frac{d^2f_2}{dx^2}+2\frac{d^2f_2}{dxdy}y'+2\frac{d^2f_2}{dxdz}z'+2\frac{d^2f_2}{dydz}y'z'$$
$$+\frac{d^2f_2}{dy^2}y'^2+\frac{d^2f_2}{dz^2}z'^2+\frac{df_2}{dy}y''+\frac{df_2}{dz}z''=0;$$

et celles-ci donneront les valeurs de y'', z'' en x, y, z, après qu'on y aura substitué celles de y', z', tirées des équations précédentes. On pourra ensuite opérer l'élimination de y, z, au moyen des deux proposées, de manière à obtenir deux équations finales, l'une en x, y'', l'autre en x, z''.

On déterminerait de la même manière les coefficients y''', z''', et ainsi à l'infini.

133. Passons au cas où le nombre d'équations entre les variables laisse plusieurs de celles-ci indépendantes; et pour prendre l'hypothèse la plus simple, admettons que l'on ait entre trois variables x, y, z, l'équation unique

$$f(x, y, z) = 0 : \tag{c}$$

on en déduit toujours

$$df = \frac{df}{dx}dx + \frac{df}{dy}dy + \frac{df}{dz}dz = 0, \tag{c'}$$

équation qui lie entre elles les différentielles totales des variables x, y, z. Mais en général ce qu'on se propose de calculer, ce sont les dérivées partielles de la variable que l'on considère comme fonction, prises par rapport à chacune des variables indépendantes [118]. On les tirera de l'équation précédente, après qu'on aura fixé celles des variables qui doivent être traitées comme indépendantes. Admettons que ces variables soient x et y, et posons [124]

$$dz = pdx + qdy :$$

l'équation (c') deviendra

$$\left(\frac{df}{dx} + \frac{df}{dz}p\right)dx + \left(\frac{df}{dy} + \frac{df}{dz}q\right)dy = 0 ;$$

et comme elle doit subsister, quel que soit le rapport arbitraire des variations dx, dy, elle se décompose dans les deux suivantes

$$\frac{df}{dx} + \frac{df}{dz}p = 0, \quad \frac{df}{dy} + \frac{df}{dz}q = 0 ; \tag{d}$$

d'où l'on tirera les valeurs de p, q, exprimées généralement en fonction de x, y, z. On pourra ensuite chasser z au moyen de l'équation (c).

Si l'on différentie l'équation (c'), en traitant x et y comme des variables indépendantes, et par conséquent dx, dy comme des facteurs constants, il viendra

$$d^2f = \frac{d^2f}{dx^2}dx^2 + \frac{d^2f}{dy^2}dy^2 + \frac{d^2f}{dz^2}dz^2$$
$$+2\left(\frac{d^2f}{dxdy}dxdy + \frac{d^2f}{dxdz}dxdz + \frac{d^2f}{dydz}dydz\right) + \frac{df}{dz}d^2z = 0. \quad (c'')$$

On a, pour la différentielle totale d^2z, l'expression convenue [124]

$$d^2z = rdx^2 + 2sdxdy + tdy^2 :$$

substituons cette expression et celle de la différentielle totale dz dans l'équation (c''), nous aurons

$$\left(\frac{df}{dz}r + \frac{d^2f}{dz^2}p^2 + 2\frac{d^2f}{dxdz}p + \frac{d^2f}{dx^2}\right)dx^2$$
$$+ 2\left(\frac{df}{dz}s + \frac{d^2f}{dydz}p + \frac{d^2f}{dxdz}q + \frac{d^2f}{dz^2}pq + \frac{d^2f}{dxdy}\right)dxdy$$
$$\left(\frac{df}{dz}t + \frac{d^2f}{dz^2}q^2 + 2\frac{d^2f}{dydz}q + \frac{d^2f}{dy^2}\right)dy^2 = 0.$$

Comme cette équation doit être satisfaite indépendamment des facteurs arbitraires dx, dy, elle se décompose en trois autres qui deviennent, après la substitution des valeurs de p, q, tirées des équations (d),

$$\left(\frac{df}{dz}\right)^3 r - 2\frac{d^2f}{dxdz}\cdot\frac{df}{dx}\cdot\frac{df}{dz} + \frac{d^2f}{dz^2}\cdot\left(\frac{df}{dx}\right)^2 + \frac{d^2f}{dx^2}\cdot\left(\frac{df}{dz}\right)^2 = 0,$$

$$\left(\frac{df}{dz}\right)^3 s - \frac{df}{dz}\cdot\left(\frac{d^2f}{dydz}\cdot\frac{df}{dx} + \frac{d^2f}{dxdz}\cdot\frac{df}{dy}\right)$$
$$+ \frac{d^2f}{dxdy}\cdot\left(\frac{df}{dz}\right)^2 + \frac{d^2f}{dz^2}\cdot\frac{df}{dx}\cdot\frac{df}{dy} = 0,$$

$$\left(\frac{df}{dz}\right) t - 2\frac{d^2f}{dydz}\cdot\frac{df}{dy}\cdot\frac{df}{dz} + \frac{d^2f}{dz^2}\cdot\left(\frac{df}{dy}\right)^2 + \frac{d^2f}{dy^2}\cdot\left(\frac{df}{dz}\right)^2 = 0.$$

On arrivera plus directement au même résultat, si l'on

considère que les équations (d) ayant lieu, quels que soient x et y, on peut égaler à zéro les dérivées des premiers membres, prises successivement par rapport à x et par rapport à y; en ne perdant pas de vue, d'une part, que les dérivées partielles

$$\frac{df}{dx}, \frac{df}{dy}, \frac{df}{dz}$$

contiennent en général les trois variables x, y, z; d'autre part, que z, p, q sont des fonctions implicites de x, y, telles que l'on a

$$\frac{dz}{dx}=p, \frac{dz}{dy}=q, \frac{dp}{dx}=r, \frac{dp}{dy}=\frac{dq}{dx}=s, \frac{dq}{dy}=t.$$

On obtiendra ainsi quatre équations dont deux seront identiques : en effet, les équations (d) peuvent s'écrire

$$\overline{\frac{df}{dx}}=0, \quad \overline{\frac{df}{dy}}=0,$$

les traits supérieurs indiquant que l'on a différentié la fonction f par rapport à x ou à y, en ayant égard, non-seulement aux variables x, y qui entrent explicitement dans la composition de f, mais à la variable z qui dépend implicitement de x et de y en vertu de l'équation (c). Cela posé, la dérivée de la première équation (d) par rapport à y, et celle de la seconde équation (d) par rapport à x, doivent être identiques, l'une et l'autre pouvant s'indiquer, suivant la même notation, par

$$\overline{\frac{d^2f}{dxdy}}=0.$$

On déterminerait de même les dérivées partielles des ordres supérieurs pour des fonctions d'un nombre quelconque de variables indépendantes, liées par un nombre quelconque d'équations, sans d'autre embarras que celui qui naîtrait de la prolixité des calculs.

* 134. Nous avons plusieurs fois invoqué le principe, qu'une fonction algébrique, explicite ou implicite, qui s'évanouit ainsi que toutes ses dérivées successives pour une valeur particulière de la variable indépendante, est identiquement nulle. Ce principe, qu'on a coutume d'admettre tacitement, pour toute espèce de fonctions, exige d'être démontré, d'autant plus qu'il cesse d'être vrai généralement, pour des fonctions non algébriques. Or, on le démontre très-aisément, dès qu'on a établi la règle de différentiation des fonctions implicites.

Soit en effet y une fonction de x, déterminée par l'équation algébrique

$$f(x,y) = Y_n x^n + Y_{n-1} x^{n-1} + \ldots + Y_2 x^2 + Y_1 x + Y_0 = 0, \quad (g)$$

les coefficients Y_n, etc., désignant des polynômes entiers en y. On peut, sans restreindre la généralité de la démonstration, supposer que zéro est la valeur de x qui fait évanouir y, y', y'', etc. Or, pour que y s'évanouisse en même temps que x, il faut que Y_0 soit de la forme $\Upsilon_0 y$, Υ_0 désignant un autre polynôme en y. Substituons cette valeur de Y_0 dans l'équation (g) et différentions : il viendra

$$\begin{gathered} nY_n x^{n-1} + (n-1)Y_{n-1} x^{n-2} + \ldots + 2Y_2 x + Y_1 \\ + y'(Y'_n x^n + Y'_{n-1} x^{n-1} + \ldots + Y'_2 x^2 + Y'_1 x + \Upsilon_0 + \Upsilon'_0 y) = 0. \end{gathered}$$

Pour $x=0$, on a par hypothèse $y=0$, et cette équation se réduit à

$$Y_1 + y' \Upsilon_0 = 0 .$$

Mais, par hypothèse aussi, on doit tirer de l'équation précédente $y'=0$: donc Y_1 est divisible par y et de la forme $\Upsilon_1 y$.

En passant à la seconde dérivée de l'équation (g), on a

$$\begin{aligned}&n(n-1)Y_n x^{n-2}+(n-1)(n-2)Y_{n-1}x^{n-3}+\ldots\ldots+2Y_2\\&+2y'[nY'_n x^{n-1}+(n-1)Y'_{n-1}x^{n-2}+\ldots\ldots+2Y'_2 x+\Upsilon_1+\Upsilon'_1 y]\\&+y'^2[Y''_n x^n+Y''_{n-1}x^{n-1}+\ldots\ldots+Y''_2 x^2+Y''_1 x+2\Upsilon'_0+\Upsilon''_0 y]\\&+y''[Y'_n x^n+Y'_{n-1}x^{n-1}+\ldots\ldots+Y'_2 x^2+Y'_1 x+\Upsilon_0+\Upsilon'_0 y]=0.\end{aligned}$$

Quand on fait à la fois $x=0$, $y=0$, $y'=0$, cette équation se réduit à

$$2Y_2+y''\Upsilon_0=0;$$

donc, si y'' doit s'évanouir en même temps, il faut que Y_2 soit de la forme $\Upsilon_2 y$. En procédant toujours de la même manière, on prouverait que y est facteur commun de tous les termes de l'équation (g), de laquelle on tire par conséquent $y=0$, quel que soit x, ce qui démontre la proposition énoncée.

Il suit de là, comme on l'a annoncé [37 *et* 103], qu'une fonction exprimée dans une portion de son cours par la fonction algébrique fx, et dans une autre portion par la fonction algébrique f_1x, non identique avec la première, éprouve nécessairement une solution de continuité, d'un ordre plus ou moins élevé, pour la valeur de x qui correspond au raccordement des fonctions f, f_1 : car autrement la fonction algébrique

$$y=fx-f_1x$$

s'évanouirait, ainsi que toutes ses dérivées, jusqu'à l'infini, sans être identiquement nulle, contrairement à ce que l'on vient de démontrer.

* **135.** Nous avons admis aussi [70], et l'on admet communément, mais sans démonstration formelle, que la fonction

$$\log x=\int_1^x\frac{dx}{x}$$

constitue une transcendante irréductible, qui ne pourrait s'exprimer par une fonction algébrique, explicite ou implicite. Voici le calcul très-simple par lequel M. Liouville établit cette proposition importante ([1]).

En premier lieu, si $\log x$ pouvait être exprimé par une fonction algébrique explicite $\frac{X}{X_1}$, dans laquelle X, X_1 désignent des polynômes entiers en x, qu'il est permis de supposer premiers entre eux, la différentiation donnerait

$$\frac{1}{x}=\frac{X'X_1-XX'_1}{X_1^2}, \text{ ou } \frac{X_1^2}{x}=X'X_1-XX'_1\,;$$

d'où il suit que X_1 est divisible par x, et que X ne l'est pas; sans quoi il ne serait pas premier avec X_1. On peut donc poser

$$X_1=x^n\,\Xi, \text{ d'où } X'_1=n\,x^{n-1}\,\Xi+x^n\,\Xi',$$

Ξ désignant un polynôme non divisible par x, et n un exposant positif entier : en conséquence, il vient

$$x^{2n-1}\,\Xi^2=x^n\,\Xi X'-n\,x^{n-1}\,\Xi X-x^n\,\Xi' X,$$

ou

$$n\,\Xi X=x(\Xi X'-\Xi' X)-x^n\,\Xi^2,$$

équation absurde, puisque le second membre est divisible par x, tandis que le premier ne l'est pas.

Supposons maintenant que la fonction $y=\log x$ puisse être déterminée implicitement par l'équation algébrique

$$f(x,y)=X_n y^n+X_{n-1}y^{n-1}+\ldots\ldots+X_1 y+X_0=0, \quad (h)$$

les coefficients X_n, etc., désignant des polynômes entiers en x : on aurait

$$\frac{df}{dx}+\frac{df}{dy}y'=0,$$

et en remettant pour y' sa valeur donnée par la définition de la fonction logarithmique,

([1]) *Journal de Mathématiques*, t. II, p. 66.

$$x\frac{df}{dx}+\frac{df}{dy}=0. \qquad (i)$$

Or, si l'une des racines de l'équation (i), supposée irréductible, c'est-à-dire non décomposable dans des facteurs rationnels en x, a la propriété de satisfaire identiquement à l'équation (h), celle-ci, dont le premier membre est une fonction rationnelle de x, sera aussi vérifiée identiquement par toutes les autres racines de l'équation (i). Donc, en désignant par $y_1, y_2, \ldots y_n$, ces racines qui sont en général autant de fonctions différentes de x, on aura

$$\frac{dx}{x}=dy_1, \quad \frac{dx}{x}=dy_2, \ldots\ldots \frac{dx}{x}=dy_n,$$

et par suite

$$\frac{dx}{x}=\frac{1}{n}d(y_1+y_2+\ldots\ldots+y_n)=-\frac{1}{n}d\left(\frac{X_{n-1}}{X_n}\right),$$

ce qui vient d'être démontré impossible.

La transcendante e^x ne peut pas davantage s'exprimer algébriquement : car l'équation $f(x, e^x)=0$, f étant une fonction algébrique, équivaut à $f(\log y, y)=0$, dont on vient de prouver l'impossibilité.

Au contraire, les sinus et cosinus et les arcs de cercle ne constituent pas des transcendantes irréductibles algébriquement, puisque ces transcendantes se convertissent en exponentielles et en logarithmes, et que la complication des radicaux imaginaires ne change rien à la nature de la fonction, au point de vue de l'algèbre.

Les puissances à exposants irrationnels ne constituent pas non plus des transcendantes irréductibles, puisque l'expression $y=x^\alpha$ équivaut à $y=e^{\alpha \log x}$; et qu'ainsi l'opération sur x, indiquée par x^α, α désignant un nombre irrationnel, peut se résoudre dans l'opération sur x indiquée par la caractéristique $\log x$, et dans l'opération sur u indiquée par la caractéristique e^u.

Il resterait à montrer que les fonctions e^x, $\log x$ sont aussi irréductibles entre elles ; mais, pour cette démonstration plus compliquée que les précédentes, nous renverrons au mémoire cité de M. Liouville.

En général, la preuve de l'irréductibilité des diverses fonctions transcendantes est un sujet de recherches qui font suite à celles dont l'objet est la divisibilité des nombres et la décomposition algébrique des équations. Elles ont pour caractère commun de tendre au perfectionnement de la théorie plutôt qu'au progrès des méthodes sur lesquelles reposent les applications du calcul. Comme on procède presque toujours dans ces recherches par la réduction à l'absurde, on doit s'attendre à y rencontrer les difficultés et les complications d'un mode de démonstration qui atteint la rigueur logique, mais qui n'éclaire point l'esprit sur l'enchaînement rationnel et sur la génération des vérités démontrées.

§ 2. Changement de variables.

136. C'est ici le lieu de traiter généralement du changement des variables indépendantes, sujet que nous n'avons fait qu'indiquer en exposant les principes de la théorie des dérivées et des différentielles [39 *et* 56].

Supposons que, dans l'hypothèse où y est considéré comme fonction de la variable indépendante x, cette fonction et ses dérivées des divers ordres entrent dans la composition d'une formule

$$f\left(x, y, \frac{dy}{dx}, \frac{d^2y}{dx^2}, \frac{d^3y}{dx^3}, \ldots\ldots\right) = 0 : \qquad (f)$$

il s'agit de savoir comment les dérivées

$$\frac{dy}{dx}, \frac{d^2y}{dx^2}, \frac{d^3y}{dx^3}, \ldots\ldots$$

doivent s'exprimer en fonction d'une troisième variable t, prise pour variable indépendante, et liée à x, y au moyen de l'équation donnée

$$\varphi(x, y, t) = 0 . \qquad (\varphi)$$

En différentiant (φ) par rapport à la variable indépendante t, on obtient une suite d'équations dérivées

$$\frac{d\varphi}{dx}\cdot\frac{dx}{dt} + \frac{d\varphi}{dy}\cdot\frac{dy}{dt} + \frac{d\varphi}{dt} = 0, \qquad (\varphi')$$

$$\frac{d\varphi}{dx}\cdot\frac{d^2x}{dt^2} + \frac{d\varphi}{dy}\cdot\frac{d^2y}{dt^2} + \frac{d^2\varphi}{dx^2}\cdot\frac{dx^2}{dt^2} + \frac{d^2\varphi}{dy^2}\cdot\frac{dy^2}{dt^2}$$
$$+ 2\left(\frac{d^2\varphi}{dxdy}\cdot\frac{dx}{dt}\cdot\frac{dy}{dt} + \frac{d^2\varphi}{dxdt}\cdot\frac{dx}{dt} + \frac{d^2\varphi}{dydt}\cdot\frac{dy}{dt}\right) + \frac{d^2\varphi}{dt^2} = 0, \qquad (\varphi'')$$

$$\frac{d\varphi}{dx}\cdot\frac{d^3x}{dt^3} + \frac{d\varphi}{dy}\cdot\frac{d^3y}{dt^3} + \text{etc.} = 0, \qquad (\varphi''')$$

etc.

Mais on a d'autre part

$$y' = \frac{dy}{dx} = \frac{dy}{dt} : \frac{dx}{dt},$$

d'où l'on tire

$$\frac{dy'}{dt} = y''\frac{dx}{dt} = \left(\frac{dx}{dt}\cdot\frac{d^2y}{dt^2} - \frac{dy}{dt}\cdot\frac{d^2x}{dt^2}\right) : \left(\frac{dx}{dt}\right)^2,$$

et par conséquent

$$y'' = \frac{d^2y}{dx^2} = \left(\frac{dx}{dt}\cdot\frac{d^2y}{dt^2} - \frac{dy}{dt}\cdot\frac{d^2x}{dt^2}\right) : \left(\frac{dx}{dt}\right)^3 .$$

Le même calcul donne

$$= \left[\left(\frac{dx}{dt}\right)^2\cdot\frac{d^3y}{dt^3} - 3\frac{dx}{dt}\cdot\frac{d^2x}{dt^2}\cdot\frac{d^2y}{dt^2} + 3\frac{dy}{dt}\cdot\left(\frac{d^2x}{dt^2}\right)^2 - \frac{dx}{dt}\cdot\frac{dy}{dt}\cdot\frac{d^3x}{dt^3}\right] : \left(\frac{dx}{dt}\right)^5$$

et ainsi de suite.

Au moyen des équations (φ), (φ'), (φ''), etc., on pourra chasser des formules précédentes la variable x et ses dérivées

$$\frac{dx}{dt}, \frac{d^2x}{dt^2}, \frac{d^3x}{dt^3}, \ldots\ldots,$$

de manière qu'après qu'on aura reporté dans (f) les valeurs de

$$x, \frac{dy}{dx}, \frac{d^2y}{dx^2}, \frac{d^3y}{dx^3}, \ldots\ldots,$$

cette formule ne renfermera plus que

$$t, y, \frac{dy}{dt}, \frac{d^2y}{dt^2}, \frac{d^3y}{dt^3}, \ldots\ldots;$$

on la ramènerait de même à ne contenir que

$$t, x, \frac{dx}{dt}, \frac{d^2x}{dt^2}, \frac{d^3x}{dt^3}, \ldots\ldots$$

137. Le changement de variable indépendante n'est qu'un cas particulier du changement de variables. Si l'on veut substituer aux variables x, y qui entrent dans la composition de l'équation (f), deux nouvelles variables v et t, liées aux premières par deux équations

$$\varphi(x, y, v, t) = 0, \quad \psi(x, y, v, t) = 0,$$

où t désigne la variable indépendante, on prendra les dérivées successives de ces dernières équations, en y considérant x, y, v comme des fonctions implicites de t; et l'on aura une suite d'équations que nous désignerons, pour simplifier, par

$$(\varphi'), (\psi'), (\varphi''), (\psi''), (\varphi'''), (\psi'''), \text{ etc.}$$

Elles seront en nombre $2n$, si $\frac{d^ny}{dx^n}$ est le plus haut coefficient différentiel qui entre dans (f). Au moyen de ces $2n$ équations, jointes aux deux équations dont elles dérivent, on exprimera

$$x, \frac{dx}{dt}, \frac{d^2x}{dt^2}, \ldots\ldots \frac{d^nx}{dt^n}; y, \frac{dy}{dt}, \frac{d^2y}{dt^2}, \ldots\ldots \frac{d^ny}{dt^n} \quad (1)$$

en fonction de

$$t,\ v,\ \frac{dv}{dt},\ \frac{d^2v}{dt^2},\ \ldots\ldots \frac{d^nv}{dt^n}; \qquad (2)$$

on substituera les expressions obtenues dans les valeurs de

$$\frac{dy}{dx},\ \frac{d^2y}{dx^2},\ \ldots\ldots \frac{d^ny}{dx^n}$$

en fonction des quantités (1), et l'on aura enfin la formule (f) exprimée au moyen des quantités (2).

138. Il suffit d'indiquer l'extension que comporte cette analyse, dans le cas de deux variables indépendantes. Soit

$$\mathrm{F}\left(x,\ y,\ z,\ \frac{dz}{dx},\ \frac{dz}{dy},\ \frac{d^2z}{dx^2},\ \frac{d^2z}{dxdy},\ \frac{d^2z}{dy^2},\ \ldots\right)=0 \qquad (\mathrm{F})$$

une formule où l'on veut remplacer les variables x, y, z par trois autres u, v, t : les deux dernières étant traitées comme indépendantes, et toutes trois étant liées à x, y, z par les équations

$$\varphi(x,y,z,u,v,t)=0,\ \psi(x,y,z,u,v,t)=0,\ \varpi(x,y,z,u,v,t)=0. \qquad (\Phi)$$

On aura :

$$\frac{dz}{dv}=\frac{dz}{dx}\cdot\frac{dx}{dv}+\frac{dz}{dy}\cdot\frac{dy}{dv}, \qquad \frac{dz}{dt}=\frac{dz}{dx}\cdot\frac{dx}{dt}+\frac{dz}{dy}\cdot\frac{dy}{dt},$$

$$\frac{d^2z}{dv^2}=\frac{d^2z}{dx^2}\cdot\left(\frac{dx}{dv}\right)^2+2\frac{d^2z}{dxdy}\cdot\frac{dx}{dv}\cdot\frac{dy}{dv}+\frac{d^2z}{dy^2}\cdot\left(\frac{dy}{dv}\right)^2$$
$$+\frac{dz}{dx}\cdot\frac{d^2x}{dv^2}+\frac{dz}{dy}\cdot\frac{d^2y}{dv^2},$$

$$\frac{d^2z}{dvdt}=\frac{d^2z}{dx^2}\cdot\frac{dx}{dv}\cdot\frac{dx}{dt}+\frac{d^2z}{dxdy}\left(\frac{dx}{dv}\cdot\frac{dy}{dt}+\frac{dx}{dt}\cdot\frac{dy}{dv}\right)$$
$$+\frac{d^2z}{dy^2}\cdot\frac{dz}{dv}\cdot\frac{dy}{dt}+\frac{dz}{dx}\cdot\frac{d^2x}{dvdt}+\frac{dz}{dy}\cdot\frac{d^2y}{dvdt},$$

$$\frac{d^2z}{dt^2}=\frac{d^2z}{dx^2}\cdot\left(\frac{dx}{dt}\right)^2+2\frac{d^2z}{dxdy}\cdot\frac{dx}{dt}\cdot\frac{dy}{dt}+\frac{d^2z}{dy^2}\cdot\left(\frac{dy}{dt}\right)^2$$
$$+\frac{dz}{dx}\cdot\frac{d^2x}{dt^2}+\frac{dz}{dy}\cdot\frac{d^2y}{dt^2},$$

etc.

De ces formules on tirera les dérivées partielles

$$\frac{dz}{dx},\ \frac{dz}{dy},\ \frac{d^2z}{dx^2},\ \frac{d^2z}{dxdy},\ \frac{d^2z}{dy^2},\ \text{etc.},\qquad (3)$$

exprimées en fonction de

$$\left.\begin{array}{l}\dfrac{dx}{dv},\ \dfrac{dy}{dv},\ \dfrac{dz}{dv},\ \dfrac{dx}{dt},\ \dfrac{dy}{dt},\ \dfrac{dz}{dt},\\[2ex] \dfrac{d^2x}{dv^2},\ \dfrac{d^2y}{dv^2},\ \dfrac{d^2z}{dv^2},\ \dfrac{d^2x}{dt^2},\ \dfrac{d^2y}{dt^2},\ \dfrac{d^2z}{dt^2},\\[2ex] \dfrac{d^2x}{dvdt},\ \dfrac{d^2y}{dvdt},\ \dfrac{d^2z}{dvdt},\ \text{etc.}\end{array}\right\}.\qquad (4)$$

Mais, d'un autre côté, si l'on différentie les équations (Φ), successivement par rapport à v et par rapport à t, en allant jusqu'aux différentielles de même ordre que les plus hautes dérivées qui entrent dans la formule (F), on aura autant d'équations qu'il en faut pour exprimer les quantités (4), et par suite les quantités (3), en fonction de

$$\frac{du}{dv},\ \frac{du}{dt},\ \frac{d^2u}{dv^2},\ \frac{d^2u}{dvdt},\ \frac{d^2u}{dt^2},\ \text{etc.}$$

CHAPITRE III.

RÉSOLUTION DES CAS D'INDÉTERMINATION POUR LES FONCTIONS EXPLICITES DE PLUSIEURS VARIABLES INDÉPENDANTES ET POUR LES FONCTIONS IMPLICITES. — THÉORIE DES *MAXIMA* ET *MINIMA* DE CES FONCTIONS.

§ 1er. Résolution des cas d'indétermination pour les fonctions explicites de plusieurs variables indépendantes.

139. Lorsque des fonctions d'une seule variable indépendante se présentent, pour des valeurs particulières de la variable, sous les formes indéterminées

$$\frac{0}{0}, \pm \frac{\infty}{\infty},$$

on lève l'indétermination en suivant les procédés indiqués au chapitre III du livre précédent; mais si c'est une fonction z de deux variables indépendantes x, y, qui se présente sous l'une de ces formes indéterminées pour une couple de valeurs des variables x et y, on ne peut trouver, par la méthode citée, la valeur numérique de la fonction, qu'après avoir établi arbitrairement une liaison entre les deux variables indépendantes; et la valeur numérique qu'on obtient pour z varie en général avec la liaison établie entre y et x. On ne peut donc pas lever absolument l'indétermination de la fonction z, tant que x et y restent indépendantes, mais seulement, en général, assigner des limites entre lesquelles la valeur de z doit rester comprise.

Soit

$$z = \frac{f(x, y)}{F(x, y)},$$

et x_0, y_0 les valeurs de x, y qui annulent simultanément les fonctions f et F. Désignons par p_0, q_0, r_0, etc., les valeurs que prennent les dérivées partielles p, q, r, etc., de la fonction f [124], quand on y fait $x = x_0, y = y_0$; appelons P_0, Q_0, R_0, etc, les quantités analogues pour la fonction F; désignons enfin par y'_0 la valeur que prend (pour le même système de valeurs de x et de y) le rapport $y' = \frac{dy}{dx}$, résultant de la liaison que l'on conçoit établie arbitrairement entre y et x : la valeur de z sera

$$z_0 = \frac{p_0 + q_0 y'_0}{P_0 + Q_0 y'_0}; \tag{a}$$

et sous cette forme générale elle restera indéterminée, à cause de l'indétermination qui affecte le coefficient y'_0.

Mais si l'on avait simultanément

$$p_0 = 0, \; P_0 = 0, \tag{p}$$

ou bien

$$q_0 = 0, \; Q_0 = 0, \tag{q}$$

le coefficient y'_0, et par suite l'indétermination de z_0 disparaîtraient.

Enfin, si les deux systèmes d'équations (p), (q) subsistaient simultanément, il faudrait prendre les dérivées du second ordre des fonctions f, F, qui sont, en général,

$$r + 2sy' + ty'^2 + qy'',$$
$$R + 2Sy' + Ty'^2 + Qy'',$$

et qui se réduiraient pour $x = x_0$, $y = y_0$, en vertu des équations (q), à

$$r_0 + 2s_0 y'_0 + t_0 y'^2_0, \quad R_0 + 2S_0 y'_0 + T_0 y'^2_0,$$

d'où

$$z_0 = \frac{r_0 + 2s_0 y'_0 + t_0 y'^2_0}{R_0 + 2S_0 y'_0 + T_0 y'^2_0}, \tag{b}$$

valeur qui est généralement indéterminée, par suite de l'indétermination du coefficient y'_0.

Si l'on avait encore

$$r_0=0,\ s_0=0,\ t_0=0;\ R_0=0,\ S_0=0,\ T_0=0,$$

il faudrait passer aux dérivées du troisième ordre, et ainsi de suite. Rien n'est plus simple que de généraliser cette analyse pour un nombre quelconque de variables indépendantes.

1er *exemple.*

$$z=\frac{\log x+\log y}{x+2y-3};\ x_0=1,\ y_0=1:$$

il vient

$$p_0=1,\ q_0=1,\ P_0=1,\ Q_0=2,$$

d'où

$$z_0=\frac{1+y'_0}{1+2y'_0};$$

z_0 est susceptible de prendre toutes les valeurs entre $-\infty$ et $+\infty$.

2e *exemple.*

$$z=\frac{(x-1)^{\frac{3}{2}}+y^{\frac{3}{2}}-1}{(x^2-1)^{\frac{3}{2}}-y+1};\ x_0=1,\ y_0=1:$$

on a

$$p_0=0,\ q_0=\tfrac{3}{2},\ P_0=0,\ Q_0=-1,$$

ce qui donne à z_0 la valeur déterminée $-\frac{3}{2}$.

3e *exemple.*

$$z=\frac{(x+y)^2}{x^2+y^2};\ x_0=0,\ y_0=0:$$

les équations (p) et (q) sont satisfaites; on est obligé de passer aux dérivées du second ordre, et il vient

$$r_0=2,\ s_0=2,\ t_0=2;\ R_0=2,\ S_0=0,\ T_0=2,$$

d'où

$$z_0=\frac{(1+y'_0)^2}{1+y'^2_0}.$$

La valeur de z_0, quoique indéterminée, est renfermée

entre les limites o et $+2$, comme on le trouverait en appliquant à cette fonction de y', la règle ordinaire des *maxima* et *minima*.

140. La méthode que l'on vient d'exposer peut tomber en défaut, quand les fonctions p_0, q_0, P_0, Q_0, etc., sont infinies, ou se présentent elles-mêmes sous des formes indéterminées; et alors il faut recourir à des artifices particuliers de calcul. Considérons, par exemple, la fonction

$$z = y\sqrt{x^2+y^2},$$

dont les dérivées partielles du premier et du second ordre sont

$$p = \frac{xy}{\sqrt{x^2+y^2}}, \quad q = \frac{x^2+2y^2}{\sqrt{x^2+y^2}},$$

$$r = \frac{y^3}{(x^2+y^2)^{\frac{3}{2}}}, \quad s = \frac{x^3}{(x^2+y^2)^{\frac{3}{2}}}, \quad t = \frac{2y^3+3yx^2}{(x^2+y^2)^{\frac{3}{2}}}.$$

Le système de valeurs $x_0 = 0$, $y_0 = 0$ annulle la fonction z et donne à ses dérivées partielles la forme $\frac{0}{0}$: de plus, il est facile de s'assurer que la méthode précédente ne serait pas propre à déterminer les véritables valeurs des quantités p, q, r, s, t; mais, si l'on considère un système de valeurs très-voisines, pour lequel

$$x = x_0 + \Delta x_0 = \Delta x_0,$$
$$y = y_0 + \Delta y_0 = \Delta y_0,$$

et si l'on pose $\Delta y_0 = \alpha \Delta x_0$, il viendra

$$p_0 = \Delta x_0 \cdot \frac{\alpha}{\sqrt{1+\alpha^2}}, \quad q = \Delta x_0 \cdot \frac{1+2\alpha^2}{\sqrt{1+\alpha^2}},$$

$$r_0 = \frac{\alpha^3}{(1+\alpha^2)^{\frac{3}{2}}}, \quad s_0 = \frac{1}{(1+\alpha^2)^{\frac{3}{2}}}, \quad t_0 = \frac{2\alpha^3+3\alpha}{(1+\alpha^2)^{\frac{3}{2}}}.$$

On peut faire maintenant converger Δx_0 vers la limite zéro, et à cette limite α se changeant en y'_0, on aura

$$p_0 = 0, \quad q_0 = 0,$$

$$r_0 = \frac{y'^3_0}{(1+y_0'^2)^{\frac{1}{2}}}, \quad s_0 = \frac{1}{(1+y_0'^2)^{\frac{3}{2}}}, \quad t_0 = \frac{2y'^3_0 + 3y'_0}{(1+y_0'^2)^{\frac{3}{2}}}.$$

Les valeurs de r_0, s_0, t_0 restent indéterminées; mais elles demeurent pourtant comprises entre de certaines limites qui sont, pour :

r_0, -1 et $+1$, répondant à $y'_0 = -\infty$, $y'_0 = +\infty$;
s_0, 0 et $+1$, ... $y'_0 = \pm\infty$, $y'_0 = 0$;
t_0, -2 et $+2$, ... $y'_0 = -\infty$, $y'_0 = +\infty$.

§ 2. Résolution des cas d'indétermination pour les fonctions implicites.

141. Soit

$$f(x, y) = 0 \tag{c}$$

une équation qui détermine implicitement y en fonction de x, et posons

$$\frac{df(x,y)}{dx} = f'(x,y), \quad \frac{df(x,y)}{dy} = f_{,}(x,y):$$

si le premier membre de l'équation (c) s'évanouit pour $x = x_0$, quel que soit y, on ne pourra pas tirer immédiatement de cette équation la valeur correspondante y_0 qui sera en apparence indéterminée. Dans ce cas, la fonction

$$f(x_0, y + \Delta y) - f(x_0, y)$$

s'évanouira, quelles que soient les valeurs de y et de Δy, et par conséquent la fonction $f_{,}(x_0, y)$ s'évanouira aussi indépendamment de y. Donc l'équation dérivée de (c), qui est en général

$$f'(x,y) + y' f_{,}(x,y) = 0,$$

se réduira, pour $x = x_0$, à

$$f'(x_0, y_0) = 0,$$

et de cette dernière équation on tirera la valeur de y_0. Si elle était encore satisfaite identiquement, on recourrait à l'équation

$$f''(x_0, y_0) = 0,$$

et ainsi de suite.

Soit, par exemple,

$$f(x, y) = mx^2 - x + \log(1 + xy) = 0, \quad x_0 = 0:$$

l'équation dérivée sera

$$2mx - 1 + \frac{y + xy'}{1 + xy} = 0,$$

et se réduira, pour $x = 0$, à

$$-1 + y_0 = 0, \text{ ou } y_0 = 1.$$

Prenons encore

$$f(x, y) = (y^2 - 1)x^2 - y[\log(1 + x)]^2 = 0, \quad x_0 = 0:$$

il viendra pour première équation dérivée

$$\{2yx^2 - [\log(1+x)]^2\}y' + 2x(y^2 - 1) - 2y\frac{\log(1+x)}{1+x} = 0.$$

Supprimons le terme en y' qui doit s'évanouir pour $x = 0$, et il restera l'équation

$$x(1 + x)(y^2 - 1) - y\log(1 + x) = 0,$$

laquelle est encore satisfaite, indépendamment de y, par la valeur $x = 0$; mais si l'on en prend la dérivée

$$[2yx(1+x) - \log(1+x)]y' + (y^2 - 1)(1 - 2x) - \frac{y}{1+x} = 0,$$

et que l'on fasse dans cette seconde dérivée $x = 0$, les valeurs correspondantes de y seront les deux racines de l'équation

$$y^2 - y - 1 = 0.$$

142. Considérons une équation différentielle

$$\mathrm{f}(x, y, y') = 0, \qquad (c')$$

et supposons-la d'abord mise sous la forme

$$y' = \frac{f(x, y)}{\mathrm{F}(x, y)}:$$

désignons par x_0, y_0 les valeurs de x, y qui annulent à la fois les fonctions f, F, et par y'_0 la valeur correspondante de y' : en vertu de la formule (a), la valeur de y'_0 sera donnée par l'équation du second degré

$$y'_0=\frac{p_0+q_0y'_0}{P_0+Q_0y'_0}, \text{ ou } Q_0y_0'^2+(P_0-q_0)y'_0-p_0=0 .$$

Si les équations (p) et (q) se trouvaient en outre satisfaites, la valeur de y'_0, d'après la formule (b), serait racine de l'équation du troisième degré

$$y'_0=\frac{r_0+2s_0y'_0+t_0y'^2_0}{R_0+2S_0y'_0+T_0y'^2_0},$$

ou

$$T_0y'^3_0-(2S_0-t_0)y'^2_0+(R_0-2s_0)y'_0-r_0=0 ;$$

et ainsi de suite.

Il peut se faire néanmoins que la valeur de y'_0 soit effectivement indéterminée : comme cela arriverait, par exemple, si l'équation

$$Qy'^2+(P-q)y'-p=0$$

était satisfaite pour toutes les valeurs de y', indépendamment des valeurs attribuées à x et à y. Alors l'équation

$$Ty'^3+(2S-t)y'^2+(R-2s)y'-r=0 ,$$

et toutes celles qu'on pourrait obtenir par des différentiations subséquentes, jusqu'à l'infini, seraient aussi satisfaites identiquement. On reconnaît ainsi que la valeur de y' donnée par l'équation

$$y'=\frac{y}{x},$$

est réellement indéterminée pour le système de valeurs $x_0=0$, $y_0=0$.

En général, lorsque les valeurs particulières x_0, y_0 satisferont à l'équation (c'), indépendamment de y', la dérivée de cette équation

$$\frac{d\mathrm{f}}{dx}+\frac{d\mathrm{f}}{dy}y'+\frac{d\mathrm{f}}{dy'}y''=0 ,$$

se réduira pour les mêmes valeurs à

$$\left(\frac{df}{dx}\right)_0 + \left(\frac{df}{dy}\right)_0 y'_0 = 0 ; \qquad (c''_0)$$

l'expression $\left(\frac{df}{dy'}\right)_0$, qui représente la valeur de $\frac{df}{dy'}$, pour $y'=0$, devant s'évanouir d'après le raisonnement qu'on a fait plus haut [141]. Les fonctions

$$\left(\frac{df}{dx}\right)_0, \quad \left(\frac{df}{dy}\right)_0$$

doivent généralement renfermer les trois quantités x_0, y_0, y'_0; ce qui empêchera que l'équation (c''_0) ne soit linéaire par rapport à l'inconnue y'_0.

Admettons que l'équation (c') soit algébrique par rapport à y', ou qu'elle ait la forme

$$f_0(x, y) + f_1(x, y) \cdot y' + f_2(x, y) \cdot y'^2 + \text{etc.} = 0 :$$

l'équation (c''_0) deviendra

$$\left(\frac{df_0}{dx}\right)_0 + \left(\frac{df_0}{dy} + \frac{df_1}{dx}\right)_0 y'_0 + \left(\frac{df_1}{dy} + \frac{df_2}{dx}\right)_0 y_0'^2 + \left(\frac{df_2}{dy}\right)_0 y_0'^3 + \text{etc.} ;$$

et conséquemment elle sera, en général, par rapport à y'_0, d'un degré supérieur d'une unité au degré de l'équation (c') par rapport à y'.

§ 3. *Maxima* et *minima* des fonctions explicites de plusieurs variables.

143. Étant donnée la fonction de deux variables

$$z = f(x, y),$$

si l'on établit une liaison arbitraire entre les variables y et x, z deviendra fonction de la seule variable indépendante x, et l'on aura

$$\frac{\overline{dz}}{dx}=p+qy',$$

$$\frac{\overline{d^2z}}{dx^2}=r+2sy'+ty'^2+qy'',$$

$$\frac{\overline{d^3z}}{dx^3}=u+3wy'3wy'^2+vy'^3+3(s+ty')y''+qy''',$$

etc.

Nous surmontons d'une barre les différentielles dz, d^2z, etc., pour indiquer des différentielles totales; les lettres p, q, r, etc., ont la signification convenue [124]; et y', y'', y''', etc., désignent, selon l'usage, les coefficients différentiels de y, considéré comme fonction de x, en vertu de la liaison arbitraire que l'on conçoit établie entre ces variables. Cela posé, on aura pour condition commune au *maximum* et au *minimum* [91]

$$p+qy'=0\,; \qquad (d)$$

et en outre l'inégalité

$$r+2sy'+ty'^2+qy''<0 \qquad (d_1)$$

devra être vérifiée dans le cas du *maximum*, de même que l'inégalité contraire

$$r+2sy'+ty'^2+qy''>0\,, \qquad (d_2)$$

dans le cas du *minimum*. Si maintenant on établit que ces conditions sont satisfaites, indépendamment de la liaison arbitraire conçue entre y et x, on aura déterminé par là même les conditions du *maximum* ou du *minimum* de la fonction z, dans l'hypothèse de l'indépendance des variables x, y.

Pour que l'équation (d) soit satisfaite, indépendamment de toute liaison entre y et x, il faut qu'on ait séparément

$$p=0,\quad q=0\,; \qquad (e)$$

ce qui réduit les inégalités (d_1) et (d_2) à

$$r + 2sy' + ty'^2 < 0,$$
$$r + 2sy' + ty'^2 > 0.$$

Pour que le premier membre commun à ces deux dernières inégalités conserve le même signe, quelle que soit la valeur assignée à y', il faut que l'équation

$$r + 2sy' + ty'^2 = 0, \qquad (f)$$

résolue par rapport à y', ait ses racines imaginaires, ce qui entraîne la condition

$$s^2 - rt < 0, \qquad (g)$$

et ce qui exige par conséquent que les fonctions r, t soient de même signe, après qu'on y a substitué les valeurs de x, y tirées des équations (e). Quand l'inégalité (g) sera satisfaite par ces valeurs, il y aura *maximum* ou *minimum*, selon que les fonctions r, t deviendront toutes deux négatives ou toutes deux positives.

*144. La théorie des *maxima* et *minima* des fonctions de deux variables se lie très-simplement à la considération des lignes de niveau [127], dont l'équation (d) est précisément l'équation différentielle. Il est évident qu'au point (x, y) pour lequel la fonction z est un *maximum* ou un *minimum*, la ligne de niveau doit s'évanouir, ou plutôt se réduire à un point isolé. Il faut donc (ainsi que nous l'expliquerons plus en détail à propos des points singuliers des courbes planes) qu'on ne puisse pas tirer de l'équation

$$y' = -\frac{p}{q} \qquad (d')$$

une valeur réelle de y', bien que les valeurs de p, q ne soient ni imaginaires, ni infinies, sans quoi la fonction z cesserait d'être réelle, ou éprouverait une solution de continuité du second ordre au moins. Par conséquent il faut que la valeur précédente de y' se présente sous la forme indéterminée $\frac{0}{0}$, et qu'ainsi l'on ait, pour le *maximum* comme pour le *minimum*, $p=0$, $q=0$. Dès lors, d'après ce qu'on a vu plus haut [142], la véritable valeur de y' sera donnée par l'équation

$$y'=-\frac{r+sy'}{s+ty'},$$

qui ne diffère pas de l'équation (f); et afin qu'on ne puisse pas tirer de cette équation des valeurs réelles pour y', il faut que l'inégalité (g) soit satisfaite.

Si l'on a au contraire l'inégalité

$$s^2-rt>0,$$

on tirera de l'équation (f) deux valeurs réelles de y' : le point (x, y) sera le point d'intersection de deux branches d'une ligne de niveau nmn, $n'mn'$ (*fig.* 40), qui divisera le plan xy autour du point m en quatre régions, dans deux desquelles la valeur de z ira en croissant à partir du point m, tandis qu'elle ira en décroissant dans les deux autres, à partir du même point.

145. Les conditions (e), (g) sont celles du *maximum* ou du *minimum absolu* : si l'on établit entre y et x la liaison exprimée par $y=\varphi x$, et qu'on détermine dans cette hypothèse la valeur de x qui rend la fonction z un *maximum* ou un *minimum relatif*, cette valeur sera l'abscisse du point où la ligne $y=\varphi x$ est touchée par une ligne de niveau.

En général, on entend par *maxima* et *minima relatifs* ceux qui n'ont lieu qu'après qu'on a établi entre les variables indépendantes des liaisons arbitraires qui en réduisent le nombre.

146. Régulièrement les coefficients r, s, t de l'équation (f) ne dépendront que des variables x, y et non de y'; mais s'il arrive que ces coefficients se présentent accidentellement sous la forme $\frac{0}{0}$, il pourra se faire que leurs vraies valeurs, trouvées par les procédés qu'on a indiqués au commencement de ce chapitre, varient avec y'; et alors l'équation (f) ne se trouvant plus du second degré par rapport à y', les raisonnements qui précèdent tomberont en défaut. Soit, par exemple,

$$z = y\sqrt{x^2+y^2}:$$

d'après le n° 140, les équations (e) seront satisfaites pour le système de valeurs $x=0, y=0$, et l'équation (f) deviendra

$$y'^5 + 2y'^3 + y' = 0.$$

Comme cette équation a la racine réelle $y'=0$, le système des valeurs citées ne correspond pas à un *maximum* ou à un *minimum* de la fonction z. Dans tous les cas semblables, on n'a plus à considérer l'inégalité (g).

147. Lorsque les valeurs de x, y qui satisfont aux équations (e), vérifient aussi les équations

$$r=0,\ s=0,\ t=0, \qquad (e_1)$$

l'équation (f) n'est plus propre à donner la valeur de y', qui se tire alors de la formule

$$y' = -\frac{u + 2\,\omega y' + w y'^2}{\omega + 2\,w y' + v y'^2},$$

ou

$$u + 3\,\omega y' + 3\,w y'^2 + v y'^3 = 0. \qquad (f_1)$$

Comme cette équation est d'un degré impair par rapport à y', tant que les dérivées partielles du troisième ordre u, v, ω, w ne dépendent point de y', elle a nécessairement une racine réelle, et par conséquent les valeurs x, y qui sont racines des équations (e) et (e_1), ne peuvent rendre la fonction z un *maximum* ou un *minimum*, à moins qu'on n'ait séparément

$$u = 0, \; \mathfrak{u} = 0, \; w = 0, \; v = 0, \qquad (e_2)$$

c'est-à-dire à moins que tous les termes de la différentielle totale du troisième ordre

$$\frac{\overline{d^3 z}}{\overline{dx^3}}$$

ne s'évanouissent séparément, comme ceux des différentielles totales du premier et du second ordre. Il faut en outre que le polynôme du quatrième degré en y'

$$\frac{\overline{d^4 z}}{\overline{dx^4}}$$

ne donne pour y', quand on l'égale à zéro, que des racines imaginaires; et cette nouvelle condition étant satisfaite, il y a *maximum* ou *minimum*, selon que le polynôme reste constamment négatif ou constamment positif pour toutes les valeurs de y'.

En poursuivant cette analyse, on arriverait à la règle générale qu'il faut, pour l'existence du *maximum* ou du *minimum* : 1° que la première dérivée totale dont tous les termes ne s'évanouissent pas séparément soit d'ordre pair; 2° que cette dérivée totale conserve le même signe (négatif dans le cas du *maximum*, positif dans le cas du *minimum*), quel que soit le rapport arbitraire établi entre les accroissements infiniment petits des variables indépendantes.

Telle est, en effet, la règle que les auteurs ont coutume de donner sans restriction, mais qui en comporte une très-importante. En effet, si, par exemple, quelques-unes des dérivées partielles u, $\mathfrak{u}$, w, v, se présentaient sous les formes indéterminées $\frac{0}{0}$, $\frac{\infty}{\infty}$, et que leurs vraies valeurs fussent susceptibles de varier avec y', l'équation

(f_1) pourrait, ou cesser d'être algébrique, ou n'être plus d'un degré impair par rapport à y', et n'avoir que des racines imaginaires; en sorte qu'il pourrait y avoir *maximum* ou *minimum* sans que les équations (e_2) fussent vérifiées.

148. Quand la fonction z éprouve une solution de continuité du second ordre, et que les dérivées p, q, deviennent toutes deux infinies, la valeur de y' est encore donnée par l'équation (d') sous une forme indéterminée; et il convient de recourir à une discussion spéciale pour chaque cas, afin de reconnaître si cette circonstance correspond ou non à un *maximum* ou à un *minimum* de z.

Soit, par exemple,

$$z=\sqrt[3]{x^2+y^2},$$

d'où

$$p=\frac{2x}{3(x^2+y^2)^{\frac{2}{3}}},\quad q=\frac{2y}{3(x^2+y^2)^{\frac{2}{3}}}:$$

le système de valeurs $x=0$, $y=0$ annule z et rend p et q infinis; car, si l'on pose $y=\alpha x$, il vient

$$p=\frac{2}{3}\cdot\frac{1}{\sqrt[3]{x}.(1+\alpha^2)^{\frac{2}{3}}},\quad q=\frac{2}{3}\cdot\frac{\alpha}{\sqrt[3]{x}.(1+\alpha^2)^{\frac{2}{3}}},$$

valeurs infinies pour $x=0$. Mais à cette limite le rapport α se change en y', et l'équation (d') donne

$$y'=-\frac{p}{q}=-\frac{1}{y'},\quad \text{d'où } y'=\pm\sqrt{-1}.$$

L'imaginarité de ces valeurs de y' montre qu'il n'y a pas de ligne de niveau passant par l'origine des coordonnées, et qu'ainsi ce point correspond à un *maximum* ou à un *minimum* de z. D'ailleurs, la forme de la fonction fait voir qu'elle ne peut admettre qu'un *minimum*.

149. Considérons maintenant la fonction de trois variables $u = f(x, y, z)$, et, pour plus de commodité, faisons usage de la notation

$$\frac{du}{dx} = p_1, \quad \frac{du}{dy} = p_2, \quad \frac{du}{dz} = p_3;$$

$$\frac{d^2u}{dx^2} = r_1, \quad \frac{d^2u}{dy^2} = r_2, \quad \frac{d^2u}{dz} = r_3;$$

$$\frac{d^2u}{dxdy} = s_{1,2}, \quad \frac{d^2u}{dxdz} = s_{1,3}, \quad \frac{d^2u}{dydz} = s_{2,3}.$$

Si l'on conçoit des liaisons arbitraires établies entre x et chacune des deux autres variables y et z, u deviendra fonction de la seulé variable x, et l'on aura, pour l'équation commune au *maximum* et au *minimum*,

$$\overline{\frac{du}{dx}} = p_1 + p_2 y' + p_3 z' = 0.$$

En conséquence, pour qu'il y ait *maximum* ou *minimum* absolu [145], ou pour que l'équation précédente soit satisfaite indépendamment des rapports arbitraires y', z', il faudra qu'on ait séparément

$$p = 0, \quad p_2 = 0, \quad p_3 = 0; \qquad \text{(E)}$$

ce qui réduit l'expression générale de $\overline{\frac{d^2u}{dx^2}}$ au polynôme

$$r_1 + r_2 y'^2 + r_3 z'^2 + 2(s_{1,2} y' + s_{1,3} z' + s_{2,3} y' z').$$

Il faudra en outre que ce polynôme conserve le même signe, sans s'évanouir, quelques valeurs réelles qu'on attribue à y', z'; et pour cela que l'équation en y', z' qu'on formerait en égalant ce polynôme à zéro, ne donne jamais à l'une de ces variables une valeur réelle, quelle que soit la valeur réelle de l'autre variable.

En résolvant cette équation par rapport à y', nous trouverons que y' reste constamment imaginaire, si l'on a, quel que soit z',

$$(s_{1,2} + s_{2,3} z')^2 - r_2(r_3 z'^2 + 2 s_{1,3} z' + r_1) < 0,$$

ou

$$(s^2_{2,3} - r_2 r_3)z'^2 + 2(s_{1,2}s_{2,3} - r_2 s_{1,3})z' + s^2_{1,2} - r_1 r_2 < 0 .$$

Cette dernière condition se vérifie à son tour, si l'on a d'abord

$$s_{1,2}^2 - r_1 r_2 < 0 , \quad s_{2,3}^2 - r_2 r_3 < 0 , \qquad \text{(G)}$$

et ensuite

$$(s_{1,2}s_{2,3} - r_2 s_{1,3})^2 - (s_{1,2}^2 r_1 r_2)(s_{2,3}^2 - r_2 r_3) < 0 . \qquad (G_1)$$

Les inégalités (G) exigent que les trois dérivées partielles r_1, r_2, r_3 soient de même signe; et l'une de ces inégalités étant posée, l'autre est une conséquence de l'inégalité (G_1) : de sorte que cette dernière inégalité, jointe à l'une des inégalités (G) et aux équations (E), compose le système des conditions requises pour l'existence du *maximum* ou du *minimum*. La symétrie indique que dans ce système on doit avoir aussi

$$s_{1,3}^2 - r_1 r_3 < 0 .$$

Il y aura *maximum* si les trois dérivées r_1, r_2, r_3 sont négatives, et *minimum* si elles sont toutes trois positives.

Si les valeurs de x, y, z qui satisfont aux équations (E), vérifiaient les suivantes

$$r_1 = 0 , \; r_2 = 0 , \; r_3 = 0 ; \; s_{1,2} = 0 , \; s_{1,3} = 0 , \; s_{2,3} = 0 , \qquad (E_1)$$

il faudrait, pour l'existence du *maximum* ou du *minimum*, que les mêmes valeurs annulassent toutes les dérivées partielles du troisième ordre, et que la dérivée totale du quatrième ordre conservât constamment le même signe (négatif dans le cas du *maximum*, positif dans le cas du *minimum*), indépendamment des rapports arbitraires y' z'; et ainsi de suite.

Néanmoins, la règle tomberait en défaut, si les dérivées partielles qui ne s'évanouissent pas se présentaient sous une forme indéterminée, et devenaient fonctions les rapports y', z', comme on en a vu des exemples, à propos des fonctions des deux variables.

Elle tomberait encore en défaut, et il faudrait recourir à une discussion spéciale pour chaque cas, si les dérivées partielles du premier ordre ou des ordres supérieurs devenaient infinies.

150. Comme application de cette théorie, proposons-nous de déterminer, parmi les triangles isopérimètres, celui dont l'aire est un *maximum*.

En appelant $2c$ le périmètre, x et y deux des côtés, z l'aire du triangle, on a la formule connue

$$z=\sqrt{c(c-x)(c-y)(x+y-c)}.$$

Les équations du *maximum* sont :

$$p=\frac{c(c-y)(2c-2x-y)}{2\sqrt{c(c-x)(c-y)(x+y-c)}}=0,$$

$$q=\frac{c(c-x)(2c-2y-x)}{2\sqrt{c(c-x)(c-y)(x+y-c)}}=0,$$

ou plus simplement, en écartant les solutions $x=\pm\infty$, $y=\pm\infty$,

$$(c-y)(2c-2x-y)=0,\quad (c-x)(2c-2y-x)=0.$$

Ces dernières équations se décomposent dans les quatre systèmes.

$$x=c,\quad y=c;$$

$$\left.\begin{array}{r} y=c,\ 2c-2y-x=0; \\ x=c,\ 2c-2x-y=0; \\ 2c-2y-x=0,\ 2c-2x-y=0; \end{array}\right\}\ \text{ou}\ \left\{\begin{array}{l} y=c,\ x=0; \\ x=c,\ y=0; \\ x=y=\tfrac{2}{3}c. \end{array}\right.$$

Le dernier système est le seul qui satisfasse à l'énoncé géométrique de la question : les autres répondent à des cas où le triangle est impossible.

On a

$$r=-\tfrac{1}{4}\sqrt{c}\cdot\frac{y^2\sqrt{c-y}}{[(c-x)(x+y-c)]^{\frac{3}{2}}},$$

$$s = -\tfrac{1}{4}\sqrt{c}\cdot\frac{xy - 2(x+y-c)^2}{\sqrt{(c-x)(c-y)}\cdot(x+y-c)^{\frac{3}{2}}},$$

$$t = -\tfrac{1}{4}\sqrt{c}\cdot\frac{x^2\sqrt{c-x}}{[(c-y)(x+y-c)]^{\frac{3}{2}}}.$$

En conséquence la condition exprimée par l'inégalité (g) devient après réduction

$$(x+y-c)^2 > 0,$$

et se trouve satisfaite pour toutes les valeurs réelles de x, y. D'ailleurs, il est visible que r et t sont négatifs : ainsi le système $x = y = \frac{2}{3}c$ correspond bien à un *maximum* de la fonction z. On en conclut que le triangle qui satisfait à la question est équilatéral, ce qui se démontre au surplus en géométrie élémentaire.

151. Cherchons encore le système des valeurs de x, y qui rend un *maximum* la fonction

$$z = \frac{a + bx + cy}{\sqrt{1 + x^2 + y^2}}:$$

nous aurons les équations

$$p = \frac{b - ax + y(by - cx)}{(1 + x^2 + y^2)^{\frac{3}{2}}} = 0,$$

$$q = \frac{c - ay + x(cx - by)}{(1 + x^2 + y^2)^{\frac{3}{2}}} = 0;$$

ou plus simplement

$$b - ax + y(by - cx) = 0,\quad c - ay + x(cx - by) = 0. \qquad (h)$$

On y satisfait en posant

$$b - ax = 0,\quad c - ay = 0,\ \text{d'où}\ by - cx = 0; \qquad (i)$$

ce qui donne pour la valeur *maximum* cherchée

$$z = \sqrt{a^2 + b^2 + c^2}.$$

Le système (i) comprend d'ailleurs toutes les solutions réelles du système (h); car si l'on opère entre les équations (h) l'élimination de y à la manière ordinaire, on aura pour l'équation résultante en x

$$(b-ax)[(b^2+c^2)x^2+2abx+a^2+c^2]=0\ ;$$

et après qu'on a tenu compte du facteur $b-ax$, l'autre facteur ne donne pour x que les valeurs imaginaires

$$-ab\pm\frac{\sqrt{-c^2(a^2+b^2+c^2)}}{b^2+c^2}\ .$$

On a

$$r=-\frac{(a+cy)(1+x^2+y^2)+3x[b-ax+y(by-cx)]}{(1+x^2+y^2)^{\frac{5}{2}}},$$

$$s=-\frac{(2by-cx)(1+x^2+y^2)-3y[b-ax+y(by-cx]}{(1+x^2+y^2)^{\frac{5}{2}}},$$

$$t=-\frac{(a+bx)(1+x^2+y^2)+3y[c-ay+x(cx-by)]}{(1+x^2+y^2)^{\frac{5}{2}}}.$$

Pour les valeurs de x, y qui satisfont aux équations (i), ces expressions se réduisent à

$$r=-\frac{a^2(a^2+c^2)}{(a^2+b^2+c^2)^{\frac{3}{2}}},\quad s=\frac{a^2bc}{(a^2+b^2+c^2)^{\frac{3}{2}}},\quad t=-\frac{a^2(a^2+b^2)}{(a^2+b^2+c^2)^{\frac{3}{2}}};$$

et l'inégalité (g) devenant

$$-\frac{a^6}{(a^2+b^2+c^2)^2}<0\ ,$$

est nécessairement vérifiée. De plus, il ne peut y avoir lieu à un *minimum*, puisque les valeurs de r, t sont essentiellement négatives.

Nous conclurons de ce calcul que les valeurs des quantités variables y', z', qui rendent un *maximum* la fonction

$$u=\frac{X+Yy'+Zz'}{\sqrt{1+y'^2+z'^2}},$$

donnent à u la valeur $\sqrt{X^2+Y^2+Z^2}$, ainsi qu'on l'a annoncé [129], et sont déterminées par les équations

$$Y-Xy'=0\ ,\ Z-Xz'=0\ .$$

Il resterait à faire voir, pour justifier ce qui a été dit dans le n° cité, que les équations

$$Y-X\frac{dy}{dx}=0,\ Z-X\frac{dz}{dx}=0$$

appartiennent à des lignes qui rencontrent normalement les surfaces caractérisées par l'équation différentielle

$$X\,dx + Y\,dy + Z\,dz = 0\,;$$

mais ceci résultera de la théorie des surfaces courbes, qui doit être exposée dans le livre suivant.

§ 4. *Maxima* et *minima* des fonctions implicites.

152. Pour déterminer les *maxima* et *minima* de la variable y, donnée implicitement en fonction de x par l'équation

$$f(x,y) = 0\,, \tag{k}$$

on posera

$$y' = -\frac{df}{dx} : \frac{df}{dy} = 0\,; \tag{k'}$$

et l'on tirera des équations (k) et (k') les systèmes de valeurs de x et de y qui peuvent rendre la fonction y un *maximum* ou un *minimum*. On substituera ces valeurs dans l'équation

$$\overline{\frac{d^2f}{dx^2}} = 0\,,$$

qui se réduit, à cause de $y' = 0$, à

$$\frac{d^2f}{dx^2} + \frac{df}{dy}\,y'' = 0\,, \tag{k''}$$

afin de s'assurer que les mêmes valeurs ne font pas évanouir y'', et en même temps pour distinguer, s'il en est besoin, le *maximum* du *minimum*, au moyen du signe que prend y''.

Soit, par exemple, l'équation

$$x^3 - 3axy + y^3 = 0\,, \tag{α}$$

qui représente une courbe (*fig.* 44), connue sous le nom de *Folium de Descartes* : on en tirera

$$y' = \frac{ay - x^2}{y^2 - ax}\,; \tag{α'}$$

et, en conséquence, l'équation commune au *maximum* et au *minimum* sera

$$ay - x^2 = 0 . \qquad (\beta)$$

Par l'élimination de y entre les équations (α) et (β), il vient

$$x^6 - 2a^3 x^3 = 0 ,$$

équations dont les racines, les seules que nous voulions considérer, sont

$$x = 0 , \ x = a\sqrt[3]{2} ,$$

auxquelles correspondent pour y les valeurs réelles

$$y = 0 , \ y = a\sqrt[3]{4} .$$

L'équation (k'') devient

$$(y^2 - ax)y'' + 2x = 0 ;$$

et quand on y substitue les valeurs $x = a\sqrt[3]{2}$, $y = a\sqrt[3]{4}$, elle donne $y'' = -\frac{2}{a}$: par conséquent ce système correspond bien à un *maximum* si a est positif, ou à un *minimum* si le même coefficient est négatif.

Pour le système $x = 0, y = 0$, la valeur de y' se présente, en vertu de l'équation (α'), sous la forme indéterminée $\frac{0}{0}$; mais la dérivée de cette équation, ou la seconde dérivée de la proposée, est

$$(y^2 - ax)y'' + 2yy'^2 - 2ay' + 2x = 0 ,$$

tandis que l'on a pour la troisième dérivée

$$(y^2 - ax)y''' + (6yy' - 3a)y'' + 2y'^3 + 2 = 0 .$$

Quand on fait dans ces deux équations $x = 0, y = 0$, elles se réduisent à $y' = 0, y'' = \frac{2}{3a}$: par conséquent ce système de valeurs correspond à un *minimum* de y.

Si maintenant nous remarquons que la proposée est symétrique par rapport aux variables x, y, nous conclurons de ce que le système $x=0$, $y=0$ rend nulle une des valeurs de $\frac{dy}{dx}$, tirées de cette équation, qu'il doit aussi rendre nulle une des valeurs de $\frac{dx}{dy}$, et, par conséquent, rendre infinie une valeur de $\frac{dy}{dx}$ ou de y'. Ainsi, les deux axes des x et des y touchent à l'origine la courbe représentée par l'équation proposée.

153. S'il s'agit de déterminer les valeurs de x, y qui rendent un *maximum* ou un *minimum* une fonction z de ces deux variables donnée implicitement par l'équation

$$f(x, y, z)=0, \qquad (l)$$

on posera $p=0$, $q=0$, ou

$$\frac{df}{dx}:\frac{df}{dz}=0, \frac{df}{dy}:\frac{df}{dz}=0; \qquad (m)$$

au moyen de quoi les équations desquelles doivent se tirer les valeurs des dérivées partielles r, s, t [133], se réduiront à

$$\frac{df}{dz}r+\frac{d^2f}{dx^2}=0, \frac{df}{dz}s+\frac{d^2f}{dxdy}=0, \frac{df}{dz}t+\frac{d^2f}{dy^2}=0.$$

Il faudra s'assurer que les valeurs de x, y, z, tirées des équations (l) et (m), et substituées dans les expressions de r, s, t, satisfont à l'inégalité (g). Nous n'entrerons pas dans d'autres détails sur les cas exceptionnels qui peuvent se présenter, et que l'on résoudra sans difficulté d'après les principes déjà établis.

154. Soit

$$u=f(x, y, z, \ldots\ldots)$$

une fonction de n variables liées entre elles par m équations de condition

$$f_1(x,y,z,\ldots)=0, f_2(x,y,z,\ldots)=0, \ldots f_m(x,y,z,\ldots)=0; (n)$$

de sorte qu'il reste $n-m$ variables indépendantes. Si l'on veut rendre la fonction u un *maximum* ou un *minimum*, il faudra poser l'équation $du=0$, ou

$$\frac{df}{dx}dx+\frac{df}{dy}dy+\frac{df}{dz}dz+\ldots\ldots=0. \qquad (n')$$

Les équations (n) entraînent les suivantes :

$$\left.\begin{array}{l}\frac{df_1}{dx}dx+\frac{df_1}{dy}dy+\frac{df_1}{dz}dz+\ldots\ldots=0,\\ \frac{df_2}{dx}dx+\frac{df_2}{dy}dy+\frac{df_2}{dz}dz+\ldots\ldots=0,\\ \ldots\ldots\ldots\ldots\ldots\ldots\ldots\ldots\\ \frac{df_m}{dx}dx+\frac{df_m}{dy}dy+\frac{df_m}{dz}dz+\ldots\ldots=0.\end{array}\right\} \qquad (n'')$$

Après qu'on aura éliminé m différentielles dx, dy, dz,...... entre les équations (n') et (n''), on égalera séparément à zéro les multiplicateurs des $n-m$ différentielles restées arbitraires, et ces $n-m$ équations, combinées avec les équations (n), détermineront les systèmes de valeurs de x, y, z,....., propres à rendre la fonction u un *maximum* ou un *minimum*. Il faudra ensuite s'assurer que la fonction d^2u devient, par la substitution de ces valeurs, négative dans un cas, positive dans l'autre, quels que soient les rapports des différentielles restées arbitraires : ce qui pourra exiger des calculs compliqués.

Quant à l'élimination entre les équations (n') et (n''), elle s'opère élégamment par la méthode des facteurs indéterminée, dont on fait un fréquent usage en analyse. Concevons qu'on ait multiplié respectivement les premiers membres des équations (n'') par des facteurs λ_1, λ_2,....λ_m, et qu'on les ajoute au premier membre de l'équation (n'); qu'ensuite on égale à zéro les multiplicateurs de chaque différentielle dans l'équation résultant de l'addition indiquée; on aura n équations

$$\frac{df}{dx}+\lambda_1\frac{df_1}{dx}+\lambda_2\frac{df_2}{dx}+\ldots\ldots+\lambda_m\frac{df_m}{dx}=0,$$

$$\frac{df}{dy}+\lambda_1\frac{df_1}{dy}+\lambda_2\frac{df_2}{dy}+\ldots\ldots+\lambda_m\frac{df_m}{dy}=0, \text{ etc.},$$

entre lesquelles on pourra éliminer les m facteurs $\lambda_1, \lambda_2, \ldots \lambda_m$, de manière à obtenir les équations finales, en nombre $n-m$.

155. Admettons, pour prendre un exemple, que l'on cherche le *minimum* de la fonction

$$u=x^2+y^2+z^2+\ldots\ldots,$$

les variables $x, y, z, \ldots\ldots$ étant liées par l'équation de condition

$$ax+by+cz\ldots\ldots=k,$$

dans laquelle $a, b, c, \ldots\ldots k$ désignent des nombres constants. On aura, en opérant d'après la manière qui vient d'être indiquée,

$$x+a\lambda_1=0,\quad y+b\lambda_1=0,\quad z+c\lambda_1=0, \text{ etc.},$$

ce qui équivaut à

$$\frac{x}{a}=\frac{y}{b}=\frac{z}{c}=\text{etc.} \qquad (o)$$

On en conclut, d'après les propriétés connues des proportions,

$$\frac{x^2}{a^2}=\frac{y^2}{b^2}=\frac{z^2}{c^2}=\text{etc.}=\frac{x^2+y^2+z^2+\text{etc.}}{a^2+b^2+c^2+\text{etc.}}=\frac{u}{a^2+b^2+c^2+\text{etc.}}$$

$$\frac{x^2}{ax}=\frac{y^2}{by}=\frac{z^2}{cz}=\text{etc.}=\frac{x^2+y^2+z^2+\text{etc.}}{ax+by+cz+\text{etc.}}=\frac{u}{k},$$

et par suite

$$\frac{u}{k}=\pm\frac{\sqrt{u}}{\sqrt{a^2+b^2+c^2+\text{etc.}}},\quad u=\frac{k^2}{a^2+b^2+c^2+\text{etc.}}.$$

Pour s'assurer que cette valeur de u est bien un *mini-*

mum, il suffit de poser l'équation identique

$$(a^2+b^2+c^2+\text{etc.})(x^2+y^2+z^2+\text{etc.})=(ax+by+cz+\text{etc.})^2$$
$$+(bx-ay)^2+(cx-az)^2+\text{etc.},$$

qui devient dans ce cas

$$u=\frac{k^2+(bx-ay)^2+(cx-az)^2+\text{etc.}}{a^2+b^2+c^2+\text{etc.}};$$

par où l'on voit qu'en effet l'inégalité

$$u>\frac{k^2}{a^2+b^2+c^2+\text{etc.}}$$

est vérifiée pour toutes les valeurs des variables qui ne satisfont pas aux équations (o).

Si les variables x, y, z, ... se réduisent à trois et désignent des coordonnées rectangulaires, la valeur *minimum* de $\sqrt{u}$ mesure la distance de l'origine au plan

$$ax+by+cz=k.$$

CHAPITRE IV.

EXTENSION DES FORMULES DE TAYLOR ET DE MACLAURIN AUX FONCTIONS EXPLICITES DE PLUSIEURS VARIABLES INDÉPENDANTES. — FORMULE DE LAGRANGE POUR LE DÉVELOPPEMENT DES FONCTIONS IMPLICITES.

§ 1er. Extension des formules de Taylor et de Maclaurin aux fonctions explicites de plusieurs variables indépendantes.

156. Il suffira de considérer la fonction de deux variables

$$z = f(x, y);$$

attendu qu'il n'y a aucune difficulté à généraliser les formules, pour un nombre quelconque de variables.

Afin d'opérer le développement de la fonction

$$f(x+h, y+k)$$

suivant les puissances ascendantes des accroissements h et k, l'on pose

$$h = \alpha h', \ k = \alpha k',$$

d'où

$$f(x+h, y+k) = f(x+\alpha h', y+\alpha k') = \mathrm{f}\alpha.$$

On développe la fonction $\mathrm{f}\alpha$ par la série de Maclaurin, comme une fonction d'une seule variable, et il vient

$$\mathrm{f}\alpha = \mathrm{f}(0) + \frac{\alpha}{1}\cdot \mathrm{f}'(0) + \frac{\alpha^2}{1.2}\cdot \mathrm{f}''(0) + \frac{\alpha^3}{1.2.3}\cdot \mathrm{f}'''(0) + \text{etc.} \qquad (\mathrm{f})$$

Mais on a, par la règle de différentiation des fonctions médiates,

$$\mathrm{f}'\alpha = \frac{d.f(x+\alpha h', y+\alpha k')}{dx}h' + \frac{d.f(x+\alpha h', y+\alpha k')}{dy}k',$$

ou, pour employer une notation plus concise,

$$\mathrm{f}'\alpha=\frac{df}{dx}h'+\frac{df}{dy}k',$$

et de même

$$\mathrm{f}''\alpha=\frac{d^2f}{dx^2}h'^2+2\frac{d^2f}{dxdy}h'k'+\frac{d^2f}{dy^2}k'^2,$$

$$\mathrm{f}'''\alpha=\frac{d^3f}{dx^3}h'^3+3\frac{d^3f}{dx^2dy}h'^2k'+3\frac{d^3f}{dxdy^2}h'k'^2+\frac{d^3f}{dy^3}k'^3,$$

etc. ;

on a d'autre part

$$\mathrm{f}(\mathrm{o})=f(x,y)=z;$$

et l'on conclut des équations précédentes :

$$\mathrm{f}'(\mathrm{o})=ph'+qk',$$

$$\mathrm{f}''(\mathrm{o})=rh'^2+2sh'k'+tk'^2,$$

$$\mathrm{f}'''(\mathrm{o})=uh'^3+3\omega h'^2k'+3wh'k'^2+vk'^3,$$

etc.

Substituons ces valeurs dans la formule (f), et remettons-y pour h', k' leurs valeurs en h, k : l'auxiliaire α disparaîtra, et il viendra

$$\begin{aligned}f(x+h,y+k)=z&+p\frac{h}{1}+q\frac{k}{1}\\&+r\frac{h^2}{1.2}+s\frac{h}{1}\cdot\frac{k}{1}+t\frac{k^2}{1.2}\\&+u\frac{h^3}{1.2.3}+\omega\frac{h^2}{1.2}\cdot\frac{k}{1}+w\frac{h}{1}\cdot\frac{k^2}{1.2}+v\frac{k^3}{1.2.3}\\&+\text{etc.}\end{aligned}\qquad\text{(F)}$$

On peut remplacer dans cette expression les lettres p, q, r, etc., par les coefficients différentiels qu'elles représentent; et si l'on emploie en outre, pour plus de brièveté, la notation symbolique dont nous nous sommes déjà servi [43 *et* 124], on obtiendra la formule

$$\begin{aligned}f(x+h,y+k)=z&+\left(\frac{h}{dx}+\frac{k}{dy}\right)\frac{dz}{1}+\left(\frac{h}{dx}+\frac{k}{dy}\right)^2\frac{d^2z}{1.2}\\&+\left(\frac{h}{dx}+\frac{k}{dy}\right)^3\frac{d^3z}{1.2.3}+\text{etc.},\end{aligned}\qquad(\Phi)$$

qui met bien en évidence la loi du développement, pour un nombre quelconque de variables.

La série de Taylor, ainsi étendue, tombe en défaut lorsque, pour des valeurs particulières des variables x, y, la fonction z et ses dérivées partielles p, q, r, etc., ou quelques-unes d'entre elles, prennent des valeurs infinies, ainsi qu'on l'a expliqué à propos du développement des fonctions d'une seule variable [106]. De plus, elle tombe en défaut lorsque la fonction z ou ses dérivées partielles prenant des valeurs indéterminées, on ne peut lever l'indétermination que par l'établissement d'une liaison arbitraire entre les variables x, y, et par suite entre les accroissements h et k, conformément à ce qui a été expliqué dans le précédent chapitre.

157. Soit r_i la valeur du reste qui doit compléter la série (f), quand on l'arrête au terme affecté de la puissance α^i : on a [109]

$$r_i = \frac{\alpha^{i+1}}{1.2.3...(i+1)} \cdot f^{(i+1)}(\theta\alpha) = \frac{(1-\theta_1)^i \alpha^{i+1}}{1.2.3....i} \cdot f^{(i+1)}(\theta_1 \alpha),$$

θ, θ_1 désignant des nombres inconnus, compris entre 0 et 1. Donc, lorsqu'on arrête la série (Φ) au terme

$$\left(\frac{h}{dx} + \frac{k}{dy}\right)^i \frac{d^i z}{1.2.3....i},$$

le reste R_i qui doit compléter cette série, a pour expression symbolique

$$R_i = \left(\frac{h}{dx} + \frac{k}{dy}\right)^{i+1} \cdot \frac{d^{i+1} f(x+\theta h, y+k)}{1.2.3.....(i+1)},$$

ou bien encore

$$R_i = (1-\theta_1)^i \left(\frac{h}{dx} + \frac{k}{dy}\right)^{i+1} \cdot \frac{d^{i+1} f(x+\theta_1 h, y+\theta_1 k)}{1.2.3.....i}.$$

Les nombres θ, θ_1, qui entrent dans ces formules, sont inconnus; et elles ne peuvent point servir à calculer les valeurs de R_i, mais seulement à assigner des limites entre lesquelles ces valeurs doivent tomber.

La valeur de r_i en intégrale définie étant

$$r_i = \frac{1}{1.2.3\ldots i}\int_0^\alpha f^{(i+1)}(\alpha-\beta)\,.\,\beta^i\,d\beta,$$

on en tirera ces autres expressions symboliques de la valeur de R_i:

$$R_i = \frac{1}{1.2.3\ldots i.h^{i+1}}\int_0^h\left(\frac{h}{dx}+\frac{k}{dy}\right)^{i+1} d^{i+1}f(x+h-\beta,\ y+k-\frac{k}{h}\beta).$$

$$= \frac{1}{1.2.3\ldots i.k^{i+1}}\int_0^k\left(\frac{h}{dx}+\frac{k}{dy}\right)^{i+1} d^{i+1}f(x+h-\frac{h}{k}\beta,\ y+k-\beta).\beta^i$$

Pour donner une application de ces dernières formules et en indiquer en même temps la démonstration, prenons $i=1$, de sorte qu'on ait

$$f\alpha = f(0)+\frac{\alpha}{1}.f'(0)+r_1,\quad r_1=\int_0^\alpha f''(\alpha-\beta).\beta d\beta.$$

Soit

$$\frac{d^2f(x,y)}{dx^2}=f''(x,y),\ \frac{d^2f(x,y)}{dxdy}=f_{\prime}'(x,y),\ \frac{d^2f(x,y)}{dy^2}=f_{\prime\prime}(x,$$

d'où

$$f''(\alpha-\beta)=h'^2f''[x+(\alpha-\beta)h',\ y+(\alpha-\beta)k']$$
$$+2h'k'f_{\prime}'[x+(\alpha-\beta)h',\ y+(\alpha-\beta)k']+k'^2f_{\prime\prime}[x+(\alpha-\beta)h',\ y+(\alpha$$
$$h'^2f''(x+h-h'\beta,\ y+k-k'\beta)+2h'k'f_{\prime}'(x+h-h'\beta,\ y+k-k$$
$$+k'^2f_{\prime\prime}(x+h-h'\beta,\ y+k-k'\beta):$$

on aura

$$R_1=h'^2\int_0^\alpha f''(x-h-h'\beta,\ y+k-k'\beta).\beta d\beta$$
$$+2h'k'\int_0^\alpha f_{\prime}'(x+h-h'\beta,\ y+k-k'\beta).\beta d\beta$$
$$+k'^2\int_0^\alpha f_{\prime\prime}(x+h-h'\beta,\ y+k-k'\beta).\beta d\beta.$$

On peut remplacer dans le premier terme de la valeur de R_1 la variable β par $\frac{\beta}{h'}$, en prenant pour limite supérieure de l'intégrale $\alpha h'=h$, au lieu de α ; et alors ce premier terme devient

$$\int_0^h f''\left(x+h-\beta, y+k-\frac{k'}{h'}\beta\right).\beta d\beta=\int_0^h f''\left(x+h-\beta, y+k-\frac{k}{h}\beta\right).\beta d\beta;$$

en sorte que dans son expression n'entrent plus les auxiliaires α, h', k'. On donnerait au même terme, en remplaçant la variable β par $\frac{\beta}{k'}$, la forme

$$\frac{h^2}{k^2}\int_0^k f''(x+h-\frac{h}{k}\beta, y+k-\beta).\beta d\beta;$$

et si l'on soumet aux mêmes transformations les deux autres termes de la valeur de R_1, on trouvera pour R_1 ces deux expressions

$$R_1=\frac{1}{h^2}\int_0^h\left\{h^2 f''(x+h-\beta, y+k-\frac{k}{h}\beta)+2hk f'_{\prime}(x+h-\beta, y+k-\frac{k}{h}\beta)\right.$$
$$\left.+k^2 f_{\prime\prime}(x+h-\beta, y+k-\frac{k}{h}\beta)\right\}.\beta d\beta,$$

$$R_1=\frac{1}{k^2}\int_0^k\left\{h^2 f''(x+h-\frac{h}{k}\beta, y+k-\beta)+2hk f'_{\prime}(x+h-\frac{h}{k}\beta, y+k-\beta)\right.$$
$$\left.+k^2 f_{\prime\prime}(x+h-\frac{h}{k}\beta, y+k-\beta)\right\}.\beta d\beta.$$

On établirait par un calcul semblable les valeurs générales de R_i dont on a donné plus haut l'expression symbolique.

158. Désignons par z_0, p_0, q_0, r_0, etc., les valeurs que prennent les fonctions z, p, q, r, etc., quand on fait $x=0$, $y=0$: l'équation (F) donnera

$$f(x,y)=z_0+p_0\frac{x}{1}+q_0\frac{y}{1}$$
$$+r_0\frac{x^2}{1.2}+s_0\frac{x}{1}.\frac{y}{1}+t_0\frac{y^2}{1.2}$$

$$+u_0\frac{x^3}{1.2.3}+w_0\frac{x^2}{1.2}\cdot\frac{y}{1}+w_0\frac{x}{1}\cdot\frac{y^2}{1.2}+v_0\frac{y^3}{1.2.3}+\text{etc.},$$

et, de cette manière, la formule de Maclaurin se trouvera étendue au développement des fonctions de deux variables. On peut encore écrire

$$f(x,y)=z_0+\left(\frac{x}{dx_0}+\frac{y}{dy_0}\right)\frac{dz_0}{1}+\left(\frac{x}{dx_0}+\frac{y}{dy_0}\right)\frac{d^2z_0}{1.2}$$
$$+\left(\frac{x}{dx_0}+\frac{y}{dy_0}\right)\frac{d^3z_0}{1.2.3}+\text{etc.}$$

Au lieu de développer par la formule de Maclaurin les fonctions de plusieurs variables, suivant les puissances de chaque variable indépendante, ce qui conduit à des formes de développement très-prolixes, on ne développe plus ordinairement ces fonctions que suivant les puissances de l'une des variables; mais alors les coefficients des termes de la série, au lieu d'être des constantes, sont des fonctions de toutes les variables indépendantes, autres que celle suivant les puissances de laquelle le développement est ordonné. Ainsi l'on posera

$$f(x,y,z,....)=f(0,y,z,....)+f'(0,y,z,....)\cdot\frac{x}{1}$$
$$+f''(0,y,z,.....)\frac{x^2}{1.2}+f'''(0,y,z,....)\cdot\frac{x^3}{1.2.3}+\text{etc.},$$

f', f'', f''', etc., désignant les dérivées de f par rapport à la variable x. L'emploi de cette formule exigera que les valeurs de y, z, ..., ne rendent point infinies les fonctions

$$f(0,y,z,....),\quad f'(0,y,z,....),\quad f''(0,y,z,....),\ \text{etc.},$$

et, de plus, qu'on puisse assigner des limites convenables à l'erreur que l'on commet en arrêtant la série à un certain terme. Il suit de ces restrictions qu'une formule telle que

$$z=f(0,y)+f'(0,y)\frac{x}{1}+f''(0,y)\cdot\frac{x^2}{1.2}+f'''(0,y)\cdot\frac{x^3}{1.2.3}+\text{etc.}$$

pourra ne représenter une surface que dans une portion limitée de son étendue, savoir dans la portion où les valeurs de y ne rendent point infinies les fonctions $f(o,y)$, $f'(o,y)$, $f''(o,y)$, etc.

§ 2. Formule de Lagrange pour le développement des fonctions implicites.

159. Étant donnée une équation de la forme

$$z = x + yfz, \qquad (a)$$

on se propose de développer z en série ordonnée suivant les puissances ascendantes de y. Si y désigne une quantité très-petite, x sera la valeur approchée de z pour $y = o$: une seconde approximation donnera

$$z = x + yfx, \qquad (a_1)$$

valeur que l'on pourrait substituer pour z sous le signe f, de manière à avoir une troisième valeur de z, plus approchée, que l'on substituerait à son tour sous le signe f, et ainsi indéfiniment. Le développement cherché a pour utilité pratique de dispenser de ces substitutions successives.

Quel que soit l'ordre de grandeur du coefficient y, il est évident que le second membre de l'équation (a_1) se compose des deux premiers termes du développement que l'on cherche. On trouverait, d'après le théorème de Maclaurin, les coefficients des puissances supérieures de y en prenant les différentielles successives de l'équation (a) par rapport aux variables z, y, et en faisant ensuite $y = o$, $z = x$ dans les valeurs des dérivées

$$\frac{d^2z}{dy^2}, \frac{d^3z}{dy}, \frac{d^4z}{dy^4}, \text{ etc.},$$

tirées des équations différentielles. Il est entendu que la série ainsi obtenue doit être convergente, sans quoi le résultat du calcul serait illusoire. Les conditions de la convergence ont été données par M. Cauchy dans des mémoires auxquels nous renvoyons le lecteur curieux de ces discussions délicates.

Le procédé général que l'on vient d'indiquer, pour déterminer les coefficients des termes successifs du développement cherché, ne donnerait pas, ou donnerait difficilement la loi de formation de ces coefficients; tandis qu'on la met aisément en évidence en considérant, suivant le procédé dû à Laplace, z comme une fonction des deux variables x, y, en vertu de l'équation (a).

On a, en différentiant sous ce point de vue,

$$\frac{dz}{dx} = 1 + f'z . \frac{dz}{dx}, \quad \frac{dz}{dy} = fz + yf'z . \frac{dz}{dy},$$

et par suite

$$\frac{dz}{dy} = fz . \frac{dz}{dx}, \quad \frac{d^2z}{dxdy} = fz . \frac{d^2z}{dx^2} + f'z . \left(\frac{dz}{dx}\right)^2 . \tag{b}$$

Cela posé, soit ψz une fonction de z : on aura

$$\frac{d\left(\psi z . \frac{dz}{dx}\right)}{dy} = \psi z . \frac{d^2z}{dxdy} + \psi' z . \frac{dz}{dx} . \frac{dz}{dy},$$

et en chassant $\frac{dz}{dx}, \frac{d^2z}{dxdy}$ au moyen des équations (b),

$$\frac{d\left(\psi z . \frac{dz}{dx}\right)}{dy} = \psi z . fz . \frac{d^2z}{dx^2} + (\psi z . f'z + fz . \psi' z)\left(\frac{dz}{dx}\right)^2,$$

ou

$$\frac{d\left(\psi z . \frac{dz}{dx}\right)}{dy} = \frac{d\left(\psi z . fz . \frac{dz}{dx}\right)}{dx} . \tag{c}$$

Prenons $\psi z = fz$, et la première équation (b), combinée avec la précédente, donnera

$$\frac{d^2z}{dy^2}=\frac{d\left(fz.\frac{dz}{dx}\right)}{dy}=\frac{d\left[(fz)^2.\frac{dz}{dx}\right]}{dx}.$$

Si l'on fait ensuite $\psi z=(fz)^2$, on trouvera, par la comparaison de l'équation (c) avec celle que l'on vient d'écrire,

$$\frac{d^3z}{dy^3}=\frac{d^2\left[(fz)^2.\frac{dz}{dx}\right]}{dxdy}=\frac{d^2\left[(fz)^3.\frac{dz}{dx}\right]}{dx^2};$$

et comme on peut continuer ainsi de proche en proche, il est évident qu'on a, pour un indice n quelconque,

$$\frac{d^nz}{dy^n}=\frac{d^{n-1}\left[(fz)^n.\frac{dz}{dx}\right]}{dx^{n-1}}.$$

Quand on fait $y=0$, d'où $z=x$, $\frac{dz}{dx}=1$, cette expression se réduit à

$$\left(\frac{d^nz}{dy^n}\right)_0=\frac{d^{n-1}.(fx)^n}{dx^{n-1}},$$

et le théorème de Maclaurin donne en conséquence

$$z=x+\frac{y}{1}.fx+\frac{y^2}{1.2}.\frac{d.(fx)^2}{dx}+\frac{y^3}{1.2.3}.\frac{d^2.(fx)^3}{dx^2}+\text{etc.} \quad (d)$$

160. Soit maintenant φz une nouvelle fonction de z qu'il s'agit de développer suivant les puissances de y: on aura, en vertu de la première équation (b),

$$\frac{d.\varphi z}{dy}=\varphi'z.\frac{dz}{dy}=\varphi'z.fz.\frac{dz}{dx},$$

et si l'on pose $\varphi'z.fz=\psi z$, la formule (c) donnera

$$\frac{d^2\varphi z}{dy^2}=\frac{d\left(\varphi'z.fz\frac{dz}{dx}\right)}{dy}=\frac{\left[d.\varphi'z.(fz)^2.\frac{dz}{dx}\right]}{dx}.$$

Comme on peut tout aussi bien prendre successivement pour ψz les fonctions

$$\varphi'z.(fz)^2\ ,\ \varphi'z.(fz)^3\ ,\ \text{etc.},$$

il est clair qu'on aura généralement

$$\frac{d^n.\varphi z}{dy^n}=\frac{\left[d^{n-1}\varphi'z.(fz)^n.\dfrac{dz}{dx}\right]}{dx^{n-1}},$$

et pour les valeurs particulières $y=0$, $z=x$,

$$\left(\frac{d^n.\varphi z}{dy^n}\right)_0=\frac{d^{n-1}[\varphi'x.(fx)^n]}{dx^{n-1}}:$$

donc

$$\varphi z=\varphi x+\frac{y}{1}.\varphi'x.fx+\frac{y^2}{1.2}.\frac{d.[\varphi'x.(fx)^2]}{dx}$$
$$+\frac{y}{1.2.3}.\frac{d^2.[\varphi'x.(fx)^3]}{dx^2}+\text{etc.}\qquad (e).$$

Les formules (d) et (e) sont évidemment susceptibles de s'étendre à des fonctions implicites de deux ou d'un plus grand nombre de variables indépendantes.

161. La formule (d) s'applique à la résolution des équations, tant algébriques que transcendantes, sous la condition qu'elle conduise à une série convergente. Soit, par exemple,

$$z=x+kz^m$$

une équation d'où l'on veut tirer la valeur de z en x, ordonnée suivant les puissances de k : la formule (d) donnera

$$z=x+\frac{k}{1}.x^m+\frac{k^2}{1.2}.2m\,x^{2m-1}+\frac{k^3}{1.2.3}.3m(3m-1)x^{3m-2}+\text{etc.};$$

et si l'on posait $\varphi z=z^n$, on tirerait de la formule (e)

$$z^n=x^n+\frac{k}{1}.nx^{m+n-1}+\frac{k^2}{1.2}.n(2m+n-1)\,x^{2m+n-2}$$
$$+\frac{k^3}{1.2.3}.n(3m+n-1)(3m+n-2)x^{3m+n-3}+\text{etc.}$$

Pour de plus amples détails sur les applications de

ces formules à la résolution des équations algébriques, on doit consulter le traité de Lagrange.

Considérons l'équation transcendante

$$z = x + e \sin z$$

qui est celle d'un problème célèbre en astronomie sous le nom de *Problème de Kepler* ; la variable x désigne le temps ou une quantité qui croît proportionnellement au temps ; le coefficient e mesure l'excentricité de l'orbite elliptique d'une planète, et la variable z est l'angle que l'on nomme l'*anomalie excentrique* de la planète. Il vient

$$z = x + \frac{e}{1} \cdot \sin x + \frac{e^2}{1.2} \cdot \frac{d.\sin^2 x}{dx} + \frac{e^3}{1.2.3} \cdot \frac{d^2.\sin^3 x}{dx^2} + \text{etc.}\,;$$

$$= x + e \sin x + \frac{e^2}{2} \sin 2x + \frac{e^3}{8}(3 \sin 3x - \sin x) + \text{etc.}$$

et comme l'excentricité e est une fraction très-petite, au moins pour les planètes principales, la série est très-rapidement convergente.

Dans les applications à l'astronomie et à la physique mathématique, on a souvent occasion de considérer le développement de la fonction

$$\frac{1}{\sqrt{1 - 2xy + y^2}}$$

suivant les puissances ascendantes de y. On donne à ce développement une forme très-élégante en se servant du théorème de Lagrange. Posons en effet

$$\sqrt{1 - 2xy + y^2} = 1 - yz\,,$$

d'où

$$\frac{dz}{dx} = \frac{1}{\sqrt{1 - 2xy + y^2}}\,,$$

$$z = x + \tfrac{1}{2} y (z^2 - 1)\,.$$

Pour faire rentrer cette dernière équation dans la formule (a), il suffit de prendre

$$fz = \frac{1}{2}(z^2 - 1);$$

d'un autre côté, la série (d) donne par la différentiation

$$\frac{dz}{dx} = 1 + \frac{y}{1} \cdot \frac{dfx}{dx} + \frac{y^2}{1.2} \cdot \frac{d^2.(fx)^2}{dx^2} + \frac{y^3}{1.2.3} \cdot \frac{d^3.(fx)^3}{dx^3} + \text{etc.}$$

Donc il vient

$$\frac{1}{\sqrt{1-2xy+y^2}} = 1 + \frac{y}{1.2} \cdot \frac{d.(x^2-1)}{dx} + \frac{y^2}{1.2.2^2} \cdot \frac{d^2.(x^2-1)^2}{dx^2}$$
$$+ \frac{y^3}{1.2.3.2^3} \cdot \frac{d^3.(x^2-1)^3}{dx^3} + \ldots + \frac{y^n}{1.2.3\ldots n.2^n} \frac{d^n.(x^2-1)^n}{dx^n} + \text{etc.}$$

CHAPITRE V.

NOTIONS SUR LA FORMATION DES ÉQUATIONS DIFFÉRENTIELLES A UNE OU PLUSIEURS VARIABLES INDÉPENDANTES.

§ 1er. Des équations différentielles entre deux variables seulement.

162. Lorsqu'on différentie l'équation

$$f(x,y)=a, \qquad (a)$$

a désignant une constante, l'équation différentielle du premier ordre

$$\frac{df}{dx}+\frac{df}{dy}y'=0, \qquad (a')$$

d'où la constante a a disparu, exprime une relation entre x, y, y', qui subsiste, quelle que soit la valeur particulière attribuée à cette constante dans l'équation (a). Si l'on considère celle-ci comme appartenant à une série de courbes qui ne diffèrent les unes des autres que par la variation du paramètre a, l'équation (a') exprimera une propriété commune à toutes ces courbes : propriété en vertu de laquelle la direction de la tangente est déterminée, lorsqu'on assigne les coordonnées x, y du point de contact.

C'est ainsi qu'en différentiant l'équation

$$x^2+y^2=a,$$

on a

$$x+yy'=0, \text{ ou } y'=-\frac{x}{y}.$$

Tant que le paramètre a reste indéterminé, la première

équation appartient à un cercle de rayon quelconque, ayant pour centre l'origine des coordonnées; et la seconde équation exprime une propriété commune à tous ces cercles concentriques, celle d'avoir leur tangente perpendiculaire à la droite menée de l'origine au point de contact.

Quand le paramètre a est combiné d'une manière quelconque avec les variables x, y dans l'équation

$$F(x, y, a) = 0, \qquad (b)$$

en général, ce paramètre entre encore dans la composition de l'équation différentielle

$$\frac{dF}{dx} + \frac{dF}{dy} y' = 0; \qquad (b')$$

mais si l'on opère l'élimination de a entre les équations (b) et (b'), on pourra appliquer à l'équation résultante

$$f(x, y, y') = 0 \qquad (c)$$

ce que nous disions tout à l'heure de l'équation (a') : elle exprimera une propriété dont jouissent en tous leurs points toutes les courbes que l'équation (b) représente successivement, quand on attribue à a une suite de valeurs différentes.

Si l'on se donne arbitrairement la valeur de y qui répond à une valeur quelconque de x, la valeur de la constante a se trouve implicitement déterminée : car, soient x_0, y_0 ces deux valeurs correspondantes de x et de y, on a entre x_0, y_0, a l'équation

$$F(x_0, y_0, a) = 0.$$

La valeur de a qui s'en déduit étant substituée dans l'équation (b), celle-ci représente une courbe déterminée et assujettie à passer par le point (x_0, y_0).

Après qu'on a déterminé la valeur de a, on peut tirer de l'équation (b) les valeurs de la fonction y qui correspondent à deux valeurs distinctes de la variable indépendante x. La différence de ces valeurs est la somme des accroissements infiniment petits que la fonction a reçus dans l'intervalle; à moins qu'elle n'ait subi, dans ce même intervalle, des solutions de continuité [51]. On dit en conséquence que l'équation (b) est l'*intégrale* de l'équation (c): celle-ci déterminant la valeur de l'accroissement dy qui correspond à un accroissement dx, pour chaque système de valeurs de x et de y; et l'autre déterminant la valeur de l'intégrale ou de la somme de ces accroissements élémentaires dans un intervalle donné.

Puisque les équations (b) et (c) sont équivalentes, en ce sens qu'elles appartiennent à la même série de courbes, on peut déjà conclure de ce qui précède : 1° que si l'on se donne arbitrairement l'ordonnée y_0 correspondant à une abscisse x_0, la fonction y et la courbe dont cette fonction est l'ordonnée se trouveront complétement déterminées en vertu de l'équation (c); 2° que si cette équation différentielle est donnée directement, et qu'il s'agisse de l'*intégrer*, ou de trouver une équation en x, y qui y satisfasse, l'équation intégrale, pour avoir la même généralité que l'équation différentielle proposée, doit nécessairement renfermer une constante arbitraire. Nous reviendrons sur ces propositions importantes lorsque nous traiterons de la théorie de l'intégration : notre but en ce moment étant seulement de donner des notions générales sur la nature des équations différentielles.

163. Soit

$$F(x, y, a, b) = 0 \qquad (d)$$

une équation entre les variables x, y, renfermant deux paramètres a, b. Si l'on différentie deux fois de suite cette équation, on a les deux équations différentielles du premier et du second ordre,

$$\frac{dF}{dx}+\frac{dF}{dy}y'=0, \tag{d'}$$

$$\frac{d^2F}{dx^2}+2\frac{d^2F}{dxdy}y'+\frac{d^2F}{dy^2}y'^2+\frac{dF}{dy}y''=0, \tag{d''}$$

qui renferment aussi, en général, les paramètres a, b. On peut éliminer a, b entre les trois équations (d), (d'), (d''), et l'équation différentielle résultante

$$f(x, y, y', y'')=0, \tag{e}$$

qui est du second ordre, exprime une propriété commune à toutes les courbes auxquelles l'équation (d) peut appartenir, moyennant une détermination convenable des paramètres a, b.

Pour particulariser les constantes a, b, on pourrait se donner : 1° un point de la courbe, ou l'ordonnée y_0 correspondant à une abscisse x_0; 2° la direction de la tangente en ce point, ou la valeur y'_0 de la fonction y' pour la même abscisse. En effet, ces données entraîneront les deux équations

$$F(x_0, y_0, a, b)=0, \quad \left(\frac{dF}{dx}\right)_0+\left(\frac{dF}{dy}\right)_0 y'_0=0,$$

$\left(\frac{dF}{dx}\right)_0$, $\left(\frac{dF}{dy}\right)_0$ désignant ce que deviennent $\frac{dF}{dx}$, $\frac{dF}{dy}$ lorsqu'on y fait $x=x_0$, $y=y_0$; et de ces deux équations on pourra tirer les valeurs de a, b pour les substituer dans l'équation (d).

Au lieu d'éliminer immédiatement les constantes a, b entre les trois équations (d), (d'), (d''), on peut éliminer successivement b et a entre les deux premières, ce qui donnera deux équations différentielles du premier ordre

$$f_1(x, y, y', a) = 0, \qquad (f_1)$$
$$f_2(x, y, y', b) = 0, \qquad (f_2)$$

dont l'une appartient seulement aux courbes pour lesquelles a possède une valeur déterminée, b restant arbitraire; tandis que l'autre, par la même raison, appartient aux courbes pour lesquelles b possède une valeur déterminée, a restant arbitraire à son tour.

Tant que a et b conservent leur indétermination, chacune des équations (f_1) et (f_2) a la même généralité que l'équation (d) ou que l'équation (e). Ainsi l'on tirera de l'équation (f_1) en la différentiant, une valeur de y'' en x, y, y', a, qui satisfera à l'équation (e), quelle que soit la valeur de a. Donc, si l'on élimine a entre l'équation (f_1) et sa différentielle immédiate

$$\frac{df_1}{dx} + \frac{df_1}{dy}y' + \frac{df_1}{dy'}y'' = 0,$$

on retrouvera l'équation (e); et on la retrouverait également par l'élimination de b entre l'équation (f_2) et sa différentielle immédiate.

$$\frac{df_2}{dx} + \frac{df_2}{dy}y' + \frac{df_2}{dy'}y'' = 0.$$

Enfin, si l'on élimine y' entre les équations (f_1) et (f_2), on retombera sur l'équation (d).

Soit, par exemple, l'équation

$$x^2 - ax - by = 0, \qquad (1)$$

on aura par deux différentiations immédiates

$$2x - a - by' = 0, \qquad (2)$$
$$2 - by'' = 0, \qquad (3)$$

et ensuite, par l'élimination des constantes a, b, l'équation du second ordre

$$x^2y'' - 2xy' + 2y = 0. \qquad (4)$$

Si l'on élimine alternativement les constantes b, a

entre les équations (1) et (2), on obtiendra les deux équations différentielles du premier ordre

$$x^2 y' - 2xy - a(xy' - y) = 0, \tag{5}$$

$$x^2 + by - bxy' = 0, \tag{6}$$

qui auront pour différentielles immédiates

$$2xy' + x^2y'' - 2y - 2xy' - a(y' + xy'' - y') = 0, \tag{7}$$

$$x(2 - by'') = 0; \tag{8}$$

et l'on retombera sur l'équation (4), soit qu'on élimine a entre les équations (5) et (7), soit qu'on élimine b entre les équations (6) et (8). Enfin, l'élimination de y' entre les équations (5) et (6) reproduira l'équation (1).

Il faut conclure de cette analyse : 1° qu'à une équation différentielle du second ordre en x, y, y', y'' correspondent deux équations de formes différentes en x, y, y' qui y satisfont, ou deux *intégrales premières* de l'équation du second ordre ; 2° que ces intégrales, pour avoir la même généralité que l'équation du second ordre à laquelle elles satisfont, doivent renfermer chacune une constante arbitraire ; 3° que l'équation en x, y qui satisfait à l'une quelconque de ces équations différentielles avec toute la généralité requise, et qui satisfait par conséquent avec la même généralité à l'équation du second ordre, dont elle est l'*intégrale seconde*, renferme deux constantes arbitraires, savoir : les deux constantes qui entrent dans la composition de chacune des intégrales premières ; 4° que ces deux constantes arbitraires sont implicitement déterminées quand on assigne les valeurs initiales y_0, y'_0 correspondant à l'abscisse initiale x_0, ou quand on donne un point par lequel doit passer la courbe dont x, y sont les coordonnées rectangulaires, et la direction de la tangente en ce point.

164. Il est aisé de poursuivre cette discussion en l'ap-

pliquant à des équations différentielles d'un ordre quelconque; et, généralement, de ce qu'on peut toujours faire disparaître n constantes dans le passage d'une équation à deux variables à sa différentielle du n^e ordre, on conclut que l'intégrale n^e d'une équation de cet ordre, ou l'équation en x, y qui y satisfait avec toute la généralité requise, doit renfermer n constantes arbitraires. L'équation différentielle du n^e ordre a pour intégrales premières n équations de l'ordre $n-1$, renfermant chacune une constante arbitraire; pour intégrales secondes $\frac{n(n-1)}{1.\ 2}$ équations de l'ordre $n-2$, renfermant chacune une combinaison binaire de ces n constantes; pour intégrales troisièmes $\frac{n(n-1)(n-2)}{1.\ 2.\ 3}$ équations de l'ordre $n-3$, renfermant chacune une combinaison ternaire des mêmes constantes; et ainsi de suite. Si l'on élimine y', y'', y''',.... $y^{(n-1)}$ entre les n intégrales premières, on aura l'intégrale n^e de la proposée, ou l'équation en x, y qui y satisfait, avec les n constantes arbitraires qu'elle comporte.

Ces n constantes seront déterminées implicitement, si l'on assigne les valeurs

$$y_0,\ y'_0,\ y''_0,\ y'''_0,\ \ldots\ldots\ y_0^{(n-1)}$$

pour l'abscisse x_0 [34].

On dit qu'une intégrale est *générale* ou *complète*, lorsqu'elle renferme des constantes arbitraires en nombre suffisant pour qu'elle conserve le même degré de généralité que l'équation différentielle à laquelle elle satisfait. Cette intégrale générale donne les intégrales *particulières*, quand on attribue des valeurs déterminées aux constantes arbitraires.

Ainsi l'équation

$$(y+b)x+a(y-mx^2)=0,$$

dans laquelle a, b désignent des constantes arbitraires, est l'intégrale générale de l'équation du second ordre

$$(y+mx^2)xy''+2y'(y-xy')=0. \qquad (1)$$

Si l'on pose successivement $a=0$, $a=\infty$, on a deux équations

$$y+b=0,\ y-mx^2=0,$$

qui toutes deux satisfont à l'équation (9), mais qui n'en sont que des intégrales particulières : la première ne renfermant que la constante arbitraire b, et la seconde ne comprenant plus de constante arbitraire.

Les n constantes arbitraires comprises dans une intégrale n^e doivent être distinctes pour que l'intégrale soit complète. Il est clair qu'au lieu d'une constante arbitraire C on pourrait écrire C_1+C_2; mais ce binôme, quoique offrant en apparence deux constantes arbitraires C_1 et C_2, se comporterait dans toutes les opérations auxquelles on pourrait le soumettre, comme la quantité monôme C dont il tient la place : les deux constantes ne seraient pas réellement distinctes et se confondraient en une seule. De même l'expression

$$C_1 e^{m_1+nx}+C_2 e^{m_2+nx}$$

ne renferme qu'en apparence deux constantes arbitraires distinctes, C_1, C_2; car on peut lui donner la forme $(C_1 e^{m_1}+C_2 e^{m_2})\, e^{nx}$; et tant que les constantes C_1, C_2 restent arbitraires, le facteur $C_1 e^{m_1}+C_2 e^{m_2}$ peut être remplacé par une seule constante arbitraire C, sans que l'expression perde de sa généralité.

Quand nous disons que l'intégrale complète a la même généralité que l'équation différentielle qui en dérive ou à laquelle elle correspond, la proposition doit être entendue en ce sens qu'elles représentent l'une et l'autre la même série ou les mêmes séries de courbes : mais il peut y avoir en outre des équations qui satisfassent à l'équation différentielle sans être comprises dans l'intégrale complète ou sans faire partie de la série des intégrales particulières, et qui portent pour cette raison le nom d'*intégrales* ou de *solutions singulières*. Nous verrons bientôt ce que signifient géométriquement les intégrales singulières des équations différentielles du premier ordre, et nous reviendrons sur ce point essentiel dans la théorie de l'intégration des équations différentielles.

§ 2. Équations différentielles simultanées.

165. Il est toujours possible de déduire d'un système d'équations différentielles en même nombre que les fonctions $x, y, z, \ldots\ldots$ de la variable indépendante t, une équation différentielle finale entre deux variables seulement, telles que t et x. Du moins la formation de cette équation finale n'est sujette à d'autres difficultés que celles que peut présenter l'élimination entre des équations ordinaires, dans lesquelles n'entreraient pas de coefficients différentiels.

En effet, supposons d'abord que l'on ait deux fonctions x, y dépendant de t, et deux équations différentielles que nous pourrons représenter par

$$f(t; x, x', x'', \ldots . x^{(m)}; y, y', y'', \ldots . y^{(n)}) = 0,$$
$$f_1(t; x, x', x'', \ldots . x^{(m_1)} y; , y', y'', \ldots . y^{(n_1)}) = 0,$$

$x^{(i)}$, $y^{(i)}$ désignant, suivant la notation de Lagrange, les coefficients différentiels $\frac{d^i x}{dt^i}, \frac{d^i y}{dt^i}$. On différentiera n_1 fois la première équation et n fois la seconde; ce qui donnera, outre les deux proposées, $n + n_1$ équations où le plus haut coefficient différentiel de y sera $y^{(n+n_1)}$. On éliminera entre ces $n + n_1 + 2$ équations les quantités

$$y, y', y'', \ldots\ldots y^{(n+n_1)},$$

dont le nombre ne peut pas surpasser $n + n_1 + 1$: l'équation résultante ne contiendra que t, x, x', x'', etc.; et l'ordre de cette équation résultante ne saurait évidemment surpasser le plus grand des nombres $m + n_1$, $m_1 + n$.

Admettons maintenant qu'on ait ν équations entre la variable indépendante t, les ν fonctions x, y, z,...... et leurs dérivées des divers ordres par rapport à t : un pareil système est ce qu'on nomme un système d'équations différentielles *simultanées*. Il pourrait se faire que toutes les dérivées qui entrent dans le système d'équations simultanées, ne fussent pas prises par rapport à la même variable indépendante t; mais au moyen des formules pour le changement de la variable indépendante, on ramènerait toujours le système proposé à ne contenir que des dérivées prises par rapport à la même variable indépendante.

Soient

$$x^{(m)},\ y^{(n)},\ z^{(p)},\ \ldots\ldots.$$

les plus hautes dérivées des fonctions x, y, z,...... qui entrent dans le système proposé; et en admettant qu'on veuille éliminer les variables y, z,..... et leurs dérivées, pour arriver à une équation finale en t, x, x', x'', etc., posons

$$s = n + p + \text{etc}.$$

Si l'on différentie s fois chacune des équations du système, on aura, y compris les proposées, un nombre total d'équations exprimé par $\nu(s + 1)$; d'un autre côté, les quantités à éliminer,

$$y, y', y'', \ldots\ldots y^{(n+s)};$$
$$z, z', z'', \ldots\ldots z^{(p+s)}; \text{ etc.}$$

sont en nombre

$$(n+s+1)+(p+s+1)+\text{etc.}=s+(s+1)(\nu-1)=\nu(s+1)-1;$$

et par conséquent l'élimination donnera l'équation finale cherchée, dont l'ordre ne peut pas dépasser le nombre

$$m+s=m+n+p+\text{ etc.}$$

Mais rien ne s'oppose à ce que l'ordre de l'équation finale soit moins élevé : ce qui arriverait, par exemple, d'après ce qu'on vient de voir, si l'on n'avait que deux équations entre les variables t, x, y et leurs dérivées, et si les plus hautes dérivées de x et de y se trouvaient dans la même équation.

Considérons particulièrement le cas où les équations proposées étant toutes du premier ordre, pourraient d'ailleurs être mises sous la forme

$$x'=f(t,x,y,z,\ldots.),y'=f_1(t,x,y,z,\ldots.),z'=f_2(t,x,y,z,\ldots.), \text{ etc. :}$$

au lieu de différentier à la fois toutes ces équations, il sera plus simple de différentier toujours la même, la première par exemple, en substituant après chaque différentiation, aux dérivées x', y', z', etc., que cette opération introduit dans le second membre, leurs valeurs données immédiatement par les équations proposées. Après $\nu-1$ différentiations successives, on aura (en y comprenant la première des équations proposées) ν équations entre les dérivées x', x'', ..., $x^{(\nu)}$, et les variables t, x, y, z, etc. Il ne s'agira plus que d'éliminer entre ces ν équations les $\nu-1$ variables y, z, etc., pour avoir l'équation finale cherchée.

§ 3. Des équations aux différences partielles.

166. Soient données deux équations de la forme

$$\alpha = f(x, y, z),$$
$$F(x, y, z, \varphi\alpha) = 0, \qquad (g)$$

dont la seconde deviendrait une fonction des seules variables x, y, z, si l'on y substituait pour α sa valeur tirée de la première : on pourra regarder z comme une fonction des deux variables indépendantes x, y; et si l'on différentie successivement l'équation (g) par rapport à ces deux variables, on aura, en conservant aux lettres p, q leur signification ordinaire,

$$\left.\begin{aligned} \frac{dF}{dx} + \frac{dF}{dz}p + \frac{dF}{d\varphi}\left(\frac{df}{dx} + \frac{df}{dz}p\right)\varphi'\alpha = 0, \\ \frac{dF}{dy} + \frac{dF}{dz}q + \frac{dF}{d\varphi}\left(\frac{df}{dy} + \frac{df}{dz}q\right)\varphi'\alpha = 0. \end{aligned}\right\} \qquad (g')$$

On peut éliminer entre les équations (g) et (g') les fonctions $\varphi\alpha$, $\varphi'\alpha$; et comme l'équation aux différences partielles du premier ordre [124]

$$\mathrm{f}(x, y, z, p, q) = 0,$$

qui résulte de cette élimination, est indépendante de la forme de la fonction φ, elle exprime une propriété commune à toutes les valeurs de z en fonction de x, y, que l'on peut tirer de la formule (g), en changeant la forme de la fonction φ, sans changer les fonctions F et f. Conséquemment elle exprime aussi une propriété commune à toutes les surfaces dont l'équation en x, y, z rentre dans l'équation (g), moyennant une détermination convenable de la fonction φ.

Soit, par exemple,

$$\alpha = ax + by, \quad z - \varphi\alpha = 0,$$

ou

$$z = \varphi(ax + by): \qquad (h)$$

les équations dérivées prendront cette forme très-simple

$$p - a\varphi'\alpha = 0, \quad q - b\varphi'\alpha = 0,$$

d'où

$$bp - aq = 0. \qquad (i)$$

167. Si l'on a deux équations, l'une aux différences partielles, l'autre ne renfermant que les variables primitives, sans leurs dérivées, mais toutes deux convenant aux mêmes fonctions et ayant le même degré de généralité, la seconde équation est dite l'*intégrale générale* de la première. Ainsi l'équation (h) est l'intégrale générale de l'équation (i), parce qu'elle renferme, moyennant l'indétermination du signe φ, toutes les équations d'où l'on peut tirer une valeur de z en fonction de x, y, propre à vérifier l'équation (i).

La raison de cette dénomination d'*intégrale* est la même que pour les équations qui satisfont à une équation différentielle ordinaire entre deux variables [162]. Concevons en effet qu'après avoir particularisé la fonction φ, on donne aux variables x, y deux systèmes de valeurs $(x_0, y_0), (x_1, y_1)$, et soient z_0, z_1 les valeurs correspondantes de z : on tirera de l'équation (h) la valeur de la différence finie $z_1 - z_0$; mais cette différence finie est la somme ou l'intégrale des accroissements infiniment petits que reçoit la fonction z quand x passe d'une manière quelconque de la valeur x_0 à la valeur x_1, et qu'en même temps y passe, aussi d'une manière quelconque, de la valeur y_0 à la valeur y_1; sauf toujours le cas exceptionnel où la fonction z éprouverait des solutions de continuité du premier ordre pendant qu'on fait ainsi varier les quantités x, y.

Les équations que l'on tire de l'équation (h) en particularisant la fonction arbitraire φ, sont des *intégrales particulières* de l'équation (i); dans tous les cas, il faut entendre par intégrales particulières celles qui se tirent de l'intégrale générale, quand on particularise une ou plusieurs des fonctions arbitraires que celle-ci doit renfermer, afin d'avoir la même généralité que l'équation aux différences partielles à laquelle elle correspond, ou quand on établit entre ces fonctions arbitraires des relations qui en restreignent la généralité.

Par exemple, si l'on a l'équation

$$z=\varphi(x+ay)+\psi(x-ay), \qquad (k)$$

où φ, ψ désignent des fonctions arbitraires, et si l'on calcule au moyen de cette équation les dérivées partielles du premier et du second ordre p, q, r, s, t, il vient :

$$p=\varphi'(x+ay)+\psi'(x-ay),$$
$$q=a\varphi'(x+ay)-a\psi'(x-ay),$$
$$r=\varphi''(x+ay)+\psi''(x-ay),$$
$$s=a\varphi''(x+ay)-a\psi''(x-ay,$$
$$t=a^2\varphi''(x+ay)+a^2\psi''(x-ay).$$

On en conclut cette équation aux différences partielles du second ordre

$$a^2r=t, \qquad (l)$$

qui ne contient plus les fonctions φ, ψ, et qui possède, comme la suite le fera voir, autant de généralité que l'équation (k) d'où elle est dérivée. Réciproquement l'équation (k), qui satisfait à l'équation (l) avec toute la généralité possible, en est l'intégrale générale.

Mais si l'on établissait entre les fonctions φ, ψ une certaine dépendance : si l'on posait notamment $\psi t=-\varphi t$, ou $\psi t=\varphi' t$, les équations

$$z=\varphi(x+ay)-\varphi(x-ay),\quad z=\varphi(x+ay)+\varphi'(x-ay),$$

dans lesquelles il reste encore une fonction arbitraire φ, ne seraient plus que des intégrales particulières de l'équation (l).

Les équations aux différences partielles peuvent avoir aussi, comme les équations différentielles ordinaires, des *intégrales* ou des *solutions singulières ;* c'est-à-dire que l'on peut y satisfaire, dans certains cas, par des équations entre les variables primitives, qu'il serait impossible de tirer de l'intégrale générale, en particularisant les fonctions arbitraires que celle-ci renferme. Nous ne tarderons pas à voir des exemples de ces intégrales singulières dans les applications du calcul différentiel à la théorie des surfaces; et ce sujet sera repris dans la partie du présent Traité où il s'agira de l'intégration des équations aux différences partielles.

168. Une équation aux différences partielles de l'ordre n est susceptible d'avoir des intégrales premières de l'ordre $n-1$, des intégrales secondes de l'ordre $n-2$, et ainsi de suite. Par exemple, de l'équation du premier ordre

$$p=\Pi q, \tag{m}$$

dans laquelle Π désigne une fonction arbitraire, on tirera, en différentiant successivement par rapport à x et par rapport à y,

$$r=s\Pi' q,\quad s=t\Pi' q,$$

et ensuite, en éliminant $\Pi' q$,

$$rt-s^2=0. \tag{n}$$

La caractéristique Π a disparu de cette équation du second ordre, à laquelle l'équation (m) est parfaitement équivalente, tant que la fonction Π conserve son indétermination. Par conséquent l'équation (m) est une intégrale première de l'équation (n); et si l'on pouvait assigner une équation en x, y, z, satisfaisant de la manière la plus générale à l'équation (m), on aurait l'intégrale seconde de l'équation (n).

Or, on satisfera à l'équation (m), non pas à la vérité par une seule équation en x, y, z, mais par le système de deux équations entre x, y, z et une autre variable auxiliaire α, savoir

$$z = \alpha + x\varphi\alpha + y\psi\alpha, \qquad (o)$$

$$1 + x\varphi'\alpha + y\psi'\alpha = 0, \qquad (o')$$

la seconde étant la dérivée de la première par rapport à l'auxiliaire α. En effet, si l'on différentie l'équation (o) successivement par rapport à x et par rapport à y, il viendra

$$p = \varphi\alpha + \frac{d\alpha}{dx}(1 + x\varphi'\alpha + y\psi'\alpha),$$

$$q = \psi\alpha + \frac{d\alpha}{dy}(1 + x\varphi'\alpha + y\psi'\alpha),$$

ou simplement, en vertu de l'équation (o'),

$$p = \varphi\alpha, \quad q = \psi\alpha;$$

et tant que les fonctions φ, ψ sont arbitraires aussi bien que Π, le système de ces dernières équations équivaut à l'équation (m).

Le système des équations (o), (o'), renfermant les fonctions arbitraires φ, ψ et une variable auxiliaire α dont on ne peut faire l'élimination tant que les fonctions φ, ψ restent indéterminées, représente donc l'intégrale seconde et complète de l'équation du second ordre (n). Cette forme des intégrales des équations aux différences partielles, lorsqu'il s'agit, comme dans notre exemple, d'équations à deux variables indépendantes, se rattache à des spéculations géométriques très-curieuses, que nous ferons bientôt connaître.

169. On a vu [166] que l'élimination d'une fonction arbitraire, dans une équation à trois variables, conduit à une équation aux différences partielles du premier ordre : nous en conclurons qu'inversement l'intégrale générale d'une équation aux différences partielles du premier ordre, à trois variables, doit renfermer une fonction arbitraire d'une certaine quantité α, déterminée elle-même en fonction des trois variables. Quand le nombre des fonctions arbitraires à éliminer est plus considérable, l'élimination conduit en général à une équation aux différences partielles d'un ordre plus élevé; mais il n'existe plus alors de rapport déterminé entre le nombre des fonctions arbitraires éliminées, et l'ordre de l'équation aux différences partielles résultant de l'élimination. Réciproquement, on ne peut pas conclure immédiatement, de l'ordre d'une équation aux différences partielles, le nombre de fonctions arbitraires que son intégrale doit renfermer pour être générale ou complète: de la même manière que l'on conclut, de l'ordre d'une équation différentielle à deux variables, le nombre de constantes arbitraires que doit contenir son intégrale générale.

Soient

$$\alpha = f(x, y, z), \quad \beta = f_1(x, y, z)$$

deux fonctions, dont la composition en x, y, z est donnée, et qui entrent sous les signes de fonctions arbitraires φ, ψ dans l'équation

$$F(x, y, z, \varphi\alpha, \psi\beta) = 0 : \qquad (p)$$

si l'on forme les équations

$$\frac{dF}{dx} = 0, \quad \frac{dF}{dy} = 0, \qquad (q)$$

$$\frac{d^2F}{dx^2} = 0, \quad \frac{d^2F}{dx\,dy} = 0, \quad \frac{d^2F}{dy^2} = 0, \qquad (r)$$

on introduit les fonctions indéterminées $\varphi'\alpha$, $\psi'\beta$, $\varphi''\alpha$, $\psi''\beta$; et en les joignant à $\varphi\,\alpha$, $\psi\,\beta$ on a six quantités à éliminer entre les six équations (p), (q), (r); ce qui ne peut conduire en général à une équation aux différences partielles, indépendante de la forme des fonctions φ, ψ. En passant aux dérivées du 3e ordre, on aura quatre nouvelles équations

$$\frac{d^3F}{dx^3}=0,\ \frac{d^3F}{dx^2dy}=0,\ \frac{d^3F}{dxdy^2}=0,\ \frac{d^3F}{dy^3}=0,$$

et l'on n'introduira que deux nouvelles indéterminées $\varphi'''\alpha$, $\psi'''\beta$: on pourra donc former, et en général de plusieurs manières, une équation aux différences partielles du 3e ordre, indépendante de la forme des fonctions φ, ψ, et dont l'équation (p) sera l'intégrale générale. Mais il pourra arriver aussi que l'élimination des fonctions φ, ψ se fasse sans qu'on ait besoin de passer aux dérivées du 3e ordre, et qu'ainsi l'équation (p) soit l'intégrale complète d'une équation aux différences partielles, du second ordre seulement. On en a vu plus haut un exemple sur l'équation (k).

En général, soit ν le nombre des fonctions arbitraires contenues dans une équation à trois variables x, y, z; la composition de chaque quantité qui entre sous le signe de fonction arbitraire étant donnée en x, y, z : si l'on joint à cette équation ses dérivées partielles jusqu'à celles de l'ordre n inclusivement, on a un nombre total d'équations exprimé par

$$1+2+3+\ldots\ldots+n+1=\frac{(n+1)(n+2)}{2};$$

tandis que le nombre des fonctions arbitraires et de leurs dérivées, entrant dans ce système d'équations, est $\nu(\nu+1)$. L'élimination ne sera possible dans tous les cas qu'autant qu'on aura

$$\nu(\nu+1) < \frac{(n+1)(n+2)}{2}, \text{ ou } n' > 2\nu - 2 ;$$

c'est-à-dire qu'il faudra en général pousser les différentiations jusqu'à l'ordre $2\nu - 1$, et que l'équation aux différences partielles, résultant de l'élimination, sera en général de l'ordre $2\nu - 1$; mais elle pourra être aussi d'un ordre moins élevé.

170. Considérons maintenant une équation à quatre variables.

$$F[u, x, y, z, \varphi(\alpha, \beta)] = 0, \qquad (s)$$

dans laquelle φ désigne une fonction arbitraire des deux quantités α, β dont la composition en u, x, y, z est connue et donnée par les équations auxiliaires

$$\alpha = f(u, x, y, z),\ \beta = f_1(u, x, y, z).$$

En différentiant l'équation (s) par rapport à chacune des trois variables indépendantes x, y, z, on a trois équations

$$\frac{dF}{dx} = 0, \frac{dF}{dy} = 0, \frac{dF}{dz} = 0, \qquad (t)$$

dans lesquelles figurent, outre la fonction indéterminée $\varphi(\alpha, \beta)$, ses deux dérivées partielles $\frac{d\varphi}{d\alpha}, \frac{d\varphi}{d\beta}$: or, rien ne s'oppose à ce qu'on élimine ces trois indéterminées entre les quatre équations (s) et (t); et l'on obtiendra ainsi une équation aux différences partielles du premier ordre, indépendante de la forme assignée à la fonction arbitraire φ. Nous en conclurons que réciproquement l'intégrale complète d'une équation aux différences partielles du premier ordre, à trois variables indépendantes, doit renfermer une fonction arbitraire de deux quantités, ayant chacune une composition déterminée.

Et par une généralisation qui s'offre d'elle-même, nous dirons que l'intégrale complète d'une équation aux différences partielles du premier ordre, à n variables indépendantes, doit renfermer une fonction arbitraire de $n-1$ quantités, composées chacune d'une manière déterminée avec les $n+1$ variables dont il y en a n d'indépendantes

Si l'on avait l'équation

$$F[u, x, y, z, \varphi(\alpha, \beta), \psi(\gamma, \delta)] = 0,$$

il faudrait s'élever au 4ᵉ ordre pour opérer dans tous les cas l'élimination des fonctions arbitraires φ, ψ et de leurs dérivées: α, β, γ, δ désignant toujours des quantités dont la composition est donnée en u, x, y, z.

171. Le cas le plus simple est celui où les quantités α, β,.... ne contiennent qu'une variable indépendante, par exemple la variable x. Dans ce cas, au lieu de $\varphi\alpha$, $\psi\beta$,...... on peut écrire simplement φx, ψx,.....; φ, ψ,..... désignant toujours des fonctions arbitraires.

Soit donc

$$F(x, y, z, \varphi x, \psi x, \ldots\ldots) = 0$$

une équation à deux variables indépendantes, dans laquelle les fonctions arbitraires φx, ψx,.... sont en nombre n. Si l'on différentie n fois par rapport à la variable y, ces différentiations successives n'introduiront pas les dérivées des fonctions φ, ψ,..... et l'on obtiendra ainsi $n+1$ équations, entre lesquelles on pourra toujours éliminer les n indéterminées φx, ψx,......

De même si l'on avait l'équation

$$F[u, x, y, z, \varphi(x, y), \psi(x, y), \ldots\ldots] = 0,$$

où les fonctions arbitraires $\varphi(x, y)$, $\psi(x, y)$,...... sont encore en nombre n, il suffirait de différentier n

fois par rapport à la variable z, et l'on aurait des équations en nombre suffisant pour opérer l'élimination de toutes les fonctions arbitraires. Cette élimination se fait alors comme celle des constantes arbitraires dans les équations à deux variables.

LIVRE QUATRIÈME.

APPLICATIONS

DU CALCUL DIFFÉRENTIEL A LA THÉORIE DES COURBES ET DES SURFACES.

CHAPITRE PREMIER.

DES TANGENTES, DES NORMALES ET DES ASYMPTOTES DES COURBES PLANES. — EMPLOI DES COORDONNÉES POLAIRES.

§ 1er. Des tangentes et des normales aux courbes planes. — Différentielle de l'arc.

172. Dans tout ce qui précède, nous avons eu recours aux constructions graphiques pour faciliter l'intelligence des principes généraux de la théorie des fonctions, et en ce sens nous avons appliqué la géométrie à l'analyse : l'objet du présent livre est, au contraire, d'appliquer les notions d'analyse différentielle dont nous sommes en possession, à la théorie géométrique des courbes et des surfaces. Nous devons nous borner à indiquer ce qu'il y a de fondamental dans cette application importante : car la géométrie supérieure forme à elle seule un corps de doctrine dont les détails ne peuvent se trouver que dans des ouvrages spéciaux.

Le calcul différentiel résout immédiatement le problème de mener des tangentes aux courbes dont on a l'équation : cela résulte de la manière dont nous avons exposé dans le chapitre III du premier livre la génération des fonctions dérivées ou des coefficients différentiels. C'est même par suite des efforts qui étaient tentés pour résoudre d'une manière générale le problème des tangentes, que le calcul différentiel a été trouvé; et on le désignait dans l'origine sous le nom de *Méthode des tangentes*.

Le procédé le plus élégant pour résoudre le problème de mener une tangente à une courbe au point (x, y) consiste à donner l'équation de cette tangente. Désignons donc par ξ, η les coordonnées courantes de la droite tangente, rapportées respectivement aux mêmes axes et à la même origine que les coordonnées x, y de la courbe. L'équation cherchée sera

$$\eta - y = \frac{dy}{dx}(\xi - x),$$

pour satisfaire à la double condition que la droite passe par le point (x,y) et qu'elle fasse avec l'axe des x un angle qui ait pour tangente trigonométrique $\frac{dy}{dx}$.

L'équation de la *normale* à la courbe, ou de la droite perpendiculaire à la tangente au point (x, y), est, en vertu d'un principe connu de géométrie,

$$\eta - y = -\frac{dx}{dy}(\xi - x),$$

et on peut lui donner la forme plus symétrique

$$(\eta - y)\,dy + (\xi - x)\,dx = 0.$$

En faisant $\eta = 0$ dans l'équation de la tangente, on a

$$x - \xi = y\frac{dx}{dy} = \frac{y}{y'}:$$

la distance $\pm(x - \xi)$ du pied de l'ordonnée au point où la tangente rencontre l'axe des abscisses, se nomme la *sous-tangente*. Le double signe a pour objet d'indiquer que l'on ne considère dans cette distance que sa grandeur absolue, sans égard au signe que l'équation précédente donnerait au binôme $x-\xi$.

En faisant de même $\eta=0$, dans l'équation de la normale, on trouve

$$-x=y\frac{dy}{dx}=yy' :$$

la distance $\pm(\xi-x)$ du point où la normale rencontre l'axe des abscisses, au pied de l'ordonnée correspondante, se nomme la *sous-normale*.

L'ordonnée y est moyenne proportionnelle entre la sous-tangente et la sous-normale.

Quelquefois on entend par *tangente* et par *normale* les portions de la tangente et de la normale comprises entre la courbe et l'axe des abscisses. Dans ce sens (qui commence à vieillir), la *tangente* et la *normale* ont respectivement pour valeurs

$$\pm\frac{ydy}{\sqrt{dx^2+dy^2}}=\pm y\sqrt{1+\frac{1}{y'^2}},$$

$$\pm\frac{y\sqrt{dx^2+dy^2}}{dx}=\pm y\sqrt{1+y'^2}.$$

Pour chaque courbe donnée, il faudra substituer dans les formules précédentes les valeurs en x de y et de $y'=\frac{dy}{dx}$, tirées de l'équation de la courbe.

Si cette équation est donnée sous la forme

$$f(x,y)=0, \qquad (a)$$

on a

$$\frac{df}{dx}dx+\frac{df}{dy}dy=0,$$

et par suite l'équation de la tangente devient

$$(\eta-y)\frac{df}{dy}+(\xi-x)\frac{df}{dx}=0; \qquad (b)$$

c'est-à-dire qu'on la déduit de l'équation différentielle de la courbe, en y remplaçant les différentielles dx, dy par les différences $\xi - x, \eta - y$; ce qui doit être, puisqu'il est permis de considérer la tangente comme le prolongement d'une corde menée par deux points infiniment voisins.

L'équation de la normale est

$$(\eta - y)\frac{df}{dx} - (\xi - x)\frac{df}{dy} = 0. \qquad (c)$$

Si l'on regarde dans les équations (b), (c), les coordonnées ξ, η comme des quantités constantes, et x, y comme des coordonnées courantes, ces équations appartiennent à deux lignes qui passent par le point (ξ, η), et dont les points d'intersection avec la courbe (a) déterminent les tangentes ou les normales à cette courbe, menées par le point (ξ, η).

Les équations (b) et (c) ne changeraient pas si l'équation (a) était remplacée par $f(x,y) = c$, c désignant un paramètre constant que la différentiation fait disparaître. Donc on peut encore considérer les lignes (b) et (c) comme les lieux géométriques des points où des droites qui concourent au point (ξ, η) viennent toucher ou couper à angles droits les courbes qu'on obtient en attribuant au paramètre c une suite de valeurs particulières.

173. Appelons α, β les angles que la tangente forme avec des parallèles aux axes des x et des y, menées par le point (x, y), dans le sens des coordonnées positives : nous aurons

$$\cos\alpha = \pm\frac{1}{\sqrt{1+y'^2}}, \quad \cos\beta = \pm\frac{y'}{\sqrt{1+y'^2}}. \qquad (d)$$

En appelant λ, μ les angles homologues pour la normale, on obtiendra

$$\cos\lambda = \pm\frac{y'}{\sqrt{1+y'^2}},\quad \cos\mu = \pm\frac{1}{\sqrt{1+y'^2}}. \qquad (\delta)$$

Les signes adoptés pour ces quatre cosinus doivent être combinés de manière à satisfaire à l'équation

$$\cos\alpha\cos\lambda + \cos\beta\cos\mu = 0,$$

laquelle exprime, comme on sait, que la tangente et la normale sont perpendiculaires l'une à l'autre.

Lorsque l'équation de la courbe est donnée sous la forme (a), on a

$$\frac{\cos\alpha}{\frac{df}{dy}} = \frac{\cos\beta}{\frac{df}{dx}} = \pm\frac{1}{\sqrt{\left(\frac{df}{dx}\right)^2 + \left(\frac{df}{dy}\right)^2}}.$$

174. On entend par la longueur d'un arc de courbe entre deux points donnés, la limite dont s'approche indéfiniment le périmètre d'une ligne polygonale inscrite ou circonscrite à l'arc, et terminée aux mêmes points, quand le nombre des côtés du polygone augmente indéfiniment. Si donc on appelle s la longueur de l'arc d'une courbe, depuis le point (x_0, y_0) pris pour origine jusqu'au point (x, y), s sera une fonction de x, qui, par la définition même, satisfera à l'équation différentielle

$$ds = \pm\sqrt{dx^2 + dy^2} = \pm\sqrt{1+y'^2}\,.dx: \qquad (s)$$

le signe $+$ ou le signe $-$ devant être choisi, suivant que l'arc croît ou décroît pour des valeurs croissantes de x. Au moyen de l'équation (s), les formules (d), (δ) deviennent

$$\cos\alpha = \pm\frac{dx}{ds},\ \cos\beta = \pm\frac{dy}{ds};\ \cos\lambda = \pm\frac{dy}{ds},\ \cos\mu = \pm\frac{dx}{ds}.$$

On dit encore que la longueur d'un arc de courbe est celle de la portion de ligne droite sur laquelle l'arc pourrait s'appliquer exactement, s'il était formé par un fil flexible et inextensible. Mais cette définition (outre qu'elle implique au fond un cercle vicieux) est plutôt physique que mathématique ; et il en faudrait dire autant de toute définition de la grandeur s, où l'on prétendrait éluder l'emploi des limites ou de l'infiniment petit.

Il n'en est pas de même pour l'aire d'une courbe : car, ayant défini l'aire A d'un polygone, on conçoit directement que, si l'on trace dans l'intérieur du polygone une ligne fermée, courbe ou polygonale, on retranche de A une portion B de cette grandeur ; en sorte que la notion de limite ou d'infiniment petit n'est requise que pour la mesure de la grandeur B, si le contour est courbe, et non pour la définition même de cette grandeur.

Au surplus, voici comment on a coutume de démontrer l'équation (s), lorsqu'on ne la prend pas pour la définition même de la grandeur s, dont l'idée est alors censée donnée *à priori*.

Soit mm_1 (*fig.* 41) un arc assez petit pour que, dans l'étendue de cet arc, la courbe tourne sa convexité du même côté, ou pour qu'elle ne coupe pas sa tangente entre m et t. On prend pour axiome, d'après Archimède, que la longueur de l'arc mm_1 est comprise entre celle de la corde mm_1 et celle de la ligne brisée enveloppante mtm_1. Désignons par Δx l'intervalle $pp_1 = mr$: on a

$$mt = \sqrt{1+y'^2}.\,\Delta x\,,\quad m_1t = rt - rm_1 = y'\Delta x - \Delta y\,,$$

$$\text{corde } mm_1 = \sqrt{1+\frac{\Delta y^2}{\Delta x^2}}\,.\,\Delta x\,.$$

Donc le rapport de la ligne enveloppante à la corde est

$$\frac{\sqrt{1+y'^2}+y'-\dfrac{\Delta y}{\Delta x}}{\sqrt{1+\dfrac{\Delta y^2}{\Delta x^2}}}\,,$$

et il a évidemment l'unité pour limite : donc aussi le rapport

$$\frac{\Delta s}{\Delta x\sqrt{1+\frac{\Delta y^2}{\Delta x^2}}}$$

a l'unité pour limite, ce qui établit l'équation (s).

175. Donnons quelques applications des formules qui précèdent. L'équation de l'ellipse, rapportée à son centre et à ses axes, étant de la forme

$$\frac{x^2}{a^2}+\frac{y^2}{b^2}=1, \tag{e}$$

l'équation (b) deviendra

$$\frac{(\xi-x)\,x}{a^2}+\frac{(\eta-y)y}{b^2}=0,$$

ou bien

$$\frac{\xi x}{a^2}+\frac{\eta y}{b^2}=\frac{x^2}{a^2}+\frac{y^2}{b^2}, \tag{b_1}$$

ou enfin

$$\frac{\xi x}{a^2}+\frac{\eta y}{b^2}=1. \tag{b_2}$$

L'équation (b_1) est celle d'une autre ellipse qui passe par le point (ξ,η), et dont les points d'intersection avec l'ellipse (e) sont les points de contact de cette ellipse et des droites venant du point (ξ,η).

Si l'on remplace les demi-axes a, b par ca, cb, et qu'on fasse varier la constante c, on obtient une suite d'ellipses concentriques et semblables ; et les points où chacune de ces ellipses est coupée par l'ellipse (b_1), sont ceux où elle serait touchée par des droites parties du point (ξ,η).

L'équation (b_2) est celle de la droite tangente à l'ellipse (e) au point (x, y), quand on y regarde ξ, η comme les coordonnées courantes ; et lorsqu'on y considère au contraire x, y comme les coordonnées courantes et ξ, η comme des constantes, cette équation devient celle d'une droite qui coupe l'ellipse en deux points où elle est touchée par des droites venant du point (ξ, η).

Si l'on fait dans l'équation (b_2) $\eta = 0$, on a $\xi = \frac{a^2}{x}$; ainsi la sous-tangente est indépendante de l'axe $2b$, et la même pour l'ellipse proposée que pour le cercle décrit sur l'axe $2a$ comme diamètre. De là on déduit une construction très-simple de la tangente à l'ellipse, indiquée dans tous les traités des sections coniques.

L'équation de la normale à l'ellipse proposée est

$$\frac{(\eta - y)x}{a^2} - \frac{(\xi - x)y}{b^2} = 0,$$

et l'on en tire, en faisant $\eta = 0$,

$$\xi - x = -\frac{b^2}{a^2}x,$$

ce qui exprime que la sous-normale est numériquement proportionnelle à l'abscisse.

L'équation de la parabole ordinaire, rapportée à son axe et à son sommet, étant

$$y^2 = 2px,$$

celles de la tangente et de la normale sont respectivement

$$\eta y - p(\xi + x) = 0, \quad p(\eta - y) + y(\xi - x) = 0.$$

La sous-tangente est égale au double de l'abscisse, et la sous-normale est égale au paramètre p, ou au double de la distance du sommet au foyer de la parabole.

La tangente et la normale à la courbe *logarithmique*

$$y = \log x$$

ont respectivement pour équations

$$\eta - y = \frac{1}{x}(\xi - x), \quad \eta - y = x(x - \xi).$$

Par la permutation des axes la première équation deviendra

$$\xi - x = \frac{1}{y}(\eta - y),$$

et en faisant maintenant $\eta = 0$, on trouvera $x - \xi = 1$, c'est-à-dire une valeur constante pour la sous-tangente. Ce caractère fournit la véritable définition géométrique de la courbe, dont on ne donne qu'une définition arithmétique tant qu'on se borne à dire que les abscisses sont les logarithmes des ordonnées correspondantes.

176. Parmi les courbes qu'on a appelées *transcendantes*, à cause que leurs équations en coordonnées rectilignes renferment des fonctions exponentielles, logarithmiques ou circulaires, la plus célèbre dans l'histoire des mathématiques, et la plus remarquable à cause de la foule de propriétés curieuses dont elle jouit, est la *cycloïde*. On appelle ainsi la courbe décrite par un point quelconque M (*fig.* 42) de la circonférence d'un cercle NMN' qui roule *sans glisser* sur la droite indéfinie X'X, *base* de la cycloïde, c'est-à-dire, de manière que la longueur d'un arc quelconque MN soit égale à celle de la portion de droite ON sur laquelle tous les points de l'arc MN viennent successivement s'appliquer. Menons le rayon $CM = R$, et soit φ l'angle variable MCN, $x = OP$ l'abscisse du point M, $y = PM$ son ordonnée rectangulaire, l'origine O étant le point où le point M touche la base X'X : on a par la définition

$$ON = R\varphi,\ PN = MI = R\sin\varphi,\ PM = IN = R(1 - \cos\varphi),$$

d'où

$$x = R(\varphi - \sin\varphi), \qquad (f)$$

$$y = R(1 - \cos\varphi). \qquad (g)$$

Chacune des équations (f) et (g) peut être prise pour

l'équation de la cycloïde, l'une étant entre les coordonnées x et φ, l'autre entre les coordonnées y et φ. D'après le mode de description de la courbe, rien ne limite le nombre des révolutions du cercle sur la droite X'X, en arrière et en avant du point O : la continuité géométrique exige donc que l'on conçoive la cycloïde comme formée d'une infinité d'*arceaux*, tels que OMQR, parfaitement superposables. La distance OR des pieds d'un arceau est égale à la longueur de la circonférence du cercle générateur; l'ordonnée SQ menée par le milieu de OR est égale au diamètre du cercle et divise l'arceau OQR en deux parties symétriques.

Pour représenter ce mouvement indéfini du cercle générateur, il faut admettre que la variable φ peut être prise tant positivement que négativement, et que sa grandeur absolue peut atteindre et dépasser un nombre quelconque de circonférences. Or, ceci admis, chacune des équations (f) et (g) représente en effet la cycloïde dans toute l'étendue de son cours, à cause de la périodicité des fonctions $\sin\varphi$, $\cos\varphi$, établie en trigonométrie, et résultant d'ailleurs, ainsi qu'on l'a vu [74], de la forme des équations différentielles qui peuvent servir à définir analytiquement ces fonctions. Il y a corrélation exacte entre la génération géométrique de la courbe et la discussion analytique de son équation; ce qui tient au choix de la variable indépendante φ donnée par le mode même de description de la courbe, conformément à la remarque du n° 11.

Supposons maintenant qu'on veuille avoir l'équation de la cycloïde entre les coordonnées rectangulaires x, y: on tirera de l'équation (g)

$$\cos\varphi = \frac{R-y}{R}, \text{ d'où } \sin\varphi = \pm\frac{\sqrt{2Ry-y^2}}{R},$$

le radical devant être pris positivement ou négativement, suivant que la valeur de l'arc φ donne à sin φ, d'après les règles de la trigonométrie, une valeur positive ou négative. L'équation entre x et y sera

$$x = \text{R arc cos}\left(\frac{\text{R}-y}{\text{R}}\right) \pm \sqrt{2\text{R}y - y^2}\,; \qquad (h)$$

mais à chaque valeur de x ne correspondra que l'une des valeurs, en nombre infini, dont l'expression

$$\text{R arc cos}\left(\frac{\text{R}-y}{\text{R}}\right)$$

est susceptible, et en outre les deux signes du radical ne devront pas être employés simultanément. Il faudra prendre le signe supérieur quand le point (x, y) appartiendra à l'arc OQ, et le signe inférieur quand le point appartiendra à l'arc QR, en opérant la même permutation de signes, chaque fois que l'on passera par le sommet ou par le pied d'un arceau. Si l'on employait simultanément les deux signes, l'équation (h) représenterait le système de deux cycloïdes inversement disposées (*fig.* 43), que leur génération géométrique ne lie point l'une à l'autre; et la corrélation habituelle entre la géométrie et l'analyse (telle qu'on l'observe, par exemple, pour les sections coniques) se trouverait en défaut. Nous reviendrons plus loin sur le principe et sur les restrictions de cette correspondance entre les formules analytiques et les lois géométriques de la description des lignes.

177. Pour déterminer la tangente à la cycloïde, on pourrait différentier l'équation (h); mais il sera plus simple de retenir la variable φ et d'opérer sur les équations (f) et (g), ce qui donnera

$$dx = \text{R}\,(1 - \cos\varphi)\,d\varphi, \quad dy = \text{R}\sin\varphi\,d\varphi,$$

et par suite

$$\frac{dy}{dx}=\frac{\sin\varphi}{1-\cos\varphi}=\pm\frac{\sqrt{2Ry-y^2}}{y}=\pm\sqrt{\frac{2R-y}{y}}.$$

Cette valeur devient nulle quand $y=2R$, ce qui arrive aux sommets des arceaux, et infinie quand y s'évanouit. Les pieds des arceaux sont donc des points de rebroussement, où la tangente devient perpendiculaire à la base de la cycloïde. On a pour la valeur de la sous-normale

$$\sqrt{2Ry-y^2}=R\sin\varphi.$$

Ainsi la normale MN à la cycloïde coupe la base X'X au point N où cette droite est touchée par le cercle générateur, et la tangente TM va passer à l'autre extrémité N' du diamètre perpendiculaire à la droite X'X. On a en conséquence, pour la longueur de la *normale* MN, cette valeur très-simple dont nous nous servirons plus loin,

$$MN=\sqrt{2Ry}. \qquad (h')$$

On peut remarquer que la longueur MN décroît de plus en plus dans le voisinage du point O, quoique la normale s'incline de plus en plus sur l'axe des x.

§ 2. Des asymptotes des courbes planes.

178. On appelle *asymptote* d'une courbe plane une droite dont un point mobile sur la courbe s'approcherait indéfiniment, sans jamais l'atteindre : de manière que la perpendiculaire δ abaissée de ce point sur la droite tombât au-dessous de toute grandeur finie, sans jamais s'évanouir ; et pour cela il faut que la branche de courbe sur laquelle on conçoit le point en mouvement, s'éloigne à l'infini.

La différence des ordonnées de la courbe et de son asymptote, pour la même abscisse, étant égale au quotient de δ par le cosinus de l'angle de l'asymptote avec l'axe des x, converge vers zéro quand x converge vers une valeur infinie. En même temps, l'angle de la tangente à la courbe avec l'axe des x converge vers une limite, qui est la valeur de l'angle formé par l'asymptote avec le même axe.

L'équation (b) deviendra celle d'une asymptote, si la supposition de x ou de y infini y fait évanouir tous les termes qui renferment ces variables, de manière que l'équation ne contienne plus que les coordonnées courantes ξ, η et des paramètres constants. En conséquence on substituera dans cette équation la valeur de y en x tirée de l'équation de la courbe; puis on fera $x = \pm\infty$, ce qui donnera toutes les asymptotes non parallèles à l'axe des y. On trouvera ces dernières en substituant la valeur de x en y, et en faisant ensuite $y = \pm\infty$.

Si nous prenons l'équation de l'hyperbole rapportée à son centre et à ses axes, savoir

$$\frac{x^2}{a^2} - \frac{y^2}{b^2} = 1,$$

nous aurons pour l'équation de la tangente,

$$\frac{\xi x}{a^2} - \frac{\eta y}{b^2} = 1.$$

Par la substitution de la valeur de y en x cette équation devient

$$\frac{\xi}{a^2} \pm \frac{\eta}{b}\sqrt{\frac{1}{a^2} - \frac{1}{x^2}} = \frac{1}{x};$$

et quand on y fait $x = \pm\infty$, elle se réduit à

$$\eta = \pm\frac{b}{a}\xi:$$

équation double, qui donne celles des deux asymptotes

de l'hyperbole, comme on l'a vu en étudiant les sections coniques.

L'équation de la tangente à la logarithmique $y = \log x$ étant

$$\eta - y = \frac{1}{x}(\xi - x),$$

la supposition $x = \pm \infty$ ne donne point d'asymptotes, après qu'on y a substitué pour y sa valeur en x; mais si l'on y substitue au contraire la valeur de x en y, cette équation devient

$$(\eta - y + 1)e^y = \xi,$$

et quand on y fait $y = -\infty$, elle se réduit à $\xi = 0$: par conséquent l'axe des y est une asymptote de la courbe.

La méthode précédente demande à être modifiée dans le cas où l'équation de la courbe n'est pas résoluble par rapport à y et à x. Soit

$$y = mx + n$$

l'équation d'une asymptote non parallèle à l'axe des y: on en tirera

$$\frac{y}{x} = m + \frac{n}{x};$$

de sorte que, quand x convergera vers l'infini, la valeur du rapport $\frac{y}{x}$ convergera vers la constante m. Donc, si l'on fait dans l'équation de la courbe $y = \alpha x$, et qu'on cherche la limite de la nouvelle variable α pour $x = \pm \infty$, cette limite, quand elle existera, sera une valeur de la constante m. Si l'on fait ensuite, dans l'équation de la courbe,

$$y - mx = \beta,$$

et qu'on cherche pareillement la limite vers laquelle converge la variable β, quand x converge vers les valeurs

$\pm\infty$, cette limite sera une valeur de la constante n.

On trouverait de la même manière les asymptotes non parallèles à l'axe des x, et par conséquent les asymptotes parallèles à l'axe des y.

Prenons pour exemple le *folium* de Descartes (*fig.* 44), dont l'équation, déjà discutée sous un autre point de vue [152], est

$$x^3 - 3axy + y^3 = 0:$$

l'équation en α, x devient

$$\alpha^3 + 1 = \frac{3a\alpha}{x},$$

d'où l'on conclut, pour la limite de α, $m = -1$. Faisant ensuite $y + x = \beta$, on a, pour l'équation en β, x,

$$3(\beta + a) - \frac{3(\beta^2 + a\beta)}{x} + \frac{\beta^3}{x^2} = 0,$$

ce qui donne, pour la limite de β, $n = -a$. En conséquence, la droite $y + x + a = 0$ est une asymptote de la courbe proposée.

§ 3. Emploi des coordonnées polaires.

179. On passe de l'équation d'une courbe en coordonnées rectangulaires, à son équation en coordonnées polaires, en posant

$$x = r\cos\varphi, \quad y = r\sin\varphi:$$

r désigne alors le rayon vecteur mené de l'origine des coordonnées (qui prend le nom de *pôle*) au point (x, y), et φ l'angle formé par ce rayon vecteur avec le demi-axe des x positifs. On tire de ces équations

$$dx = dr\cos\varphi - r\sin\varphi\, d\varphi, \quad dy = dr\sin\varphi + r\cos\varphi\, d\varphi, \qquad (i)$$

et par suite

$$\frac{dy}{dx} = \frac{\frac{dr}{d\varphi}\tang\varphi + r}{\frac{dr}{d\varphi} - r\tang\varphi}, \quad \frac{dr}{d\varphi} = r \cdot \frac{1 + \frac{dy}{dx}\tang\varphi}{\frac{dy}{dx} - \tang\varphi}.$$

Mais, si l'on appelle θ l'angle de la tangente au point (x, y) avec l'axe des x, dans le sens des x positifs, on a

$$\frac{dy}{dx} = \tang\theta, \quad \frac{dr}{rd\varphi} = \frac{1 + \tang\theta . \tang\varphi}{\tang\theta - \tang\varphi} = \cot(\theta - \varphi). \qquad (j)$$

L'angle $\theta - \varphi$ est celui que la tangente à la courbe forme avec le rayon vecteur du point de contact : on peut donc calculer cet angle par la formule (j) et construire la tangente, quand l'équation de la courbe est donnée en coordonnées polaires. Si l'on mène par le pôle une perpendiculaire au rayon vecteur, elle coupera la tangente en un point dont la distance au pôle est

$$p = r \tang(\theta - \varphi) = r^2 \frac{d\varphi}{dr}. \qquad (k)$$

Par analogie on donne quelquefois à la ligne p le nom de *sous-tangente*.

La formule (j) se démontre directement par une construction très-simple. Soient m, m_1 (*fig.* 45) deux points d'une courbe infiniment voisins, de manière que la droite mt, tangente à la courbe en m, puisse être prise pour le prolongement de l'arc infiniment petit mm_1. O est le pôle, et OX la droite à partir de laquelle les angles φ sont mesurés. Si l'on décrit du rayon Om l'arc de cercle infiniment petit $m\mu$, on aura $m\mu = rd\varphi$, $\mu m_1 = dr$: on pourra regarder $m\mu m_1$ comme un triangle rectiligne et rectangle en μ, ce qui donnera

$$\tang \mu m m_1 = \frac{dr}{rd\varphi}.$$

Mais on peut aussi regarder le secteur infiniment petit O$m\mu$ comme un triangle rectangle en m, d'où

$$\tang \mu m m_1 = \cot(\theta - \varphi).$$

180. La longueur s d'un arc de courbe, mesurée à partir d'un point fixe pris sur la courbe, étant une

grandeur dont la définition ne dépend pas du système de coordonnées qu'on emploie, il suffit, pour obtenir l'expression de ds en coordonnées polaires, de substituer à dx et à dy, dans la formule

$$ds^2 = dx^2 + dy^2,$$

leurs valeurs tirées des équations (i), ce qui donne

$$ds^2 = dr^2 + r^2 d\varphi^2. \qquad (l)$$

La construction précédente donne aussi ce résultat très-directement, puisqu'elle conduit à considérer mm_1 comme l'hypoténuse du triangle $m\mu m_1$, rectangle en μ.

On entend par l'aire d'une courbe, rapportée à des coordonnées polaires, l'espace compris entre cette courbe, un rayon vecteur fixe, et le rayon vecteur mobile Om. Ainsi, quand le rayon vecteur mobile passe de la position Om à la position infiniment voisine Om_1, l'aire que nous appellerons u, augmente de la surface du triangle infinitésimal Omm_1, dont on peut considérer Om_1 comme la base et $m\mu$ comme la hauteur. On a donc

$$du = \tfrac{1}{2}(r + dr) r d\varphi,$$

et en négligeant l'infiniment petit du second ordre,

$$du = \tfrac{1}{2} r^2 d\varphi. \qquad (m)$$

La différentielle de l'aire, mesurée de la même manière, mais exprimée en coordonnées rectangulaires, est

$$du = \tfrac{1}{2}(xdy - ydx);$$

ce qui résulte de ce qu'on a

$$r^2 = x^2 + y^2, \quad d\varphi = d\left(\text{arc tg}\frac{y}{x}\right) = \frac{xdy - ydx}{x^2 + y^2}. \qquad (n)$$

A cause de l'importance des formules (m), (n) en mécanique et en astronomie, on peut désirer d'en avoir une démonstration par les limites. En conséquence remarquons que lorsque le rayon vecteur se transporte de Om en Om_1, les variables r et φ augmentant de Δr, $\Delta\varphi$, l'aire reçoit l'accroissement Δu égal à la surface du secteur Omm_1. Or, l'aire de ce secteur est comprise entre celles de deux secteurs circulaires de même angle, ayant pour rayons, l'un r, l'autre $r+\Delta r$; c'est-à-dire que l'on a, Δr étant supposé positif,

$$\Delta u > \tfrac{1}{2} r^2 \Delta\varphi, \quad \Delta u < \tfrac{1}{2}(r+\Delta r)^2 \Delta\varphi.$$

Mais le rapport

$$\frac{\frac{1}{2}(r+\Delta r)^2 \Delta\varphi}{\frac{1}{2} r^2 \Delta\varphi}$$

a l'unité pour limite, quand $\Delta\varphi$, Δr convergent vers zéro: donc le rapport

$$\frac{\Delta u}{\frac{1}{2} r^2 \Delta\varphi}$$

a aussi l'unité pour limite; ce qui établit l'équation (m).

181. Lorsque l'équation d'une courbe en coordonnées polaires est de la forme $r = f\varphi$, $f\varphi$ étant une fonction qui reste réelle pour toutes les valeurs réelles de φ, et qui croît ou décroît indéfiniment avec φ, la courbe prend le nom de *spirale* : elle coupe en une infinité de points chaque droite menée par le pôle; et l'arc compris entre deux intersections consécutives de la courbe par le même rayon vecteur prend le nom de *spire*. D'ailleurs les propriétés géométriques de ces courbes ne sont guère qu'un objet de pure curiosité.

La *spirale d'Archimède* est celle dont l'équation

$$r = a\varphi$$

a la forme la plus simple. On peut concevoir qu'elle est décrite par un point m (*fig.* 46) qui se meut avec une vitesse constante sur une droite mobile MN passant par le pôle O, tandis que la droite MN tourne elle-même autour de O avec une vitesse angulaire constante, c'est-à-dire, en décrivant des arcs égaux en temps égaux. Il faut admettre aussi que, quand le point m passe par le pôle, la droite mobile MN coïncide avec la droite fixe OX, à partir de laquelle les angles φ sont mesurés.

On peut toujours supposer positif le paramètre a qui mesure la longueur que le point m parcourt sur la droite MN, tandis que cette droite décrit un angle qui est à la demi-circonférence dans le rapport de 1 à π. La constante a étant positive, r deviendra négatif avec φ; et il est évident, d'après la loi du mouvement, que les valeurs négatives du rayon vecteur devront être mesurées en sens inverse des valeurs positives. Ainsi, lorsque OM fait avec OX l'angle positif MOX, le rayon vecteur sera mesuré de O en m; mais auparavant OM avait fait avec OX l'angle négatif M'OX, et alors le point mobile m se trouvait en m', de sorte que le rayon Om' doit être mesuré en sens contraire de OM'.

La spirale d'Archimède comprend donc deux systèmes de spires inversement disposés, et qui se raccordent à l'origine : si l'on supprimait un de ces systèmes en arrêtant brusquement la courbe à l'origine, on n'aurait point égard à la loi de continuité dans le mouvement composé d'où résulte la description de la courbe.

L'équation de cette spirale donne

$$\text{tang}\,(\theta-\varphi)=\frac{r}{a}=\varphi,$$

en sorte que la courbe touche à l'origine la droite OX. On a aussi, d'après la formule (k),

$$p=\frac{r^2}{a}=a\varphi^2.$$

Soit $R=2a\pi$, de manière qu'à chaque révolution du point décrivant, le rayon vecteur augmente de R : il viendra

$$p = \frac{R\varphi^2}{2\pi},$$

ce qui donne la valeur très-simple, trouvée par Archimède, $p = 2\pi R$, lorsque $\varphi = 2\pi$.

On nomme *spirale hyperbolique* (*fig.* 47) celle qui a pour équation

$$r = \frac{a}{\varphi}, \qquad (p)$$

d'où

$$\text{tang}(\theta - \varphi) = -\varphi.$$

Cette courbe décrit une infinité de révolutions autour du pôle dont elle s'approche indéfiniment sans jamais l'atteindre, puisqu'il faudrait donner à φ une valeur infinie pour que r s'évanouît. Elle a pour asymptote la droite dont l'équation en coordonnées rectangulaires serait $y = a$, le demi-axe des x positifs étant la droite à partir de laquelle on mesure les angles φ. En effet, l'équation (p) devient dans ce système de coordonnées

$$y = a\frac{\sin\varphi}{\varphi},$$

ce qui donne $y = a$, pour $\varphi = 0$.

Si l'on a égard aux valeurs négatives de φ et que l'on construise les valeurs négatives de r qui leur correspondent, ainsi que nous l'avons indiqué pour la spirale d'Archimède, la spirale logarithmique aura deux branches symétriques. Mais comme il existe toujours une solution de continuité entre les deux branches ainsi construites, cette extension donnée à la construction de l'équation (p) reste purement conventionnelle et ne dérive pas (de même que pour la spirale d'Archimède) de la nécessité de maintenir la continuité du mouvement en vertu duquel la courbe est décrite.

La *spirale logarithmique* est celle qui a pour équation

$$\varphi = \frac{1}{m} \log r, \quad \text{ou} \quad r = e^{m\varphi} :$$

elle fait, comme la spirale hyperbolique, une infinité de révolutions autour du pôle, sans jamais l'atteindre, mais elle n'a pas d'asymptote. La formule (j) donne pour cette courbe

$$\cot(\theta - \varphi) = m ;$$

ce qui exprime que le rayon vecteur forme avec la tangente un angle constant, propriété remarquable et qu'il convient de prendre pour la définition géométrique de la courbe [175].

CHAPITRE II.

THÉORIE DES ENVELOPPES DES LIGNES PLANES.

182. Soit

$$F(x, y, a) = 0, \qquad (a)$$

l'équation d'une série de courbes, en nombre infini, qui ne diffèrent que par la valeur du paramètre a [162], et

$$f(x, y, y') = 0, \qquad (b)$$

l'équation différentielle qui convient à la même série de courbes, laquelle s'obtient par l'élimination de la constante a entre l'équation (a) et sa dérivée immédiate : il peut se faire que les courbes de la série ne se rencontrent point, quelque voisines que soient les valeurs données consécutivement au paramètre a. Ce cas se présente toutes les fois qu'on ne peut tirer de l'équation (b) qu'une seule valeur réelle pour y', quelles que soient les valeurs réelles attribuées à x et à y : puisque, si plusieurs des courbes de la série (a) se coupaient en un point (x_0, y_0), les valeurs x_0, y_0 devraient donner à y autant de valeurs différentes qu'il y a de courbes qui se coupent en ce point, ayant chacune leurs tangentes au point d'intersection diversement inclinées sur l'axe des abscisses.

Si, par exemple, on pose $x^2 + y^2 - a = 0$, les courbes de la série sont des cercles concentriques qui ne peuvent avoir de points communs, quelque valeur qu'on assigne à la différence des rayons. L'équation (b) devient $x + yy' = 0$, et elle ne donne à y', comme cela doit être, qu'une seule valeur réelle, pour toutes les valeurs réelles de x et de y.

A la vérité, pour $x=0, y=0$, la valeur de y' se présente sous la forme indéterminée $\frac{0}{0}$; mais en appliquant la méthode du n° 142 à la recherche de la vraie valeur de y', on tombe sur l'équation $y'^2=-1$, dont les racines sont imaginaires.

Il peut arriver aussi que les lignes comprises dans la série (a) se coupent toutes en un même point; et ceci doit avoir lieu lorsque les valeurs des coordonnées de ce point donnent à y', en vertu de l'équation (b), une valeur réellement indéterminée. Ainsi l'équation $y-ax=0$ appartient à une série de droites qui se coupent toutes à l'origine des coordonnées; et l'équation (b) devenant dans ce cas $y'x-y=0$, on trouve que l'indétermination de y', pour les valeurs $x=0, y=0$, ne peut être levée.

183. Au contraire, si l'équation (b) est telle, qu'elle donne à y' plusieurs valeurs réelles, pour une infinité de systèmes de valeurs réelles de x et de y, les courbes de la série (a) se coupent en un ou plusieurs points. Pour plus de simplicité nous admettrons que deux courbes prises dans la série n'ont qu'un seul point d'intersection : cette supposition ne changera rien à l'analyse et facilitera les raisonnements.

Désignons par a et par $a+\Delta a$ deux valeurs distinctes du paramètre : les courbes qui correspondent à ces valeurs particulières ont pour équations

$$F(x, y, a)=0, \qquad (a)$$

$$F(x, y, a+\Delta a)=0; \qquad (a_1)$$

les coordonnées du point d'intersection sont les valeurs de x, y, tirées du système de ces deux équations.

Ces coordonnées varieront, et le point se déplacera sur la première courbe quand on prendra Δa de plus en plus petit. Passons à la limite en supposant Δa infiniment petit : l'équation (a_1) deviendra

$$F(x, y, a) + \frac{dF}{dx} da = 0;$$

en sorte que le système des équations (a), (a_1) sera remplacé par

$$F(x, y, a) = 0, \qquad (a)$$

$$\frac{dF}{da} = 0; \qquad (a')$$

et les valeurs de x, y, tirées de ce nouveau système, seront les limites dont s'approchent indéfiniment les valeurs des mêmes coordonnées, tirées du système (a), (a_1), quand on fait décroître indéfiniment Δa.

En d'autres termes, le point (x, y) ainsi déterminé est le point d'intersection des deux courbes infiniment voisines qui ont respectivement pour équations

$$F(x, y, a) = 0,$$
$$F(x, y, a + da) = 0.$$

Ce point se déplace quand on change la valeur du paramètre; il décrit sur le plan une ligne continue quand on fait varier ce paramètre sans discontinuité; et d'après les premières notions de la géométrie analytique, l'équation de cette ligne

$$\varphi(x, y) = 0, \qquad (\alpha)$$

s'obtient par l'élimination de a entre les équations (a), (a').

La ligne (α) jouit d'une propriété remarquable, celle de toucher toutes les lignes de la série (a). Effectivement l'équation (α) n'est autre chose que l'équation (a) où l'on a mis pour a sa valeur en fonction de x, y, tirée de l'équation (a'). On peut donc, au lieu de différentier immédiatement l'équation (α) pour déterminer la tangente à la courbe que cette équation représente, différentier l'équation (a) en y regardant la quantité a, non plus comme un paramètre constant, mais comme une fonction des variables x, y, ce qui donne (à cause que la variable y est elle-même une fonction de x)

$$\frac{dF}{dx} + y'\frac{dF}{dy} + \frac{dF}{da}\left(\frac{da}{dx} + y'\frac{da}{dy}\right) = 0,$$

ou plus simplement

$$\frac{dF}{dx} + y'\frac{dF}{dy} = 0,$$

puisque l'expression en x, y, qu'il faut substituer pour a, est précisément celle qui satisfait à l'équation (a').

Donc, pour le point commun aux deux courbes (a), (α), la dérivée y' a la même valeur, quelle que soit celle des deux courbes que l'on considère, ce qui revient à dire que les deux courbes ont en ce point une tangente commune, ou se touchent mutuellement.

On donne aux courbes de la série (a) le nom d'*enveloppées*, et à la courbe (α) le nom d'*enveloppe*, parce qu'elle touche ou enveloppe toutes les courbes (a).

On donne aussi à la courbe enveloppe le nom de *ligne de contact*, parce qu'elle est le lieu des points de contact de deux enveloppées infiniment voisines; ou (ce qui signifie la même chose) parce que le point d'intersection de deux enveloppées de plus en plus voisines, se rapproche indéfiniment de la ligne enveloppe, en même temps que les tangentes des deux enveloppées au point d'intersection tendent indéfiniment vers la coïncidence.

184. Pour fixer les idées par un exemple, prenons l'équation

$$y = ax - \frac{1+a^2}{2p} x^2, \qquad (c)$$

qui est celle de la parabole que décrirait dans le vide un point matériel pesant, lancé de l'origine des coordonnées sous l'angle de projection dont la tangente est a, les ordonnées y étant mesurées verticalement du bas en haut (¹). Si l'on fait varier sans discontinuité l'angle de projection et par suite le paramètre a, on obtient une infinité de paraboles dont l'enveloppe a pour équation, d'après les formules ci-dessus,

$$x^2 = 2p\left(\frac{p}{2} - y\right), \text{ ou } p^2 - 2py - x^2 = 0; \qquad (\gamma)$$

de sorte que cette enveloppe est une autre parabole, ayant son foyer à l'origine (*fig.* 48).

Il peut arriver que l'enveloppe (α) touche les courbes comprises dans une portion de la série (a) et ne touche pas celles des courbes (a) qui appartiennent à une autre portion de la série. Imaginons que le centre d'un cercle de rayon variable se meuve sur l'axe des abscisses (*fig.* 49), de manière que l'abscisse OP du centre de ce cercle et son rayon PM soient l'abscisse et l'ordonnée de l'ellipse ABA′B′ qui a pour équation

$$\frac{x^2}{m^2} + \frac{y^2}{n^2} = 1:$$

l'équation commune à la série des cercles dont il s'agit, est

$$(x-a)^2 + y^2 - \frac{n^2}{m^2}(m^2 - a^2) = 0,$$

a désignant l'abscisse du centre; et de là on déduit

$$\frac{x^2}{m^2+n^2} + \frac{y^2}{n^2} = 1,$$

(¹) *Traité de Mécanique*, par M. Poisson, t. I, p. 397.

pour l'équation de la courbe enveloppe, qui est une autre ellipse $\alpha B \alpha' B'$, concentrique avec la première, ayant le même axe BB' et l'axe $\alpha\alpha' > AA'$. Or, pour toutes les valeurs de a comprises entre $\frac{m^2}{\sqrt{m^2+n^2}}$ et m, les cercles infiniment voisins ne se touchent plus et ne touchent plus l'ellipse enveloppe; puisque le système des équations (a), (a') donne

$$x = \frac{a(m^2+n^2)}{m^2}, \; y = \pm n \sqrt{1 - \frac{(m^2+n^2)a^2}{m^4}} ;$$

d'où résulte pour y une valeur imaginaire dès que a surpasse $\frac{m^2}{\sqrt{m^2+n^2}}$.

185. Quand une ligne est donnée par une équation

$$F(x, y, a, b) = 0 ,$$

dans laquelle entrent deux paramètres a, b, on peut se proposer d'établir entre a, b une liaison telle, que les enveloppées engendrées par la variation continue du paramètre a, aient pour enveloppe une ligne donnée

$$\varphi(x, y) = 0 .$$

Dans ce cas, les dérivées de F et de φ devant donner pour y' la même valeur, on a, en éliminant y' entre ces dérivées,

$$\frac{dF}{dx} \cdot \frac{d\varphi}{dy} - \frac{dF}{dy} \cdot \frac{d\varphi}{dx} = 0 ;$$

après quoi, l'élimination de x, y entre les trois équations que l'on vient d'écrire, conduit à l'équation cherchée entre les paramètres a, b.

Soit, par exemple,

$$y^2 + 2ax + b = 0$$

l'équation d'une parabole dont le grand axe coïncide avec celui des x, et

$$x^2+y^2-r^2=0$$

l'équation d'un cercle qui doit devenir la ligne de contact de toutes les paraboles représentées par la première équation, quand on y fera varier a, après avoir établi une liaison convenable entre a et b : on a, en différentiant ces deux équations,

$$yy'+a=0,\quad x+yy'=0,$$

d'où $x=a$. Cette valeur de x, substituée dans l'équation de la parabole et dans celle du cercle, donne

$$y^2+2a^2+b=0,\quad y^2+a^2-r^2=0\,;$$

et par suite

$$b=-(a^2+r^2)\,;$$

en sorte que l'équation des enveloppées, où le paramètre a reste arbitraire, prend la forme

$$y^2+2ax-(a^2+r^2)=0\,.$$

186. Il peut se faire que l'enveloppe soit une des enveloppées, ou que l'équation de l'enveloppe se tire de l'équation générale des enveloppées, par l'attribution d'une valeur déterminée au paramètre variable. C'est ce qui arrive lorsque la valeur de a en fonction de x,y, tirée de l'équation (a'), se réduit, en vertu de l'équation (α) propre à l'enveloppe, à une valeur constante, qui pourrait être zéro ou l'infini. Prenons, par exemple, pour l'équation des enveloppées

$$(x^2+y^2-r^2)(x^2-2ax)+(y^2-r^2)a^2=0\,:$$

nous tirerons de l'équation (a')

$$a=\frac{x(x^2+y^2-r^2)}{y^2-r^2}\,;$$

et cette valeur de a, substituée dans la proposée, donne pour l'équation de l'enveloppe

$$\frac{x^4(x^2+y^2-r^2)}{y^2-r^2}=0\,.$$

Or celle-ci rend nulle la valeur de a fournie par l'équation précédente; et en effet, il est clair que l'équation de l'enveloppe se tire, dans ce cas particulier, de l'équation générale des enveloppées, par l'attribution au paramètre a de la valeur particulière zéro. Mais, en général, les variables x, y ne disparaissent point de la valeur de a tirée de l'équation (a'), et par suite l'enveloppe n'appartient pas à la série des enveloppées.

Ceci rend raison, au moins en ce qui concerne les équations différentielles du premier ordre, de l'existence de ces intégrales ou solutions *singulières*, dont il a été question au n° 164. Il est clair que l'équation (a) est l'intégrale générale de l'équation (b); que la série des enveloppées correspond à la série des intégrales particulières; et que l'intégrale singulière de l'équation (b) est l'équation (α) de l'enveloppe, qui, en général, ne coïncide pas avec l'une des enveloppées, bien que son équation satisfasse aussi à l'équation (b), puisqu'on en tire pour y' une valeur en x, y, identique à celle qui se tire de l'équation (a), après qu'on a chassé de celle-ci le paramètre a.

187. Les deux enveloppées qu'on obtient en attribuant au paramètre a les valeurs distinctes $a, a+\Delta a$, ont en général un point d'intersection [183]; et pour les valeurs de x, y qui appartiennent à un point d'intersection, la valeur de a en fonction de x, y, tirée de l'équation (a), est au moins double, puisqu'il doit y avoir une valeur de a correspondant à chacune des enveloppées qui se coupent en ce point. Mais sur la ligne même de contact il n'y a plus d'intersection; d'où il faut conclure que plusieurs des valeurs de a en fonction de x, y, tirées de l'équation (a), deviennent égales

pour les valeurs de x, y qui satisfont à l'équation de la ligne de contact. Ainsi l'équation (c) donne

$$a=\frac{p\pm\sqrt{p^2-2py-x^2}}{x},$$

et les deux valeurs de a deviennent égales pour les points situés sur la ligne enveloppe (γ). Or, on sait, par la théorie des équations algébriques, que l'équation (a') exprime précisément la condition pour que l'équation (a), censée algébrique et rationnelle par rapport à l'inconnue a, acquière des racines égales.

Si l'équation (a) a été résolue par rapport à a, et mise sous la forme

$$a-\mathrm{f}(x, y)=0, \qquad (\mathrm{a})$$

il faut concevoir que l'équation (a) est multiple, à cause des radicaux qui entrent dans sa composition et des doubles signes qu'ils entraînent avec eux, de façon qu'elle équivaut à plusieurs équations distinctes

$$a-\mathrm{f}_1(x, y)=0,\quad a-\mathrm{f}_2(x, y)=0,\ \text{etc.} \qquad (\mathrm{a}_1)$$

Ainsi l'équation (c) donne par la résolution ces deux équations distinctes

$$a=\frac{p+\sqrt{p^2-2py-x^2}}{x}, \qquad (c_1)$$

$$a=\frac{p-\sqrt{p^2-2py-x^2}}{x}. \qquad (c_2)$$

L'équation (c_2) subsiste pour tous les points de la parabole enveloppée situés sur la portion mO de la courbe (*fig.* 48); et l'équation (c_1) subsiste à son tour pour tous les points situés sur la portion mn. En effet, le binôme $ax-p$, dont le premier terme représente l'ordonnée variable de la tangente Ot, et dont le second terme est une constante égale au paramètre de la parabole enveloppe, est évidemment négatif quand x s'évanouit; il diminue numériquement de valeur pour des valeurs croissantes de x, jusqu'à ce qu'il s'annule quand x devient l'abscisse du point de contact de l'enveloppe et de l'enveloppée; après quoi, la valeur de x continuant à croître, il prend nécessairement une valeur négative.

188. Lorsque l'équation (a) a été mise sous la forme (a_1), l'équation (a') se réduit à $1=0$; résultat absurde, qui ne peut donner l'équation de la ligne enveloppe. Ceci provient de ce qu'en effet, comme on vient de le voir, les portions de courbes représentées par l'une des équations (a_1) n'ont plus de points d'intersection. Mais il faut remarquer que, si l'on substitue pour a sa valeur $f(x,y)$ dans l'équation (a), celle-ci deviendra identique, ainsi que ses dérivées par rapport à x et à y, en sorte qu'on aura identiquement

$$\frac{dF}{dx}+\frac{dF}{da}\cdot\frac{df}{dx}=0\,,\quad \frac{dF}{dy}+\frac{dF}{da}\cdot\frac{df}{dy}=0\,;$$

d'où

$$\frac{df}{dx}=-\frac{dF}{dx}:\frac{dF}{da}\,,\quad \frac{df}{dy}=-\frac{dF}{dy}:\frac{dF}{da}.$$

Or, la relation entre x,y, qui est l'équation de la ligne enveloppe, fait évanouir $\frac{dF}{da}$, quand l'équation (a) a été délivrée de radicaux : donc elle doit rendre infinis $\frac{df}{dx}$, $\frac{df}{dx}$; ce qui fournit un moyen de trouver l'équation de l'enveloppe, même lorsque l'équation des enveloppées se trouve résolue par rapport à a. Ainsi, quand on prend pour f la valeur tirée de l'équation (c), il vient

$$\frac{df}{dx}=\frac{\mp p^2\pm 2py-p\sqrt{p^2-2py-x^2}}{x^2\sqrt{p^2-2py-x^2}}\,,$$

$$\frac{df}{dy}=\mp\frac{p}{x\sqrt{p^2-2py-x^2}}\,,$$

et l'on retrouve l'équation de l'enveloppe (γ) par la condition que ces valeurs deviennent infinies.

Le raisonnement qui conduit à cette conséquence peut encore être présenté sous la forme suivante.

Lorsque l'on différentie successivement l'équation (a) en y considérant la quantité a, d'abord comme une constante, puis comme une fonction des variables x, y, on a [183]

$$\frac{dF}{dx} + y' \frac{dF}{dy} = 0,$$

$$\frac{dF}{dx} + y' \frac{dF}{dy} + \frac{dF}{da}\left(\frac{da}{dx} + y' \frac{da}{dy}\right) = 0,$$

d'où

$$y' = -\frac{dF}{dx} : \frac{dF}{dy},$$

$$y' = -\frac{dF}{dx} : \frac{dF}{dy} - \frac{dF}{da}\left(\frac{da}{dx} + y' \frac{da}{dy}\right) : \frac{dF}{dy};$$

et ces deux valeurs de y' coïncideront, si l'on détermine a en fonction de x, y, de manière à vérifier l'une ou l'autre des deux équations

$$\frac{dF}{da} = 0, \quad \frac{dF}{dy} = \infty.$$

Quand la fonction F est une fonction algébrique, délivrée de radicaux et de dénominations, la seconde de ces équations ne peut pas avoir de solutions; mais en général, les diverses transformations auxquelles on soumet l'équation (a), en faisant apparaître ou disparaître des dénominateurs ou des radicaux, ont pour effet d'introduire dans l'une de ces deux dernières équations les solutions qui disparaissent de l'autre. D'ailleurs, lorsque la dérivée $\frac{dF}{dy}$ devient infinie, il faut qu'en général la dérivée $\frac{dF}{dx}$ devienne aussi infinie, sans quoi la dérivée y' serait constamment nulle.

189. Rien ne s'oppose à ce que les enveloppées soient des lignes droites, ou à ce que l'équation (a) ait une forme linéaire par rapport aux variables x, y : dans ce cas, le système des enveloppées se confond manifestement avec le système des tangentes de la courbe enveloppe.

L'équation (a) étant linéaire en x, y, aura la forme

$$y = x\varphi a - \varphi_1 a :$$

mais on peut changer de constante arbitraire et poser $\varphi a = c$, ce qui donne à l'équation précédente la forme plus simple

$$y = cx + \psi c ;$$

l'équation (b) devient dans ce cas

$$y = xy' + \psi y' .$$

On peut prendre pour système d'enveloppées le système des droites normales à une courbe donnée : mais alors les relations de la courbe enveloppe avec la courbe primitive donnent naissance à une théorie fort importante, qui mérite une étude spéciale, et dont l'exposition est l'objet du chapitre suivant.

CHAPITRE III.

THÉORIE DES DÉVELOPPÉES ET DES RAYONS DE COURBURE DES COURBES PLANES. — *NOTIONS SUR LES CAUSTIQUES. — THÉORIE DES CONTACTS DES DIVERS ORDRES ENTRE LES LIGNES PLANES.

§ 1er. Théorie des développées et des rayons de courbure des courbes planes.

190. Désignons, comme dans l'avant-dernier chapitre, par ξ, η les coordonnées courantes de la normale à la courbe

$$f(x, y) = 0 \qquad (f)$$

au point (x, y), les coordonnées ξ, η étant toujours parallèles aux coordonnées x, y et comptées de la même origine : l'équation de la normale est

$$\xi - x + (\eta - y)y' = 0 . \qquad (1)$$

Si l'on y substituait les valeurs de y, y' en fonction de x, tirées de l'équation (f), elle prendrait la forme

$$F(\xi, \eta, x) = 0 , \qquad (2)$$

en restant linéaire par rapport aux variables ξ, η; et l'on pourrait y considérer x comme le paramètre variable dont la valeur détermine chacune des droites normales, dont nous voulons trouver l'enveloppe : l'équation de cette enveloppe

$$\varphi(\xi, \eta) = 0 \qquad (\varphi)$$

résulterait de l'élimination de x entre l'équation (2) et sa dérivée par rapport à x,

$$\frac{dF}{dx} = 0 .$$

Mais, pour opérer cette substitution, il faudrait particulariser la fonction f; et comme pour le moment il s'agit au contraire d'exprimer des résultats indépendants de la forme de cette fonction, nous opérerons immédiatement sur l'équation (1), et nous la différentierons par rapport au paramètre x, en y considérant y, y' comme des fonctions implicites de x, en vertu de l'équation (f).

Ce calcul donne

$$-(1+y'^2)+(\eta-y)y''=0, \tag{3}$$

d'où l'on tire

$$\eta-y=\frac{1+y'^2}{y''},\ \xi-x=-\frac{y'(1+y'^2)}{y''},$$

$$(\xi-x)^2+(\eta-y)^2=\frac{(1+y'^2)^3}{y''^2}.$$

Dans ces formules, ξ, η désignent les coordonnées du point d'intersection de la normale au point (x,y) avec une normale infiniment voisine [183], ou celles du point où la normale au point (x,y) touche la courbe enveloppe (φ). Si donc on appelle ρ la distance du point (x,y) au point (ξ, η) ainsi défini, ρ sera une fonction de la variable indépendante x, donnée par la formule

$$\rho^2=\frac{(1+y'^2)^3}{y''^2},$$

ou

$$\rho=\pm\frac{(1+y'^2)^{\frac{3}{2}}}{y''}=\pm\left(\frac{ds}{dx}\right)^3:y''. \tag{ρ}$$

Le double signe $\pm$ affecte la valeur de ρ comme celles de toutes les longueurs qui ne sont pas mesurées parallèlement aux axes des coordonnées. Si l'on convient de prendre positivement le radical

$$\sqrt{1+y'^2}=\frac{ds}{dx},$$

ou de faire croître l'arc s avec l'abscisse x, ρ sera de même signe que y'', et en tous cas changera de signe avec y''.

191. Puisque la normale à la courbe (f) au point (x,y) touche son enveloppe (φ) au point (ξ,η), on a, en désignant par λ l'angle que fait cette normale avec l'axe des x, du côté des abscisses positives,

$$\tang\lambda = \frac{d\eta}{d\xi}, \text{ ou } \frac{d\xi}{dx}\sin\lambda - \frac{d\eta}{dx}\cos\lambda = 0\ . \qquad (4)$$

D'autre part l'équation

$$\rho^2 = (\xi - x)^2 + (\eta - y)$$

donne, quand on la différentie par rapport à la variable indépendante x,

$$\rho\frac{d\rho}{dx} = (\xi - x)\left(\frac{d\xi}{dx} - 1\right) + (\eta - y)\left(\frac{d\eta}{dx} - y'\right),$$

ou plus simplement, à cause de l'équation (1),

$$\rho\frac{d\rho}{dx} = (\xi - x)\frac{d\xi}{dx} + (\eta - y)\frac{d\eta}{dx}.$$

Si l'on remplace $\xi - x, \eta - y$ par leurs valeurs $\rho\cos\lambda$, $\rho\sin\lambda$, il viendra

$$\frac{d\rho}{dx} = \frac{d\xi}{dx}\cos\lambda + \frac{d\eta}{dx}\sin\lambda\ . \qquad (5)$$

Élevons au carré les deux membres des équations (4) et (5), et faisons la somme : nous aurons enfin

$$\frac{d\rho^2}{dx^2} = \frac{d\xi^2 + d\eta^2}{dx^2}.$$

Si l'on désigne par σ la longueur de l'arc de la courbe (φ), compris entre un point fixe pris sur la courbe et le point mobile (ξ, η), on a [174]

$$\frac{d\sigma}{dx} = \pm\frac{\sqrt{d\xi^2 + d\eta^2}}{dx},$$

et par suite

$$\frac{d\rho}{dx} = \pm \frac{d\sigma}{dx}.$$

Donc, si l'on considère deux systèmes de valeurs correspondantes

$$x_0,\ \rho_0,\ \sigma_0;\ x_1,\ \rho_1,\ \sigma_1;$$

et si l'on suppose que dans l'intervalle $x_1 - x_0$ les dérivées $\frac{d\rho}{dx}$, $\frac{d\sigma}{dx}$ conservent le même signe, sans devenir infinies, les valeurs numériques des différences $\rho_1 - \rho_0$, $\sigma_1 - \sigma_0$ sont égales entre elles : d'ailleurs ces différences sont de mêmes signes ou de signes contraires, selon que les grandeurs ρ, σ sont simultanément croissantes ou décroissantes, ou l'une croissante et l'autre décroissante.

192. Soit $m m_1 m_2 m_3 \ldots$ (*fig.* 50) la courbe donnée à laquelle la droite mobile sur le plan xy doit rester contamment normale, et $\mu \mu_1 \mu_2 \mu_3 \ldots$ le lieu des points d'intersection de deux normales infiniment voisines, ou la courbe qui est constamment touchée par la droite mobile : il résulte de ce qui vient d'être démontré que la première courbe pourrait être décrite d'un mouvement continu par l'extrémité d'un fil tendu qui aurait été enroulé sur la seconde courbe et que l'on déroulerait ensuite; car de cette manière la différence des longueurs $m\mu$, $m_1\mu_1$ serait constamment égale à l'arc $\mu\mu_1$; et la portion rectiligne du fil dont une extrémité décrirait la courbe $m m_1 m_2 \ldots$, toucherait constamment par l'autre extrémité la courbe $\mu \mu_1 \mu_2 \ldots$

C'est pour cela que Huygens, l'auteur de cette théorie, a nommé la courbe (φ) la *développée* de la courbe (f), et celle-ci la *développante* de la courbe (φ). Une courbe plane a toujours une développée comprise dans son plan, et n'en peut avoir qu'une; mais elle a une infinité de développantes, puisque, dans le déroulement du fil enroulé sur la développée, chaque point de la portion rectiligne du fil, que l'on peut concevoir prolongée indéfiniment, décrit une courbe particulière.

La description des courbes planes par leurs développées a une grande analogie avec la description du cercle. Dans le cercle dont l'équation est

$$(x-\alpha)^2+(y-\beta)^2=r^2,$$

on trouve

$$\rho^2=r^2, \quad \xi=\alpha, \quad \eta=\beta;$$

de sorte que la développée se réduit à un point qui est le centre du cercle. Réciproquement, dans la description d'une courbe quelconque, à l'aide de sa développée, chaque point de la développée fait successivement l'office de centre; et le rayon, au lieu d'être constant, change d'un point à l'autre de la courbe décrite. Cette considération va nous conduire à envisager sous un autre point de vue les liaisons des courbes avec leurs développées.

193. Pour nous former une notion précise de la courbure d'une ligne plane en chacun de ses points, imaginons qu'à partir du point m (*fig.* 51) on ait mesuré un arc $mm_1=\Delta s$, puis mené les tangentes mt, m_1t et les normales mn, m_1n aux points m, m_1. Soit $\Delta\tau$ l'angle compris entre ces normales, ou l'angle extérieur formé par les deux tangentes correspondantes : suivant que la ligne sera plus ou moins courbe ou s'écartera plus ou moins de la tangente mt dans le voisinage du point m, le rapport

$$\frac{\Delta\tau}{\Delta s} \qquad (g)$$

prendra des valeurs plus ou moins grandes; en supposant toutefois que l'arc n'éprouve pas de serpentements, mais tourne sa convexité dans le même sens dans toute sa longueur, ce qu'on peut obtenir, pour toute courbe continue, en prenant l'arc Δs suffisamment petit. Si la ligne était une circonférence de cercle, dont la courbure est évidemment la même en tous les points, le rapport (g) serait indépendant, tant de la longueur de l'arc Δs que de la position du point m sur la courbe, et il aurait ponr valeur $\frac{1}{r}$, r désignant le rayon du cercle. En conséquence, on peut prendre le rappport $\frac{1}{r}$ pour la mesure de la courbure du cercle du rayon r.

Pour la courbe quelconque mm_1, le rapport (g) varie, non-seulement avec la position du point m, mais encore avcc la longueur de l'arc Δs. Si cependant les quantités $\Delta s, \Delta \tau$ deviennent l'une et l'autre de plus en plus petites, le rapport (g) convergera, sauf les cas de solution de continuité, vers une limite déterminée et unique

$$\frac{d\tau}{ds};$$

et par analogie [3o, 38] on devra considérer cette limite comme mesurant la courbure de la ligne au point m, courbure qui deviendra ainsi une grandeur mathématiquement définie, pour chaque courbe et pour chaque point de cette courbe.

Or, quand l'arc mm_1 devient infiniment petit, le point n est le point (ξ, η) déterminé plus haut, et à cause que les normales mn, m_1n ne diffèrent plus que d'une quantité infiniment petite, on a, aux infiniment petits près du second ordre, $ds = \rho\, d\tau$, ou, d'après la formule (ρ),

$$\frac{d\tau}{ds} = \frac{1}{\rho} = \pm \frac{y''}{(1+y'^2)^{\frac{3}{2}}}.$$

L'angle infiniment petit $d\tau$ se nomme l'*angle de contingence.*

D'ailleurs, sans qu'il soit besoin de recourir à la formule (ρ), ni aux calculs qui ont servi à l'établir, on a directement

$$d\tau = \pm d \,.\, \text{arc tang}\, y' = \pm \frac{y''}{\sqrt{1+y'^2}} \cdot dx\,,$$

$$ds = \pm \sqrt{1+y'^2}\,.\, dx\,,$$

d'où

$$\frac{d\tau}{ds} = \pm \frac{y''}{(1+y'^2)^{\frac{3}{2}}}.$$

Le rapport $\frac{1}{\rho}$ est donc la mesure de la courbure d'une ligne au point (x, y); ρ est le *rayon de courbure;* le point (ξ, η) est le *centre de courbure* ou le centre du cercle décrit du rayon ρ, qui aurait au point (x, y) la même courbure que la ligne donnée : la développée est le lieu géométrique de tous les centres de courbure de la développante.

194. La valeur de la courbure, toujours réciproque à celle du rayon de courbure, varie en chaque point de la courbe, de part et d'autre du point (x, y). Généralement elle va en augmentant dans un sens et en diminuant dans l'autre. Donc le cercle décrit du point (ξ, η) comme centre, avec le rayon ρ, doit être intérieur à la courbe du côté où la courbure va en diminuant, et extérieur à la courbe du côté où la courbure va en augmentant. Donc ce cercle coupe la courbe au point (x, y) en même temps qu'il la touche, en ce sens que la tan-

gente à la courbe est aussi tangente au cercle dont le centre (ξ, η) se trouve sur la normale.

Au contraire, et par la même raison, tout cercle tangent à la courbe au même point, mais décrit d'un rayon plus grand ou plus petit que ρ, est extérieur à la courbe des deux côtés, ou intérieur des deux côtés. Il est évident d'ailleurs, par la construction qui nous a conduit à la définition géométrique de la courbure, que le cercle dont la courbure est la même que celle de la courbe au point (x, y), s'écarte moins de la courbe, dans le voisinage immédiat de ce point, que tout autre cercle tangent décrit d'un rayon plus grand ou plus petit. En conséquence, Huygens a donné au cercle tangent qui a pour centre le centre de courbure correspondant au point de contact, le nom de *cercle osculateur* : il se trouve à la limite commune des cercles qui touchent la courbe intérieurement des deux côtés, et de ceux qui la touchent extérieurement des deux côtés.

Il y a pourtant des cas où le cercle osculateur cesse de couper la courbe : c'est lorsque le rayon de courbure passe au point (x, y) par une valeur *maximum* ou *minimum*. Alors, toujours en vertu du même raisonnement, le cercle osculateur doit toucher la courbe extérieurement des deux côtés, si c'est le cas du *maximum*, et intérieurement des deux côtés, pour le cas du *minimum*. Dans une ellipse, par exemple, la symétrie de la figure suffit pour montrer que le rayon de courbure est un *minimum* aux extrémités du grand axe et un *maximum* aux extrémités du petit axe. En général, dans une courbe fermée, sans points de rebroussement ou d'inflexion, le rayon de courbure a au moins un *maxi-*

mum et un *minimum*, et il a nécessairement autant de valeurs *maxima* que de valeurs *minima*.

195. Tous les résultats énoncés dans ce dernier numéro ont été déduits de considérations purement géométriques : on les confirmerait au besoin par l'analyse. Pour la plus grande simplicité des calculs, désignons par u la fonction

$$(\xi - x)^2 + (\eta - y)^2,$$

ou le carré de la distance du point (ξ, η) au point (x, y) pris sur la courbe : le premier point restant fixe, u sera une fonction de la seule variable indépendante x. Si donc nous voulons que la distance du point (ξ, η) au point (x, y) soit un *maximum* ou un *minimum* entre toutes les droites que l'on peut mener du premier point aux points voisins du second sur la courbe, il faut poser

$$-\frac{du}{dx} = \xi - x + (\eta - y)y' + o; \qquad (1)$$

c'est-à-dire que le point (ξ, η) doit se trouver sur la normale à la courbe au point (x, y).

Il y a *maximun* ou *minimum*, suivant que

$$\frac{d^2u}{dx^2} = 1 + y'^2 - (\eta - y)y'' < \text{ou} > o.$$

La première inégalité ne saurait être satisfaite lorsque les facteurs $\eta - y, y''$ sont de signes contraires, ou (comme il est facile de s'en assurer) lorsque la courbe et le cercle tangent tournent leur convexité en sens contraires. Admettons que ces facteurs soient de même signe, ou que la courbe et le cercle tangent tournent leur convexité du même côté de la tangente : suivant que la première ou la seconde inégalité est satisfaite, le cercle tangent est, au voisinage du point (x, y), extérieur ou intérieur à la courbe des deux côtés. Mais il n'existe plus ni *maximum* ni *minimum* si l'on a, outre l'équation (1),

$$-\frac{d^2u}{dx^2}=-(1+y'^2)+(\eta-y)y''=0, \qquad (3)$$

c'est-à-dire (d'après l'identité des équations (1) et (3) avec celles que nous avons désignées plus haut par les mêmes réclames), si le point (ξ,η) est le centre du cercle osculateur. Ce cercle coupe donc la courbe en même temps qu'il la touche. Il est extérieur ou intérieur à la courbe du côté où les x vont en croissant, suivant qu'on a

$$\frac{d^3u}{dx^3}=3y'y''-(\eta-y)y''' < \text{ou} > 0 .$$

Enfin, le cercle osculateur redevient extérieur ou intérieur des deux côtés, si l'on a

$$\frac{d^3u}{dx^3}=3y'y''-(\eta-y)y'''=0,$$

ou, en substituant la valeur de $\eta-y$, tirée de l'équation (3),

$$3y'y''^2-(1+y'^2)y'''=0 . \qquad (6)$$

Mais, en différentiant l'équation (ρ), on trouve

$$\frac{d\rho}{dx}=\pm\frac{\sqrt{1+y'^2}}{y''^2}\left(3y'y''^2-(1+y'^2)y'''\right);$$

et par conséquent l'équation (6) exprime la condition pour que le rayon de courbure passe par une valeur *maximum* ou *minimum*.

196. Lorsqu'on veut s'affranchir de la condition de regarder x comme la variable indépendante, l'expression du rayon de courbure prend la forme symétrique

$$\rho=\pm\frac{(dx^2+dy^2)^{\frac{3}{2}}}{dxd^2y-dyd^2x}=\pm\frac{ds^3}{dxd^2y-dyd^2x}. \qquad (\rho_1)$$

Or, l'équation $ds^2=dx^2+dy^2$ donne par la différentiation

$$d^2s = \frac{dxd^2x + dyd^2y}{ds}, \tag{7}$$

d'où

$$d^2s^2 = \frac{(dxd^2x+dyd^2y)^2}{ds^2} = \frac{(d^2x^2+d^2y^2)(dx^2+dy^2)-(dxd^2y-dyd^2x)^2}{ds^2}$$

$$= d^2x^2+d^2y^2 - \frac{(dxd^2y-dyd^2x)^2}{ds^2}, \tag{8}$$

et par suite

$$\frac{dxd^2y-dyd^2x}{ds} = \sqrt{d^2x^2+d^2y^2-d^2s^2},$$

$$\rho = \pm\frac{ds^2}{\sqrt{d^2x^2+d^2y^2-d^2s^2}}. \tag{ρ_2}$$

L'équation (8) peut encore être mise sous la forme

$$(dxd^2y-dyd^2x)^2 = (d^2x^2+d^2y^2)ds^2 - (dx^2+dy^2)d^2s^2,$$

qui devient, en vertu de l'équation (7),

$$(dxd^2y-dyd^2x)^2 = (dsd^2x-dxd^2s)^2+(dsd^2y-dyd^2s)^2$$

$$= ds^4\left\{\left(d.\frac{dx}{ds}\right)^2+\left(d.\frac{dy}{ds}\right)^2\right\},$$

et d'où l'on tire

$$\rho = \pm\frac{ds}{\sqrt{\left(d.\frac{dx}{ds}\right)^2+\left(d.\frac{dy}{ds}\right)^2}}. \tag{ρ_3}$$

D'ailleurs on a [193], $ds = \rho d\tau$, $d\tau$ désignant l'angle de deux tangentes infiniment voisines, ou l'angle de contingence : donc

$$d\tau = \pm\sqrt{\left(d.\frac{dx}{ds}\right)^2+\left(d.\frac{dy}{ds}\right)^2}. \tag{τ}$$

Les formules (ρ_2), (ρ_3), (τ) trouvent leur application dans la mécanique.

On a aussi, dans le système des coordonnées polaires [179], en prenant l'angle φ pour variable indépendante:

$$dx = dr\cos\varphi - r\sin\varphi\, d\varphi\,,$$
$$dy = dr\sin\varphi - r\cos\varphi\, d\varphi\,,$$
$$d^2x = d^2r\cos\varphi - 2\sin\varphi\, drd\varphi - r\cos\varphi d\varphi^2\,,$$
$$d^2y = d^2r\sin\varphi + 2\cos\varphi\, drd\varphi - r\sin\varphi d\varphi^2\,.$$

Si l'on substitue ces valeurs dans l'expression du rayon de courbure, il vient

$$\rho = \pm\frac{\left(r^2 + \frac{dr^2}{d\varphi^2}\right)^{\frac{3}{2}}}{r^2 + 2\frac{dr^2}{d\varphi^2} - r\frac{d^2r}{d\varphi^2}}. \qquad (\rho^4)$$

197. *Exemples.* 1° Soit donnée l'équation de l'ellipse

$$\frac{x^2}{a^2} + \frac{y^2}{b^2} = 1 :$$

on trouve

$$\xi = x^3 \cdot \frac{a^2 - b^2}{a^4}, \quad \eta = y^3 \cdot \frac{b^2 - a^2}{a^4}, \quad \rho = \pm\frac{(b^4x^2 + a^4y^2)^{\frac{3}{2}}}{a^4b^4};$$

et pour l'équation de la développée en ξ, η,

$$\left(\frac{a\xi}{a^2 - b^2}\right)^{\frac{2}{3}} + \left(\frac{b\eta}{a^2 - b^2}\right)^{\frac{2}{3}} = 1\,.$$

Délivrée de radicaux, cette équation devient

$$\left[1 - \frac{a^2\xi^2}{(a^2 - b^2)^2} - \frac{b^2\eta^2}{(a^2 - b^2)^2}\right]^3 = 27\frac{a^2b^2\xi^2\eta^2}{(a^2 - b^2)^4}.$$

Cette développée (*fig.* 52) a quatre points de rebroussement qui correspondent aux extrémités des axes de l'ellipse développante [194].

Le même calcul donne la développée de l'hyperbole, par le changement ordinaire de b en $b\sqrt{-1}$.

2° Pour la parabole $y^2 = 2px$, on a

$$\xi = p + 3x, \quad \eta = \frac{(2x)^{\frac{3}{2}}}{\sqrt{p}}, \quad \rho = \pm\frac{(p + 2x)^{\frac{3}{2}}}{\sqrt{p}},$$

et l'équation de la développée devient

$$\eta^2 = \frac{8}{27} \cdot \frac{(\xi - p)^3}{p}.$$

Cette développée (*fig.* 53) est une courbe parabolique, c'est-à-dire, une courbe du genre de celles dont l'équation peut être ramenée au type

$$y^n = kx^m,$$

m et *n* étant des nombres entiers positifs. On l'appelle la parabole de *Neil*, du nom du géomètre qui l'a étudiée le premier, ou l'un des premiers, en signalant la propriété, alors très-remarquable, dont jouit cette courbe, d'être *rectifiable*, en ce sens que l'arc *s* peut être exprimé par une fonction algébrique de l'abscisse *x*. C'est un point sur lequel nous reviendrons en traitant de la rectification des courbes, ou de la détermination de *s* en fonction de *x*.

198. 3° Reprenons l'équation de la cycloïde [176]

$$x = \mathrm{R} \operatorname{arc} \cos \frac{\mathrm{R}-y}{\mathrm{R}} \pm \sqrt{2\mathrm{R}y - y^2},$$

nous avons trouvé [177] :

$$y' = \frac{dy}{dx} = \pm \sqrt{\frac{2\mathrm{R}-y}{y}},$$

d'où

$$y'' = \frac{dy'}{dy} \cdot \frac{dy}{dx} = -\frac{\mathrm{R}}{y^2}, \quad \rho = \pm 2\sqrt{2\mathrm{R}y}.$$

Il résulte du rapprochement de cette formule avec l'équation (h') du n° cité, que le rayon de courbure de la cycloïde est double de la *normale*.

Ceci nous conduit à démontrer une propriété bien remarquable de la cycloïde : celle d'avoir pour développée une autre cycloïde de mêmes dimensions, placée au-dessous de la cycloïde développante, ainsi que l'indique la *fig.* 54.

Menons en effet une droite indéfinie $\xi\xi'$ parallèle à XX', et à une distance de celle-ci égale au diamètre du cercle générateur de la cycloïde développante O*mq*. Ce cercle étant représenté dans la position *nmn'*, construisons le cercle symétrique *n*μν : le point d'intersection μ de ce cercle avec la droite *mn* prolongée est, d'après ce qu'on vient de démontrer, le centre de courbure de la cycloïde développante. La distance O*n* est égale à l'arc *mn*, et la distance O*s* est égale à la demi-circonférence du cercle générateur. Donc l'arc *mn'*, ou l'arc μν qui lui est égal, a la même longueur que la droite *sn*, ou que la parallèle *o*ν. Donc, si le cercle *n*μν roule sur la droite ξξ', le point de la circonférence qui viendra toucher cette droite fixe au point *o* décrira la développée de la cycloïde engendrée par le roulement du cercle *nmn'* sur la droite X'X.

Cette construction montre que le rayon de courbure de la cycloïde développante est nul au point de rebroussement O, et qu'au sommet il est égal à *oq*, ou au double du diamètre du cercle générateur. Mais *oq* est aussi égal au demi-arceau de la cycloïde développée, laquelle est superposable à sa développante : donc la longueur d'un arceau de cycloïde vaut quatre fois le diamètre du cercle générateur.

Les propriétés de la cycloïde, qui font l'objet de ce n°, ont été découvertes par Huygens, à propos de ses recherches sur l'application du pendule aux horloges : elles ont conduit cet esprit éminent, d'une part, à la théorie géométrique des développées et des rayons de courbure ; de l'autre, à des théorèmes d'une haute importance en mécanique rationnelle ; et l'histoire des sciences n'offre pas d'exemple de connexions plus curieuses.

199. 4° Prenons, pour faire une dernière application,

l'équation de la spirale logarithmique [181], $r = e^{m\varphi}$: la formule (ρ_4) donnera, pour la valeur numérique du rayon de courbure, $\rho = r\sqrt{1+m^2}$. Mais nous savons que dans cette courbe la normale forme avec le rayon vecteur un angle constant α, qui a pour tangente $-m$: donc $r = \rho \cos \alpha$; en sorte que le centre de courbure est l'intersection de la normale avec la perpendiculaire élevée de l'origine sur le rayon vecteur.

Donc la tangente de la développée, qui n'est autre que la normale à la développante, fait un angle constant avec le rayon vecteur de cette même développée, et un angle égal à celui qui est formé par la tangente et par le rayon vecteur de la spirale développante. Donc la développée est la même courbe que la développante, rapportée au même pôle; de telle sorte que la seconde, en décrivant autour du pôle commun un arc de rotation d'une amplitude convenable, viendrait se superposer à la première.

* § 2. Notions sur les caustiques.

200. La théorie des courbes enveloppes, restreinte au cas où les enveloppées sont des lignes droites, offre encore une application curieuse, et qui se lie trop naturellement à la théorie des développées pour que nous la passions tout à fait sous silence. On peut supposer effectivement que les droites enveloppées, au lieu de rester normales à une courbe donnée MN (*fig.* 55), sont assujetties à la condition de faire avec les normales mn un angle rmn tel que l'on ait

$$\sin rmn = k \sin Fmn',$$

k étant une constante donnée, et F un point donné de position dans le plan de la courbe. Les principes de l'optique nous apprennent que, si MN est la trace d'une surface cylindrique qui sépare deux milieux inégalement réfringents, et dont les génératrices soient perpendiculaires au plan de la courbe, les rayons émanés du foyer lumineux F et dirigés suivant Fm, se réfracteront suivant mr, k désignant l'indice de réfraction qui se rapporte au passage d'un milieu dans l'autre. L'enveloppe de toutes les droites mr, lorsqu'elle se trouvera sur le trajet de la lumière, pourra se dessiner sur le plan de la courbe comme une trace lumineuse, à cause que les points situés près de l'enveloppe, où convergent des rayons sensiblement parallèles, recevront plus de lumière que les autres points du plan. On donne à cette enveloppe le nom de *caustique par réfraction*. Si la constante k devenait nulle, la caustique coïnciderait avec la développée; si l'on prenait $k = -1$, la réfraction se changerait en réflexion, et la courbe enveloppe prendrait le nom de *caustique par réflexion*. Les caustiques changent, pour la même courbe MN et pour la même valeur de la constante k, avec la position du point F; quand ce point s'éloigne à l'infini, ou que les rayons incidents deviennent parallèles, on obtient des courbes auxquelles on peut donner le nom de *caustiques principales*.

Soient α, β les coordonnées du point F parallèlement aux axes des x et des y; ξ, η celles d'un point quelconque du rayon réfracté en m; x, y celles du point d'incidence m pris sur la courbe réfringente

$$f(x, y) = 0\,; \qquad (f)$$

λ, λ', les angles que le rayon incident et le rayon réfracté font avec les x positifs : les cosinus des angles que ces mêmes rayons font avec la tangente à la courbe auront pour valeurs

$$\cos\lambda\frac{dx}{ds}+\sin\lambda\frac{dy}{ds},\ \cos\lambda'\frac{dx}{ds}+\sin\lambda'\frac{dy}{ds};$$

et ils seront aussi respectivement égaux à $\pm$ sin Fmn', $\pm$ sin rmn, en sorte qu'on aura

$$\cos\lambda' dx+\sin\lambda' dy=k(\cos\lambda dx+\sin\lambda dy). \qquad (9)$$

Posons, pour abréger,

$$\rho=\sqrt{(x-\alpha)^2+(y-\beta)^2},\ \rho'=\sqrt{(\xi-x)^2+(\eta-y)^2}:$$

il viendra

$$\cos\lambda=\frac{x-\alpha}{\rho},\ \sin\lambda=\frac{y-\beta}{\rho};\ \cos\lambda'=\frac{\xi-x}{\rho'},\ \sin\lambda'=\frac{\eta-y}{\rho'};$$

d'où

$$\frac{\xi-x+(\eta-y)y'}{\rho'}+k.\frac{\alpha-x+(\beta-y)y'}{\rho'}=0. \qquad (10)$$

Telle est en ξ,η l'équation du rayon réfracté, ou de la droite enveloppée qui correspond au point (x,y) sur la courbe réfringente (f). Si l'on différentie cette équation par rapport à x, en y considérant y, y' comme des fonctions implicites de x, et si l'on élimine x, y, y', y'' entre l'équation (10) et sa dérivée, l'équation (f) et ses dérivées des deux premiers ordres, on aura en ξ,η l'équation de l'enveloppe ou de la caustique.

201. Quand on considère dans l'équation (10) les coordonnées ξ,η comme des constantes données, elle prend la forme

$$\frac{d(\rho'+k\rho)}{dx}=0,$$

et elle exprime que la fonction $\rho'+k\rho$ acquiert une valeur *maximum* ou *minimum*; de sorte que, si l'on mène à un point quelconque de la courbe, autre que m, les droites Fm_1, rm_1, on aura constamment

$$rm_1+k.\mathrm{F}m_1 > \text{ou} < rm+k.\mathrm{F}m;$$

mais évidemment le premier membre de cette inégalité ne comporte pas de *maximum*, et par conséquent l'équation (10) établit l'existence d'un *minimum* [92].

Lorsque l'on considère au contraire ξ, η comme les coordonnées courantes de l'enveloppe à laquelle chaque droite enveloppée est tangente, on a, par la définition de l'angle λ',

$$\operatorname{tang}\lambda' = \frac{d\eta}{d\xi},\ \text{ou}\ \frac{d\xi}{dx}\sin\lambda' - \frac{d\eta}{dx}\cos\lambda' = 0. \tag{11}$$

De plus, si l'on différentie les équations

$$\rho^2 = (x-\alpha)^2 + (y-\beta)^2,\ \rho'^2 = (\xi - x)^2 + (\eta - y)^2,$$

par rapport à la variable indépendante x, et qu'on substitue dans le résultat pour $x-\alpha$, $y-\beta$, $\xi - x$, $\eta - y$ leurs valeurs $\rho\cos\lambda$, $\rho\sin\lambda$, $\rho'\cos\lambda'$, $\rho'\sin\lambda'$, il vient

$$\frac{d\rho}{dx} = \cos\lambda + y'\sin\lambda,$$

$$\frac{d\rho'}{dx} = \left(\frac{d\xi}{dx} - 1\right)\cos\lambda' + \left(\frac{d\eta}{dx} - y'\right)\sin\lambda',$$

d'où, en vertu de l'équation (9),

$$\frac{d\rho'}{dx} + k\frac{d\rho}{dx} = \frac{d\xi}{dx}\cos\lambda' + \frac{d\eta}{dx}\sin\lambda'. \tag{12}$$

Élevons au carré les deux membres des équations (11), (12), pour en prendre ensuite la somme, et désignons par $d\sigma$ la différentielle de l'arc de la caustique, nous aurons la formule

$$\frac{d\sigma^2}{dx^2} = \left(\frac{d\rho'}{dx} + k\frac{d\rho}{dx}\right)^2\ \text{ou}\ \frac{d\sigma}{dx} = \pm\left(\frac{d\rho'}{dx} + k\frac{d\rho}{dx}\right),$$

analogue à celle qui a été trouvée [191] pour les développées, et de laquelle nous tirerons

$$\sigma_1 - \sigma_0 = \pm[\rho'_1 - \rho'_0 + k(\rho_1 - \rho_0)]:$$

σ_0, ρ_0, ρ'_0; σ_1, ρ_1, ρ'_1 désignant deux systèmes de valeurs des grandeurs σ, ρ, ρ', pour des points qui se correspondent sur la courbe réfringente et sur sa caustique.

202. Afin de donner une application de ces formules, admettons que la ligne réfringente soit une droite que nous prendrons pour axe des x : le point rayonnant sera placé sur l'axe des y; et par ce moyen, l'équation (10) deviendra

$$(\xi-x).\sqrt{x^2+\beta^2}=-kx.\sqrt{(\xi-x)^2+\eta^2},$$

d'où

$$\frac{\xi-x}{x}.\sqrt{\beta^2+(1-k^2)x^2}=\pm k\eta. \quad (13)$$

L'équation en ξ,η doit résulter de l'élimination de x entre cette dernière équation et sa dérivée par rapport à x, qui est

$$\xi\beta^2+(1-k^2)x^3=0, \quad (14)$$

et d'où l'on tire

$$(\xi-x)\beta^2=-x[\beta^2+(1-k^2)x^2]. \quad (15)$$

La comparaison des équations (13) et (15) donne

$$[\beta^2+(1-k^2)x^2]^{\frac{3}{2}}=\mp k\beta^2\eta,$$

ou

$$\beta^2+(1-k^2)x^2=(k\beta^2\eta)^{\frac{2}{3}}; \quad (16)$$

et si maintenant on élimine x entre les équations (14), (16), il vient

$$\beta^{\frac{2}{3}}+(\sqrt{1-k^2}.\xi)^{\frac{2}{3}}=(k\eta)^{\frac{2}{3}},$$

équation de la développée d'une section conique qui a son centre à l'origine et son foyer au point rayonnant.

§ 3. Théorie des contacts des divers ordres entre les lignes planes.

203. Soient

$$y=fx, \quad (f) \qquad y=\varphi x \quad (\varphi)$$

les équations de deux courbes ayant un point commun (x,y) par suite de l'équation de condition

$$fx=\varphi x, \quad (m)$$

qui subsiste pour la valeur particulière x. On a [99]

$$f(x+\Delta x)-\varphi(x+\Delta x)=[f'(x+t\Delta x)-\varphi'(x+\theta\Delta x)].\Delta x\ , \quad (\delta)$$

t, θ désignant des nombres compris entre zéro et l'unité; et si les fonctions f, φ n'éprouvent pas de solutions de continuité dans l'intervalle de x à $x+\Delta x$, si de plus Δx désigne une quantité très-petite du premier ordre [45], le premier membre de l'équation précédente, ou la différence $m_1\mu_1$ (*fig.* 56) des ordonnées $p_1\mu_1, p_1m_1$, est aussi en général une quantité très-petite du premier ordre.

Mais dans le cas où les deux courbes $(f), (\varphi)$ se toucheraient en m, c'est-à-dire, auraient en m une tangente commune par suite de l'équation de condition

$$f'x=\varphi'x\ , \quad (m')$$

il viendrait

$$f(x+\Delta x)-\varphi(x+\Delta x)=[f''(x+t_1\Delta x)-\varphi''(x+\theta_1\Delta x)].\frac{\Delta x^2}{1.2}: \quad (\delta')$$

les nombres t_1, θ_1 (qui diffèrent en général de t et de θ) devant toujours tomber entre 0 et 1. Alors, la distance $m_1\mu_1$ se trouverait être une quantité très-petite de l'ordre de Δx^2 ou du second ordre.

Il est facile de voir que la distance du point m_1 à la ligne (φ), ou la normale m_1n_1 abaissée du point m_1, très-voisin de m, sur la ligne (φ) passant par m, est en général du même ordre de grandeur que la distance m_1n_1 : donc cette distance m_1n_1 est une quantité très-petite du premier ordre quand la courbe (φ) ne satisfait qu'à la condition de passer par le point m; et elle devient une quantité très-petite du second ordre, lorsque la courbe (φ) est prise parmi celles qui touchent la courbe (f) au point m.

Donc *à fortiori* on peut toujours prendre le point m_1

assez voisin de m, pour que sa distance à la ligne (φ) soit moindre que sa distance à toute autre courbe passant aussi par le point m, mais qui ne toucherait pas en ce point la courbe (f). On dit alors qu'il y a entre les courbes (f), (φ) un *contact du premier ordre.*

On peut toujours prendre Δx assez petit pour que les signes des différences

$$f'(x+t\Delta x)-\varphi'(x+\theta\Delta x),\ f''(x+t_1\Delta x)-\varphi''(x+\theta_1\Delta x)$$

soient respectivement les mêmes que ceux des différences

$$f'x-\varphi'x\ ,\ f''x-\varphi''x:$$

donc, en vertu de l'équation (δ), la différence

$$f(x+\Delta x)-\varphi(x+\Delta x) \qquad (\Delta)$$

changera de signe avec Δx, pour des valeurs suffisamment petites de Δx, et la courbe (φ) *coupera* la courbe (f), lorsqu'elle aura simplement avec (f) le point commun m; au contraire, la valeur de la même différence donnée par l'équation (δ') conservera le même signe pour des valeurs de Δx suffisamment petites et de signes contraires, en sorte que la courbe (φ), ayant avec (f) au point m un contact du premier ordre, cessera de couper en m la courbe (f).

Au lieu du système des équations (m), (m') on peut écrire

$$fx=\varphi x\ ,\ f(x+dx)=\varphi(x+dx)\,;$$

ce qui revient à dire, dans le langage propre à la méthode infinitésimale, que deux courbes (f), (φ) entre lesquelles existe au point (x,y) un contact du premier ordre, ont deux points *communs* infiniment voisins (x,y), ($x+dx, y+dy$).

204. Admettons maintenant que l'on ait, outre les

équations (m), (m'),

$$f''x = \varphi''x : \qquad (m'')$$

la différence (Δ) sera donnée par l'équation

$$f(x+\Delta x)-\varphi(x+\Delta x)=[f'''(x+t_2\Delta x)-\varphi'''(x+\theta_2\Delta x)]\cdot\frac{\Delta x^3}{1.2.3}; \qquad (\delta'')$$

et elle deviendra une quantité très-petite du troisième ordre, Δx désignant toujours une quantité très-petite du premier ordre. Dans ce cas, les deux courbes (f), (φ) ont non-seulement la même tangente, mais le même cercle osculateur; et par analogie, on dit que ces deux courbes sont *osculatrices* l'une de l'autre.

La distance m_1n_1 devient, comme la différence (Δ), une quantité très-petite du troisième ordre lorsque les deux courbes s'osculent en m, tandis qu'elle n'était qu'une quantité très-petite du second ordre, lorsqu'on n'assujettissait les deux courbes qu'à la condition de se toucher au même point.

Donc *à fortiori* on peut prendre le point m_1 assez voisin de m pour que sa distance à la ligne (φ) osculatrice en m soit moindre que sa distance à toute autre courbe qui toucherait mais n'osculerait pas la courbe (f) au point m. On dit, en conséquence, que les courbes osculatrices (f), (φ) ont en m un *contact du second ordre*.

La différence (Δ), donnée par l'équation (δ''), change de signe avec Δx, pour des valeurs absolues de Δx suffisamment petites : donc la courbe osculatrice (φ) coupe en général la courbe (f) au point m, en même temps qu'elle la touche.

Au lieu du système des équations (m), (m'), (m''), on peut écrire

$$fx-\varphi x=0\ ,\ d(fx-\varphi x)=0\ ,\ d^2(fx-\varphi x)=0\ ,$$

ou

$$fx = \varphi x\,,\; f(x+dx) = \varphi(x+dx)\,,\; f(x+2dx) = \varphi(x+2dx)\,;$$

ce qui revient à dire, que deux courbes (f), (φ), entre lesquelles existe au point (x,y) un contact du second ordre, ont trois points communs infiniment voisins (x,y), $(x+dx,y+dy)$, $(x+2dx,y+2dy+d^2y)$.

205. En généralisant cette analyse on établira, comme conditions d'un contact du n^e ordre au point (x,y) entre les courbes (f), (φ), les $n+1$ équations

$$fx = \varphi x\,,\; f'x = \varphi' x\,,\; f'' = \varphi'' x\,,\; \ldots\ldots f^{(n)}x = \varphi^{(n)}x\,.$$

Pour des valeurs très-petites du premier ordre attribuées à Δx, la différence (Δ) devient une quantité très-petite de l'ordre $n+1$, lorsque le contact au point (x,y) entre les courbes (f), (φ) est de l'ordre n : d'où l'on conclut *à fortiori* que le point $(x+\Delta x, y+\Delta y)$ peut être pris assez voisin de (x,y) sur la courbe (f), pour que sa distance à la courbe (φ) soit moindre que sa distance à toute autre courbe passant aussi par (x,y), et qui n'aurait en ce point avec la courbe (f) qu'un contact d'un ordre inférieur.

Les lignes (f), (φ) se coupent ou ne se coupent pas au point (x,y), selon qu'elles ont en ce point un contact d'ordre pair ou d'ordre impair.

Dans le langage propre à la méthode infinitésimale, on peut dire que deux courbes dont le contact au point (x,y) est de l'ordre n, ont n points communs, infiniment voisins.

Étant données une courbe (f) entièrement déterminée, et une courbe (φ) dans l'équation de laquelle entrent n paramètres arbitraires, on pourra disposer de ces paramètres de manière à établir entre les deux courbes, en un point donné (x,y), un contact de l'ordre $n-1$.

C'est ainsi qu'on dispose des deux paramètres a, b qui entrent dans l'équation générale d'une droite

$$y=ax+b,$$

de manière que la droite devienne la tangente d'une courbe donnée, en un point donné : le contact de la courbe et de la droite étant alors du premier ordre.

C'est encore ainsi qu'on dispose des trois constantes a, b, c qui entrent dans l'équation générale d'un cercle

$$(x-a)^2+(y-b)^2=c^2,$$

de manière à le rendre osculateur d'une courbe donnée en un point donné, ou de manière à établir entre la courbe et le cercle un contact du second ordre.

CHAPITRE IV.

DES POINTS SINGULIERS DES LIGNES PLANES, ET DE LA CORRESPONDANCE ENTRE LA GÉOMÉTRIE ET L'ALGÈBRE.

206. On doit entendre par *points singuliers* d'une courbe, dans le sens géométrique, tous ceux où le tracé de la courbe, abstraction faite du système arbitraire de coordonnées auquel on la rapporte, offre quelque accident qui les particularise; par opposition aux autres points, en nombre infini, que nul caractère géométrique ne distingue de ceux qui les précèdent ou qui les suivent immédiatement. Ainsi, le point où la courbe subit une inflexion est un point singulier dont l'existence ne dépend ni de la direction arbitraire des axes des coordonnées, ni même de la nature des coordonnées qu'on emploie pour définir la courbe analytiquement. Au contraire, le point où l'ordonnée passe par une valeur *maximum* ou *minimum* n'est pas pour cela seul un point singulier; car, si l'on changeait la direction des axes, ce qui ne changerait rien à la courbe, la propriété de répondre à une valeur *maximum* ou *minimum* de l'ordonnée, passerait à un autre point; et celui qui en jouissait en premier lieu, pourrait ne plus offrir aucun caractère qui le singularisât.

207. Parmi les courbes susceptibles d'être définies au moyen d'une équation entre leurs coordonnées, il faut distinguer les courbes qu'on appelle *algébriques*, pour lesquelles, dans un système de coordonnées parallèles à

des axes fixes, l'ordonnée est une fonction algébrique de l'abscisse, et les courbes *transcendantes* dont l'ordonnée, dans un pareil système, ne s'exprime en fonction de l'abscisse qu'à l'aide des signes transcendants de l'analyse. Les sections coniques sont des courbes algébriques : la cycloïde et les spirales sont des courbes transcendantes.

L'équation d'une courbe algébrique peut toujours, par l'évanouissement des dénominateurs et des radicaux, se ramener à la forme

$$F(x, y) = 0, \qquad (a)$$

F désignant une fonction entière et rationnelle, tant par rapport à y que par rapport à x. Le degré de cette équation est donné par la somme des exposants de x et de y dans le terme pour lequel cette somme a la plus grande valeur. Si l'on passe d'un système de coordonnées parallèles à un autre, le degré de l'équation ne change pas, à cause que les coordonnées prises dans un système sont des fonctions linéaires des coordonnées prises dans l'autre système. Le degré des équations des courbes algébriques est donc un caractère essentiel de ces courbes, d'après lequel on peut les classer sans que la classification soit arbitraire, bien que la forme des équations change avec l'origine des coordonnées et la direction arbitraire de chacun des axes, qui peuvent faire entre eux un angle quelconque.

Une droite ne peut avoir avec une courbe algébrique un nombre de points d'intersection plus grand que l'exposant du degré de son équation. Le nombre des points d'intersection de deux courbes, l'une du degré m, l'autre du degré m', ne peut pas surpasser mm'. Ce sont encore là des caractères géométriques très-remarquables, qui dérivent immédiatement des principes fondamentaux de la théorie des équations algébriques.

208. Une courbe algébrique ne s'interrompt pas brusquement dans son cours, ou ne peut pas avoir de points singuliers de l'espèce de ceux qu'on a appelés points d'*arrêt* ou de *rupture*, et que présentent certaines courbes transcendantes, par exemple [16] celle qui aurait pour équation

$$y+1=e^{-\frac{1}{x}}. \tag{1}$$

Cela résulte de ce qu'une équation algébrique à une seule inconnue et à coefficients réels, ayant toujours un nombre pair de racines imaginaires, ne peut perdre à la fois qu'un nombre pair de racines réelles, lorsqu'on fait passer par une suite de valeurs réelles l'une des quantités qui entrent dans la composition de ses coefficients. Il suit de là, et de la forme connue des racines imaginaires, que quand l'ordonnée y d'une courbe algébrique passe du réel à l'imaginaire, pour une certaine valeur de x, des valeurs réelles de y en nombre pair deviennent égales. Si ces valeurs sont au nombre de deux, comme il arrive ordinairement, deux portions de la courbe viennent se rejoindre en un point qui peut ne présenter d'ailleurs aucune particularité, lorsqu'on change la direction des axes, et qui par conséquent n'est pas, en général, un point singulier.

On conclut de là que, pour avoir l'expression complète d'une courbe algébrique, par une équation entre ses coordonnées rectilignes, il faut débarrasser l'équation des radicaux, ou conserver tous les doubles signes inhérents à chaque radical pair. Autrement on introduirait arbitrairement des solutions de continuité, tenant à la direction des lignes auxiliaires que l'on aurait prises pour axes des coordonnées, et que ne peut point comporter la description de la courbe, considérée en soi. Tel est le fondement de la correspondance entre l'algèbre et la géométrie : l'algèbre n'associant par le double signe inhérent aux radicaux pairs qu'elle emploie, que des branches ou portions de ligne qui appartiennent effectivement au même lieu géométrique.

D'ailleurs cette correspondance que l'on admet souvent dans un sens trop absolu, parce qu'elle apparaît surtout dans la discussion des courbes algébriques les plus simples, objet d'un enseignement classique, n'a plus lieu généralement quand il s'agit de courbes à équations transcendantes. Ainsi le radical du second degré qui entre dans l'équation de la cycloïde [176] doit être pris alternativement avec le signe $+$ et avec le signe $-$; et si l'on employait à la fois les deux signes, on construirait deux cycloïdes distinctes qui ne peuvent point être réputées former le même lieu géométrique ou deux branches de la même courbe.

De même on peut [181] rejeter ou admettre indifféremment les valeurs négatives de r et de φ dans la construction de la spirale hyperbolique $r=\frac{a}{\varphi}$: car en les admettant on ne fait qu'appliquer une convention permise; et en les rejetant on ne rompt aucune analogie géométrique, ni on n'introduit aucune solution de continuité incompatible avec les conditions géométriques de la description de la courbe.

Inversement, lorsque l'ordonnée d'une ligne algébrique reçoit une expression de forme transcendante; lorsqu'elle est exprimée, par exemple, au moyen d'une série, l'expression transcendante comporte ordinairement des solutions de continuité étrangères au tracé géométrique. C'est ce qui arrive pour l'équation (*q*) du n° 113, dont le second membre représente l'ordonnée d'une ligne droite, mais entre certaines limites seulement; et nous verrons que les exemples du même fait analytique peuvent être multipliés à l'infini.

209. Lors donc qu'il est question de la correspondance de la géométrie et de l'algèbre, il faut prendre le mot d'algèbre dans le sens étroit, et entendre qu'il s'agit seulement des lignes exprimées par une équation algébrique entre des coordonnées rectilignes, menées parallèlement à des axes fixes. Cette correspondance résulte des propriétés des équations algébriques, rappelées ci-dessus, et de ce fait primitif que, dans un pareil système de coordonnées, toute équation du premier degré à deux variables représente une droite indéfiniment prolongée.

Le sentiment de ce rapport avait induit Descartes à donner la dénomination de courbes *géométriques* à toutes celles que représentent des équations algébriques à deux variables, dans un système de coordonnées parallèles à des axes fixes. Il appelait par opposition courbes *mécaniques* les courbes exprimées dans un pareil système de coordonnées par des équations transcendantes, telles que les spirales ou la cycloïde : mais ces dénominations vicieuses ont cessé d'être en usage. Il n'y a aucune difficulté à appeler courbes algébriques celles que Descartes qualifiait exclusivement de géométriques; tandis qu'il est impossible de fixer par une définition précise le caractère des courbes géométriques, bien que l'on conçoive que cette dernière dénomination est philosophiquement applicable à certaines courbes et non à d'autres. Ainsi la cycloïde comme l'ellipse sont évidemment des courbes dont la génération peut être conçue et dont les propriétés nombreuses peuvent être étudiées d'après des considérations de pure géométrie, indépendamment de l'emploi de l'algèbre et de toute convention sur un système de coordonnées arbitraires : ce sont donc à ce titre des courbes géométriques. Au contraire, si l'on écrivait au hasard une équation algébrique à deux variables, de degré quelconque, ou une équation transcendante de forme bizarre, il n'arriverait que très-accidentellement que le lieu d'une pareille équation jouît de propriétés géométriques d'après lesquelles on pourrait concevoir et définir la génération de la courbe, indépendamment des axes arbitraires auxquels on les rapporte, et de la relation entre les valeurs numériques de ses coordonnées, qui résulte de l'équation écrite. Une telle courbe serait encore algébrique ou transcendante, comme l'ellipse ou la cycloïde, mais ne devrait pas être réputée géométrique.

210. Les courbes algébriques ne peuvent pas plus avoir de points saillants que de points de rupture : car, si l'on élimine y entre l'équation d'une courbe algébrique

$$F(x,y)=0, \tag{a}$$

délivrée de radicaux et de dénominateurs, et sa dérivée immédiate

$$\frac{dF}{dx}+\frac{dF}{dy}y'=0, \tag{a'}$$

on obtiendra pour résultante une équation algébrique en x, y', délivrée aussi de radicaux et de dénominateurs; en sorte que la courbe dérivée, dont x est l'abscisse et

y' l'ordonnée, ne pourra avoir de points de rupture; ce qui arriverait nécessairement s'il y avait des points saillants sur la courbe primitive.

Il ne peut non plus y avoir sur une courbe algébrique de points singuliers où le rayon de courbure passe brusquement d'une valeur finie à une autre : car le rayon de courbure est une fonction algébrique des dérivées y', y''; et la dérivée y'' est, aussi bien que y', une fonction algébrique de x. Il en faut dire autant de la dérivée $y^{(n)}$, n étant quelconque.

Donc les solutions de continuité d'un ordre quelconque, que peut éprouver une fonction algébrique, résultent toujours du passage par l'infini de l'une de ses fonctions dérivées et des dérivées subséquentes, et jamais de ce que les fonctions dérivées, à partir d'un certain ordre, passent brusquement d'une valeur finie à une autre.

211. Les points de rupture et les points saillants des courbes à équations transcendantes ne peuvent être déterminés que par une discussion spéciale, appropriée à la nature des fonctions transcendantes qui entrent dans l'équation de la courbe. C'est ainsi que l'on reconnaît, par la nature de la fonction $e^{-\frac{1}{x}}$, qui devient nulle ou infinie pour $x=0$, selon que x converge vers zéro en passant par des valeurs positives ou négatives, que la branche de la courbe (1) dont les abscisses sont positives, s'arrête brusquement au point $x=0, y=1$. Considérons la courbe qui aurait pour équation

$$y=\frac{x}{1+e^{\frac{1}{x}}}:$$

la fonction y s'évanouit pour $x=0$, soit qu'on fasse

passer x par une série de valeurs positives ou par une série de valeurs négatives; car l'expression de y devient dans les deux cas $\frac{0}{\infty}=0$, $\frac{0}{1}=0$. Donc la courbe passe par l'origine et s'étend du côté des abscisses négatives comme du côté des abscisses positives. En passant aux fonctions dérivées on a

$$y'=\frac{1}{1+e^{\frac{1}{x}}}+\frac{1}{xe^{-\frac{1}{x}}\left(1+e^{\frac{1}{x}}\right)^2}\cdot$$

Si maintenant on pose $x=0$, on trouve $y'=0$ ou $y'=1$, selon qu'on fait passer x par des valeurs positives ou négatives pour arriver à la limite zéro. L'origine des coordonnées est donc un point saillant de la courbe : la branche dont les abscisses sont positives venant toucher l'axe des x en ce point, tandis que la tangente à l'autre branche au même point est inclinée de 45° sur cet axe. On trouverait de même que l'origine est un point saillant de la courbe donnée par l'équation

$$y=x\,\text{arc tang}\,\frac{1}{x}, \qquad (2)$$

qui a pour dérivée

$$y'=\text{arc tang}\,\frac{1}{x}-\frac{x}{1+x^2};$$

car, selon que x converge vers zéro en passant par des valeurs positives ou négatives, il vient à la limite $y'=\frac{1}{2}\pi$, $y'=-\frac{1}{2}\pi$. Au reste, par les raisons que nous avons indiquées, la discussion de ces sortes de courbes intéresse peu la géométrie, et ne doit pas nous arrêter longtemps.

212. La courbe dont y est l'ordonnée subit une *inflexion*, lorsque sa dérivée y' passe par une valeur *maximum* ou *minimum*, soit qu'il s'agisse d'un *maximum* ou *minimum* ordinaire, auquel le principe de Kepler est applicable, soit qu'il s'agisse d'un *maximum*

ou *minimum* singulier, correspondant à une solution de continuité de la fonction y'. Les règles pour la détermination des *maxima* et *minima* des fonctions explicites ou implicites d'une seule variable s'appliquent donc directement à la détermination des points d'inflexion des courbes, sans qu'il soit besoin de chercher pour cela des procédés particuliers. Le point d'inflexion est caractérisé *ordinairement* par l'équation $y''=0$, et *accidentellement* par l'équation $y''=\pm\infty$; mais il peut se faire que l'une ou l'autre de ces équations soit satisfaite, sans que la courbe subisse d'inflexion au point correspondant.

Lorsque la courbe sera donnée par une équation algébrique (a), délivrée de radicaux et de dénominateurs, on éliminera y entre cette équation et sa dérivée immédiate (a') : l'équation résultante, déterminant implicitement y' en fonction de x, servira à déterminer les valeurs de x qui répondent à des *maxima* ou à des *minima* de la fonction y', et par suite à des points d'inflexion de la courbe proposée.

Considérons la courbe représentée par l'équation

$$y^2 = ax^2 + bx^3, \tag{3}$$

qui, suivant que le coefficient a est supposé positif, nul ou négatif (b étant toujours positif), prend l'une des trois formes indiquées par les *fig.* 57, 58 et 59. On tire de l'équation (3)

$$y'^2 = \frac{(2a+3bx)^2}{4(a+bx)},\quad y''^2 = \frac{b^2(a+\frac{3}{4}bx)^2}{(a+bx)^3},\quad y'''^2 = \frac{9b^6x^2}{64.(a+bx)^5}.$$

Les valeurs de x qui rendent y' un *maximum* ou un *minimum* sont données par l'équation $a+\frac{3}{4}bx=0$. Si a est positif, la valeur de x qu'on en tire rend

y' et y imaginaires. Cette valeur ne peut donc correspondre à un point d'inflexion de la courbe.

Si $a=0$, y'' passe par l'infini au lieu de s'évanouir, pour $x=0$, et la courbe proposée, qui devient la parabole de Neil [197], ne peut encore avoir de points d'inflexion, puisque les valeurs négatives de x rendent y' et y imaginaires.

Mais, si le coefficient a est négatif, la courbe subit deux inflexions aux points dont la commune abscisse est $x=-\frac{4a}{3b}$.

L'équation (1) donne

$$y'=\frac{e^{-\frac{1}{x}}}{x}, \quad y''=e^{-\frac{1}{x}}\left(\frac{1-2x}{x}\right);$$

et la courbe transcendante que cette équation représente a par conséquent un point d'inflexion correspondant à l'abscisse $x=\frac{1}{2}$.

La recherche des points de courbure *maximum* ou *minimum* se ramène, ainsi qu'on l'a vu [194], à la détermination des valeurs de x, y, qui rendent un *maximum* ou un *minimum* le rayon de courbure ρ, en même temps qu'elles satisfont à l'équation de la courbe proposée. Si cette équation est algébrique, on pourra toujours arriver par l'élimination à une autre équation algébrique en x, ρ; et l'on n'aura plus qu'à appliquer les règles ordinaires à la détermination des valeurs de x qui rendent la fonction implicite ρ un *maximum* ou un *minimum*.

213. On appelle points *multiples* ceux où plusieurs branches de la même courbe viennent se rencontrer, soit qu'elles ne fassent que se couper, soit qu'elles se touchent : auquel cas il y a intersection en même temps que contact, selon que le contact se trouve d'ordre pair ou d'ordre impair [205]. Une seule branche, en se repliant sur elle-même, peut offrir également des points multiples. Le point multiple est double, triple, quadruple,..... selon que la rencontre a lieu entre deux, trois, quatre,...... branches ou portions de la même courbe; et alors, dans le voisinage immédiat du point multiple, l'ordonnée a deux, trois, quatre..... valeurs réelles correspondant à la même abscisse.

Il est essentiel de séparer, dans la discussion des points singuliers, les points multiples *par simple intersection* des points multiples *par contact* : vu qu'on détermine sans ambiguïté par une méthode générale, au moins pour toutes les courbes algébriques, les points multiples de la première catégorie; tandis qu'on ne distingue que par tâtonnements les points multiples par contact, des points conjugués et des points de rebroussement, ainsi que nous l'expliquerons.

Soit toujours

$$F(x, y) = 0 \qquad (a)$$

l'équation de la courbe que nous supposerons algébrique, cette équation étant délivrée de radicaux et de dénominateurs : sa dérivée du premier ordre

$$\frac{dF}{dx} + \frac{dF}{dy} y' = 0 \qquad (a')$$

donnera à y' une valeur réelle et unique, toutes les fois que $\frac{dF}{dx}, \frac{dF}{dx}$ ne s'évanouiront pas simultanément. Donc, pour que la courbe puisse offrir un point multiple par simple intersection, il faut d'abord qu'on ait

$$\frac{dF}{dx} = 0, \frac{dF}{dy} = 0; \qquad (b)$$

et par suite la dérivée du second ordre

$$\frac{d^2F}{dx^2}+2\frac{d^2F}{dxdy}y'+\frac{d^2F}{dy^2}y'^2+\frac{dF}{dy}y''=0 \qquad (a'')$$

se réduira à

$$\frac{d^2F}{dx^2}+2\frac{d^2F}{dxdy}y'+\frac{d^2F}{dy^2}y'^2=0, \qquad (c)$$

pour les valeurs de x, y, qui satisfont simultanément aux équations (a) et (b). Lorsqu'on en tirera pour y' deux valeurs réelles et inégales, la courbe aura un point double par simple intersection.

Soit proposée, par exemple, l'équation

$$y^2=\frac{x^2}{a^2}(a^2-x^2), \qquad (4)$$

qui représente une courbe (*fig.* 60) connue sous le nom de *lemniscate* : les équations (b) et (c) deviendront

$$x(a^2-x^2)-x^3=0,\ y=0,\ y'^2=\frac{a^2-3x^2}{a^2}.$$

On en conclut que l'origine des coordonnées est un point double où deux arcs de la courbe se coupent à angles droits, les deux tangentes étant inclinées de 45° sur l'axe des abscisses. D'ailleurs les deux arcs qui se coupent s'infléchissent au point d'intersection, et par conséquent l'origine est un point de la courbe, *doublement singulier*; car les équations en y'', x et y''', x sont

$$y''^2=\frac{x^2(2x^2-3a^2)^2}{a^2(a^2-x^2)^3},\ y'''^2=\frac{9a^6}{(a^2-x^2)^5},$$

et elles donnent $y''=0$ pour $x=0$, tandis que y''' conserve une valeur finie.

On trouverait de même que l'origine est un point double de la courbe (3) : les deux tangentes faisant avec l'axe des abscisses des angles qui ont pour tangentes trigonométriques $\sqrt{a}$ et $-\sqrt{a}$. Le paramètre a est supposé positif (*fig.* 57).

214. Cette règle peut quelquefois s'appliquer aux courbes transcendantes, et servir à déterminer des points saillants multiples. Par exemple, soit proposée la courbe

$$\left(y - x \operatorname{arc tang} \frac{1}{x}\right)^2 - x^2 \cos x = 0 : \qquad (5)$$

on trouve que les valeurs $x=0$, $y=0$ satisfont aux équations (a) et (b), et l'on a

$$\frac{d^2F}{dy^2} = 2, \quad \frac{d^2F}{dx\,dy} = -2\left(\operatorname{arc tang} \frac{1}{x} - \frac{x}{1+x^2}\right),$$

$$\frac{d^2F}{dx^2} = 2\left(\operatorname{arc tang} \frac{1}{x} - \frac{x}{1+x^2}\right)^2 + \frac{4\left(y - x \operatorname{arc tang} \frac{1}{x}\right)}{(1+x^2)^2}$$
$$+ (x^2 - 2)\cos x + 4x \sin x.$$

L'équation (c) devient, pour les valeurs $x=0$, $y=0$,

$$y'^2 \mp \pi y' + \frac{\pi^2}{4} - 1 = 0,$$

et elle donne à y' les quatre valeurs distinctes

$$\frac{\pi}{2} + 1, \quad \frac{\pi}{2} - 1, \quad -\frac{\pi}{2} + 1, \quad -\frac{\pi}{2} - 1.$$

On reconnaît ainsi que, pour la courbe (5), l'origine des coordonnées est un point saillant où quatre arcs viennent se rencontrer sous des angles finis. Le point saillant de la courbe (2) ne pourrait pas être trouvé de la même manière; car, bien que y' prenne à l'origine deux valeurs distinctes, $\frac{dF}{dy}$ se réduit à la constante 1, et ne peut s'évanouir pour les valeurs $x=0$, $y=0$.

215. L'équation (c) deviendra illusoire, si l'on a à la fois

$$\frac{d^2F}{dx^2} = 0, \quad \frac{d^2F}{dx\,dy} = 0, \quad \frac{d^2F}{dy^2} = 0. \qquad (d)$$

On prendra alors la dérivée de cette équation qui se réduit à

$$\frac{d^3F}{dx^3} + 3\frac{d^3F}{dx^2\,dy}y' + 3\frac{d^3F}{dx\,dy^2}y'^2 + \frac{d^3F}{dy^3}y'^3 = 0. \qquad (e)$$

Quand celle-ci acquerra, pour les valeurs de x, y qui satisfont aux équations (a), (b), (d), trois racines réelles et inégales, la courbe proposée aura un point d'intersection triple; tandis que le point n'appartiendra qu'à une seule branche de la courbe, comme ceux qui le précèdent et qui le suivent immédiatement, si l'équation (e) n'a qu'une seule racine réelle.

Ce dernier cas se présente pour la courbe dont l'équation est

$$y^3 - x(x-1)^3 = 0: \tag{6}$$

on y satisfait en prenant $x = 1$, $y = 0$: valeurs qui vérifient aussi les équations (b) et (d); mais l'équation (e) se réduit pour les mêmes valeurs à

$$y'^3 - 1 = 0, \tag{7}$$

et elle n'admet qu'une racine réelle. Il est d'ailleurs manifeste, par la forme de l'équation (6), que y ne peut avoir qu'une seule valeur réelle pour toutes les valeurs de x, et qu'ainsi la courbe ne saurait offrir de points multiples.

Dans le cas où tous les coefficients de l'équation (e) s'évanouiraient encore, on passerait de la même manière à une équation du quatrième degré en y'. Si celle-ci avait quatre racines réelles et inégales, le point correspondant aux valeurs de x, y qui vérifient les équations (a) et (b), serait un point d'intersection quadruple; si elle n'avait que deux racines réelles et inégales, le point serait double; si elle avait deux racines réelles inégales et deux racines réelles égales, l'existence de deux racines inégales accuserait encore l'existence de deux branches qui se coupent au point correspondant (x, y) : nous verrons tout à l'heure les conséquences que l'on peut tirer de la présence des deux racines réelles égales.

Il est clair que rien n'empêche de poursuivre cette discussion indéfiniment, et qu'il en résulte une méthode directe pour déterminer sans ambiguïté, sur toutes les courbes algébriques, les points multiples par simple intersection (ou par intersection non accompagnée de contact), et leur degré de multiplicité ou le nombre des branches qui se coupent en ces points singuliers.

216. Lorsque l'équation en y', à laquelle on arrive en appliquant la méthode précédente, est de degré pair, et qu'elle a toutes ses racines imaginaires, le point dont les coordonnées satisfont par hypothèse aux équations (a) et (b), est un point *conjugué*, c'est-à-dire un point isolé et néanmoins associé à la courbe que l'équation (a) représente, en ce sens que le lieu de l'équation est donné par le système d'une ligne continue et d'un point isolé. Une ligne peut avoir plusieurs points conjugués, ou même en avoir une infinité, si son équation est transcendante. Une équation à deux variables peut aussi ne représenter qu'un point ou un système de points isolés; mais ceci n'arrive que parce qu'elle équivaut à plusieurs équations distinctes. Telles sont les équations de la forme

$$[\varphi(x,y)]^2 + [\psi(x,y)]^2 = 0,$$

qui équivalent au système des deux équations

$$\varphi(x,y) = 0, \quad \psi(x,y) = 0.$$

L'origine des coordonnées est un point conjugué de la courbe représentée par l'équation (3), quand on attribue au paramètre a une valeur négative. Les équations (b) et (c) deviennent dans ce cas

$$2y = 0, \quad 2ax + 3bx^2 = 0, \quad y'^2 - 3bx - a = 0;$$

les deux premières sont vérifiées par les valeurs $x = 0$, $y = 0$; et quand on fait dans la troisième $x = 0$, $a < 0$, on n'en peut tirer pour y' que des valeurs imaginaires.

D'ailleurs, lorsqu'on met l'équation (3) sous la forme

$$y = \pm x\sqrt{bx+a},$$

on voit clairement : 1° qu'elle est vérifiée par $x=0$, $y=0$; 2° que si l'on suppose a négatif et b positif, l'ordonnée y reste imaginaire pour des valeurs de x positives ou négatives, tant soit peu différentes de zéro, et ne devient réelle que quand x surpasse $-\frac{a}{b}$.

On peut remarquer que le point conjugué O (*fig.* 59) conserve en quelque sorte la trace du *nœud* O*mn* (*fig.* 57) qui a disparu par le changement de signe du paramètre a ; et l'on se rend ainsi compte, autant que le sujet le comporte, de la signification géométrique des points conjugués.

Il est aisé de voir pourquoi l'on obtient les points conjugués en même temps que les points multiples. En effet, un point conjugué est celui où deux racines imaginaires conjuguées de l'équation (a)

$$y = \varphi x + \psi x\sqrt{-1}, \qquad (\alpha_1)$$

$$y = \varphi x - \psi x\sqrt{-1}, \qquad (\alpha_2)$$

deviennent égales entre elles, et en même temps réelles, par l'évanouissement de la fonction ψx. On peut donc considérer le point conjugué comme le point d'intersection de deux branches imaginaires de la courbe (a). Pour chacune de ces branches, l'équation (a') donnerait à y' une valeur imaginaire unique : il doit y avoir deux valeurs imaginaires de y' pour le système de valeurs de x, y commun aux deux branches imaginaires, ou pour les coordonnées réelles du point conjugué ; donc il faut que l'équation (a') ne puisse plus servir à déterminer une valeur unique de y', et partant que les équations (b) soient satisfaites pour les valeurs de x, y qui correspondent au point conjugué.

Dans le sens algébrique, la courbe (6) a un point conjugué, correspondant aux coordonnées $x=1$, $y=0$, et aux racines imaginaires de l'équation (7); mais ce point conjugué se trouve accidentellement coïncider avec un des points de la branche réelle de la courbe. Quelques auteurs expriment cette circonstance en disant que le point conjugué n'est plus *visible*, ce qui signifie qu'il n'a plus d'existence géométrique.

217. On conçoit que la valeur de x qui correspond à un point conjugué de la courbe (a), peut aussi correspondre accidentellement à un point conjugué de la courbe dérivée qui a pour abscisse x et pour ordonnée courante y', ou même à un point conjugué de la courbe dérivée du second ordre, dont l'ordonnée courante est y'', et ainsi de suite. Par exemple, l'origine est manifestement un point conjugué de la courbe

$$y^2=ax^4+bx^5, \text{ ou } y=\pm x^2\sqrt{bx+a},$$

quand on suppose, comme ci-dessus, $b>0$, $a<0$: ce sera aussi un point conjugué de la courbe dérivée

$$y'=\pm\frac{x(5bx+ba)}{2\sqrt{bx+a}};$$

et en effet, l'équation (c) se réduisant dans ce cas à $y'^2=0$, n'a pas ses racines imaginaires, mais réelles et égales.

Généralement, lorsque les coordonnées x, y d'un point conjugué ne correspondent pas à des racines imaginaires de l'équation finale en y', à laquelle conduit la méthode exposée plus haut, elles correspondent à des racines réelles de la même équation, doubles ou d'un degré pair de multiplicité. Pour le démontrer, remarquons que quand deux branches de la courbe, au lieu de se couper, se touchent au point (x, y), les valeurs correspondantes de y', qui étaient inégales dans le cas d'intersection des branches, doivent devenir égales, sans cesser d'être réelles; et les deux branches acquérant une tangente commune, on peut dire aussi qu'elles ont deux points communs infiniment voisins. Par la même raison, lorsqu'il correspond une valeur réelle de la tangente aux coordonnées du point conjugué, on peut dire que les branches imaginaires (α_1), (α_2) ont deux points réels communs, infiniment voisins, ou que ces branches se touchent; et par conséquent l'équation en y' doit acquérir des racines égales. Cela se voit d'ailleurs par la forme même des équations (α_1), (α_2); puisque, si la valeur de y' tirée de (α_1) est réelle pour l'abscisse x du point conjugué, c'est que la valeur x annule, non-seulement la fonction ψx, mais aussi sa dérivée $\psi' x$; et alors la valeur de y' tirée de (α_2) est la même que celle qu'on tire de (α_1). La fonction y' acquiert donc au point conjugué deux valeurs égales : elle pourrait en acquérir 4, ou 6, ou un nombre pair quelconque, selon le nombre des branches imaginaires conjuguées deux à deux, qui auraient pour point commun de contact le point conjugué.

218. Nous dirons qu'il y a entre deux branches de courbe un contact *de première espèce*, lorsque les deux branches sont situées de part et d'autre de la tangente commune (*fig.* 61), et un contact *de seconde espèce*, lorsque les deux branches sont situées d'un même côté de la tangente (*fig.* 62). Si les deux branches se raccordent au point de contact, sans se prolonger au delà, le point multiple par contact se change en un point *de rebroussement, de première* ou *de seconde* espèce (*fig.* 63 *et* 64), selon que la tangente commune tombe entre les deux branches qui se raccordent, ou les laisse toutes deux d'un même côté. La cycloïde et les développées des sec-

tions coniques nous ont déjà offert des exemples de rebroussements de première espèce. La courbe

$$(y-ax^2)^2=b^2x^5\,,\quad \text{ou}\; y=ax^2\pm bx^2\sqrt{x}\,,$$

éprouve à l'origine un rebroussement de seconde espèce: car l'équation de cette courbe donne

$$y'=2ax\pm\frac{5}{2}bx\sqrt{x},\quad y''=2a\pm\frac{15}{4}b\sqrt{x}\;;$$

et quand on fait $x=0$, d'où $y=0$, $y'=0$, les deux valeurs de y'' deviennent égales à la constante $2a$: par conséquent les valeurs de y'' sont de même signe pour les deux branches qui se raccordent, et ces deux branches tournent leur concavité dans le même sens (*fig.* 65).

Imaginons qu'une droite se meuve dans le plan d'une courbe plane, en s'appuyant sur cette courbe ou en la touchant constamment : le point de contact peut être considéré comme un point en mouvement sur la droite mobile. Le sens de la vitesse de ce point change, ou le point rebrousse sur la droite mobile, quand cette droite touche la courbe en un point de rebroussement de première ou de seconde espèce : en outre, le sens de la rotation de la droite mobile sur le plan change, comme aux points d'inflexion, si le rebroussement est de seconde espèce.

219. En résumé, lorsque l'équation en y' dont il a été question jusqu'ici, a des racines réelles égales, ces racines peuvent correspondre ou à des points multiples par contact, ou à des points de rebroussement, ou bien enfin à des points conjugués. Le même caractère analytique doit appartenir à ces trois sortes de points singuliers : en effet l'on peut toujours représenter par (α_1), (α_2) deux branches de la courbe (a), branches qui sont réelles ou imaginaires, selon que la fonction ψx est imaginaire

ou réelle. On désigne par φx une fonction réelle, et dans la cas actuel on admet que la valeur qui annule ψx annule aussi $\psi' x$. Soit ξ cette valeur : si, pour des valeurs de x tant soit peu plus grandes ou plus petites que ξ, ψx reste imaginaire, il y a un contact ordinaire, de première ou de seconde espèce, entre les deux branches. Si ψx est imaginaire pour des valeurs de x tant soit peu plus petites que ξ et réelle pour des valeurs de x tant soit peu plus grandes, ou *vice versâ*, le point singulier est un point de rebroussement de première ou de seconde espèce; et enfin si la valeur de ψx reste réelle pour les valeurs de x immédiatement supérieures et inférieures à ξ, les deux branches sont imaginaires et le point singulier devient un point conjugué. Rien n'est plus facile que de distinguer ces trois cas, lorsque la fonction ψx est donnée explicitement par la résolution algébrique de l'équation proposée: autrement il faut recourir à des essais, ou construire la courbe par points dans le voisinage du point singulier dont on veut reconnaître la nature. L'analyse dont nous avons fait usage réduit, autant que le sujet le comporte, les cas d'ambiguïté, et met en évidence la raison de cette ambiguïté, dans les circonstances où elle est inhérente à la question.

220. Les points de contact ou de rebroussement de première espèce se distinguent encore de ceux de seconde espèce par un caractère remarquable; car, soient ξ, η' les valeurs de x et de y' qui correspondent au point de contact ou de rebroussement de première espèce: pour les valeurs de x voisines de ξ, y' a deux valeurs, l'une un peu plus grande, l'autre un peu plus petite que η'; et de là il est aisé de conclure que la courbe dérivée dont les coordonnées courantes sont x, y', a au point (ξ, η')

sa tangente perpendiculaire aux x, à moins que le point (ξ, η') ne soit lui-même accidentellement un point de contact ou de rebroussement de première espèce, et que la tangente en ce point (ξ, η') ne se trouve parallèle aux x. Donc la dérivée y'' est infinie ou nulle, et ordinairement infinie pour les valeurs de x qui correspondent à des points de contact ou de rebroussement de première espèce. Il y a sous ce rapport réciprocité entre les points dont il s'agit et les points d'inflexion, pour lesquels la dérivée y'' est ordinairement nulle et peut être exceptionnellement infinie.

Le point qui correspond sur la courbe dérivée à un point de rebroussement de seconde espèce, peut être lui-même un point de rebroussement de première ou de seconde espèce ; et il n'y a plus moyen d'assigner d'une manière générale un ordre n de dérivation tel que la dérivée $y^{(n)}$ doive être nécessairement infinie ou nulle.

221. Nous terminerons ce chapitre en indiquant les connexions qui existent entre les points singuliers d'une courbe plane et ceux de sa développée. La formule

$$\rho = \frac{(1 + y'^2)^{\frac{3}{2}}}{y''}$$

montre que ρ devient infini, ou que la courbure est nulle quand y'' s'évanouit, ce qui arrive en général aux points d'inflexion de la développante. Ainsi les normales à la développante aux points d'inflexion sont en général des asymptotes de la développée (*fig.* 66). Au contraire, les points d'inflexion de la développée correspondent à des points de rebroussement de seconde espèce sur la développante (*fig.* 67).

Les points singuliers de la développante où le rayon de courbure passe par une valeur *maximum* ou *mini-*

mum, correspondent en général à des rebroussements de première espèce sur la développée (*fig.* 52 *et* 53). Il pourra arriver exceptionnellement que ces points de la développante soient des points pour lesquels y'' s'évanouit sans qu'il y ait inflexion; et alors les normales en ces points seront des asymptotes de la développée.

Aux points où la développante éprouve des rebroussements de première espèce, y'' devient ordinairement infini, ρ est nul, et la développée rencontre à angles droits la développante (*fig.* 54 *et* 69). Mais il peut aussi arriver accidentellement que y'' s'évanouisse, que ρ devienne infini, ou que la perpendiculaire à la tangente commune au point de rebroussement de la développante soit une asymptote de la développée.

Si la développante n'est pas une courbe algébrique, à ses points d'arrêt ou de rupture correspondront des points d'arrêt ou de rupture de la développée; les points saillants de la première courbe entraîneront l'existence de points de rupture pour la seconde. La développée offrira encore une rupture, ou ses coordonnées courantes, considérées comme fonctions de l'abscisse x de la développante, éprouveront une solution de continuité du premier ordre [36], lorsque la fonction y'', qui entre dans l'expression des valeurs de ces coordonnées, éprouvera une solution de continuité du même ordre, ou lorsque l'ordonnée y de la développante subira une solution de continuité du troisième ordre; de sorte qu'en définitive, il y aura autant de ruptures dans la développée que de solutions de continuité du premier, du second et du troisième ordre dans la fonction y qui représente l'ordonnée de la développante. En conséquence, la solution de continuité du troisième ordre de la fonction quelconque y est représentée géométriquement par une solution de continuité du premier ordre dans la fonction qui mesure la courbure de la ligne dont y est l'ordonnée, ou par une rupture de la développée de cette ligne. Comme on peut tracer la développée de la développée, et ainsi à l'infini, il s'ensuit que la solution de continuité d'un ordre quelconque peut être définie géométriquement, ou qu'elle est susceptible de se manifester par un caractère sensible et géométrique.

La développante de toute courbe fermée et non sinueuse, telle que le cercle ou l'ellipse, est une courbe du genre des spirales, formée d'un double système de spires (*fig.* 68). En effet, rien n'arrête, dans un sens ni dans l'autre, le mouvement révolutif de la tangente à la développée, en vertu duquel chaque point de la tangente mobile vient à son tour s'appliquer sur la développée. Soit m le point de la développée où vient s'appliquer, dans ce mouvement de rotation continu, le point de la tangente mobile qui décrit la développante que l'on considère : il est évident que les deux systèmes de spires, inversement disposés, dont se compose la développante, viendront se raccorder en m en formant un rebroussement de première espèce.

La développante d'une courbe à asymptote et sans inflexion, telle que la logarithmique ou une branche d'hyperbole, offrira un point de rebroussement de première espèce et un point de rupture. Soit MN (*fig.* 69) la développée, AS son asymptote, m le point de la développée où vient s'appliquer le point de la tangente mobile qui décrit la développante $\mu m \nu$: évidemment, cette dernière courbe subira en m un rebroussement de première espèce. En outre, pendant que la tangente mobile se déplace en roulant sur la développée dans le sens mM, elle tend indéfiniment vers la position SA, sans jamais l'atteindre : donc il y a un point μ situé sur AS, dont le point décrivant s'approche d'un mouvement de plus en plus ralenti, sans jamais l'atteindre, et qui par suite est un véritable point d'arrêt de la développante.

Ainsi, les points d'arrêt peuvent appartenir à des courbes dont le tracé est déterminé d'après des conditions géométriques : en sorte que l'existence de ces points singuliers n'est pas seulement la conséquence des singularités que peut offrir la marche d'une fonction dont l'origine serait purement analytique [209].

CHAPITRE V.

PRINCIPES DE LA THÉORIE DES LIGNES A DOUBLE COURBURE.

222. Une ligne est déterminée dans l'espace au moyen de deux équations entre les coordonnées x, y, z qui expriment les distances d'un point pris sur la ligne à trois plans fixes, perpendiculaires entre eux; et réciproquement, le système de deux semblables équations peut être représenté par une ligne tracée dans l'espace, dont x, y, z désigneraient les coordonnées rectangulaires. La ligne est encore représentée graphiquement par les deux courbes planes qui sont ses projections sur deux des plans coordonnés, tels que ceux des xy et des xz. Les équations des lignes de projection sont celles qu'on obtiendrait en éliminant alternativement z et y entre les équations

$$f(x, y, z) = 0, \quad \mathrm{f}(x, y, z) = 0. \qquad (1)$$

au moyen desquelles la ligne est déterminée dans l'espace.

On peut considérer cette ligne comme l'intersection de deux surfaces cylindriques qui auraient respectivement pour bases les lignes de projection sur les plans des xy et des xz, et dont les droites génératrices seraient respectivement parallèles aux axes des z et des y.

En général, les lignes ainsi déterminées dans l'espace ne sont pas planes, c'est-à-dire que, non-seulement elles n'ont pas tous leurs points compris dans le même plan, mais qu'un arc de la courbe, si petit qu'on le suppose, ne peut pas être appliqué sur un plan. On les nomme alors *lignes à double courbure* : cette dénomination sera expliquée et justifiée par ce qui doit suivre.

En vertu des deux équations de la courbe, une seule des trois variables x, y, z peut être considérée comme indépendante : les deux autres, ainsi que leurs dérivées de tous les ordres, en sont des fonctions explicites ou implicites. Mais, pour l'avantage de la symétrie des formules, avantage d'autant plus précieux que les formules sont plus compliquées, il sera bon de traiter x, y, z comme trois fonctions d'une même variable indépendante t. Afin de fixer les idées, on peut imaginer que t désigne le temps, et que la courbe est tracée par un point mobile dont le mouvement est défini par trois équations entre x, y, z, t. Si l'on forme deux combinaisons de ces équations prises deux à deux, et que l'on élimine t entre les deux équations de chaque groupe, on aura les deux équations de la courbe,

223. Concevons que l'on ait mené la corde qui joint deux points (x, y, z), $(x+\Delta x, y+\Delta y, z+\Delta z)$, l'un et l'autre pris sur la courbe : en vertu de principes connus, cette corde a pour longueur

$$\sqrt{\Delta x^2 + \Delta y^2 + \Delta z^2}\ ;$$

et les équations de ses projections sur les plans des xy et des xz sont

$$\eta - y = \frac{\Delta y}{\Delta x} \cdot (\xi - x), \quad \zeta - z = \frac{\Delta z}{\Delta x} \cdot (\xi - x),$$

ξ, η, ζ désignant les coordonnées courantes. Enfin elle forme avec des parallèles aux axes des x, des y et des z, menées par le point (x, y, z) dans le sens des coordonnées positives, des angles qui ont respectivement pour cosinus

$$\frac{\pm\Delta x}{\sqrt{\Delta x^2+\Delta y^2+\Delta z^2}},\ \frac{\pm\Delta y}{\sqrt{\Delta x^2+\Delta y^2+\Delta z^2}},\ \frac{\pm\Delta z}{\sqrt{\Delta x^2+\Delta y^2+\Delta z^2}}.$$

Quand le second point se rapproche indéfiniment du premier, la corde approche indéfiniment d'une position déterminée, qui est celle de la tangente à la courbe dans l'espace : en même temps les projections du second point sur chaque plan coordonné se rapprochent indéfiniment des projections du premier point, et la projection de la corde tend à prendre une position déterminée, qui est celle de la tangente à la ligne de projection. Donc les tangentes aux lignes de projection sont les projections de la droite qui touche dans l'espace la ligne projetée ; et cette droite tangente est déterminée par le système des deux équations

$$\eta-y=\frac{dy}{dx}.(\xi-x),\quad \zeta-z=\frac{dz}{dx}.(\xi-x),$$

lesquelles entraînent la suivante

$$\eta-y=\frac{dy}{dz}.(\zeta-z).$$

Il est plus symétrique et par conséquent plus élégant de comprendre ces trois équations dans la formule

$$\frac{dx}{\xi-x}=\frac{dy}{\eta-y}=\frac{dz}{\zeta-z}, \tag{2}$$

laquelle se résoudra à volonté en deux équations distinctes, d'autant de manières que l'on peut former de combinaisons deux à deux entre trois lettres. Les formules de cette espèce se présentent souvent dans les applications de l'analyse à la géométrie aux trois dimensions.

Si l'on désigne par α, β, γ les angles que la tangente à la courbe forme avec les parallèles aux axes des x, y, z, dans le sens des coordonnées positives, on a aussi

$$\frac{\pm dx}{\sqrt{dx^2+dy^2+dz^2}},\ \cos\beta=\frac{\pm dy}{\sqrt{dx^2+dy^2+dz^2}},\ \cos\gamma=\frac{\pm dz}{\sqrt{dx^2+dy^2+dz^2}},$$

ou bien, à cause de $\cos^2\alpha+\cos^2\beta+\cos^2\gamma=1$,

$$\frac{dx}{\cos\alpha}=\frac{dy}{\cos\beta}=\frac{dz}{\cos\gamma}=\pm\sqrt{dx^2+dy^2+dz^2}.$$

On entend par la longueur de l'arc d'une ligne à double courbure, la limite dont s'approche indéfiniment la longueur d'une portion de polygone gauche, inscrite à l'arc et terminée à ses deux extrémités, quand le nombre des côtés augmente sans cesse et que chaque côté décroît indéfiniment. D'après cette définition, si s désigne la longueur de l'arc d'une ligne à double courbure, mesurée à partir d'un point pris arbitrairement sur la ligne, on a

$$ds=\pm\sqrt{dx^2+dy^2+dz^2}, \qquad (a)$$

selon que l'arc croît ou décroît, et que la différentielle ds est positive ou négative. Ainsi l'on peut écrire

$$\cos\alpha=\pm\frac{dx}{ds},\quad \cos\beta=\pm\frac{dy}{ds},\quad \cos\gamma=\pm\frac{dz}{ds}.$$

Nous regardons l'équation (a) comme la définition analytique de la grandeur s, conformément à la remarque déjà faite [174]. On y parviendrait aussi, en imaginant que la portion de surface cylindrique qui contient l'arc s et sa projection u sur le plan xy, s'étale sur le plan mené par la tangente à l'une des extrémités de l'arc s et par la tangente à l'extrémité correspondante de l'arc u. Dans cette opération l'arc s devient, sans changer de longueur, un arc de courbe plane; l'arc u devient, aussi sans changer de longueur, une portion de ligne droite; et l'on a, d'après ce qui a été établi pour les courbes planes,

$$du^2 = dx^2 + dy^2\,,\quad ds^2 = du^2 + dz^2\,,$$

d'où

$$ds^2 = dx^2 + dy^2 + dz^2\,.$$

224. On entend par *plan tangent* à une ligne dans l'espace, tout plan qui contient la tangente à cette ligne : ainsi, la ligne a en chaque point une infinité de plans tangents.

Il y a aussi, en chaque point, une infinité de *normales* à la courbe ou de droites perpendiculaires à la tangente; le plan qui les comprend toutes est le *plan normal* à la courbe en ce même point. Si l'on désigne par ξ, η, ζ les coordonnées courantes du plan normal au point (x, y, z), son équation est, selon les principes de la géométrie analytique, et en vertu des équations (2),

$$(\xi - x)\,dx + (\eta - y)\,dy + (\zeta - z)\,dz = 0\,. \qquad (b)$$

La différentiation des équations (1) donne

$$\frac{df}{dx}dx + \frac{df}{dy}dy + \frac{df}{dz}dz = 0\,,\quad \frac{d\mathrm{f}}{dx}dx + \frac{d\mathrm{f}}{dy}dy + \frac{d\mathrm{f}}{dz}dz = 0\,,$$

d'où l'on tire, au moyen des équations (2) et (3),

$$\left.\begin{aligned} &\frac{df}{dx}(\xi - x) + \frac{df}{dy}(\eta - y) + \frac{df}{dz}(\zeta - z) = 0\,,\\ &\frac{d\mathrm{f}}{dx}(\xi - x) + \frac{d\mathrm{f}}{dy}(\eta - y) + \frac{d\mathrm{f}}{dz}(\zeta - z) = 0\,; \end{aligned}\right\} \qquad (4)$$

$$\left.\begin{aligned} &\frac{df}{dx}\cos\alpha + \frac{df}{dy}\cos\beta + \frac{df}{dz}\cos\gamma = 0\,,\\ &\frac{d\mathrm{f}}{dx}\cos\alpha + \frac{d\mathrm{f}}{dy}\cos\beta + \frac{d\mathrm{f}}{dz}\cos\gamma = 0\,. \end{aligned}\right\} \qquad (5)$$

Soit, pour abréger,

$$\frac{df}{dy}\cdot\frac{d\mathrm{f}}{dz} - \frac{df}{dz}\cdot\frac{d\mathrm{f}}{dy} = \mathrm{L}\,,$$

$$\frac{df}{dz}\cdot\frac{dF}{dx}-\frac{df}{dx}\cdot\frac{dF}{dz}=M,$$

$$\frac{df}{dx}\cdot\frac{dF}{dy}-\frac{df}{dy}\cdot\frac{dF}{dx}=N:$$

les équations (5) donneront

$$\frac{\cos\alpha}{L}=\frac{\cos\beta}{M}=\frac{\cos\gamma}{N}=\pm\frac{1}{\sqrt{L^2+M^2+N^2}}.$$

Les équations de la tangente seront aussi, en vertu des équations (4),

$$\frac{\xi-x}{L}=\frac{\eta-y}{M}=\frac{\zeta-z}{N},$$

et celle du plan normal deviendra

$$L(\xi-x)+M(\eta-y)+N(\zeta-z)=0.$$

225. Concevons qu'à partir du point (x, y, z), indiqué par la lettre m (*fig.* 70), on prenne sur la courbe une suite de points m_1, m_2, m_3,....., très-rapprochés les uns des autres, et qu'on les joigne par des cordes, de manière à former un polygone gauche, dont le périmètre approche d'autant plus de se confondre avec la courbe, que les sommets sont plus rapprochés. Deux côtés consécutifs mm_1, m_1m_2 déterminent un plan qui se déplace un peu dans l'espace, en continuant de passer par le point m, quand les points m_1, m_2 se rapprochent de plus en plus de m, et qui se déplace d'autant moins (sauf les cas de solution de continuité) que les points m, m_1, m_2 sont déjà plus rapprochés. Ce plan tend en général vers une position déterminée que le calcul assignera, quand on établira l'équation du plan en traitant les distances mm_1, m_1m_2 comme des quantités infiniment petites. On dit alors que le plan a été assujetti à passer par trois points infiniment voisins; et à moins que la courbe n'éprouve au point m une so-

lution de continuité du second ou du troisième ordre, il est indifférent de prendre les points m_1, m_2 tous deux en deçà ou tous deux au delà, ou l'un en deçà et l'autre au delà du point m.

Nous entendons par solutions de continuité de la courbe les solutions de continuité des coordonnées x, y, z, considérées comme fonctions d'une variable indépendante t, quand d'ailleurs ces solutions de continuité ne dépendent point de la direction arbitraire des axes coordonnés.

Le plan qui passe par deux points infiniment voisins m, m_1, passe par la tangente, ou se trouve compris parmi les plans tangents à la courbe au point m. Le plan qui passe par trois points infiniment voisins m, m_1, m_2, s'appelle le *plan osculateur* de la courbe au point m, par analogie avec le cercle osculateur d'une courbe plane, que l'on peut considérer comme déterminé par la condition d'avoir avec la courbe trois points communs, infiniment voisins [204].

Soit A un plan quelconque mené par le point m, et m_1 un point de la courbe, distant de m d'une quantité très-petite du premier ordre [45] : la distance de m_1 au plan A est en général une quantité de même ordre que la corde mm_1, ou une quantité très-petite du premier ordre. Soit B un plan tangent à la courbe mm_1 : la distance de m_1 au plan B est une quantité très-petite du second ordre. Enfin désignons par C le plan osculateur en m : la distance de m_1 au plan C devient une quantité très-petite du troisième ordre. Donc *à fortiori* on peut toujours prendre le point m_1 assez voisin de m pour qu'il se trouve plus rapproché d'un plan tangent quelconque que d'un autre plan quelconque, et plus rapproché du plan osculateur que de tout autre plan tangent. Pour abréger, nous omettons la démonstration rigoureuse de ces diverses propositions, qui résulterait de calculs analogues à ceux des nᵒˢ 203 et suivants, et qui ne nous sera pas nécessaire dans ce qui doit suivre.

226. Si l'on désigne par ξ, η, ζ les coordonnées courantes du plan osculateur au point (x, y, z), son équation sera de la forme

$$X(\xi-x)+Y(\eta-y)+Z(\zeta-z)=0, \qquad (c)$$

X, Y, Z désignant des coefficients inconnus qu'il s'agit de déterminer. Cette équation doit subsister quand on y remplace x, y, z par $x+dx$, $y+dy$, $z+dz$, et ainsi l'on a

$$Xdx+Ydy+Zdz=0\,; \qquad (c')$$

enfin ces deux équations doivent encore subsister quand on y remplace à la fois

$$x,\ y,\ z\,;\ dx,\ dy,\ dz$$

par

$$x+dx,\ y+dy,\ z+dz\,;\ dx+d^2x,\ dy+d^2y,\ dz+d^2z,$$

ce qui donne

$$Xd^2x+Yd^2y+Zd^2z=0\,. \qquad (c'')$$

Lorsque l'on combine ces trois équations de manière à éliminer deux des trois inconnues X, Y, Z, la troisième s'en va en même temps, et il reste pour l'équation du plan osculateur

$$(dyd^2z-dzd^2y)(\xi-x)+(dzd^2x-dxd^2z)(\eta-y)$$
$$+(dxd^2y-dyd^2x)(\zeta-z)=0\,;$$

mais, afin d'abréger l'écriture, on peut conserver l'équation du plan osculateur sous la forme (c), en posant les équations auxiliaires

$$X=dyd^2z-dzd^2y,\ Y=dzd^2x-dxd^2z,\ Z=dxd^2y-dyd^2x. \quad (\gamma)$$

227. Nous avons trouvé pour l'équation du plan nor-

mal au point (x, y, z).

$$(\xi - x)\,dx + (\eta - y)\,dy + (\zeta - z)\,dz = 0\,. \qquad (b)$$

Si l'on veut avoir l'équation du plan normal mené par un point infiniment voisin, il faut ajouter au premier membre de l'équation précédente sa différentielle par rapport à toutes les variables. Pour les points situés sur la droite d'intersection des deux plans normaux infiniment voisins, on a donc, outre l'équation précédente, celle qui s'en déduit par la différentiation, savoir

$$(\xi - x)d^2x + (\eta - y)d^2y + (\zeta - z)d^2z - (dx^2 + dy^2 + dz^2) = 0\,,$$

ou

$$(\xi - x)d^2x + (\eta - y)d^2y + (\zeta - z)d^2z - ds^2 = 0\,. \qquad (b')$$

Cette ligne d'intersection des deux plans normaux pénètre le plan osculateur en un point (ξ, η, ζ), dont les coordonnées doivent satisfaire aux trois équations (b), (b'), (c). Ce point est le centre d'un cercle qui passe par trois points de la courbe infiniment voisins, ou le centre du *cercle osculateur*. En effet, puisque, dans la détermination géométrique du cercle osculateur d'une courbe plane n'entrent que deux éléments consécutifs et infiniment petits de la courbe, et que deux éléments consécutifs d'une courbe quelconque sont compris dans un même plan, ou plutôt déterminent ce plan, qui est le plan osculateur, la construction du cercle osculateur s'adapte aux courbes quelconques, comme aux courbes planes. Si l'on pose

$$\rho^2 = (\xi - x)^2 + (\eta - y)^2 + (\zeta - z)^2\,,$$

le rayon ρ du cercle osculateur fera avec les parallèles aux axes des x, y, z, des angles λ, μ, ν, donnés par les équations

$$\pm\rho\cos\lambda = \xi - x\,, \quad \pm\rho\cos\mu = \eta - y\,, \quad \pm\rho\cos\nu = \zeta - z\,.$$

La courbure de la ligne, dans son plan osculateur, a pour mesure $\frac{1}{\rho}$; et l'angle de contingence $d\tau$ [193] est lié à ρ par l'équation

$$\frac{1}{\rho}=\frac{d\tau}{ds}. \tag{d}$$

228. Les équations (b), (b'), (c) donnent immédiatement par l'élimination des binômes $\xi-x$, $\eta-y$,

$$-z=\frac{ds^2(Xdy-Ydx)}{X(dyd^2z-dzd^2y)+Y(dzd^2x-dxd^2z)+Z(dxd^2y-dyd^2x)}$$

$$=\frac{ds^2(Xdy-Ydx)}{X^2+Y^2+Z^2};$$

et l'on en déduit par le simple échange des lettres,

$$\eta-y=\frac{ds^2(Zdx-Xdz)}{X^2+Y^2+Z^2},$$

$$\xi-x=\frac{ds^2(Ydz-Zdy)}{X^2+Y^2+Z^2};$$

puis il vient

$$\rho=\pm\frac{ds\sqrt{(X^2+Y^2+Z^2)ds^2-(Xdx+Ydy+Zdz)^2}}{X^2+Y^2+Z^2},$$

ou bien, en vertu de l'équation (c'),

$$\rho=\pm\frac{ds^3}{\sqrt{X^2+Y^2+Z^2}}. \tag{ρ_1}$$

Par un calcul analogue à celui du n° 196, on trouve

$$X^2+Y^2+Z^2=ds^2(d^2x^2+d^2y^2+d^2z^2-d^2s^2),$$

et

$$X^2+Y^2+Z^2=ds^4\left\{\left(d.\frac{dx}{ds}\right)^2+\left(d.\frac{dy}{ds}\right)^2+\left(d.\frac{dy}{ds}\right)^2\right\};$$

ce qui permet de donner à l'expression du rayon de courbure les deux formes

$$\rho=\pm\frac{ds^2}{\sqrt{d^2x^2+d^2y^2+d^2z^2-d^2s^2}}, \tag{ρ_2}$$

$$\rho = \pm \frac{ds}{\sqrt{\left(d.\frac{dx}{ds}\right)^2 + \left(d.\frac{dy}{ds}\right)^2 + \left(d.\frac{dz}{ds}\right)^2}}. \quad (\rho_3)$$

On trouverait encore directement

$$\begin{aligned} \mathrm{X}dy - \mathrm{Y}dx &= d^2z(dx^2 + dy^2) - dz(dxd^2x + dyd^2y) \\ &= d^2z(ds^2 - dz^2) - dz(dsd^2s - dzd^2z) \\ &= d^2zds^2 - dzdsd^2s = ds^3\, d.\frac{dz}{ds}, \end{aligned}$$

et par suite

$$\xi - x = \rho^2.\frac{d.\frac{dx}{ds}}{ds}, \eta - y = \rho^2.\frac{d.\frac{dy}{ds}}{ds}, \zeta - z = \rho^2.\frac{d.\frac{dz}{ds}}{ds}.$$

Donc

$$\cos\lambda = \pm\rho\frac{d.\frac{dx}{ds}}{ds}, \cos\mu = \pm\rho\frac{d.\frac{dy}{ds}}{ds}, \cos\nu = \pm\rho\frac{d.\frac{dz}{ds}}{ds}.$$

Enfin la formule (d) donne pour la valeur de l'angle de contingence $d\tau$,

$$d\tau = \pm\sqrt{\left(d.\frac{dx}{ds}\right)^2 + \left(d.\frac{dy}{ds}\right)^2 + \left(d.\frac{dz}{ds}\right)^2}. \quad (\tau)$$

On obtient directement cette dernière formule, et par suite la formule (ρ_3) à l'aide d'un calcul fort simple. Soient

$$\cos\alpha, \quad \cos\beta, \quad \cos\gamma;$$

$$\cos\alpha + \Delta\cos\alpha, \quad \cos\beta + \Delta\cos\beta, \quad \cos\gamma + \Delta\cos\gamma,$$

les cosinus des angles que forment respectivement avec les axes des x, y, z, des droites menées par l'origine parallèlement aux tangentes de la courbe aux points

$$(x, y, z), (x + \Delta x, y + \Delta y, z + \Delta z),$$

et désignons par τ l'angle fini compris entre ces deux droites : on aura, par les formules connues de la géométrie analytique,

$$\cos\tau = \cos\alpha(\cos\alpha + \Delta\cos\alpha) + \cos\beta(\cos\beta + \Delta\cos\beta) + \cos\gamma(\cos\gamma + \Delta\cos\gamma),$$
$$1 = \cos^2\alpha + \cos^2\beta + \cos^2\gamma,$$
$$1 = (\cos\alpha + \Delta\cos\alpha)^2 + (\cos\beta + \Delta\cos\beta)^2 + (\cos\gamma + \Delta\cos\gamma)^2;$$

d'où l'on tire

$$\begin{aligned}2(1-\cos\tau) = {} & \cos^2\alpha - 2\cos\alpha(\cos\alpha + \Delta\cos\alpha) + (\cos\alpha + \Delta\cos\alpha)^2 \\ & + \cos^2\beta - 2\cos\beta(\cos\beta + \Delta\cos\beta) + (\cos\beta + \Delta\cos\beta)^2 \\ & + \cos^2\gamma - 2\cos\gamma(\cos\gamma + \Delta\cos\gamma) + (\cos\gamma + \Delta\cos\gamma)^2,\end{aligned}$$

ou bien

$$\begin{aligned}\left(2\sin\frac{\tau}{2}\right)^2 & = (\Delta\cos\alpha)^2 + (\Delta\cos\beta)^2 + (\Delta\cos\gamma)^2 \\ & = \left(\Delta.\frac{dx}{ds}\right)^2 + \left(\Delta.\frac{dy}{ds}\right)^2 + \left(\Delta.\frac{dz}{ds}\right)^2.\end{aligned}$$

Maintenant, si l'angle τ devient infiniment petit, ce que nous exprimons en remplaçant τ par $d\tau$, il faudra remplacer dans l'équation précédente Δ par d; et comme le sinus d'un arc infiniment petit se confond avec l'arc, on retombera sur la formule (τ).

229. Admettons, ce qui est toujours permis, que le plan osculateur devienne parallèle à celui des xy: on aura $dz = 0$, $d^2 z = 0$, d'où $X = 0$, $Y = 0$,

$$\rho = \pm \frac{(dx^2 + dy^2)^{\frac{3}{2}}}{dxd^2y - dyd^2x};$$

mais ceci est l'expression du rayon de courbure de la projection de la courbe sur le plan xy [196]; et l'on trouverait aussi pour $\xi - x$, $\eta - y$ des valeurs qui s'accordent avec celles des coordonnées du centre de courbure d'une courbe plane; d'où il faut conclure que le rayon de courbure d'une ligne quelconque tracée dans l'espace, se confond en grandeur et en direction avec le rayon de courbure de la projection de cette courbe sur le plan osculateur.

230. Désignons par λ', μ', ν' les angles que fait la

normale au plan osculateur avec des parallèles aux axes
des x, des y et des z : nous aurons

$$= \pm \frac{X}{\sqrt{X^2+Y^2+Z^2}}, \cos\mu' = \pm \frac{Y}{\sqrt{X^2+Y^2+Z^2}}, \cos\nu' = \pm \frac{Z}{\sqrt{X^2+Y^2}}$$

Désignons aussi par $d\theta$ l'angle infiniment petit que forment entre elles les normales aux deux plans osculateurs
infiniment voisins, dont l'un se rapporte au point (x, y, z)
et l'autre au point $(x + dx, y + dy, z + dz)$: on aura,
d'après ce qui vient d'être démontré,

$$d\theta^2 = (d.\cos\lambda')^2 + (d.\cos\mu')^2 + (d.\cos\nu')^2$$

$$: \left(d.\frac{X}{\sqrt{X^2+Y^2+Z^2}}\right)^2 + \left(d.\frac{Y}{\sqrt{X^2+Y^2+Z^2}}\right)^2 + \left(d.\frac{Z}{\sqrt{X^2+Y^2+Z^2}}\right)^2$$

$$= \frac{(X^2+Y^2+Z^2)(dX^2+dY^2+dZ^2) - (XdX+YdY+ZdZ)^2}{(X^2+Y^2+Z^2)^2}$$

$$= \frac{(XdY-YdX)^2 + (ZdX-XdZ)^2 + (YdZ-ZdY)^2}{(X^2+Y^2+Z^2)^2}.$$

On trouve d'ailleurs

$$dX = dyd^3z - dzd^3y, \quad dY = dzd^3x - dxd^3z, \quad dZ = dxd^3y - dyd^3x,$$

$$\frac{XdY-YdX}{dz} = \frac{ZdX-XdZ}{dy} = \frac{YdZ-ZdY}{dx}$$

$$: dz(d^2xd^3y - d^2yd^3x) + dy(d^2zd^3x - d^2xd^3z) + dx(d^2yd^3z - d^2zd^3y)$$

et par suite

$$= \frac{dz(d^2xd^3y - d^2yd^3x) + dy(d^2zd^3x - d^2xd^3z) + dx(d^2yd^3z - d^2zd^3y)}{(dyd^2z - dzd^2y)^2 + (dzd^2x - dxd^2z)^2 + (dxd^2y - dyd^2x)^2}$$

Or, de même que l'expression

$$\frac{d\tau}{ds} = \frac{1}{\rho},$$

où $d\tau$ désigne l'angle de contingence formé par deux
tangentes infiniment voisines, mesure la courbure de la
ligne dans son plan osculateur, ou sa *première courbure*,

de même l'expression

$$\frac{d\theta}{ds},$$

dans laquelle $d\theta$ désigne l'angle de *flexion* formé par deux plans osculateurs consécutifs, mesurera la *seconde courbure* de la ligne ; ce qui justifie la dénomination de *lignes à double courbure*, donnée aux lignes qui ne sont pas planes.

Pour concevoir la rectification d'une ligne à double courbure, on peut imaginer que le premier plan osculateur se rabat sur le second, que ces deux-ci se rabattent sur le troisième, et ainsi de suite, de manière à transformer la ligne en courbe plane ; puis, que la première tangente se rabat sur la seconde, ces deux-ci sur la troisième, et ainsi de suite, de manière à transformer la courbe plane en ligne droite ; sans que la longueur des éléments de la courbe primitive ait été altérée dans cette double opération.

Donc, par une opération en sens inverse ou par deux flexions consécutives, on passerait de la ligne droite à une courbe tracée dans l'espace d'une manière quelconque.

On voit que l'expression de la seconde courbure dépend des différentielles du troisième ordre des coordonnées x, y, z ; tandis que celle de la première courbure dépend seulement des différentielles du premier et du second ordre.

231. La seconde flexion s'évanouit et change de signe en général, quand on a

$$dz(d^2xd^3y - d^2yd^3x) + dy(d^2zd^3x - d^2xd^3z) + dx(d^2yd^3z - d^2zd^3y) = 0 : \qquad (e)$$

on dit alors que la ligne éprouve une *inflexion simple*. Si cette équation de condition se trouve satisfaite pour toutes les valeurs de x, y, z, la courbe est plane.

Quand on prend la coordonnée x pour variable indépendante, l'équation (e) se ramène à la forme très-simple

$$y''z''' - z''y''' = 0 .$$

D'après les équations (d) et (ρ_1), la première flexion s'évanouit lorsqu'on a à la fois

$$X = 0, \ Y = 0, \ Z = 0, \text{ ou } \frac{d^2x}{dx} = \frac{d^2y}{dy} = \frac{d^2z}{dz}. \qquad (f)$$

Ces équations de condition se réduisent à $y'' = 0$, $z'' = 0$, si l'on prend x pour variable indépendante. Il est évident d'après cela que, quand les équations (f) sont satisfaites, l'équation (e) l'est pareillement; mais il n'en faut pas conclure avec quelques auteurs que l'inflexion dans la première courbure, caractérisée par les équations (f), entraîne nécessairement l'existence d'une *inflexion double*. Il en résulte seulement que l'expression de $\frac{d\theta}{ds}$, donnée ci-dessus, se présentera sous la forme $\frac{0}{0}$; et afin d'en déterminer plus commodément la vraie valeur, prenons x pour variable indépendante : nous aurons

$$\frac{d\theta}{ds} = \frac{y''z''' - z''y'''}{(y'z'' - z'y'')^2 + y''^2 + z''^2} .$$

Les deux termes de cette fraction s'évanouissent pour $y'' = 0$, $z'' = 0$, et il en serait de même de leurs dérivées du premier ordre par rapport à la variable indépendante x; mais si l'on passe aux dérivées du second ordre, il viendra

$$\frac{d\theta}{ds} = \frac{y'''z^{\text{IV}} - z'''y^{\text{IV}}}{(y'z''' - z'y''')^2 + y'''^2 + z'''^2} ,$$

valeur qui ne pourrait devenir indéterminée que si l'on avait à la fois $y''' = 0$, $z''' = 0$, et qui est en général différente de zéro.

La même chose se voit par une figure; car soient ${}_{1}m$, m, m_1, m_2 (*fig.* 70) quatre sommets consécutifs du polygone gauche, à côtés infiniment petits, que l'on substitue à la ligne à double courbure: on peut regarder le plan qui passe par les points ${}_{1}m$, m, m_1, comme le plan osculateur en m, et celui qui passe par les points m, m_1, m_2, comme le plan osculateur en m_1 [225]. Ces deux plans se coupent suivant une droite mO. Maintenant rien n'empêche que, sans changer l'inclinaison des deux plans, et en déplaçant seulement leur ligne d'intersection, on amène le côté mm_1 dans le prolongement du côté ${}_{1}mm$; ce qui fait évanouir l'angle de contingence en m, tout en conservant à l'angle de seconde flexion sa valeur.

Mais quand les équations (f) sont satisfaites pour toutes les valeurs de x, y, z, la ligne est droite, et par conséquent l'angle de seconde flexion s'évanouit aussi bien que l'angle de contingence.

232. Une courbe tracée dans l'espace peut être considérée comme l'enveloppe de toutes ses tangentes [189], ou de toutes les droites avec lesquelles sa tangente vient successivement coïncider, en se déplaçant dans l'espace d'après une loi donnée par la forme de la courbe. Mais la réciproque n'est pas vraie; et une droite qui se meut arbitrairement dans l'espace peut ne pas avoir, et n'a pas en général de ligne enveloppe qu'elle vienne successivement toucher en divers points, dans ses différentes positions. Soient, pour plus de généralité,

$$f(\xi, \eta, \zeta, \alpha) = 0, \quad \mathrm{f}(\xi, \eta, \zeta, \alpha) = 0, \qquad (\alpha)$$

les équations d'une ligne quelconque, équations dans lesquelles ξ, η, ζ désignent les coordonnées courantes, et α un paramètre arbitraire dont la variation continue détermine les changements continus que la ligne peut éprouver dans sa forme et dans sa position : les équations de la ligne enveloppe, si elle existe, sont données en ξ, η, ζ par l'élimination de α entre les deux équations précédentes et leurs dérivées par rapport à α,

$$\frac{df}{d\alpha}=0, \quad \frac{dF}{d\alpha}=0. \qquad (\alpha')$$

Mais on aurait ainsi plus d'équations qu'il n'en faut pour déterminer les deux équations de l'enveloppe cherchée; à moins que la valeur de α en ξ, η, ζ, tirée des premières équations (α), (α'), ne fût égale, pour toutes les valeurs des coordonnées, à celle qu'on obtiendrait en éliminant α entre les deux dernières équations des mêmes groupes.

Appliquons ceci aux droites d'intersection de deux plans infiniment voisins, normaux à une courbe donnée : ces droites sont évidemment perpendiculaires aux plans osculateurs correspondants; et l'angle qu'elles forment entre elles, quand elles deviennent infiniment voisines, est précisément celui que nous avons désigné ci-dessus par $d\theta$. Nous avons trouvé [227], pour les équations en ξ, η, ζ, de celle de ces droites qui correspond au point (x, y, z),

$$(\xi-x)dx+(\eta-y)dy+(\zeta-z)dz=0, \qquad (b)$$
$$(\xi-x)d^2x+(\eta-y)d^2y+(\zeta-z)d^2z-ds^2=0. \qquad (b')$$

La variable indépendante t, dont on conçoit que x, y, z sont fonctions [222], tient lieu du paramètre variable que nous désignions tout à l'heure par α; ou, ce qui revient au même, on peut supposer que α varie avec t. Or, nous remarquerons que l'équation (b') a déjà été déduite de l'équation (b) par une différentiation relative à x, y, z, considérés comme fonctions de t. Donc, si l'on différentie de nouveau par rapport à t les équations (b) et

(b'), on n'introduira qu'une équation nouvelle, savoir :

$$(\xi - x)d^3x + (\eta - y)d^3y + (\zeta - z)d^3z$$
$$- 3(dxd^2x + dyd^2y + dzd^2z) = 0 \; ; \qquad (b'')$$

et par conséquent nous tombons dans le cas exceptionnel de l'existence d'une enveloppe. Donc il existe une courbe qui a pour tangentes les normales aux plans osculateurs de la première courbe, chacune de ces normales étant l'intersection de deux plans normaux consécutifs. Selon la remarque de Fourier, l'angle de contingence ou de première flexion, sur la seconde courbe, est égal à l'angle de seconde flexion, au point correspondant sur la première courbe; et réciproquement l'angle de contingence de la première courbe est égal à l'angle de seconde flexion au point correspondant de la seconde courbe. Pour établir la réciproque, qui seule a besoin de preuve, nous remarquerons que les tangentes de la première courbe comprennent des angles égaux à ceux que forment les plans normaux, et que le plan normal de la première courbe est le plan osculateur de la seconde. En effet, l'équation (b) est celle du plan normal; et en vertu des équations (b'), (b''), cette équation subsiste quand on y remplace x, y, z par $x+dx$, $y+dy$, $z+dz$, puis par $x+2dx+d^2x$, $y+2dy+d^2y$, $z+2dz+d^2z$; de sorte qu'il comprend trois points infiniment voisins pris sur la courbe dont les coordonnées courantes sont ξ, η, ζ.

233. Quand on désigne par ξ, η, ζ les coordonnées du centre de courbure, on a, pour déterminer ces trois coordonnées [227], les équations (b), (b'), et en outre l'équation du plan osculateur

$$X(\xi - x) + Y(\eta - y) + Z(\zeta - z) = 0. \qquad (c)$$

Si donc l'on conçoit que les coordonnées x, y, z et leurs différentielles des deux premiers ordres aient été exprimées en fonction d'une variable indépendante t, il n'y aura plus qu'à éliminer t entre ces trois équations pour avoir deux équations en ξ, η, ζ seulement, qui seront celles de la ligne sur laquelle se trouvent tous les centres de courbure de la courbe proposée.

Puisque ξ, η, ζ sont des fonctions de t, nous pouvons différentier l'équation (b) en faisant tout varier, et ainsi il viendra, à cause de l'équation (b'),

$$d\xi dx + d\eta dy + d\zeta dz = 0 : \qquad (g)$$

d'où il suit que la tangente à la nouvelle courbe, menée par le point (ξ, η, ζ), est perpendiculaire à la tangente menée à la courbe proposée, au point (x, y, z), et comprise dans son plan normal.

De même l'équation

$$(\xi - x)^2 + (\eta - y)^2 + (\zeta - z)^2 = \rho^2,$$

quand on y fait tout varier, et qu'on a égard à l'équation (b), donne

$$(\xi - x)\,d\xi + (\eta - y)\,d\eta + (\zeta - z)\,d\zeta = \rho d\rho,$$

d'où l'on tire, en posant $d\xi^2 + d\eta^2 + d\zeta^2 = d\sigma^2$,

$$\pm\frac{d\rho}{d\sigma} = \frac{\xi - x}{\rho}\cdot\frac{d\xi}{d\sigma} + \frac{\eta - y}{\rho}\cdot\frac{d\eta}{d\sigma} + \frac{\zeta - z}{\rho}\cdot\frac{d\zeta}{d\sigma}. \qquad (g_1)$$

Le second membre de cette dernière équation exprime le cosinus de l'angle que le rayon de courbure ρ forme avec la tangente à la courbe qui est le lieu des centres de courbure de la proposée. Quand la proposée est plane, cet angle s'évanouit, et l'on a $d\rho = \pm d\sigma$. De ce résultat, comparé à l'équation (g), on conclut que le lieu des centres de courbure est en même temps la développée de la courbe proposée.

Pour montrer qu'il n'en est plus de même quand la proposée cesse d'être plane, ou que la direction du rayon de courbure ne se confond plus avec celle de la tangente à la ligne des centres de courbure, il suffit de prouver que le système des rayons de courbure n'a pas d'enveloppe, ou qu'on ne peut pas tracer dans l'espace une ligne que tous ces rayons viennent toucher.

A cet effet, remarquons que la direction de la droite ρ est donnée par l'intersection du plan normal et du plan osculateur; qu'ainsi les deux équations de cette droite en ξ, η, ζ sont

$$(\xi - x)dx + (\eta - y)dy + (\zeta - z)dz = 0, \qquad (b)$$
$$X(\xi - x) + Y(\eta - y) + Z(\zeta - z) = 0. \qquad (c)$$

Pour avoir l'équation de l'enveloppe des droites ρ, si elle existe, il faut joindre à ces équations leurs dérivées par rapport à la variable indépendante t. On obtient ainsi, en ayant égard à l'équation (c'),

$$(\xi - x)d^2x + (\eta - y)d^2y + (\zeta - z)d^2z - ds^2 = 0, \quad (b')$$
$$(\xi - x)dX + (\eta - y)dY + (\zeta - z)dZ = 0. \quad (c'_1)$$

Or, des quatre équations (b), (c), (b') et (c'_1) on déduit, par l'élimination des binômes $\xi - x$, $\eta - y$, $\zeta - z$, une équation de condition à laquelle doivent satisfaire les coordonnées x, y, z et leurs différentielles, pour que les droites ρ puissent avoir une enveloppe. Par exemple, les équations (b), (c), (b') donnent les valeurs de $\xi - x$, $\eta - y$, $\zeta - z$, déjà écrites au n° 228, et ces valeurs, substituées dans l'équation (c'_1), la rendent identique avec l'équation (e), laquelle exprime, comme on l'a vu, que la proposée est une courbe plane, quand elle est vérifiée pour toutes les valeurs de x, y, z.

On arriverait au même résultat, mais moins simplement, en exprimant que le second membre de (g_1) doit se réduire à l'unité pour toutes les valeurs de x, y, z.

De ce que la ligne des centres de courbure n'est plus

une développée quand la courbe proposée cesse d'être plane, il ne faudrait pas conclure que les lignes à double courbure ne peuvent avoir de développées : mais comme la construction des développées, pour les lignes à double courbure, se rattache à la théorie des surfaces courbes, nous n'en traiterons que plus loin.

234. Appliquons les formules données dans ce chapitre à la ligne désignée sous le nom d'*hélice*, qui est tracée sur la surface d'un cylindre droit à base circulaire, de manière que la tangente à la courbe forme un angle constant avec les génératrices du cylindre, ou (ce qui revient au même) de manière que la courbe se change en ligne droite par le développement de la surface cylindrique sur un plan. Soient R le rayon du cylindre dont nous supposerons que l'axe se confond avec celui des z; φ l'angle compris entre le plan des xz et celui des plans menés par l'axe dans lequel se trouve le point (x, y, z) de la courbe; a la tangente trigonométrique de l'angle constant formé par la tangente à la courbe avec la génératrice du cylindre : la définition de l'hélice donnera immédiatement

$$x = \mathrm{R}\cos\varphi\,,\ y = \mathrm{R}\sin\varphi\,,\ z = a\mathrm{R}\varphi\,; \qquad (h)$$

du moins en admettant qu'on a fait passer l'axe des x par le point où l'hélice pénètre le plan xy.

On en conclut, pour les équations en coordonnées rectangulaires des projections de la courbe sur les plans des xz et des yz,

$$x = \mathrm{R}\cos\frac{z}{a\mathrm{R}}\,,\ y = \mathrm{R}\sin\frac{z}{a\mathrm{R}}\,; \qquad (h_1)$$

quant à l'équation de la projection de la courbe sur le plan xy, elle se confond évidemment avec celle de la trace du cylindre

$$x^2 + y^2 = R^2 \ . \qquad (h_2)$$

On aurait encore l'équation

$$\frac{y}{x} = \text{tang}\,\frac{z}{aR}, \qquad (h_3)$$

qui est celle de la surface engendrée par une droite qui se mouvrait en restant parallèle au plan xy, de manière à s'appuyer constamment sur l'hélice et sur l'axe du cylindre.

Il est bon de remarquer que le système des équations (h_1) ne représente qu'une seule hélice, savoir celle qui est définie au moyen de l'angle φ par les équations (h); tandis que le système des équations (h_2), (h_3), ou celui qui serait formé de la combinaison de l'équation (h_3) avec l'une des équations (h_1), sont propres à représenter en outre l'hélice qu'on obtiendrait en renplaçant, dans les équations (h), φ par $\pi + \varphi$. Cette superfétation qui a lieu pour certains systèmes de projections et non pour d'autres, est analogue à celle que nous avons signalée à propos de la cycloïde [176].

On trouve pour les équations de la tangente

$$-\frac{\xi - x}{\sin\varphi} = \frac{\eta - y}{\cos\varphi} = \frac{\zeta - z}{a},$$

et pour celle du plan normal

$$(\xi - x)\sin\varphi - (\eta - y)\cos\varphi - a(\zeta - z) = 0 \ .$$

On en conclut que le plan normal forme un angle constant avec celui des xy, ce qui ressort d'ailleurs de la définition de la courbe.

Les coordonnées ξ, η du point où la tangente à l'hélice au point (x, y, z) pénètre le plan xy, sont données par les équations

$$\xi - x = \frac{z}{a}\sin\varphi = R\varphi\sin\varphi, \ \eta - y = -\frac{z}{a}\cos\varphi = -R\varphi\cos\varphi,$$

d'où l'on tire

$$(\xi - x)^2 + (\eta - y)^2 = R^2\varphi^2.$$

Soient $AmBA$ (*fig.* 71) l'intersection du cylindre et du plan xy; A le point où l'hélice pénètre ce plan; $m\mu$ la projection de la tangente à l'hélice au point qui se projette en m sur le plan xy; μ le point où cette tangente pénètre le plan : la droite $m\mu$ touchera le cercle en m; et il résulte de l'équation précédente que la portion de droite $m\mu$ a la même longueur que l'arc Am. Donc, si la tangente à l'hélice se meut en touchant constamment cette courbe, le point μ où elle pénètre le plan xy décrit sur ce plan une développante du cercle donné par l'intersection du cylindre et du plan : et la développante a son rebroussement [221] au point où le plan est pénétré par l'hélice.

235. On a, en prenant l'angle φ pour variable indépendante, ce qui est conforme à la nature de la courbe,

$$dx = -R\sin\varphi d\varphi,\ dy = R\cos\varphi d\varphi,\ dz = aRd\varphi;$$
$$d^2x = -R\cos\varphi d\varphi^2,\ d^2y = -R\sin\varphi d\varphi^2,\ d^2z = 0;$$
$$d^3x = R\sin\varphi d\varphi^3,\ d^3y = -R\cos\varphi d\varphi^3,\ d^3z = 0.$$

Désignons de plus par i l'angle constant dont la tangente est a : il viendra

$$ds = \frac{R}{\cos i}\,d\varphi,\quad d^2s = 0;$$

au moyen de quoi la formule (ρ_2) donnera pour la mesure de la première courbure

$$\frac{1}{\rho} = \frac{\cos^2 i}{R};$$

et l'on aura aussi pour la mesure de la seconde courbure, d'après les formules du n° 230,

$$\frac{d\theta}{ds} = \frac{\sin i\cos i}{R}.$$

L'équation du plan osculateur devient

$$\text{tang}\, i\, [(\xi - x)\sin\varphi - (\eta - y)\cos\varphi] + \zeta - z = 0,$$

ou plus simplement, en vertu des équations (h),

$$\zeta - z = a(\eta\cos\varphi - \xi\sin\varphi)\,;$$

et l'on reconnaît qu'il a une inclinaison constante sur celui des xy.

On a pour les coordonnées ξ, η, ζ du centre de courbure

$$\xi = -a^2 R\cos\varphi\,,\quad \eta = -a^2 R\sin\varphi\,,\quad \zeta = aR\varphi\,, \qquad (\eta)$$

valeurs tout à fait analogues à celles de x, y, z en fonction de φ, et qui montrent que la ligne des centres de courbure est une seconde hélice, tracée sur un cylindre qui a aussi pour axe l'axe des z et dont le rayon est a^2R. D'ailleurs cette ligne se trouve, comme la première hélice, sur la surface définie par l'équation (h_3); et comme les équations (h), (η) donnent les mêmes valeurs pour z et pour ζ, il s'ensuit que les deux hélices ont le même *pas*, ou que les variables z, ζ reçoivent le même accroissement quand l'arc φ augmente d'une circonférence.

Il résulte encore de la comparaison des équations (h), (η) que le rayon de courbure ρ est dirigé suivant le rayon du cylindre (h_2) ou suivant la droite mobile qui décrit la surface (h_3); et par conséquent qu'il coupe à angle droit l'axe de l'hélice. Comme on a de plus

$$d\sigma = \pm R\sin i\,.\,d\varphi\,,\quad \rho = const.\,,$$

on conclut en outre de la formule (g_1) que le rayon ρ coupe à angle droit la tangente à la ligne des centres de courbure. Au surplus, ceci résulte sans calcul de ce que ρ est dirigé suivant le rayon du cylindre sur lequel est placée la seconde hélice, lieu des centres de courbure.

Enfin, dans le cas actuel, la ligne des centres de courbure se confond avec l'enveloppe des droites d'intersection des plans normaux consécutifs, ou avec la ligne dont la seconde flexion est égale à la première flexion de la courbe proposée, et réciproquement.

CHAPITRE VI.

DES PLANS TANGENTS AUX SURFACES COURBES.

236. Nous passons aux applications du calcul différentiel à la théorie des surfaces : applications importantes, même au point de vue de la pratique, dont le développement appartient surtout à Monge et aux élèves de son école, et dans lesquelles consistent les perfectionnements les plus essentiels apportés à la science de l'étendue, depuis les anciens.

Étant donnée l'équation d'une surface rapportée aux coordonnées rectilignes x, y, z, que (pour plus de simplicité) nous supposons rectangulaires, deux des variables, telles que x, y, peuvent être réputées indépendantes ; et la troisième variable z, fonction des deux premières, admet deux dérivées partielles du premier ordre p, q, en sorte qu'on a pour l'expression de sa différentielle totale

$$dz = pdx + qdy,$$

les accroissements infiniment petits dx, dy restant indépendants l'un de l'autre.

Mais si l'on conçoit qu'on ait tracé sur la surface une ligne quelconque passant par le point (x, y, z), il y aura pour les points situés sur cette ligne une dépendance entre y et x, et par suite entre dy et dx, telle qu'on pourra poser

$$dy = y' dx, \quad dz = (p + qy') dx,$$

y' désignant une fonction de x, déterminée en vertu du tracé de la courbe.

Appelons ξ, η, ζ les coordonnées courantes de la tangente à la courbe dont il s'agit, menée par le point (x, y, z) : les équations de cette tangente seront [223]

$$\eta - y = y'(\xi - x), \quad \zeta - z = (p + qy')(\xi - x). \quad (1)$$

Si donc on élimine entre elles y', l'équation résultante appartiendra à la surface sur laquelle se trouvent toutes les tangentes que l'on peut mener, par le point (x, y, z), aux courbes quelconques tracées sur la surface donnée. L'élimination donne

$$\zeta - z = p(\xi - x) + q(\eta - y), \quad (2)$$

équation d'un plan qui aurait ξ, η, ζ pour coordonnées courantes, et auquel on donne le nom de *plan tangent*, parce qu'il est le lieu de toutes les tangentes des courbes tracées sur la surface, et passant par le point de contact.

La proposition cesserait en général d'être exacte, si les deux fonctions p, q, ou seulement l'une d'entre elles, après avoir été ramenées à ne contenir que x et y, au moyen de la valeur de z en x, y, donnée par l'équation de la surface, se présentaient sous l'une des formes indéterminées $\frac{0}{0}$, $\frac{\infty}{\infty}$: car alors [139] les valeurs de p, q dépendent en général de la liaison entre y et x, ou sont fonctions de y'. On ne peut donc plus éliminer y' entre les équations (1) tant que la composition des fonctions p, q en y' n'est pas donnée; et lorsqu'elle l'est, l'élimination ne conduit plus en général à une équation linéaire en ξ, η, ζ. Le point (x, y, z) est alors un point *saillant* de la surface donnée, et le lieu des tangentes devient une surface conique, c'est-à-dire, une surface du genre de celles que décrit une droite en tournant d'une manière quelconque autour d'un point fixe. Si, par exemple, on fait tourner un arc de cercle, moindre qu'une demi-circonférence, autour de sa corde, les deux points extrêmes de l'arc sont des points saillants de la surface engendrée par ce mouvement de rotation, et le lieu des tangentes aux courbes tracées sur la surface, à partir de chacun de ces points, est la surface d'un cône droit.

Le plan tangent peut n'avoir qu'un point de commun avec la surface, ce qui est une propriété des surfaces convexes en tous leurs points, comme celles de la sphère et de l'ellipsoïde. Mais plus généralement ce plan peut couper la surface, et même la couper suivant une ligne passant par le point de contact, ce qui n'empêche pas qu'il ne soit le lieu des tangentes à toutes les courbes tracées en ce point sur la surface. Cette ligne d'intersection sépare sur la surface les lignes qui s'élèvent au-dessus du plan tangent de celles qui s'abaissent au-dessous du même plan.

Par exemple, si le cercle MNM'N' (*fig.* 73) tourne autour de la droite PP' comprise dans son plan, il engendre une surface connue sous le nom *d'anneau* ou de *surface annulaire* : dans la portion de la surface engendrée par la rotation du demi-cercle MNM' le plan tangent n'a qu'un point de commun avec la surface, tandis que dans l'autre portion, engendrée par la rotation du demi-cercle MN'M', la surface est coupée par son plan tangent.

237. Soit $F(x, y, z) = 0$ l'équation de la surface, et exprimons les dérivées p, q au moyen des dérivées partielles de la fonction F : l'équation du plan tangent deviendra

$$(\xi - x)\frac{dF}{dx} + (\eta - y)\frac{dF}{dy} + (\zeta - z)\frac{dF}{dz} = 0\,;$$

c'est-à-dire qu'on la déduit de $dF = 0$, en remplaçant les

différentielles dx, dy, dz par les différences $\xi - x$, $\eta - y$, $\zeta - z$ [172].

La droite menée par le point de contact, perpendiculairement au plan tangent, est la *normale* à la surface, et les plans qui comprennent la normale se nomment *plans normaux*. L'intersection de la surface et de l'un quelconque de ses plans normaux est qualifiée de *section normale*, et, par opposition, les autres sections planes de la surface sont appelées *sections obliques*.

Les deux équations da la normale se tirent de la formule

$$\frac{\xi - x}{\frac{dF}{dx}} = \frac{\eta - y}{\frac{dF}{dy}} = \frac{\zeta - z}{\frac{dF}{dz}},$$

ou

$$\frac{\xi - x}{p} = \frac{\eta - y}{q} = -(\zeta - z).$$

Soient λ, μ, ν les angles de la normale avec des parallèles aux axes des x, y, z, ces angles étant mesurés du côté des coordonnées positives, et posons

$$R = \pm \sqrt{\left(\frac{dF}{dx}\right)^2 + \left(\frac{dF}{dy}\right)^2 + \left(\frac{dF}{dz}\right)^2}:$$

nous aurons

$$\cos\lambda = \frac{1}{R} \cdot \frac{dF}{dx}, \quad \cos\mu = \frac{1}{R} \cdot \frac{dF}{dy}, \quad \cos\nu = \frac{1}{R} \cdot \frac{dF}{dz},$$

ou bien

$$\cos\lambda = \frac{\pm p}{\sqrt{1+p^2+q^2}}, \quad \cos\mu = \frac{\pm q}{\sqrt{1+p^2+q^2}}, \quad \cos\nu = \frac{\mp 1}{\sqrt{1+p^2+q^2}}.$$

Les lettres λ, μ, ν désignent encore les angles du plan tangent avec ceux des yz, des xz et des xy. Toutes ces formules sont d'un usage très-fréquent.

238. Soit

$$dF = X dx + Y dy + Z dz = 0 \tag{4}$$

l'équation différentielle commune à une série de surfaces,

$$F(x, y, z) = a, \qquad (5)$$

qui ne diffèrent que par la valeur du paramètre a : les équations de la normale pourront s'écrire sous la forme

$$Y(\xi - x) - X(\eta - y) = 0, \quad Z(\xi - x) - X(\zeta - z) = 0;$$

et ce seront les équations des droites qui touchent au point (x, y, z) des lignes tracées dans l'espace, ayant la propriété de satisfaire aux équations différentielles

$$Y - X\frac{dy}{dx} = 0, \quad Z - X\frac{dz}{dx} = 0.$$

Donc ces lignes ont aussi la propriété de rencontrer sous l'incidence normale toutes les surfaces représentées par l'équation (5) ou par l'équation (4), conformément à ce qui a été annoncé [129 *et* 151].

239. Appliquons les formules précédentes à l'équation

$$\frac{x^2 + y^2}{a^2} - \frac{z^2}{c^2} = 1, \qquad (6)$$

qui appartient (comme il est facile de le voir d'après sa forme) à la surface engendrée par la révolution d'une hyperbole autour de son axe non transverse : surface que l'on désigne sous le nom d'*hyperboloïde de révolution à une nappe*, pour la distinguer de l'*hyperboloïde de révolution à deux nappes*, décrit par la rotation d'une hyperbole autour de son axe transverse.

On trouve pour l'équation du plan tangent

$$\frac{x\xi + y\eta}{a^2} - \frac{z\zeta}{b^2} = 1. \qquad (7)$$

Lorsqu'on y considère ξ, η, ζ comme des constantes, et x, y, z comme les coordonnées courantes, cette équation appartient à un plan qui coupe l'hyperboloïde suivant une courbe, lieu des points de contact de l'hyperboloïde avec tous les plans tangents assujettis à passer par le point (ξ, η, ζ). Un calcul semblable, appliqué à l'équation générale des surfaces du second degré, montre également que si, par un point donné, on mène des plans tangents à l'une quelconque de ces surfaces, le lieu de tous les points de contact est une courbe plane du second degré. Il en résulte que la surface conique, circonscrite à une surface du second degré, est un cône du second degré.

Si le plan tangent (7) coupe l'hyperboloïde en même temps qu'il le touche, les équations de la ligne d'intersection sont données en ξ, η, ζ par la combinaison de l'équation (7) avec la suivante,

$$\frac{\xi^2+\eta^2}{a^2}-\frac{\zeta^2}{b^2}=1\,. \qquad (8)$$

Or, la combinaison des équations (6), (7), (8) donne

$$\left(\frac{x^2+y^2}{a^2}\right)\left(\frac{\xi^2+\eta^2}{a^2}\right)-\left(\frac{x\xi+y\eta}{a^2}\right)^2=\left(1+\frac{z^2}{b^2}\right)\left(1+\frac{\zeta^2}{b^2}\right)-\left(1+\frac{z\zeta}{b^2}\right.$$

ou bien

$$\left(\frac{x\eta-y\xi}{a^2}\right)^2=\left(\frac{z-\zeta}{b}\right)^2;$$

et cette dernière équation se décompose en

$$\frac{x\eta-y\xi}{a^2}=\frac{z-\zeta}{b},\quad \frac{x\eta-y\xi}{a^2}=-\frac{z-\zeta}{b}.$$

L'une ou l'autre de ces équations, associée à l'équation (7), représente une droite. Donc le plan tangent coupe la surface suivant deux droites menées par le point de contact : chacune de ces droites se déplace avec le point (x, y, z), et conséquemment l'hyperboloïde peut être décrit par chacune de ces droites mobiles.

Rien n'empêche de faire, dans les équations (6) et (7), $z=0$, ce qui revient à prendre pour le point de contact un des points du cercle $x^2+y^2=a^2$, suivant lequel l'hyperboloïde est coupé par le plan xy. L'équation (7) se réduit alors à $x\xi+y\eta=a^2$, et elle exprime évidemment que les droites mobiles dont il était question tout à l'heure ont pour projection sur le plan xy des droites tangentes au cercle engendré par la rotation de l'un ou de l'autre des sommets de l'hyperbole. On donne à ce cercle le nom de *cercle de gorge* ou de *ligne de striction*.

240. Mettons l'équation d'une surface sous la forme $z=f(x,y)$: on aura [157]

$$f(x+\Delta x,\, y+\Delta y)=f(x,y)+p\Delta x+q\Delta y$$
$$+\frac{1}{2}\left[\frac{d^2f(x+\theta\Delta x,\, y+\theta\Delta y)}{dx^2}\Delta x^2+2\frac{d^2f(x+\theta\Delta x,\, y+\theta\Delta y)}{dxdy}\Delta x\Delta y\right.$$
$$\left.+\frac{d^2f(x+\theta\Delta x,\, y+\theta\Delta y)}{dy^2}dy^2\right],$$

θ désignant un nombre compris entre zéro et l'unité. Soit

$$\zeta-z=m(\xi-x)+n(\eta-y) \qquad (2')$$

l'équation d'un plan quelconque, assujetti à passer par le point (x,y,z) : son ordonnée ζ, correspondant aux abscisses $\xi=x+\Delta x$, $\eta=y+\Delta y$, a pour valeur

$$\zeta=z+m\Delta x+n\Delta y=f(x,y)+m\Delta x+n\Delta y,$$

d'où

$$f(x+\Delta x,\, y+\Delta y)-\zeta=(p-m)\Delta x+(q-n)\Delta y$$
$$+\frac{1}{2}\left[\frac{d^2f(x+\theta\Delta x,\, y+\theta\Delta y)}{dx^2}\Delta x^2+2\frac{d^2f(x+\theta\Delta x,\, y+\theta\Delta y)}{dxdy}\Delta x\Delta y\right.$$
$$\left.+\frac{d^2f(x+\theta\Delta x,\, y+\theta\Delta y)}{dy^2}\Delta y^2\right].$$

Δx, Δy étant des quantités très-petites du premier ordre et d'ailleurs quelconques, la différence des ordonnées de la surface et du plan

$$f(x+\Delta x,\, y+\Delta y)-\zeta \qquad (\Delta)$$

est une quantité très-petite du premier ordre, tant que les termes

$$(p-m)\Delta x+(q-n)\Delta y,$$

vis-à-vis desquels on peut négliger la seconde partie de la valeur de (Δ), ne s'évanouissent pas; mais si l'on a $m=p$, $n=q$, ou si le plan (2') se confond avec le plan tangent (2), la différence (Δ) se réduit à une quantité très-petite du second ordre. D'ailleurs on reconnaît aisément que la perpendiculaire abaissée du point $(x+\Delta x, y+\Delta y, z+\Delta z)$ sur le plan (2') est en général une quantité de l'ordre de (Δ). Donc on peut considérer le plan tangent comme un plan qui se rapproche de la surface, dans le voisinage du point de contact, plus que ne le ferait tout autre plan passant par le même point [203].

CHAPITRE VII.

CARACTÈRES ANALYTIQUES DES PRINCIPALES FAMILLES DE SURFACES.

241. On sait que toute liaison mathématique ou empirique entre les variables x, y, z, désignée d'une manière générale par

$$F(x, y, z) = 0, \qquad (1)$$

donne lieu à la construction d'une surface, quand on considère x, y, z comme les trois coordonnées qui fixent la position d'un point dans l'espace. Mais en général la surface ainsi construite ne serait pas définie géométriquement; et maintenant qu'il s'agit, non plus de figurer dans l'étendue les conceptions de l'analyse, mais d'appliquer l'analyse à la théorie de l'étendue, nous n'avons réellement à considérer que les surfaces caractérisées par des propriétés géométriques.

Il peut se faire que la définition géométrique d'une surface se traduise immédiatement par une équation entre ses coordonnées courantes; ainsi l'équation

$$x^2 + y^2 + z^2 = R^2$$

exprime immédiatement ce caractère géométrique par lequel on peut définir la surface d'une sphère : savoir, que tous ses points sont à une distance constante d'un autre point pris ici pour origine des coordonnées. Mais, plus ordinairement, la définition géométrique d'une surface consiste à assigner la loi de la description de la surface par une ligne : soit que la ligne se meuve simplement dans l'espace sans changer de forme, soit qu'elle change de forme en même temps qu'elle se déplace. Dans ce cas, l'équation (1) est censée donnée par l'élimination du paramètre α entre les équations

$$f(x, y, z, \alpha) = 0, \quad \mathrm{f}(x, y, z, \alpha) = 0, \qquad (2)$$

qui sont celles d'une ligne tracée dans l'espace : cette ligne, à laquelle on donne le nom de *génératrice*, variant continuellement, ou de position et de forme, ou au moins de position, avec le paramètre α.

On dit encore que la surface (1) est le lieu géométrique de toutes les lignes que donne le système des équations (2), quand on y fait varier sans discontinuité le paramètre α.

Ainsi, le cône droit que l'on considère dans les éléments de géométrie est la surface décrite par une droite qui se meut en passant constamment par un point fixe, et en faisant avec une autre droite menée par le même point un angle constant. On pourrait encore regarder la surface du cône comme décrite par un cercle de rayon variable, dont le centre se meut sur l'axe du cône tandis que son plan reste perpendiculaire à cet axe, et dont le rayon est proportionnel à la distance du sommet du cône au centre du cercle mobile.

242. Ceci conduit à la distribution des surfaces en familles, d'après les analogies géométriques de leurs modes de description; et cette distribution, aussi curieuse en elle-même qu'utile pour l'intelligence des opérations des arts, a de plus pour nous cet intérêt, qu'elle se lie étroitement à la théorie des fonctions, telle que nous l'avons conçue. Il ne faut point la confondre avec la classification des lignes ou des surfaces algébriques d'après le degré de leurs équations, quoique les con-

nexions de la géométrie et de l'algèbre établissent souvent des analogies entre les lignes ou entre les surfaces associées par le degré de leurs équations algébriques [207].

Par exemple, le cône droit dont il était question tout à l'heure appartient à la famille des surfaces *coniques*, qui ont pour caractère générique d'être décrites par une droite assujettie à passer constamment par un point fixe. De même le cylindre droit dont on s'occupe dans les éléments appartient à la famille des surfaces *cylindriques*, engendrées par une droite qui se meut en restant constamment parallèle à elle-même. Pour diriger, dans l'un et dans l'autre cas, le mouvement de la droite génératrice, rien n'empêche de substituer au cercle qui donne le cylindre et le cône ordinaires, une courbe quelconque, algébrique ou transcendante, ou tracée dans l'espace d'une manière absolument arbitraire. En général, on appelle lignes *directrices* celles sur lesquelles s'appuie la ligne génératrice pour décrire une surface déterminée.

La distribution des surfaces en familles diffère d'une classification proprement dite [18] en ce sens que la même surface peut se ranger dans diverses familles, selon les analogies diverses que son mode de description manifeste. Ainsi, l'on peut encore considérer le cône et le cylindre ordinaires comme appartenant à la famille des surfaces *de révolution*, qui ont pour caractère générique d'être décrites par une ligne plane, que l'on nomme *ligne méridienne*, tournant autour d'un axe fixe compris dans le plan de la méridienne, ou dans le *plan méridien*. La ligne méridienne se réduit à une droite, parallèle ou oblique à l'axe de rotation, dans le cas du cylindre ou du cône droits, mais elle peut être une courbe tracée arbitrairement dans le plan méridien.

Ainsi, l'on conçoit que des surfaces dont les équations ne sont pas algébriques et ne peuvent même s'écrire avec des signes mathématiques, sont pourtant susceptibles de jouir de propriétés communes et d'être géométriquement étudiées, sous le rapport des caractères génériques qui ont servi à les grouper.

Classe des surfaces réglées.

243. On appelle surfaces *réglées* toutes celles que peut décrire une droite en se mouvant dans l'espace d'une manière quelconque. On renversera cette définition en disant que, par un point quelconque pris sur une surface réglée, on peut mener une droite qui s'applique en tous ses points sur la surface. Le plan tangent à une surface réglée, comprenant toutes les tangentes aux lignes menées sur la surface par le point de contact, comprend la génératrice menée par ce point, puisqu'une ligne se confond avec sa tangente, quand elle devient droite.

Les équations de la droite génératrice, étant mises sous la forme

$$y = \alpha x + \gamma, \quad z = \beta x + \delta,$$

ne doivent contenir qu'un paramètre arbitraire, sans quoi il n'existerait pas de surface, lieu de toutes les génératrices : ainsi l'on a

$$\beta = \varphi\alpha, \quad \gamma = \psi\alpha, \quad \delta = \varpi\alpha;$$

de sorte que le système des deux équations

$$y = \alpha x + \psi\alpha, \quad z = x\varphi\alpha + \varpi\alpha, \qquad (3)$$

où φ, ψ, ϖ entre [illegible] ctéristiques de fonctions arbitraires, est propre à représenter une surface réglée quelconque.

En général, les deux génératrices infiniment voisines, pour lesquelles le paramètre variable prend les valeurs α et $\alpha+d\alpha$, ne se rencontrent pas : ce qui revient à dire [232] qu'il n'existe pas dans l'espace de ligne qui soit l'enveloppe de toutes les droites génératrices; car les équations de l'enveloppe, si elle existait, résulteraient de l'élimination de α entre les équations (3) et leurs dérivées prises par rapport à α,

$$x+\psi'\alpha=0, \quad x\varphi'\alpha+\varpi'\alpha=0.$$

Mais, pour que ces deux dernières équations puissent exister ensemble, il faut qu'on ait

$$\varpi'\alpha=\varphi'\alpha.\,\psi'\alpha, \tag{4}$$

équation de condition qui ne laisse arbitraires et indépendantes que deux des fonctions φ, ψ, ϖ.

Quand elle n'est pas satisfaite, et que les droites génératrices n'ont pas d'enveloppe, la surface réglée est qualifiée de *surface gauche* : au cas contraire, elle est qualifiée (par une raison que nous expliquerons bientôt) de *surface développable*.

244. Si les fonctions φ, ψ, ϖ étaient données, l'équation de la surface réglée correspondante résulterait de l'élimination de α entre les deux équations (3). On peut donc considérer dans ces deux équations les variables α et z comme fonctions des deux variables indépendantes x, y. En prenant les dérivées de la première équation par rapport à chacune des variables indépendantes, on a

$$\frac{d\alpha}{dx}(x+\psi'\alpha)=-\alpha, \quad \frac{d\alpha}{dy}(x+\psi'\alpha)=1; \tag{5}$$

et en opérant de même sur la seconde

$$\frac{d\alpha}{dx}(x\varphi'\alpha+\varpi'\alpha)=p-\varphi\alpha, \quad \frac{d\alpha}{dy}(x\varphi'\alpha+\varpi'\alpha)=q. \tag{6}$$

On en conclut

$$\frac{d\alpha}{dx}:\frac{d\alpha}{dy}=\frac{p-\varphi\alpha}{q}=\alpha\,; \tag{7}$$

de sorte qu'on peut aussi représenter une surface réglée quelconque par le système des deux équations

$$y=\alpha x+\psi\alpha,\quad p+\alpha q=\varphi\alpha,$$

où entrent les dérivées du premier ordre p et q, mais où n'entrent plus que deux signes de fonctions arbitraires φ et ψ. La seconde de ces équations donne, par deux différentiations relatives à x et à y,

$$\frac{d\alpha}{dx}(\varphi'\alpha-q)=r+\alpha s,\quad \frac{d\alpha}{dy}(\varphi'\alpha-q)=s+\alpha t,$$

d'où, en vertu de l'équation (7),

$$-\alpha=\frac{r+\alpha s}{s+\alpha t},\ \text{ou}\ \alpha^2 t+2\alpha s+r=0\,. \tag{8}$$

Donc une surface réglée quelconque peut encore être représentée par le système

$$y=\alpha x+\psi\alpha,\quad \alpha^2 t+2\alpha s+r=0,$$

où entrent les dérivées partielles du second ordre r, s, t, mais où n'entre plus que le signe de fonction arbitraire ψ. Enfin, si nous différentions l'équation (8) par rapport à x et à y, il viendra

$$2\frac{d\alpha}{dx}(s+\alpha t)=-(\alpha^2 w+2\alpha u+u),$$

$$2\frac{d\alpha}{dy}(s+\alpha t)=-(\alpha^2 v+2\alpha w+u),$$

et par conséquent

$$-\alpha=\frac{\alpha^2 w+2\alpha u+u}{\alpha^2 v+2\alpha w+u},\ \text{ou}\ \alpha^3 v+3\alpha^2 w+3\alpha u+u=0. \tag{9}$$

Si maintenant on élimine α entre les équations (8) et (9), on aura une équation aux différences partielles du troisième ordre, délivrée de tout signe de fonction arbitraire, ayant la même généralité que le système des équations (3), et convenant comme celles-ci aux surfaces réglées quelconques.

On arrive très-directement au même résultat en considérant que, sur une surface réglée quelconque, trois plans tangents infiniment voisins se coupent suivant une même droite, qui est l'une des génératrices, lorsque les trois points de contact infiniment voisins sont pris sur cette génératrice même.

En effet, l'équation du plan tangent

$$\zeta - z = p(\xi - x) + q(\eta - y)$$

a pour dérivées des deux premiers ordres

$$\left.\begin{array}{l} dp(\xi - x) + dq(\eta - y) = 0, \\ d^2p(\xi - x) + d^2q(\eta - y) - (dxdp + dydq) = 0; \end{array}\right\} \quad (10)$$

et elles devront chacune, par leur combinaison avec l'équation du plan tangent, déterminer la même ligne droite; ce qui entraîne

$$\frac{dx}{\xi - x} = \frac{dy}{\eta - y} = \frac{dz}{\zeta - z},$$

et ce qui réduit les équations (10) à

$$dpdx + dqdy = 0, \quad d^2pdx + d^2qdy = 0,$$

ou bien à

$$r + sy' + (s + ty')y' = 0,$$
$$u + 2uy' + wy'^2 + (u + 2wy' + vy'^2)y' = 0.$$

Il faudra en outre que l'on tire de ces deux équations la même valeur de la tangente y' de l'angle que la projection de la génératrice sur le plan xy fait avec l'axe des x; et en effet les deux équations précédentes ne diffèrent respectivement des équations (8) et (9) que par le changement de α en y'.

Ordre des surfaces développables.

245. Quand les droites génératrices ont une enveloppe, et que l'équation (4) est satisfaite, les équations (6) deviennent, par la substitution de la valeur de $\varpi'\alpha$,

$$\varphi'\alpha\cdot\frac{d\alpha}{dx}(x+\psi'\alpha)=p-\varphi\alpha\,,\quad \varphi'\alpha\cdot\frac{d\alpha}{dy}(x+\psi'\alpha)=q\,,$$

d'où l'on tire, en vertu des équations (5),

$$p=\varphi\alpha-\alpha\varphi'\alpha\,,\quad q=\varphi'\alpha\,.$$

Si la fonction φ était donnée, on éliminerait α entre ces dernières équations, et l'on en tirerait

$$p=\Pi q\,. \tag{Π}$$

Tant que la fonction φ reste arbitraire, la fonction Π qui s'en déduit conserve la même indétermination; et réciproquement l'indétermination de Π maintient l'indétermination de φ : les surfaces développables sont donc caractérisées indifféremment, ou par le système des équations (3) et (4) qui renferment les coordonnées x, y, z et trois fonctions arbitraires, dont deux indépendantes; ou par l'équation (Π) qui ne renferme que les dérivées p et q sous un signe unique de fonction arbitraire.

On fait disparaître le signe Π en passant aux dérivées du second ordre, et il vient, comme on l'a déjà trouvé [168],

$$rt-s^2=0\,.$$

Le plan tangent à une surface développable touche la surface sur tout le prolongement de la droite génératrice comprise dans ce plan tangent. En effet, la condition pour le plan tangent de passer par une génératrice donnée établit, pour tous les points de contact situés sur cette génératrice, la même équation de condition entre les dérivées p, q; et si l'on y joint l'équation (Π), les quantités p, q se trouvent individuellement détermiıées, et ont mêmes valeurs pour tous ces points de ontact.

De cette proposition établie pour les surfaces dévelop- ›ables il faut conclure inversement que, pour les sur- aces gauches, le plan tangent qui comprend toujours a génératrice menée par le point de contact, ne touche ›as la surface, et par conséquent la coupe en tout autre point de la droite génératrice.

246. Les surfaces développables sont ainsi appelées parce qu'elles peuvent s'étaler ou se développer sur un plan sans déchirure ni duplicature, ou sans qu'une ligne quelconque, tracée sur la surface, ait été raccourcie ou allongée dans aucun de ses éléments. Considérons en effet une suite de génératrices infiniment voisines, $m\mu$, $m_1\mu_1$, $m_2\mu_2$,... (*fig.* 72), qui se coupent deux à deux, de manière à avoir pour ligne enveloppe le polygone gauche infinitésimal $\mu\mu_1\mu_2$..... L'élément plan $m\mu m_1$ pourra tourner autour de la droite $m_1\mu\mu_1$, pour venir se rabattre sur le plan de l'élément contigu $m_1\mu_1 m_2$; ces deux éléments, ainsi ramenés dans un même plan, se rabattront à leur tour sur le plan de l'élément $m_2\mu_2 m_3$, et ainsi de suite. Nous reviendrons dans le chapitre suivant, par d'autres considérations, sur cette propriété des surfaces développables et sur les conséquences qu'on en peut tirer.

La ligne $\mu\mu_1\mu_2$,... ou l'enveloppe des génératrices $m\mu$, $m_1\mu_1$, $m_2\mu_2$, etc., se nomme l'*arête de rebroussement* de la surface développable qui est le lieu de toutes ces génératrices. Chaque ligne à double courbure peut donc être considérée comme l'arête de rebroussement d'une surface développable, décrite par une droite qui se meut en restant tangente à cette ligne. En conséquence, pour compléter la théorie des lignes à double courbure, il convient de la rattacher à celle des surfaces développables, ainsi que nous le ferons plus loin.

L'arête de rebroussement peut se réduire à un point, comme cela arrive pour les surfaces coniques qui sont évidemment développables. Quand le point d'intersection de toutes les génératrices s'éloigne à l'infini, la surface, sans cesser d'être développable, devient une surface cylindrique. Nous allons traiter plus particulièrement de ces deux familles de surfaces développables.

Famille des surfaces cylindriques.

247. Mettons les équations de la droite génératrice sous la forme

$$x = az + \alpha, \quad y = bz + \beta\,; \tag{11}$$

on aura entre les paramètres variables α, β, une liaison

$$\beta = \varphi\alpha, \tag{\varphi}$$

d'où

$$y - bz = \varphi(x - az). \tag{12}$$

Tant que les coefficients a, b et la fonction φ conservent leur indétermination, l'equation (12) convient à une surface cylindrique quelconque. Si l'on assigne aux coefficients a, b des valeurs numeriques, on assujettit les generatrices à faire, avec les parallèles aux axes des coordonnées, des angles determinés.

Après avoir pris les dérivées de l'équation (12) par rapport à chacune des variables indépendantes x, y, on éliminera à la manière ordinaire la fonction φ', et il viendra

$$[illegible]\; q = 1, \tag{13}$$

équation aux [illegible]rtielles, qui a précisément la

ndue que l'équation (12) dont elle dérive. D'a-
gnification géométrique des dérivées p, q, l'é-
(13) exprime que le plan tangent est toujours
à la droite $x=az$, $y=bz$; et l'on aurait pu
r sur cette propriété du plan tangent aux sur-
indriques, pour écrire directement l'équation

On donne le nom de *section droite* à la courbe
ction d'une surface cylindrique et d'un plan per-
aire à ses génératrices. Pour déterminer cette
roite, ou, plus généralement, pour déterminer
on arbitraire φ qui entre dans l'équation (12),
assujettir la surface à passer par une courbe *di-*
donnée [242]. Soient

$$\left.\begin{aligned} f(x, y, z) &= 0, \quad (f) \\ \mathrm{f}(x, y, z) &= 0, \quad (\mathrm{f}) \end{aligned}\right\} \quad (f, \mathrm{f})$$

ions de la directrice : on éliminera x, y, z en-
quations (11), (f, f), et il viendra pour résul-
équation de la forme

$$\mathrm{F}(\alpha, \beta) = 0, \tag{F}$$

être identique avec (φ), et qui détermine par
nt la fonction φ. D'ailleurs, si l'on remet dans
n (F), pour α et β leurs valeurs en x, y, z, il

$$\mathrm{F}(x - az, y - bz) = 0, \tag{14}$$

a l'équation de la surface cylindrique demandée.
le cas où la courbe directrice serait tracée dans
y et aurait pour équation.

$$f(x, y) = 0,$$

n (F) se changerait en $f(\alpha, \beta) = 0$, et l'on au-
r l'équation (14)

$$f(x - az, y - bz) = 0. \tag{15}$$

Cette dernière équation exprime que la section de la surface par un plan parallèle à celui des xy, dont l'ordonnée est z, se projette en xy suivant une ligne identique avec la directrice, et qu'on obtiendrait en faisant glisser la directrice sur le plan xy, parallèlement à la droite dont l'angle avec l'axe des x a pour tangente $\frac{b}{a}$, de manière que tous les points de la directrice décrivissent des portions de droites parallèles, égales en longueur à $z\sqrt{a^2+b^2}$. Par conséquent, l'équation (15) a un sens géométrique déterminé; et elle ramène à des constructions faciles tous les problèmes que l'on peut se proposer concernant les surfaces cylindriques, sans qu'il soit besoin de faire perdre à la fonction f de sa généralité, en lui attribuant une expression mathématique; au lieu que l'équation (14) n'a par elle-même aucun sens, quand l'élimination entre les équations (11), (f), (f) n'est pas praticable, ou lorsque les fonctions f et f cessent d'avoir une expression mathématique. Toutefois, du moment que la courbe directrice est donnée par le tracé de ses projections sur deux plans rectangulaires, la géométrie descriptive enseigne à construire par points la courbe d'intersection de la surface cylindrique et d'un plan donné, tel que celui de xy : de sorte que le système d'opérations graphiques usitées dans cette branche de la géométrie se rattache à la théorie des fonctions continues quelconques, comme tenant lieu d'éliminations analytiquement impossibles.

Si la surface cylindrique doit être tangente à une surface définie par une équation telle que (f), comme dans le problème des ombres lorsque le point lumineux s'éloigne à l'infini, on tirera de (f) les valeurs de p, q en x, y, z, et on les substituera dans l'équation (13), ce qui donnera une seconde équation (f) appartenant à la ligne de contact du cylindre et de la surface (f). Rien n'empêchera de prendre cette ligne de contact (f, f) pour directrice, et d'achever la solution du problème comme précédemment.

Famille des surfaces coniques.

249. Les équations de la droite mobile qui décrit une surface conique en passant constamment par le point (x_0, y_0, z_0), peuvent être mises sous la forme

$$x-x_0=\alpha(y-y_0),\quad z-z_0=\beta(x-x_0). \qquad (16)$$

On doit supposer les paramètres α, β liés par une équation telle que (φ), et alors il vient

$$\frac{z-z_0}{x-x_0}=\varphi\left(\frac{x-x_0}{y-y_0}\right). \qquad (17)$$

Tant que les constantes x_0, y_0, z_0 et le signe φ conservent leur indétermination, cette équation est propre à représenter une surface conique quelconque. On élimine la caractéristique φ par le procédé ordinaire, et l'on tombe sur l'équation aux différences partielles

$$z-z_0=p(x-x_0)+q(y-y_0). \qquad (18)$$

On y parvient encore directement en considérant que le plan tangent à la surface conique doit toujours passer par le point (x_0, y_0, z_0), centre de la surface.

Lorsqu'on prend ce centre pour origine des coordonnées, l'équation (17) se réduit à

$$\frac{z}{x}=\varphi\left(\frac{x}{y}\right)=\psi\left(\frac{y}{x}\right),$$

et, d'après sa forme, elle est homogène par rapport aux variables x, y, z. Dans la même circonstance, l'équation (18) devient

$$z=px+qy,$$

ce qui s'accorde avec le théorème des fonctions homogènes [122].

Si la surface conique a pour courbe directrice la ligne (f, f), on éliminera x, y, z entre les équations (16), (f), (f), ce qui conduira à une équation finale (F), laquelle détermine implicitement la fonction φ. Remettant pour α, β leurs valeurs en x, y, z, on aura pour l'équation de la surface conique

$$\mathrm{F}\left(\frac{x-x_0}{y-y_0}, \frac{z-z_0}{x-x_0}\right)=0 . \qquad (19)$$

Dans le cas où la fonction f ne serait pas donnée directement, mais devrait être déterminée par la condition que la surface conique touchât la surface (f), cas qui se présente dans le problème des ombres lorsque le point lumineux est à une distance finie du corps opaque placé sur le trajet des rayons, on tirerait de l'équation (f) les valeurs de p, q en x, y, z ; on les substituerait dans l'équation (18), et l'on obtiendrait ainsi l'équation (f).

Ordre des surfaces gauches, ayant une directrice rectiligne.

250. Si l'on prend pour directrice l'axe des z, les équations de la génératrice, mises sous la forme

$$z=x\varphi\alpha+\alpha, \quad z=y\psi\alpha+\alpha, \qquad (20)$$

satisferont à la définition des surfaces comprises dans cet ordre. On en conclut

$$\frac{x}{y}=\frac{\psi\alpha}{\varphi\alpha}, \text{ ou } \alpha=\varpi\left(\frac{y}{x}\right) ;$$

d'après quoi l'on peut remplacer le système des équations (20) par l'une quelconque des deux suivantes

$$z=x\varphi_1\left(\frac{y}{x}\right)+\varpi\left(\frac{y}{x}\right), \qquad (21)$$

$$z=y\psi_1\left(\frac{y}{x}\right)+\varpi\left(\frac{y}{x}\right) ; \qquad (22)$$

es fonctions φ_1, ψ_1 étant liées par l'équation de condition

$$\varphi_1\left(\frac{y}{x}\right)=\frac{y}{x}\psi_1\left(\frac{y}{x}\right).$$

Différentions l'équation (21) par rapport à y et à x : il viendra

$$p=\varphi_1\left(\frac{y}{x}\right)-\frac{y}{x}\left[\varphi'_1\left(\frac{y}{x}\right)+\frac{1}{x}\varpi'\left(\frac{y}{x}\right)\right],$$

$$q=\varphi'_1\left(\frac{y}{x}\right)+\frac{1}{x}\varpi'\left(\frac{y}{x}\right),$$

d'où

$$\frac{px+qy}{x}=\varphi_1\left(\frac{y}{x}\right), \qquad (23)$$

et en différentiant de nouveau, pour éliminer φ_1,

$$x^2r+2xys+y^2t=0. \qquad (24)$$

Pour tirer l'équation (24) de considérations géométriques directes, nous remarquerons que, si l'on mène par le point (x, y, z) deux plans, l'un passant par l'axe des z, l'autre tangent à la surface en ce point, ces deux plans qui auront respectivement pour équations

$$y(\xi-x)-x(\eta-y)=0, \qquad (25)$$

$$\zeta-z=p(\xi-x)+q(\eta-y), \qquad (26)$$

se couperont suivant une génératrice. Si le point de contact change, sans cependant sortir du plan (25), le nouveau plan tangent coupera encore le plan (25) suivant la même génératrice. Donc les équations (25), (26) subsistent en même temps que leurs dérivées, prises par rapport aux variables x, y, z, savoir :

$$\xi dy-\eta dx=0,$$

$$(rdx+sdy)(\xi-x)+(sdx+tdy)(\eta-y)=0. \qquad (26)$$

En vertu de l'équation (25), ces deux équations deviennent

$$\frac{dy}{dx}=\frac{y}{x}, \quad (rdx+sdy)x+(sdx+tdy)y=0;$$

et si l'on élimine entre celles-ci le rapport $\frac{dy}{dx}$, on retombe sur l'équation (24).

Ordre des surfaces gauches, ayant leurs génératrices parallèles à un plan directeur.

251. Le plan xy étant pris pour plan directeur, on a pour les équations de la génératrice

$$z = \alpha\,,\quad y = x\varphi\alpha + \psi\alpha\,,$$

d'où

$$y = x\varphi z + \psi z\,; \tag{27}$$

et les fonctions φ, ψ restent arbitraires. Une première différentiation donne, par l'élimination de la fonction ψ, $\frac{p}{q} = -\varphi z$; et l'on trouve, par suite d'une seconde différentiation,

$$q^2r - 2pqs + p^2t = 0\,. \tag{28}$$

On peut arriver plus directement à l'équation qui caractérise les surfaces de cet ordre, sans particulariser la position du plan directeur par rapport aux plans coordonnés. Soient

$$A\xi + B\eta + C\zeta = D$$

l'équation du plan directeur, et

$$A(\xi - x) + B(\eta - y) + C(\zeta - z) = 0 \tag{29}$$

celle du plan parallèle mené par le point (x, y, z) : la génératrice passant par ce point sera l'intersection du plan (29) et du plan tangent (26). De plus, si l'on fait varier le point de contact sur la même génératrice, le nouveau plan tangent passera encore par cette génératrice, qui sera en conséquence la ligne d'intersection de deux plans tangents infiniment voisins. Donc on aura, outre l'équation (26′), la dérivée de (29)

$$Adx + Bdy + C(pdx + qdy) = 0\,. \tag{29'}$$

Si l'on chasse des quatre équations (26), (26'), (29), (29') les rapports

$$\frac{\xi - x}{\zeta - z}, \quad \frac{\eta - y}{\zeta - z}, \quad \frac{dy}{dx},$$

il reste l'équation de condition

$$(B + Cq)^2 r - 2(B + Cq)(A + Cp)s + (A + Cp)^2 t = 0,$$

que l'on identifie avec l'équation (28) en posant $A = 0$, $B = 0$, mais qui acquiert une forme encore plus simple dans l'hypothèse $C = 0$, ou lorsqu'on prend le plan directeur perpendiculaire à celui des xy : car elle devient

$$B^2 r - 2\,ABs + A^2 t = 0\,; \qquad (30)$$

et enfin elle se réduit à $r = 0$, ou à $t = 0$, quand on prend le plan directeur parallèle à celui des xz ou à celui des yz, ce qui ne restreint pas l'étendue de la solution.

Famille des surfaces conoïdes.

252. Quand la génératrice d'une surface gauche est assujettie à la double condition d'avoir une directrice rectiligne et de rester parallèle à un plan directeur, la surface décrite est un *conoïde*. En d'autres termes, la famille des surfaces conoïdes appartient à la fois aux deux ordres de surfaces gauches dont nous venons de traiter. Les surfaces conoïdes (à l'exception du plan qui s'y trouve compris) sont nécessairement gauches ; car, soient AB (*fig.* 74) la droite directrice, mn, m_1n_1, m_2n_2,.... des génératrices infiniment voisines : pour que deux génératrices consécutives se trouvassent dans le même plan, il faudrait que les droites infiniment petites nn_1, n_1n_2,.... fussent parallèles à AB ; ce qui ne peut arriver qu'accidentellement, à moins que la ligne

polygonale $nn_1n_2 \ldots .$ ne se change en une droite parallèle à AB, et alors la surface décrite est un plan.

La surface, quoique gauche, est qualifiée assez improprement de *conoïde droit*, lorsque la droite directrice se trouve perpendiculaire au plan directeur. On peut citer comme exemple la surface décrite par une droite qui se meut en coupant toujours perpendiculairement l'axe d'un cylindre droit, et en s'appuyant par un de ses points sur une hélice tracée à la surface du cylindre [234]. On donne à ce conoïde le nom de *surface hélicoïde gauche*.

253. Prenons pour plan directeur celui des xy, et pour origine le point où la droite directrice pénètre ce plan : les équations de la directrice seront

$$x = az, \quad y = bz, \tag{31}$$

et celles de la génératrice

$$z = \beta, \quad y - b\beta = \alpha(x - a\beta).$$

On doit toujours concevoir l'existence de la liaison (φ) entre les paramètres α, β; ce qui donne pour l'équation générale des surfaces conoïdes

$$z = \varphi\left(\frac{y - bz}{x - az}\right). \tag{32}$$

On en tire, en éliminant à la manière ordinaire la caractéristique φ,

$$p(x - az) + q(y - bz) = 0. \tag{33}$$

Le sens de cette dernière équation est que, si l'on mène dans le plan tangent au point (x, y, z) une droite parallèle au plan xy, elle coupera la directrice (31); et en effet la droite menée ainsi dans le plan tangent se confond avec une génératrice.

Supposons que la droite mobile ait pour directrice, outre la droite (31), une autre droite

$$x = mz + n, \quad y = m'z + n' :$$

la fonction φ se trouvera particularisée à l'aide d'une élimination semblable à celles que nous avons déjà opérées, et il viendra

$$(mb - am')z^2 + (m' - b)xz - (m - a)yz + (bn - an')z + n'x - ny = 0,$$

équation de la surface du second degré à laquelle on donne le nom de *paraboloïde hyperbolique*.

Quand le conoïde est droit, on a $a = 0$, $b = 0$: les équations (32) et (33) deviennent respectivement

$$z = \varphi\left(\frac{y}{x}\right), \quad px + qy = 0.$$

La surface connue en stéréotomie sous la dénomination de *voûte d'arête en tour ronde*, est un conoïde droit pour lequel la seconde directrice, qui prend le nom de *cintre*, est ordinairement une ellipse dont le plan est vertical et l'un des axes aussi vertical. Mettons les équations de cette ellipse sous la forme

$$x = a, \quad \frac{y^2}{b^2} + \frac{z^2}{c^2} = 1 :$$

on trouvera pour l'équation du conoïde

$$\frac{a^2 y^2}{b^2 x^2} + \frac{z^2}{c^2} = 1.$$

Famille des surfaces de révolution.

254. Parmi les surfaces auxquelles on n'assigne pas pour caractère distinctif d'être décrites par le mouvement d'une droite, nous ne considérerons ici que la famille des surfaces de révolution [242]. Soient

$$x - x_0 = a(z - z_0), \quad y - y_0 = b(z - z_0)$$

les équations de l'axe de révolution, mené par le point (x_0, y_0, z_0) : un plan perpendiculaire à cet axe a pour équation

$$ax + by + z = \alpha,$$

et ce plan coupe la surface de révolution suivant un cercle qu'il est permis de considérer comme l'intersection du plan et d'une sphère qui aurait son centre au point (x_0, y_0, z_0). L'équation de cette sphère est

$$(x-x_0)^2+(y-y_0)^2+(z-z_0)^2=\beta,$$

et la liaison (φ), qui dépend dans sa forme du tracé de la courbe méridienne, donne

$$(x-x_0)^2+(y-y_0)^2+(z-z_0)^2=\varphi(ax+by+z): \quad (34)$$

équation propre à représenter une surface quelconque de révolution, tant que les constantes x_0, y_0, z_0, a, b, et la caractéristique φ conservent leur indétermination.

En prenant les dérivées partielles par rapport à x et à y, on a

$$2[x-x_0+p(z-z_0)]=(a+p)\cdot\varphi'(ax+by+z),$$
$$2[y-y_0+q(z-z_0)]=(b+q)\cdot\varphi'(ax+by+z);$$

d'où l'on conclut par l'élimination de φ',

$$p[y-y_0-b(z-z_0)]-q[x-x_0-a(z-z_0)]=b(x-x_0)-a(y-y_0). \quad (3$$

Cette dernière équation exprime que la normale à la surface rencontre l'axe de révolution. Désignons en effet par ξ, η, ζ les coordonnées courantes de la normale au point (x, y, z) : les équations de cette normale seront

$$\xi-x+p(\zeta-z)=0, \quad \eta-y+q(\zeta-z)=0;$$

celles de l'axe de révolution, rapportées aux mêmes coordonnées courantes, deviendront

$$\xi-x_0=a(\zeta-z_0), \quad \eta-y=b(\zeta-z_0);$$

et si l'on chasse ξ, η, ζ de ces quatre équations, on tombera sur l'équation (35).

Lorsqu'on prend l'axe de révolution pour celui des z, ce qui revient à faire $x_0=0$, $y_0=0$, $a=0$, $b=0$, l'équation (35) se réduit à

$$py - qx = 0\,, \tag{36}$$

et l'équation (34) devient

$$x^2 + y^2 + (z - z_0)^2 = \varphi z\,,$$

ou, ce qui est la même chose, à cause de l'indétermination de la fonction φ,

$$x^2 + y^2 = \varphi z\,, \text{ ou bien } z = \psi(x^2 + y^2).$$

z est alors l'ordonnée de la courbe méridienne, dont $\sqrt{x^2+y^2}$ désigne l'abscisse.

On assujettira la surface de révolution à passer par une courbe (f, f), au moyen du procédé d'élimination dejà indiqué pour les surfaces cylindriques et coniques.

255. Appliquons ceci à la détermination de la surface engendrée par la rotation autour de l'axe des z de la droite

$$x = mz + n\,,\quad y = m'z + n'\,. \tag{37}$$

On aura à combiner ces équations avec

$$z = \alpha,\quad x^2 + y^2 = \beta\,,$$

d'où

$$(m\alpha + n)^2 + (m'\alpha + n')^2 = \beta\,,$$

et en remettant pour α, β leurs valeurs,

$$(mz + n)^2 + (m'z + n')^2 = x^2 + y^2\,.$$

Si l'on suppose que l'on ait pris pour axe des x la plus courte distance de l'axe de révolution à la droite (37), celle-ci se trouvera parallèle au plan yz, et il faudra poser $m = 0$, $n' = 0$; au moyen de quoi l'équation de la surface devenant

$$x^2 + y^2 - m'^2 z^2 = n^2\,,$$

se confondra avec l'équation (6) du n° 239. La surface engendrée est donc la surface réglée, connue sous le nom d'hyperboloïde de révolution à une nappe.

256. Proposons-nous encore de déterminer la surface

de révolution autour de l'axe des z, dont la section par le plan $y=c$ serait l'ellipse

$$\frac{x^2}{a^2}+\frac{z^2}{b^2}=1: \tag{38}$$

le calcul donnera, pour l'équation de la surface cherchée,

$$\frac{x^2+y^2}{a^2}+\frac{z^2}{b^2}=\frac{a^2+c^2}{a^2}.$$

L'intersection de cette surface et du plan xz est l'ellipse

$$\frac{x^2}{a^2}+\frac{z^2}{b^2}=\frac{a^2+c^2}{a^2},$$

représentée (*fig.* 75) par ABA'B', tandis que l'ellipse (38) se projette en xz suivant l'ellipse concentrique et semblable $aba'b'$. Or, si l'on mène les droites bc, $b'c'$, tangentes à l'ellipse (38) en b et en b', il est visible que la portion cc' de la section méridienne est la seule qui se trouve géométriquement déterminée par la condition que la surface de révolution pénètre le plan $y=c$ suivant l'ellipse (38). De c en B et de c' en B' le tracé de la section méridienne pourrait être quelconque; et conséquemment la fonction φ, lorsqu'on donne à la signification de la caractéristique φ toute la généralité qu'elle comporte, n'est que partiellement déterminée par la condition que l'on puisse placer sur la surface une courbe donnée. Mais quand on admet explicitement ou implicitement que φ désigne une fonction algébrique qui ne change pas d'expression dans toute l'étendue de son cours, elle se trouve effectivement déterminée dans toute son étendue par la condition que l'on puisse placer sur la surface une courbe algébrique donnée.

CHAPITRE VIII.

DES SURFACES ENVELOPPES.

257. La théorie des courbes enveloppes [182 *et suiv.*] se généralise et s'étend aux surfaces, mais avec des modifications essentielles qui tiennent au fond du sujet.

Soit

$$F(x, y, z, \alpha) = 0 \qquad (F)$$

l'équation d'une surface courbe, dans laquelle entre le paramètre α. En assignant une suite de valeurs à ce paramètre, on a une suite de surfaces de même espèce, qui en général se pénètrent suivant certaines lignes. Considérons en particulier deux de ces surfaces

$$F(x, y, z, \alpha) = 0, \quad F(x, y, z, \alpha + \Delta\alpha) = 0 :$$

par le décroissement continuel et indéfini de la variation $\Delta\alpha$, la ligne d'intersection se déplace sur la première surface; elle se rapproche de plus en plus d'une autre ligne donnée par le système de l'équation (F) et de sa dérivée

$$\frac{dF}{d\alpha} = 0 . \qquad (F')$$

Monge a donné à la ligne ainsi déterminée le nom de *caractéristique*.

Les équations de la caractéristique contiennent le paramètre α, et varient pour chacune des surfaces, en nombre infini, que l'équation (F) représente, tant que α reste indéterminé. Si l'on élimine α entre les équations (F), (F'), on aura une troisième équation

$$\Phi(x, y, z) = 0 ; \qquad (\Phi)$$

et celle-ci appartiendra à une surface qui peut être considérée comme le lieu de toutes les caractéristiques.

Pour tous les points situés sur une même caractéristique, la surface (Φ) a le même plan tangent que celle des surfaces (F) à laquelle cette caractéristique correspond. En effet, l'équation du plan qui touche cette dernière surface au point (x, y, z), est

$$\frac{dF}{dx}(\xi - x) + \frac{dF}{dy}(\eta - y) + \frac{dF}{dz}(\zeta - z) = 0\,; \qquad (a)$$

d'ailleurs, comme l'équation (Φ) n'est autre chose que l'équation (F) où l'on a mis pour α sa valeur en x, y, z, tirée de l'équation (F′), l'équation du plan tangent à la surface (Φ) peut être mise sous la forme

$$\left(\frac{dF}{dx} + \frac{dF}{d\alpha}\cdot\frac{d\alpha}{dx}\right)(\xi - x) + \left(\frac{dF}{dy} + \frac{dF}{d\alpha}\cdot\frac{d\alpha}{dy}\right)(\eta - y) + \left(\frac{dF}{dz} + \frac{dF}{d\alpha}\cdot\frac{d\alpha}{dz}\right)(\zeta - z) = 0,$$

et elle se réduit à l'équation (a) en vertu de (F′).

La surface (Φ) jouit donc de la propriété de toucher ou d'envelopper les surfaces en nombre infini, dont la série est donnée par la variation continue du paramètre α dans l'équation (F). On donne en conséquence à celles-ci le nom d'*enveloppées* et à la surface qui les touche le nom d'*enveloppe*. Chaque caractéristique est la ligne de contact de l'enveloppe avec une enveloppée.

Il peut arriver que les caractéristiques deviennent imaginaires, quand le paramètre α a dépassé certaines limites, quoique, pour les mêmes valeurs de α, l'équation (F) continue de représenter des surfaces réelles, qui alors ne sont plus touchées par l'enveloppe, et auxquelles la dénomination d'enveloppées ne s'applique plus que par extension. Ce cas est analogue à celui que nous avons signalé en traitant de l'enveloppement des courbes planes [184].

Le système des équations (F), (F′), et

$$\frac{d^2F}{d\alpha^2} = 0 , \qquad (F'')$$

quand elles ne sont pas inconciliables, détermine le point où une caractéristique est rencontrée par la caractéristique infiniment voisine ; et l'élimination de α entre ces trois équations donne les deux équations de l'arête de rebroussement de la surface enveloppe décrite par le mouvement de la caractéristique [246].

Enfin, si l'on joint à (F), (F′), (F″)

$$\frac{d^3F}{d\alpha^3} = 0 , \qquad (F''')$$

on peut chasser α et déterminer individuellement les coordonnées x, y, z d'un point situé sur l'arête de rebroussement, et qui est en général un point singulier de cette arête.

258. Considérons maintenant l'équation d'une surface

$$F(x, y, z, \alpha, \beta) = 0 , \qquad [F]$$

dans laquelle entreraient deux paramètres arbitraires α, β : il n'y a pas lieu de supposer que ces deux paramètres varient à la fois et indépendamment l'un de l'autre, car cela ne conduirait à aucune conséquence géométrique ; mais on peut naturellement admettre qu'il y a entre α, β une relation $\beta = \varphi\alpha$, au moyen de quoi l'équation précédente devient

$$F(x, y, z, \alpha, \varphi\alpha) = 0 .$$

On peut présentement faire varier le paramètre α, ce qui engendrera une série d'enveloppées et une surface enveloppe correspondante. Comme la fonction φ est arbitraire, chaque forme qu'on lui assignera déterminera un système de surfaces enveloppées, ayant son enveloppe particulière.

D'ailleurs, comme l'équation [F] renferme deux variables indépendante x, y, il est permis de la différentier par rapport à chacune de ces variables, ce qui donne

$$\frac{dF}{dx}+p\frac{dF}{dz}=0, \quad \frac{dF}{dy}+q\frac{dF}{dz}=0: \qquad [F']$$

l'élimination de α, β entre les équations [F] et [F'] conduit à l'équation aux différences partielles du premier ordre

$$f(x, y, z, p, q)=0; \qquad (f)$$

et toutes les surfaces enveloppées données par l'équation [F], comme aussi toutes les surfaces enveloppes données par l'élimination de α entre les deux équations

$$F(x, y, z, \alpha, \varphi\alpha)=0, \quad \frac{d.F(x, y, z, \alpha, \varphi\alpha)}{d\alpha}=0, \qquad ((F))$$

jouissent évidemment de la propriété de satisfaire à l'équation (f).

C'est ici que se rompt le fil de l'analogie entre la théorie de l'enveloppement des courbes planes et celle de l'enveloppement des surfaces. Effectivement, nous avons vu que les courbes enveloppées et la courbe enveloppe satisfont à la même équation différentielle à deux variables, dans laquelle le paramètre variable n'entre pas; mais il y a une infinité d'enveloppées pour une enveloppe, et par conséquent l'équation commune aux enveloppées satisfait d'une manière plus générale à l'équation différentielle que ne le fait l'équation de l'enveloppe. Au contraire, l'équation [F] satisfait à l'équation (f) aux différences partielles, dans laquelle les paramètres α, β

n'entrent pas, avec moins de généralité que ne le fait le système des équations ((F)); puisque toutes les surfaces données par l'équation [F] sont des surfaces de même espèce, qui ne diffèrent que par les valeurs numériques des paramètres α, β; tandis que les surfaces qui sont données par le système des équations ((F)) varient d'espèce selon la forme assignée arbitrairement à la fonction φ, et ne sont unies entre elles que par un caractère de *famille*, celui de satisfaire à une même équation aux différences partielles.

Si l'on élimine α, β entre l'équation [F] et ses deux dérivées par rapport à α et à β,

$$\frac{dF}{d\alpha}=0, \quad \frac{dF}{d\beta}=0,$$

on a une équation en x, y, z seulement

$$\Psi(x, y, z)=0, \qquad (\Psi)$$

qui satisfait encore à l'équation (f); et la surface (Ψ) jouit de la propriété de toucher ou d'envelopper, non-seulement les enveloppées [F], mais encore les enveloppes ((F)). Cette enveloppe générale et individuellement déterminée correspond à la courbe enveloppe, déterminée individuellement, d'après la théorie de l'enveloppement des courbes : et l'équation (Ψ) qui satisfait à l'équation (f), sans pouvoir rentrer dans le système ((F)) par une détermination convenable de la fonction arbitraire φ, est une de ces intégrales singulières dont on a annoncé l'existence [167], et sur lesquelles nous devons revenir en traitant de l'intégration des équations aux différences partielles.

259. Les remarques du n° précédent, au sujet de l'indétermination de la fonction φ qui entre dans les équations ((F)), indiquent la liaison de la théorie de l'enve-

loppement des surfaces avec celle du groupement des surfaces par familles qui a fait l'objet spécial du précédent chapitre; mais cette liaison sera rendue plus sensible au moyen des considérations suivantes.

Au lieu de concevoir qu'on élimine α entre les équations ((F)), pour obtenir l'équation de la surface enveloppe qui correspond à une forme particulière de la fonction φ, prenons ces équations simultanément, de manière qu'elles représentent la caractéristique qui correspond à cette forme particulière de φ et à une valeur particulière de α. Mettons de plus la seconde de ces équations sous la forme

$$\frac{dF}{d\alpha}+\frac{dF}{d\varphi}\cdot\varphi'\alpha=0:$$

comme les variables x, y, z ne sont pas comprises sous les signes φ, φ', on voit que les équations de la caractéristique se trouvent composées de la même manière en x, y, z, quelle que soit la forme assignée à la fonction φ. Par conséquent, cette caractéristique peut être considérée comme la génératrice qui décrit à volonté l'une quelconque des surfaces enveloppes ((F)), en changeant de position dans l'espace ou même de forme suivant une loi déterminée pour chaque enveloppe par la forme de la fonction φ; mais de manière toutefois que la composition en x, y, z des équations de la génératrice ne change pas. De là le nom de caractéristique donné par Monge à la ligne dont il s'agit, parce qu'elle imprime un caractère de famille à toutes les surfaces comprises dans le système ((F)), et qui jouissent de la propriété de satisfaire à l'équation (f).

Au point de vue analytique, la description d'une surface par la génératrice dont les équations sont

$$F(x, y, z, \alpha, \varphi\alpha) = 0, \quad F_1(x, y, z, \alpha, \varphi\alpha) = 0, \quad (b)$$

n'est qu'un cas particulier de la description par une génératrice dont les équations prendraient la forme

$$F(x, y, z, \alpha, \varphi\alpha, \varphi'\alpha) = 0, \; F_1(x, y, z, \alpha, \varphi\alpha, \varphi'\alpha) = 0. \quad (b_1)$$

Le second système n'a pas, dans sa signification, plus d'étendue que l'autre, à cause que la fonction φ' est déterminée par cela seul qu'on assigne la fonction φ : seulement, si les fonctions F, F_1 sont algébriques, on peut tirer des équations (b)

$$\alpha = f(x, y, z), \quad \varphi\alpha = \mathrm{f}(x, y, z),$$

et par suite

$$\mathrm{f}(x, y, z) = \varphi\,[f(x, y, z)],$$

f, f désignant des fonctions connues; tandis que l'élimination ne sera praticable entre les équations (b_1) qu'après qu'on aura particularisé la fonction φ : ce qui empêche d'exprimer par une seule équation toutes les surfaces de même famille que le système (b_1) représente, à la faveur de l'indétermination du signe φ.

Si maintenant on suppose que la fonction F ne contient pas $\varphi'\alpha$, et que l'on a

$$F_1 = \frac{dF}{d\alpha} + \frac{dF}{d\varphi} \cdot \varphi'\alpha,$$

on retombe encore sur un cas particulier de description qui est celui dont nous nous occupons dans ce chapitre: la génératrice prenant le nom de caractéristique, et étant donnée par l'intersection de deux enveloppées infiniment voisines.

260. La même enveloppe peut avoir des caractéristiques différentes, ce qui revient à dire que la même surface peut avoir diverses génératrices, et par suite appartenir à la fois à diverses familles [242].

Mais sans sortir de la même famille de surfaces, caractérisée par la même équation aux différences partielles, on trouve que la même enveloppe peut correspondre à une infinité de systèmes différents d'enveloppées; ou que la caractéristique, dont le mouvement engendre la surface enveloppe, et qui est donnée par l'intersection de deux enveloppées consécutives, peut rester la même, quoique les surfaces qui se coupent soient différentes.

Pour en donner un exemple bien simple, imaginons un plan qui se meuve en touchant constamment l'enveloppe suivant une caractéristique : ce plan engendre une surface développable, dans l'équation de laquelle entrent α et $\varphi\alpha$; de sorte que, si l'on y fait varier α, on obtient une suite de surfaces développables tangentes à l'enveloppe, et dont deux quelconques consécutives se coupent suivant une des caractéristiques. Donc, si l'on suppose que la surface développable change sans cesse de forme et de situation dans l'espace en vertu de la variation continue du paramètre α, elle aura la même enveloppe que le système des enveloppées primitives. Monge l'appelle l'*enveloppée développable*. On pourrait imaginer une infinité d'enveloppées différentes, ayant les mêmes caractéristiques et la même enveloppe.

Ceci se voit aussi facilement par l'analyse. En effet, puisque la fonction φ, dans le système des équations ((F)), peut être particularisée d'une manière quelconque, il est permis de poser, par exemple,

$$\varphi\alpha = a + b\alpha,$$

a et b étant d'autres constantes quelconques, ou bien encore

$$\varphi\alpha = a + \alpha\psi a,$$

ψ désignant une autre fonction quelconque. On pourra alors éliminer α entre les équations ((F)), et l'on aura l'équation d'une enveloppe de la forme

$$\Phi(x, y, z, a, \psi a) = 0 .$$

Or, rien n'empêche d'attribuer à ψ une forme arbitraire quelconque, puis de faire varier le paramètre a d'une manière continue; on reproduit ainsi une série d'enveloppées, distincte de la série des enveloppées primitives, et dont néanmoins les enveloppes jouissent de la propriété de satisfaire à l'équation (f); ce qui suppose qu'elles ont avec les nouvelles enveloppées les mêmes lignes de contact qu'avec les enveloppées primitives.

261. Un exemple éclaircira tout ce qui précède. L'équation

$$(x-\alpha)^2 + (y-\beta)^2 + z^2 = R^2 , \qquad (1)$$

quand on y considère α, β comme des paramètres susceptibles de varier sans discontinuité, appartient à une infinité de sphères, qui toutes ont leur centre dans le plan xy et le même rayon R. Cette équation, différentiée par rapport aux deux variables indépendantes x, y, donne

$$x-\alpha+pz=0 , \quad y-\beta+qz=0 ;$$

et l'on en déduit l'équation aux différences partielles

$$1+p^2+q^2=\frac{R^2}{z^2} , \qquad (2)$$

à laquelle satisfont toutes les surfaces sphériques représentées par l'équation (1).

Les paramètres α, β désignent ici les coordonnées du centre de la sphère. Si l'on établit la liaison arbitraire $\beta=\varphi\alpha$, ce sera faire la même chose que si l'on traçait arbitrairement dans le plan xy la courbe que doit décrire le centre de la sphère mobile. L'enveloppe de toutes les sphères de même rayon, qui ont leur centre sur la courbe ainsi tracée, est un *canal*, à section circulaire constante, qui a pour axe ou pour *ligne médiane* la courbe tracée arbitrairement. Toutes les surfaces de la famille des *surfaces-canaux*, parmi lesquelles le cylindre droit se trouve compris, sont donc représentées par le système des deux équations

$$\left.\begin{array}{l}(x-\alpha)^2+(y-\varphi\alpha)^2+z^2=\mathrm{R}^2,\\ x-\alpha+(y-\varphi\alpha)\varphi'\alpha=0,\end{array}\right\} \tag{3}$$

et elles jouissent de la propriété de satisfaire à l'équation (2), aussi bien que les sphères qu'elles enveloppent.

En effet, la propriété géométrique exprimée par l'équation (2) consiste en ce que le cosinus de l'angle de la normale avec l'ordonnée z a pour valeur numérique

[237] $\pm\frac{z}{\mathrm{R}}$, ou bien en ce que la normale vient couper la ligne médiane du canal, ce qui est un caractère évident des surfaces de cette famille.

Le système des équations (3), quand on n'y considère plus α comme un paramètre à éliminer, détermine la caractéristique correspondante à la valeur α du paramètre : cette caractéristique, donnée par l'intersection d'une sphère et d'un plan qui passe par le centre de la sphère, est un grand cercle de la sphère.

Quand on joint aux équations (3) la dérivée du second ordre

$$(y-\varphi\alpha)\varphi''\alpha-1-(\varphi'\alpha)^2=0, \tag{4}$$

et qu'on élimine α entre les trois équations, après que la fonction φ a été particularisée, on a en x, y, z les équations de l'arête de rebroussement de la surface enveloppe.

Si l'on élimine α, β entre l'équation (1) et ses dérivées par rapport à α et à β,

$$x-\alpha=0, \quad y-\beta=0,$$

l'équation résultante $z^2 = R^2$, ou $z = \pm R$ satisfait encore à l'équation (2). La surface qui touche à la fois toutes les enveloppées, et toutes les enveloppes comprises dans le système des équations (3), ou l'enveloppe générale de toutes les surfaces qui satisfont à l'équation (2), se réduit donc au système de deux plans, parallèles à celui des xy, comme cela était évident avant tout calcul.

Si l'on pose, dans les équations (3), $\varphi\alpha = a\alpha + b$, et qu'après la substitution on élimine le paramètre α, il viendra pour équation résultante

$$\frac{(y - ax - b)^2}{1 + a^2} + z^2 = R^2, \qquad (5)$$

équation d'un cylindre circulaire dont le rayon est R, et dont l'axe, compris dans le plan xy, a pour équation $y = ax + b$. Effectivement, nous avons déjà remarqué qu'un tel cylindre est compris dans la famille des surfaces-canaux qui peuvent envelopper l'espace parcouru par une sphère de même rayon, dont le centre mobile décrit une ligne sur le plan xy. Et de même on peut faire mouvoir l'axe du cylindre dans ce plan, de manière que l'enveloppe soit l'une quelconque des surfaces-canaux représentées par le système des équations (3), ou l'une quelconque des sphères données par l'équation (1). Pour faire mouvoir le cylindre de manière que l'enveloppe soit une sphère, il suffit de donner à l'axe un mouvement de rotation autour de l'un de ses points pris pour centre fixe.

Le cylindre (5) est l'enveloppée développable dont il a été question plus haut.

262. Pour exprimer que nous établissions une liaison entre les paramètres α, β, nous avons écrit $\beta = \varphi\alpha$, mais il aurait été plus général d'exprimer cette liaison par l'équation

$$\varpi(\alpha, \beta) = 0 ; \qquad (\varpi)$$

et alors le système des deux équations ((F)) se serait trouvé remplacé par un système de quatre équations

$$F(x, y, z, \alpha, \beta) = 0 , \quad \frac{dF}{d\alpha} d\alpha + \frac{dF}{d\beta} d\beta = 0 ,$$

$$\varpi(\alpha, \beta) = 0 , \quad \frac{d\varpi}{d\alpha} d\alpha + \frac{d\varpi}{d\beta} d\beta = 0 .$$

Cette notation plus compliquée est même la seule qui soit aussi complète que la généralité de l'analyse le requiert. Rien n'empêche, par exemple, de supposer que l'équation (ϖ) prenne accidentellement la forme

$$(\alpha - h)^2 + (\beta - k)^2 = 0 , \qquad (\varpi_1)$$

h, k désignant des constantes : auquel cas on en déduit $\alpha = h$, $\beta = k$, sans qu'il soit possible de tirer de l'équation (ϖ_1) une relation de la forme $\beta = \varphi\alpha$, à moins d'employer des symboles imaginaires. C'est ainsi que, dans le système des équations (3), on ne peut pas particulariser la fonction φ de manière que ce système représente l'une des enveloppées sphériques, qui cependant sont comprises parmi les surfaces jouissant de la propriété de satisfaire à l'équation (2). Sous ce rapport, on pourrait dire que le système (3) n'a pas la même généralité que l'équation (2), et qu'il faut y joindre, pour le compléter, l'équation générale des sphères enveloppées : mais ceci ne tient qu'aux limitations introduites par un mode de notation destiné seulement à rendre l'écriture plus concise; et les limitations disparaissent lorsqu'on donne aux notations la généralité qu'elles comportent.

Cette remarque est si simple, que nous l'aurions négligée si elle ne faisait évanouir une difficulté à laquelle Lagrange a semblé attacher de l'importance (¹).

* 263. Puisque l'équation (f) subsiste pour des enveloppées quelconques, elle subsiste aussi pour la ligne d'intersection de deux enveloppées, et peut être considérée comme une équation différentielle à laquelle doivent satisfaire les coordonnées de cette ligne. Après qu'on a posé $\beta = \varphi\alpha$, les équations des deux enveloppées qui se coupent ne diffèrent plus que par la valeur du paramètre α; et sur la ligne d'intersection les valeurs de x, y, z sont les mêmes, mais celles de p, q varient en raison du paramètre α; ou, en d'autres termes, les deux surfaces ont, en chaque point de la ligne d'intersection, des plans tangents inclinés l'un à l'autre. Mais si la ligne d'intersection se change dans la caractéristique, les deux enveloppées devenant infiniment voisines, l'inclinaison des deux plans tangents s'efface, et l'on a

$$\frac{df}{d\alpha} = 0, \text{ ou bien } \frac{df}{dp}\cdot\frac{dp}{d\alpha} + \frac{df}{dq}\cdot\frac{dq}{d\alpha} = 0; \qquad (f')$$

car les coordonnées x, y, z, étant prises sur une ligne commune aux deux surfaces, ne varient pas en raison de α. D'un autre côté, si l'on différentie par rapport à α l'équation

$$dz = pdx + qdy, \qquad (c)$$

on a, par la même raison,

$$0 = \frac{dp}{d\alpha}dx + \frac{dq}{d\alpha}dy. \qquad (c')$$

L'élimination de $\frac{dp}{d\alpha}, \frac{dq}{d\alpha}$ entre les équations (f') et (c') donne

(¹) *Leçons sur le calcul des fonctions*, 2ᵉ édit., p. 372 et 374.

$$\frac{df}{dp}dy - \frac{df}{dq}dx = 0, \qquad (f'')$$

équation différentielle à laquelle doivent satisfaire les coordonnées de la caractéristique, en même temps qu'elles satisfont à l'équation (f).

Dans l'exemple qui nous occupe, on trouve

$$\frac{df}{dp} = 2p, \quad \frac{df}{dq} = 2q,$$

et par suite

$$pdy - qdx = 0;$$

ce qui exprime que les caractéristiques des surfaces-canaux sont en même temps les lignes de plus grande pente de ces surfaces [126].

Les équations (c) et (f'') appartiennent à une caractéristique quelconque, placée sur une enveloppe quelconque; et les quantités p, q, qui entrent dans ces équations, spécifient pour chaque point (x, y, z) la caractéristique menée par ce point. Donc, si l'on élimine p, q entre les trois équations (f), (c) et (f''), l'équation résultante appartient à la courbe qui est touchée par toutes les caractéristiques, ou à l'arête de rebroussement de la surface enveloppe.

On trouve ainsi que les coordonnées de l'arête de rebroussement des surfaces-canaux doivent satisfaire à l'équation différentielle

$$dx^2 + dy^2 + dz^2 = \frac{R^2}{z^2}(dx^2 + dy^2).$$

Cette arête de rebroussement peut d'ailleurs se réduire à un point, ou même devenir imaginaire. Posons, par exemple,

$$\varphi\alpha = \sqrt{R_1^2 - \alpha^2}:$$

l'équation (4) se réduit à $y = 0$; et de la seconde équation (3) qui devient alors

$$x\sqrt{R_1^2-\alpha^2}-\alpha y=0\ ,$$

on tire aussi $x=0$; enfin ces valeurs de x et de y, substituées dans la première équation (3), donnent pour la valeur correspondante de l'ordonnée z,

$$z=\pm\sqrt{R^2-R_1^2}\ ;$$

de sorte que l'arête de rebroussement se réduit à deux points situés sur l'axe des z, dans le cas de $R>R_1$, à un seul point (qui est l'origine des coordonnées) pour $R=R_1$, et finalement devient imaginaire si l'on a $R<R_1$, auquel cas la surface décrite est un *anneau* proprement dit [236].

264. Montrons maintenant comment on peut déterminer la fonction arbitraire φ, de manière que la surface assignée par le système des équations ((F)) passe par une courbe donnée

$$\left.\begin{array}{ll} f(x,y,z)=0\ , & (f) \\ f_1(x,y,z)=0\ . & (f_1) \end{array}\right\}\qquad (f,f_1)$$

Pour cela il faut que la tangente à cette courbe se trouve constamment dans le plan tangent à l'enveloppée et à l'enveloppe au point (x, y, z). Soient

$$\zeta-z=p(\xi-x)+q(\eta-y)$$

l'équation du plan tangent, et

$$\xi-x=\frac{dx}{dz}(\zeta-z)\ ,\quad \eta-y=\frac{dy}{dz}(\zeta-z)$$

les équations de la tangente à la courbe (f, f_1) : p, q sont des quantités données en fonction de x, y, z, α, $\varphi\alpha$, au moyen de la première équation ((F)); tandis que $\frac{dx}{dz}$, $\frac{dy}{dz}$ sont des fonctions de x, y, z fournies par la différentiation des équations (f), (f_1). Cela posé, la condition que l'on vient d'énoncer établit entre x, y, z, α, $\varphi\alpha$

une liaison exprimée par l'équation

$$p\frac{dx}{dz}+q\frac{dy}{dz}=1. \qquad (d)$$

Après qu'on en aura chassé x, y, z au moyen de l'équation de l'enveloppée et de celles de la courbe, elle deviendra de la forme

$$\varpi(\alpha, \varphi\alpha)=0, \qquad (\varpi)$$

et déterminera par conséquent la fonction φ.

Si cette fonction devait être assignée d'après la condition que l'enveloppe correspondante touchât la surface (f), on tirerait de (f) les valeurs de $\frac{dz}{dx}$, $\frac{dz}{dy}$ en x, y, z, et l'équation (d) se trouverait remplacée par

$$p=\frac{dz}{dx}, \quad q=\frac{dz}{dy}, \qquad (e)$$

les valeurs de p, q étant censées données, comme tout à l'heure, en fonction de $x, y, z, \alpha, \varphi\alpha$, par la différentiation de l'équation de l'enveloppée. On joindrait ensuite l'équation de l'enveloppée aux équations (f) et (e), et l'on éliminerait x, y, z entre ces quatre équations, ce qui donnerait la relation cherchée (ϖ) entre α et $\varphi\alpha$.

La fonction φ déterminée, on aura par la différentiation la fonction φ', et l'on pourra substituer dans les équations ((F)) les valeurs en α de $\varphi\alpha$, $\varphi'\alpha$, puis éliminer α, afin d'avoir en x, y, z l'équation de l'enveloppe cherchée; ou (ce qui revient au même) on peut joindre à l'équation (ϖ) sa dérivée

$$\frac{d\varpi}{d\alpha}+\frac{d\varpi}{d\varphi}\cdot\varphi'\alpha=0, \qquad (\varpi')$$

et procéder d'une manière quelconque à l'élimination de α, $\varphi\alpha$, $\varphi'\alpha$ entre les quatre équations ((F)), (ϖ), (ϖ').

265. Proposons-nous comme application de détermi-

ner la fonction φ qui entre dans le système des équations (3), de manière que la section de la surface du canal par le plan xz soit l'ellipse

$$\frac{x^2}{a^2}+\frac{z^2}{b^2}=1: \tag{6}$$

l'équation (d) deviendra

$$\frac{x-a}{x}=\frac{b^2}{a^2},$$

et l'on aura pour l'équation (ϖ)

$$\frac{(\varphi\alpha)^2}{b^2}-\frac{\alpha^2}{a^2-b^2}=\frac{R^2}{b^2}-1.$$

On peut remettre β à la place de $\varphi\alpha$: α, β désignant alors les coordonnées courantes, parallèlement aux axes des x et des y, de l'axe curviligne ou de la ligne médiane du canal dans le plan xy. Selon qu'on aura $a <$ ou $> b$, l'équation de cette ligne

$$\frac{\alpha^2}{b^2-a^2}+\frac{\beta^2}{b^2}=\frac{R^2}{b^2}-1 \tag{7}$$

appartiendra à une ellipse ou à une hyperbole. Nous supposons $b < R$, afin d'éviter la difficulté qui naîtrait de ce que la courbe (6) ne resterait pas comprise dans toute son étendue entre les deux plans $z=\pm R$ qui limitent les surfaces données par le système des équations (3).

Il est d'ailleurs évident que la courbe (6) ne doit déterminer la courbe (7) que dans la portion de son cours comprise entre les droites $\beta=\pm R$; ou, en d'autres termes, que l'intersection de la surface enveloppe par le plan xz ne change pas, quel que soit le tracé de la ligne décrite par le centre de la sphère enveloppée sur le plan xy, dès que le centre de la sphère est à une distance de l'axe des x plus grande que son rayon. Ainsi l'équation (6) ne peut donner la fonction arbitraire φ dans toute l'étendue de son cours qu'autant qu'on admet que cette fonction φ est algébrique et conserve dans tout son cours la même expression algébrique, remarque analogue à celle que nous avons déjà faite à l'occasion des surfaces de révolution [256].

266. On peut admettre que l'équation d'une enveloppée contient trois paramètres arbitraires α, β, γ, et devient de la forme

$$F(x, y, z, \alpha, \varphi\alpha, \psi\alpha) = 0,$$

après qu'on a posé $\beta = \varphi\alpha$, $\gamma = \psi\alpha$. Le système de cette équation et de sa dérivée

$$\frac{dF}{d\alpha} + \frac{dF}{d\varphi} \cdot \varphi'\alpha + \frac{dF}{d\psi} \cdot \psi'\alpha = 0,$$

appartient à un ordre de surfaces enveloppes, dont chacune est déterminée individuellement après qu'on a assigné les fonctions φ, ψ. Il n'y a pas plus de difficulté à supposer que l'équation de l'enveloppée renferme un nombre quelconque de paramètres variables, liés entre eux d'une manière arbitraire : mais nous nous bornerons à considérer le cas où l'enveloppée est un plan en mouvement dans l'espace suivant une loi quelconque.

Soient donc

$$z = \alpha + x\varphi\alpha + y\psi\alpha \qquad (g)$$

l'équation du plan mobile, et

$$1 + x\varphi'\alpha + y\psi'\alpha = 0 \qquad (g')$$

sa dérivée par rapport à α : le système des équations (g), (g') est propre à représenter une surface développable quelconque. On en déduit $p = \varphi\alpha$, $q = \psi\alpha$, et par suite

$$q = \varphi(z - px - qy), \quad (h) \qquad q = \psi(z - px - qy), \quad (h_1)$$

ou

$$\Phi(p, q, z - px - qy) = 0,$$

ce qui mène aux équations déjà trouvées [168 *et* 245]

$$p = \Pi q\,, \quad (i) \qquad rt - s^2 = 0\,. \quad (k)$$

* 267. La caractéristique donnée par le système (g), (g'), pour chaque valeur de α, est une ligne droite. On aura [263] une équation différentielle de cette caractéristique, si l'on différentie l'équation (i) en y regardant p, q comme variables, ce qui donne $dp = \Pi' q.\, dq$, et si l'on chasse dp, dq au moyen de l'équation

$$dpdx + dqdy = 0\,, \text{ d'où } pdy - \Pi' q\, dx = 0\,. \quad (l)$$

L'équation (l) exprime que le rapport $\frac{dy}{dx}$ est fonction des seules quantités p, q; ce qui résulte en effet de ce que le même plan touche la surface développable en tous les points de la caractéristique. Cette équation renferme un signe de fonction arbitraire; mais, en s'élevant au second ordre, on aurait une autre équation différentielle de la caractéristique, où le signe Π n'entrerait pas. En effet, puisque l'équation (k) appartient à toute surface développable (quoique les fonctions r, s, t varient d'une surface à l'autre), lorsque deux surfaces développables se touchent suivant une caractéristique commune aux deux surfaces, on doit avoir, pour les points situés sur cette ligne,

$$tdr - 2sds + rdt = 0\,. \quad (k')$$

En vertu des équations (g), (g'), le plan tangent ne change pas avec les coordonnées x, y, z, pour les points situés sur la caractéristique, d'où.

$$dp = rdx + sdy = 0\,, \quad dq = sdx + tdy = 0\,,$$

et, par suite d'une nouvelle différentiation,

$$drdx + dsdy = 0\,, \quad dsdx + dtdy = 0\,.$$

Au moyen de ces deux dernières équations on chassera de (k') les différentielles dr, ds, dt, et il restera, pour l'équation différentielle de la caractéristique,

$$r\,dx^2 + 2s\,dx\,dy + t\,dy^2 = 0\,, \qquad (m)$$

ou plus simplement, en vertu de l'équation (k),

$$\sqrt{r}\,.\,dx + \sqrt{t}\,.\,dy = 0\,.$$

Pour obtenir les équations de l'arête de rebroussement de la surface développable, il faut joindre aux équations (g), (g') la dérivée du second ordre

$$x\varphi''\alpha + y\psi''(\alpha) = 0\,, \qquad (g'')$$

et éliminer ensuite α. On a une équation différentielle à laquelle doivent satisfaire les coordonnées de la même ligne, en éliminant p, q entre les équations (i), (l), auxquelles on joint $dz = p\,dx + q\,dy$. Ceci conduit à une équation $\Pi_1(dx, dy, dz) = 0$: la fonction Π_1 ne pouvant être déterminée qu'après qu'on a assigné la fonction Π dont elle dérive.

268. Proposons-nous maintenant de déterminer les fonctions φ et ψ, de manière que la surface développable passe par deux courbes données

$$\left.\begin{array}{ll} f_1(x,y,z)=0, & (f_1) \\ \mathrm{f}_1(x,y,z)=0; & (\mathrm{f}_1) \end{array}\right\} (f_1, \mathrm{f}_1) \qquad \left.\begin{array}{ll} f_2(x,y,z)=0\,, & (f_2) \\ \mathrm{f}_2(x,y,z)=0\,. & (\mathrm{f}_2) \end{array}\right\} (f_2, \mathrm{f}_2)$$

Un calcul identique à celui du n° 264, répété pour chacune des deux courbes directrices, donnera deux équations de la forme

$$\varpi_1(\alpha, \varphi\alpha, \psi\alpha) = 0\,, \quad (\varpi_1) \qquad \varpi_2(\alpha, \varphi\alpha, \psi\alpha) = 0\,; \quad (\varpi_2)$$

et en les résolvant on aura les fonctions φ et ψ qui pourraient être substituées dans les équations (g), (g') ; de manière qu'il ne restât plus qu'à éliminer α pour avoir en x, y, z l'équation de la surface développable demandée. Mais, pour éluder la résolution des équations (ϖ_1), (ϖ_2), on peut y joindre leurs dérivées

$$\frac{d\varpi_1}{d\alpha}+\frac{d\varpi_1}{d\varphi}\cdot\varphi'\alpha+\frac{d\varpi_1}{d\psi}\cdot\psi'\alpha=0\,, \qquad (\varpi'_1)$$

$$\frac{d\varpi_2}{d\alpha}+\frac{d\varpi_2}{d\varphi}\cdot\varphi'\alpha+\frac{d\varpi_2}{d\psi}\cdot\psi'\alpha=0\,, \qquad (\varpi'_2)$$

et procéder à l'élimination des cinq variables $\alpha, \varphi\alpha, \varphi'\alpha$, $\psi\alpha$, $\psi'\alpha$ entre les équations (g), (g'), (ϖ_1), (ϖ_2), (ϖ'_1) et (ϖ'_2).

Si les fonctions φ, ψ devaient être déterminées d'après la condition que la surface développable touchât les deux surfaces (f_1), (f_2), on répéterait pour chacune de ces surfaces le calcul indiqué dans le n° cité; et l'on arriverait à deux équations en x, y, z qui pourraient être prises pour les équations (f_1), (f_2); après quoi le calcul s'achèverait comme dans le premier cas.

269. On sait que, lorsqu'un corps opaque est éclairé par un corps lumineux de dimensions finies, les deux nappes d'une surface développable, tangente aux surfaces des deux corps opaques et lumineux, limitent dans l'espace l'ombre et la pénombre. Comme cette application donne plus d'intérêt au dernier problème dont nous venons d'indiquer la solution, nous ne négligerons pas quelques simplifications que l'on peut apporter à la méthode dans ce cas particulier.

L'équation du plan qui touche la surface (f_1) au point (x_1, y_1, z_1) et la surface (f_2) au point (x_2, y_2, z_2), est indifféremment

$$z-z_1=p_1(x-x_1)+q_1(y-y_1)\,, \qquad (n_1)$$

ou

$$z-z_2=p_2(x-x_2)+q_2(y-y_2)\,: \qquad (n_2)$$

p_1, q_1 étant donnés en fonction de x_1, y_1, z_1 par la différentiation de l'équation

$$f_1(x_1, y_1, z_1)=0\,, \qquad (f_1).$$

et p_2, q_2 en fonction de x_2, y_2, z_2 par la différentiation de l'équation

$$f_2(x_2, y_2, z_2) = 0 . \qquad (f_2)$$

On en conclut

$$z_1 - p_1 x_1 - q_1 y_1 = z_2 - p_2 x_2 - q_2 x_2 ; \qquad (o)$$

et l'on a d'ailleurs

$$p_1 = p_2 , \quad q_1 = q_2 . \qquad (p)$$

Au moyen des équations (f_1), (f_2), (o), (p), au nombre de cinq, on chassera x_2, y_2, z_2, et l'on déterminera y_1, z_1 en fonction de x_1 ; par suite de quoi l'équation (n_1) prendra la forme

$$z = x . \varphi x_1 + y . \psi x_1 + \varpi x_1 .$$

Il suffira donc d'éliminer le paramètre x_1 entre cette équation et sa dérivée par rapport à x_1,

$$0 = x . \varphi' x_1 + y . \psi' x_1 + \varpi' x_1 ,$$

pour avoir en x, y, z l'équation de la surface développable demandée.

S'il s'agit seulement de déterminer sur le corps opaque, dont nous supposerons que l'équation soit (f_1), les lignes de contact avec la surface développable qui l'enveloppe, ou les lignes qui séparent la pénombre de l'ombre pure et de la partie complétement éclairée, on se contentera de chasser x_2, y_2, z_2 des équations (f_2), (o), (p) : l'équation résultante

$$\mathrm{f}_1(x_1, y_1, z_1) ,$$

combinée avec l'équation (f_1), déterminera le système des lignes de contact.

CHAPITRE IX.

DES DÉVELOPPÉES EN GÉNÉRAL.

270. On a vu [232] que les droites d'intersection de deux plans infiniment voisins, normaux à une ligne à double courbure, ou les droites menées par les centres de courbure de cette ligne, perpendiculairement aux plans osculateurs correspondants, ont une ligne enveloppe, conjuguée à la courbe proposée en ce sens qu'elles échangent mutuellement leurs flexions aux points correspondants : la première flexion de l'une étant la seconde flexion de l'autre, et réciproquement. Nous devons ajouter maintenant que cette ligne enveloppe est l'arête de rebroussement d'une surface développable qui aurait pour génératrice la droite mobile, constamment déterminée par l'intersection de deux plans infiniment voisins, normaux à la courbe proposée.

Nous disons, de plus, que cette surface développable est le lieu de toutes les développées, en nombre infini, que la courbe proposée est susceptible d'avoir.

Reportons-nous en effet aux premières notions géométriques qui servent de point de départ à la théorie des développées. D'abord on conçoit qu'un cercle peut être décrit par l'extrémité mobile d'une droite de longueur constante, dont l'autre extrémité est fixe, non-seulement quand l'extrémité fixe coïncide avec le centre du cercle, mais encore lorsqu'on prend pour cette extrémité fixe l'un quelconque des points de la droite élevée par le centre du cercle, perpendiculairement à son plan. On énonce ce fait en disant que chaque point de la droite est un *pôle* du cercle et de tous les cercles concentriques situés dans le même plan. La droite à laquelle les points appartiennent prend le nom de *ligne des pôles*.

Passons de la considération du cercle à celle d'une courbe plane quelconque. Traçons la développée de la courbe dans son plan, et construisons la surface cylindrique dont cette développée serait la *section droite* [248] : un point quelconque ν de la génératrice $\mu\nu$, qui passe par le point μ de la développée, correspondant au point m de la développante, peut être considéré comme le pôle du cercle osculateur en m, dont un arc infiniment petit se confond avec l'arc infiniment petit mm_1 de la courbe développante. La droite $m\nu$ touche le cylindre en ν, car sa projection $m\mu$ sur le plan de la développée touche la développée en μ. Si l'on fait mouvoir le plan tangent dans lequel elle est comprise, de manière qu'il ne cesse pas de toucher la surface, le prolongement de la droite $m\nu$ vient rencontrer les génératrices consécutives en des points $\nu_1, \nu_2, \nu_3, \ldots$ correspondant aux points $\mu_1, \mu_2, \mu_3, \ldots$ de la développée, et aux points $m_1, m_2, m_3, \ldots$ de la développante. On trace ainsi sur la surface du cylindre une courbe $\nu\nu_1\nu_2\nu_3\ldots$ dont les tangentes font un angle constant avec les génératrices, et qui se transformerait en ligne droite si la surface cylindrique était étalée sur un plan. Or, les points $\nu_1, \nu_2, \nu_3, \ldots$ sont des pôles des cercles osculateurs de la développante aux points $m_1, m_2, m_3 \ldots$; et les arcs infiniment petits, pris sur ces cercles, se confondent avec les arcs infiniment petits de la courbe développante.

Donc les arcs mm_1, m_1m_2, m_2m_3,... peuvent être successivement décrits, d'abord du point ν comme pôle avec le rayon νm, puis du point ν_1 comme pôle avec le rayon $\nu_1 m_1$, puis du point ν_2 comme pôle avec le rayon $\nu_2 m_2$, et ainsi de suite. Donc, si l'on développe un fil préalablement enroulé sur la courbe $\nu\nu_1\nu_2\nu_3$... (le prolongement rectiligne de ce fil aboutissant à la développante en m, et se trouvant perpendiculaire à l'élément mm_1), l'extrémité du fil décrira d'un mouvement continu la courbe plane $mm_1m_2m_3$.... sans cesser d'être perpendiculaire à l'élément actuellement décrit. Par conséquent la ligne à double courbure $\nu\nu_1\nu_2\nu_3$.... peut, aussi bien que la courbe plane $\mu\mu_1\mu_2\mu_3$...., être regardée comme une développée de la courbe plane $mm_1m_2m_3$...

On a pu mener la droite $m\nu$ de manière à rencontrer en un point quelconque et sous un angle quelconque la génératrice qui passe par le point μ : une courbe plane a donc une infinité de développées à double courbure, toutes situées sur la surface cylindrique qui est le lieu des pôles de la développante, et qui a pour section droite la développée plane. Toutes ces développées ont la propriété caractéristique de couper les génératrices sous un angle constant, et de se transformer en lignes droites quand on étale la surface cylindrique sur un plan.

271. Considérons enfin une ligne quelconque à double courbure $mm_1m_2m_3$... ainsi que la surface développable qui a pour génératrice la droite d'intersection de deux plans normaux infiniment voisins. Le plan normal en m touche cette surface suivant une génératrice $\mu\nu$, le point μ étant le centre de courbure de la ligne donnée, qui correspond au point m. Par le point m menons arbitrairement dans le plan normal à la courbe et tangent

à la surface une droite qui touche la surface en un point quelconque ν de la génératrice $\mu\nu$. Si l'on fait mouvoir le plan dans lequel cette droite est comprise, sans qu'il cesse de toucher la surface développable et d'être normal à la courbe proposée, le prolongement de la droite $m\nu$ viendra rencontrer les génératrices consécutives aux points $\nu_1, \nu_2, \nu_3, \ldots$ et s'appliquer sur la surface suivant une courbe $\nu\nu_1\nu_2\nu_3\ldots.$ qui jouira inversement de la propriété de se transformer en ligne droite lorsqu'on étalera la surface développable sur un plan. Les points $\nu_1, \nu_2, \nu_3\ldots.$ sont les pôles des cercles osculateurs de la courbe proposée aux points correspondants $m_1, m_2, m_3, \ldots.$ qui ont pour centres de courbure $\mu_1, \mu_2, \mu_3, \ldots,$ et auxquels se rapportent les génératrices $\nu_1\mu_1, \nu_2\mu_2, \nu_3\mu_3\ldots$ D'où il faut conclure, comme dans le cas particulier envisagé d'abord, que la courbe $\nu\nu_1\nu_2\nu_3\ldots.$ est une développée de la proposée. On a pu choisir arbitrairement le point initial ν sur la génératrice $\mu\nu$; et ainsi la courbe proposée a une infinité de développées, toutes situées sur la surface développable, définie en commençant, et que, pour cette raison, nous appellerons la *surface des pôles*. Le caractère distinctif de toutes ces développées est de se transformer en lignes droites lorsque la surface développable s'étale sur un plan.

On a vu [233] que la ligne des centres de courbure, quoique située sur la surface des pôles, n'est pas une développée, à moins que la proposée ne soit plane.

273. Pour avoir en ξ, η, ζ, l'équation de la surface des pôles, il faut chasser x, y, z et leurs différentielles des deux premiers ordres, des équations

$$\left.\begin{array}{l}(\xi-x)\,dx+(\eta-y)\,dy+(\zeta-z)\,dz=0\,,\\ (\xi-x)\,d^2x+(\eta-y)\,d^2y+(\zeta-z)\,d^2z-ds^2=0\,,\end{array}\right\}\quad(a)$$

au moyen des équations de la courbe proposée et de leurs dérivées des deux premiers ordres [232]. L'équation (g) du n° suivant exprime que la tangente à la développante au point (x, y, z) coupe à angles droits la tangente à la développée au point correspondant (ξ, η, ζ) : ce qui résulte d'ailleurs, sans calcul, de ce que le plan normal à la développante en (x, y, z) touche la surface des pôles suivant la génératrice passant par le point (ξ, η, ζ).

Si les variables ξ, η, ζ désignent plus spécialement les coordonnées courantes de l'une des développées, il faudra qu'elles satisfassent aux équations (a), et, de plus, qu'elles soient liées par la condition que le rayon mené du point (ξ, η, ζ) de la développée au point correspondant (x, y, z) de la développante, touche la développée. Cette condition s'exprime par la formule

$$\frac{d\xi}{\xi - x} = \frac{d\eta}{\eta - y} = \frac{d\zeta}{\zeta - z}. \qquad (b)$$

Lorsqu'on a chassé x, y, z et leurs différentielles des équations (a) et (b), au moyen des équations de la développante, il reste deux équations en ξ, η, ζ, $d\xi$, $d\eta$, $d\zeta$, communes à toutes les développées. L'intégration de ces équations amènerait deux constantes arbitraires dont les valeurs particularisent chaque développée [163 *et* 165].

274. Prenons pour développante l'hélice définie par les équations (h) du n° 234 : les équations (a) deviendront

$$\xi \sin\varphi - \eta\cos\varphi = a(\zeta - aR\varphi),\ \xi\cos\varphi + \eta\sin\varphi = -a^2R, \quad (c)$$

et elles donneront

$$\xi^2 + \eta^2 = a^4R^2 + a^2(\zeta - aR\varphi)^2,$$

d'où

$$\varphi = \frac{1}{aR} \pm \sqrt{\frac{\xi^2 + \eta^2}{a^4R^2} - 1}.$$

Cette valeur de φ, substituée dans l'équation (c), donne pour l'équation de la surface des pôles,

$$a^2R+\left(\cos\frac{\zeta}{aR}+\eta\sin\frac{\zeta}{aR}\right)\cos\sqrt{\frac{\xi^2+\eta^2}{a^4R^2}-1}$$
$$=\pm\left(\cos\frac{\zeta}{aR}-\eta\sin\frac{\zeta}{aR}\right)\sin\sqrt{\frac{\xi^2+\eta^2}{a^4R^2}-1}. \quad (d)$$

On a vu [235] que l'arête de rebroussement de cette surface développable, identique dans le cas actuel avec la ligne des centres de courbure de la développante, est une autre hélice de même pas, ayant le même axe, située sur la même surface hélicoïde gauche [253], et dont les équations en ξ, η, ζ sont

$$\xi=-a^2R\cos\varphi\,;\ \eta=-a^2R\sin\varphi\,,\ \zeta=aR\varphi\,. \quad (\eta)$$

On donne à la surface développable qui a pour arête de rebroussement une hélice, le nom de *surface hélicoïde développable.*

Le radical qui entre dans l'équation (d) sous les signes *sin* et *cos*, devient imaginaire quand on suppose

$$\xi^2+\eta^2 < a^4R^2\,, \quad (e)$$

ou, d'après les équations (η), quand on prend le point (ξ, η, ζ) dans l'intérieur du cylindre sur lequel s'enroule l'arête de rebroussement de l'hélicoïde développable. Or, le sinus d'un arc imaginaire est imaginaire, tandis que le cosinus du même arc se change en exponentielles réelles [75]. Donc la surface hélicoïde développable ne pénètre pas dans l'intérieur du cylindre sur lequel s'enroule son arête de rebroussement, et toutes les sections planes de cette surface éprouvent un rebroussement, aux points où elles rencontrent l'arête.

CHAPITRE X.

DE LA COURBURE DES SURFACES.

§ 1er. Théorèmes de Meusnier et d'Euler. — Détermination des rayons de courbure principaux et des ombilics.

275. Concevons une infinité de lignes, planes ou à double courbure, tracées sur une surface et concourant en un même point : elles auront au point commun des rayons de courbure différents, en nombre infini ; mais néanmoins les valeurs de ces rayons de courbure seront liées les unes aux autres, et pourront être ramenées à ne dépendre que d'un petit nombre d'éléments. Nous allons procéder à cette réduction qui est un point capital dans la théorie des surfaces.

Soient

$$z = f(x, y) \qquad (z)$$

l'équation de la surface; (x, y, z) le point où concourent les lignes que l'on conçoit tracées sur cette surface : désignons par s l'arc de l'une de ces lignes, plane ou à double courbure; par ρ' le rayon de première courbure de cette ligne au point (x, y, z); par ρ le rayon de courbure de la *section normale* [237] ayant la même tangente et passant au même point; par θ l'angle des rayons ρ, ρ'; enfin par $x', y', z', x'', y'', z''$ les premières et les secondes dérivées des coordonnées x, y, z par rapport à l'arc s pris pour variable indépendante : on aura, en différentiant deux fois de suite l'équation (z),

$$z' = px' + qy', \qquad (z')$$

$$z'' = px'' + qy'' + rx'^2 + 2sx'y' + ty'^2; \qquad (z'')$$

et les dérivées x', y', z' seront liées en outre par l'équation de condition

$$x'^2+y'^2+z'^2=1\ . \qquad (1)$$

Le rayon ρ qui coïncide avec la normale à la surface, fait avec les x, y, z des angles λ, μ, ν qui ont respectivement pour cosinus [237]

$$\frac{\pm p}{\sqrt{1+p^2+q^2}},\ \frac{\pm q}{\sqrt{1+p^2+q^2}},\ \frac{\mp 1}{\sqrt{1+p^2+q^2}};$$

d'autre part, le rayon ρ' fait avec les mêmes coordonnées des angles dont les cosinus ont pour valeurs [228]

$$\pm\rho' x'',\ \pm\rho' y'',\ \pm\rho' z'':$$

d'où l'on conclut, abstraction faite du signe de $\cos\theta$, et en vertu de l'équation (z''),

$$\cos\theta=\rho'\,.\frac{rx'^2+2sx'y'+ty'^2}{\sqrt{1+p^2+q^2}}\ . \qquad (2)$$

Les dérivées x', y', z' expriment encore, aux signes près, les cosinus des angles que forme avec les x, y, z la tangente à la ligne dont le rayon de courbure est ρ': donc le facteur de ρ' dans l'équation (2) ne change pas, quelle que soit cette courbe, pourvu qu'elle passe par le point de la surface que l'on considère, et que la direction de la tangente en ce point ne change pas. En d'autres termes, on peut poser $\rho'=K\cos\theta$, K étant une constante pour toutes les courbes tracées sur la surface, qui ont la même tangente au point de concours. Mais, quand l'angle θ s'évanouit, on a $\rho'=\rho$: donc $K=\rho$,

$$\rho'=\rho\cos\theta, \quad (a) \qquad \rho=\frac{\sqrt{1+p^2+q^2}}{rx'^2+2sx'y'+ty'^2}. \quad (b)$$

Ainsi le rayon de première courbure d'une ligne quelconque tracée sur la surface, est ramené à dépendre du rayon de courbure de la section normale qui aurait la même tangente que cette ligne, et de l'inclinaison θ.

Lorsque la première courbe est plane, on l'appelle *section oblique* [237], et ρ' devient la projection de ρ sur le plan de la section oblique. Le théorème exprimé par la formule (a) porte alors le nom de *théorème de Meusnier*. On rend la signification de la formule plus générale en l'étendant aux lignes à double courbure, ainsi que cela vient d'être expliqué.

Il résulte du théorème de Meusnier que, si l'on décrit une sphère ayant pour centre et pour rayon le centre et le rayon de courbure d'une section normale, toutes les sections obliques ayant la même tangente que cette section normale ont pour cercles osculateurs au point commun les petits cercles qui sont les intersections de la sphère et de leurs plans respectifs.

276. Pour simplifier la discussion des rayons de courbure des sections normales, admettons d'abord que le plan des xy soit mené parallèlement au plan tangent à la surface, au point de concours des sections, ce qui revient à poser $p=0$, $q=0$: la formule (b) deviendra

$$\rho=\frac{1}{rx'^2+2sx'y'+ty'^2};$$

et si l'on pose, comme cela est permis en vertu de l'équation (1),

$$x'=\cos\varphi,\ y'=\sin\varphi,\ \tang\varphi=\alpha,$$

on pourra écrire

$$\rho=\frac{1}{r\cos^2\varphi+2s\sin\varphi\cos\varphi+t\sin^2\varphi},\tag{3}$$

ou

$$\rho=\frac{1+\alpha^2}{r+2s\alpha+t\alpha^2}:\tag{4}$$

φ désignant alors l'angle de la section normale avec un plan mené par la normale parallèlement à celui des xz.

On obtiendra les valeurs *maxima* et *minima* du rayon de courbure ρ, en cherchant les valeurs de α qui rendent nulle ou infinie la dérivée

$$\frac{d\rho}{d\alpha} = \frac{2[s\alpha^2 + (r-t)\alpha - s]}{(r + 2s\alpha + t\alpha^2)^2}.$$

En égalant le dénominateur à zéro, nous aurions

$$\alpha = \frac{-s \pm \sqrt{s^2 - rt}}{t}, \tag{5}$$

valeurs qui ne seraient réelles que sous la condition $s^2 - rt > 0$, et qui correspondraient à un rayon de courbure infini, ou à une courbure nulle. Les *maxima* et *minima* proprement dits seront donc exclusivement donnés par l'équation

$$\alpha^2 + \frac{r-t}{s}\alpha - 1 = 0, \tag{α}$$

d'où l'on tire

$$\alpha = \frac{t - r \pm \sqrt{(t-r)^2 + 4s^2}}{2s}.$$

Cette expression, toujours réelle, nous montre : 1° que sur toute surface, et pour tous les points non singuliers où les dérivées partielles p, q, r, s, t peuvent se déterminer en fonction des deux variables indépendantes, sans solution de continuité, il existe parmi les sections normales deux *sections principales* pour lesquelles le rayon de courbure a une valeur *maximum* ou *minimum*; 2° que les plans de ces sections principales se coupent à angles droits, puisque le produit des racines de l'équation (α) est égal à -1.

277. Nous pouvons donc mener parallèlement aux plans des sections principales les plans des xz et des yz dont nous avions laissé la direction indéterminée, en sorte que, des deux racines de l'équation (α), l'une

soit nulle et l'autre infinie; ce qui revient à choisir la direction des plans coordonnés de manière qu'on ait $s=0$. La valeur de ρ devient alors

$$\rho=\frac{1}{r\cos^2\varphi+t\sin^2\varphi};$$

et l'on a, en désignant par R_1, R_2 les deux *rayons de courbure principaux*, qui correspondent respectivement à $\sin\varphi=0$, $\cos\varphi=0$,

$$R_1=\frac{1}{r},\quad R_2=\frac{1}{t},$$

$$\frac{1}{\rho}=\frac{1}{R_1}\cos^2\varphi+\frac{1}{R_2}\sin^2\varphi\,. \qquad (b_1)$$

Cette formule très-remarquable est due à Euler. Elle donne les rayons de courbure de toutes les sections normales, et par suite ceux de toutes les sections obliques, en fonction des rayons de courbure principaux, et des angles φ, θ qui fixent la position des plans de section par rapport aux plans des sections principales.

En désignant par ρ_1, ρ_2 les valeurs de ρ pour deux sections normales rectangulaires, et d'ailleurs quelconques, on tire de l'équation (b_1) la relation élégante

$$\frac{1}{\rho_1}+\frac{1}{\rho_2}=\frac{1}{R_1}+\frac{1}{R_2}=r+t\,. \qquad (c)$$

Lorsque les deux rayons principaux R_1, R_2 sont égaux et de même signe, c'est-à-dire, dirigés du même côté du plan tangent, la valeur de ρ devient indépendante de l'angle φ et la même pour toutes les sections normales. La surface de la sphère est la seule qui jouisse en tous ses points de cette propriété : mais on retrouve sur d'autres surfaces des points singuliers auxquels la même propriété appartient, et que Monge a nommés *ombilics*.

278. Si les dérivées r, t sont de même signe, les

rayons principaux R_1, R_2 sont aussi de même signe, et le signe de ρ ne change pas : la surface tourne sa convexité dans le même sens par rapport au plan tangent, tout autour du point de contact.

Admettons maintenant que les rayons principaux soient de signes contraires, par exemple R_1 positif et R_2 négatif : il y aura des sections normales situées au-dessus du plan tangent et d'autres au-dessous. La formule (b_1) deviendra, après qu'on y aura changé R_2 en $-R_2$, pour n'avoir plus à considérer que des nombres positifs,

$$\frac{1}{\rho}=\frac{1}{R_1}\cos^2\varphi-\frac{1}{R_2}\sin^2\varphi .$$

On voit que, si l'on fait croître l'angle φ à partir de zéro, le rayon variable ρ commencera par être positif, et ira toujours en croissant, depuis R_1 jusqu'à l'infini. Cette dernière valeur correspond à

$$\frac{1}{R_1}\cos^2\varphi=\frac{1}{R_2}\sin^2\varphi, \text{ ou } \alpha=\pm\sqrt{\frac{R_2}{R_1}}=\pm\sqrt{-\frac{r}{t}},$$

ce qui est précisément la valeur de α donnée par l'équation (5), après qu'on y a fait $s=0$, conformément à l'hypothèse sur la direction des axes.

Si donc l'on désigne par φ_0 cette valeur particulière de φ, et que, dans le plan tangent, on mène deux droites qui forment, avec une parallèle à l'axe des x, des angles égaux à $\pm\varphi_0$, toutes les sections normales dont les tangentes tombent dans les espaces angulaires où φ prend une valeur numériquement plus petite que φ_0, ont leurs rayons de courbure positifs, et celles dont les tangentes tombent dans les espaces complémentaires ont leurs rayons de courbure négatifs. R_1 est le plus petit des rayons de courbure positifs; et, par la même raison, R_2 est la valeur numérique *minimum* des rayons de courbure négatifs, c'est-à-dire que $-R_2$ est un *maximum* algébrique de ρ.

Lorsque t ou r prend une valeur nulle, s s'évanouissant par suite de la disposition des axes, l'un des rayons principaux est infini, l'autre a par conséquent une valeur numérique *minimum*, et son signe est celui de tous les autres rayons de courbure.

279. Nous ferons remarquer qu'en vertu de l'équation (3), on peut représenter géométriquement la grandeur $\sqrt{\rho}$ par le rayon vecteur d'une section conique rapportée à son centre, φ étant l'angle du rayon vecteur avec l'axe des x. De cette construction on déduirait sans autre calcul, en se reportant à la discussion bien connue des sections coniques, tout ce qui vient d'être établi sur les rayons de courbure des sections normales. On sait que la section conique est une ellipse, si l'on a $rt-s^2>0$; et, dans ce cas, tous les rayons vecteurs de la courbe auxiliaire étant finis et réels, tous les rayons de courbure sont finis et doivent être pris avec le même signe. Si l'on a au contraire $rt-s^2<0$, l'ellipse doit être remplacée par deux hyperboles conjuguées, l'une de ces hyperboles correspondant aux valeurs imaginaires du rayon vecteur ou aux valeurs négatives du rayon de courbure. Les demi-axes de l'ellipse ou des deux hyperboles conjuguées correspondent en direction aux sections principales, et en grandeur aux rayons de courbure principaux. Enfin, quand on a $rt-s^2=0$, la section conique se trouve remplacée par le système de deux droites parallèles menées à égales distances de l'origine : la perpendiculaire abaissée sur ces droites correspondant en direction à l'une des sections principales, et en grandeur au rayon de courbure *minimum*.

280. Le théorème d'Euler sur les courbures des sections normales admet des exceptions qui n'ont été signalées qu'assez récemment par M. Poisson (¹), quoiqu'elles soient tout à fait analogues aux exceptions que souffre la théorie des plans tangents [236]. Ces cas d'exception se présentent lorsque les dérivées r, s, t prennent au point de contact des formes indéterminées $\frac{0}{0}$, $\frac{\infty}{\infty}$, dont on ne peut lever l'indétermination qu'en établissant arbitrairement une liaison entre les variables indépendantes x, y. Alors r, s, t deviennent des fonctions du rapport désigné plus haut par α; de sorte que les calculs précédents, fondés sur le principe que r, s, t ne dépendent point de α, cessent d'être exacts. Pour avoir un exemple des cas d'exception dont il s'agit, il suffit de considérer la surface engendrée par une parabole qui tournerait autour de son axe, tandis que son paramètre varierait suivant une loi exprimée par une fonction continue quelconque de l'angle de rotation. Un semblable paraboloïde a une équation de la forme

$$x^2 + y^2 = 2zf\left(\frac{x}{y}\right),$$

quand on prend pour axe de rotation celui des z, et qu'on place l'origine au sommet. Les sections normales comprises dans des plans menés par l'axe se confondent avec les paraboles génératrices. Le rayon de courbure varie d'une section à l'autre suivant une loi qui dépend de la fonction arbitraire f. Le rayon de courbure peut donc passer alternativement par des *maxima* et par des *minima* en nombre illimité : seulement il doit y avoir autant de *maxima* que de *minima*, afin que le

(¹) *Journal de l'École polytechnique*, 21ᵉ cahier, p. 205.

rayon de courbure revienne à sa valeur initiale après une révolution de la parabole génératrice.

M. Poisson a d'ailleurs remarqué que le théorème de Meusnier subsiste, même dans le cas où celui d'Euler tombe en défaut; et c'est aussi ce qui se voit très-simplement par la démonstration que nous avons donnée du théorème de Meusnier [275], laquelle n'exige pas que les fonctions r, s, t dépendent seulement de x, y, z, et permet de supposer que ces fonctions varient avec la direction de la tangente à la courbe dont l'arc est désigné par s.

281. Reprenons la formule (b) qui subsiste, quelle que soit la direction de la normale par rapport aux axes des x, y, z. Les dérivées x', y' qui entrent dans cette formule doivent satisfaire à l'équation (1), laquelle devient, en vertu de (z'),

$$(1+p^2)\,x'^2 + 2pq\,x'y' + (1+q^2)y'^2 = 1\,, \tag{6}$$

et d'où l'on tire, par la différentiation,

$$[(1+p^2)x' + pqy']\,dx' + [(1+q^2)y' + pqx']\,dy' = 0\,.$$

En différentiant l'équation (b) par rapport à ρ, on a

$$(rx' + sy')\,dx' + (sx' + ty')\,dy' = 0\,;$$

et en combinant ces deux dernières équations,

$$\frac{rx' + sy'}{(1+p^2)x' + pqy'} = \frac{sx' + ty'}{(1+q^2)y' + pqx'}\,. \tag{7}$$

Si donc on désigne par R l'un des rayons de courbure principaux, l'équation en R s'obtiendra par l'élimination de x', y' entre les équations (6), (7), et l'équation

$$R = \frac{\sqrt{1+p^2+q^2}}{rx'^2 + 2sx'y' + ty'^2}\,. \tag{8}$$

Posons, pour abréger,

$$V = rx'^2 + 2sx'y' + ty'^2 = \frac{1}{R}\sqrt{1+p^2+q^2}\,; \tag{V}$$

multiplions respectivement par x' et par y' les deux termes des fractions à gauche et à droite du signe d'égalité dans l'équation (7), après quoi nous ferons les sommes des numérateurs et des dénominateurs : la fraction résultante, en vertu de l'équation (6), se réduira au polynôme V. Il viendra donc

$$V = \frac{rx' + sy'}{(1+p^2)x' + pqy'} = \frac{sx' + ty'}{(1+q^2)y' + pqx'},$$

ou bien

$$\left.\begin{aligned} [V(1+p^2) - r]x' &= (s - pqV)y', \\ [V(1+q^2) - t]y' &= (s - pqV)x', \end{aligned}\right\} \quad (9)$$

et par la multiplication membre à membre,

$$[V(1+p^2) - r][V(1+q^2) - t] = (s - pqV)^2.$$

Remettant au lieu de V sa valeur en R, tirée de l'équation (V), et ordonnant, on aura enfin

$$R^2(rt - s^2) - R[(1+q^2)r - 2pqs + (1+p^2)t]\sqrt{1+p^2+q^2} + (1+p^2+q^2)^2 = 0. \quad (R)$$

Soient R_1, R_2 les racines de cette équation, ou les valeurs des deux rayons de courbure principaux, il viendra

$$\frac{1}{R_1 R_2} = \frac{rt - s^2}{(1+p^2+q^2)^2},$$

$$\frac{1}{R_1} + \frac{1}{R_2} = \frac{(1+q^2)r - 2pqs + (1+p^2)t}{(1+p^2+q^2)^{\frac{3}{2}}}.$$

Ainsi, la condition pour que les rayons R_1, R_2 soient de même signe, est exprimée par $rt - s^2 > 0$, quelles que soient les directions des axes coordonnés ; et la condition pour que l'un des rayons principaux devienne infini, est aussi exprimée généralement par l'équation $rt - s^2 = 0$, qui caractérise les surfaces développables.

Les rayons de courbure principaux sont, pour tous les points d'une surface, égaux en grandeur absolue et dirigés en sens contraires, si l'équation

$$(1+q^2)r-2pqs+(1+p^2)t=0 \qquad (d)$$

est vérifiée pour tous les points de la surface. Nous verrons dans la suite que les surfaces caractérisées par cette équation aux différences partielles du premier et du second ordre jouissent d'une autre propriété géométrique également remarquable.

282. Les rayons principaux R_1, R_2, et par suite tous les rayons de courbure des sections normales, sont égaux et de même signe, si l'on a

$$[(1+q^2)r-2pqs+(1+p^2)t]^2-4(1+p^2+q^2)(rt-s^2)=0.$$

Cette équation, pouvant se mettre sous la forme

$$\left[(1+p^2)t-(1+q^2)r+2pq\left(\frac{pqr}{1+p^2}-s\right)\right]^2$$
$$+4(1+p^2+q^2)\left(\frac{pqr}{1+p^2}-s\right)^2=0,$$

équivaut au système

$$\frac{pqr}{1+p^2}-s=0,\ (1+p^2)t-(1+q^2)r=0, \qquad (e)$$

ou

$$\frac{r}{1+p^2}=\frac{s}{pq}=\frac{t}{1+q^2}. \qquad (f)$$

On aurait obtenu directement ces dernières équations, en exprimant que les équations (9) donnent pour V, et par suite pour ρ, des valeurs indépendantes de x', y'.

Les coordonnées des points auxquels on a donné le nom d'*ombilics* [277] sont donc déterminées par le système des deux équations (e), combinées avec l'équation de la surface. Ces points sont isolés, à moins que les deux équations (e) ne deviennent accidentellement identiques : ce qui accuserait l'existence sur la surface d'une ligne que l'analogie porte à nommer *ligne ombilicale*, et que Monge a appelée *ligne des courbures sphériques*.

283. Appliquons ceci à l'ellipsoïde

$$\frac{x^2}{a^2}+\frac{y^2}{b^2}+\frac{z^2}{c^2}=1:$$

on a

$$p=-\frac{c^2x}{a^2z},\quad q=-\frac{c^2y}{b^2z},$$

$$r=-\frac{c^4(b^2-y^2)}{a^2b^2z^3},\quad s=-\frac{c^4xy}{a^2b^2z^3},\quad t=-\frac{c^4(a^2-x^2)}{a^2b^2z^3}.$$

Posons, pour simplifier,

$$\frac{a^2(b^2-c^2)}{b^2(a^2-c^2)}=\mathrm{A},\quad \frac{a^2(a^2-b^2)}{a^2-c^2}=\mathrm{B}:$$

il nous est permis de faire en outre l'hypothèse

$$a>b>c,$$

ce qui rendra positives les constantes A, B. On aura, pour déterminer les coordonnées x, y des ombilics de l'ellipsoïde, les deux équations

$$xy=0,\quad x^2-\mathrm{A}y^2-\mathrm{B}=0, \tag{g}$$

dont les seules solutions réelles sont

$$y=0,\quad x=\pm\sqrt{\mathrm{B}}=\pm a\sqrt{\frac{a^2-b^2}{a^2-c^2}}.$$

L'ellipsoïde a donc quatre ombilics symétriquement situés à la surface, dans le plan de la section principale qui comprend le plus grand et le plus petit axe. On démontre d'ailleurs, dans la discussion analytique des surfaces du second degré, que les plans tangents à l'ellipsoïde, aux quatre points dont on vient de déterminer la position, sont parallèles à ceux qui jouissent de la propriété de couper l'ellipsoïde suivant des cercles: ce qui se rattache à une autre définition des ombilics dont il sera question plus loin.

Si l'ellipsoïde a deux axes égaux, les ombilics, comme il est aisé de le conclure des formules précédentes, se confondent avec les sommets de l'axe de révolution.

§ 2. Lignes de courbure.

284. Imaginons que, sur une surface donnée (S), l'on ait tracé une ligne quelconque (s), et construit la surface réglée (Σ) dont la génératrice est assujettie à passer par cette ligne, en restant constamment normale à la surface (S) : en général la surface (Σ) est gauche, c'est-à-dire que ses génératrices n'ont pas de ligne enveloppe [243], ou que deux normales à la surface (S), menées par des points infiniment voisins, pris sur la ligne (s), ne se rencontrent pas. Au contraire, si l'on détermine convenablement la ligne (s), la surface (Σ) devenant développable, a une arête de rebroussement (σ) touchée par toutes les droites normales à la surface (S) et passant par la ligne (s) : ce qu'on exprime, dans le langage propre à la méthode infinitésimale, en disant que deux normales infiniment voisines se rencontrent en un point situé sur la ligne (σ).

Les équations de la normale à la surface (S) au point (x, y, z) étant [237]

$$\xi - x + p(\zeta - z) = 0\,, \quad \eta - y + q(\zeta - z) = 0\,, \qquad (h)$$

les coordonnées du point correspondant (ξ, η, ζ) sur l'arête (σ) seront données par le système des deux équations (h) et de leurs dérivées

$$\left.\begin{aligned} -[1+p(p+qy')] + (\zeta - z)(r+sy') = 0\,, \\ -[y'+q(p+qy')] + (\zeta - z)(s+ty') = 0\,, \end{aligned}\right\} \qquad (h')$$

prises en considérant z comme une fonction des variables x, y, en vertu de l'équation de la surface (S), et y comme une fonction implicite de x, donnée par le tracé de la ligne (s), ou par le tracé de la projection de cette ligne sur le plan xy. Or, les équations (h') qui ne renferment plus que la coordonnée ζ, ne peuvent subsister ensemble qu'à la faveur de l'équation de condition

$$y'^2[(1+q^2)s-pqt]+y'[(1+q^2)r-(1+p^2)t]$$
$$-(1+p^2)s+pqr=0\,. \qquad (i)$$

Après qu'on y a substitué pour p, q, r, s, t, leurs valeurs en x, y, fournies par l'équation de la surface (S), l'équation (i), où n'entrent plus que les quantités variables x, y, y', est l'équation différentielle commune à toutes les projections sur le plan xy des lignes (s) qui ont la propriété de rendre développables les surfaces (Σ), ou suivant lesquelles deux normales infiniment voisines, élevées sur la surface (S), ont la propriété de se rencontrer.

Quand on suppose le plan xy parallèle au plan tangent à la surface (S) au point (x, y, z), et par conséquent $p=0$, $q=0$, l'équation (i) devient

$$y'^2+\frac{r-t}{s}\cdot y'-1=0\,;$$

en sorte qu'elle ne diffère de l'équation (α) que par le changement de α en y'; d'où l'on doit conclure : 1° que par chaque point de la surface (S) on peut faire passer deux lignes (s_1), (s_2) qui se coupent à angles droits, et qui jouissent de la propriété énoncée plus haut; 2° que les plans normaux à (S), menés suivant les tangentes à ces lignes, coïncident avec ceux des sections normales principales. Pour cette raison, Monge a donné aux lignes (s_1), (s_2) le nom de *lignes de courbure*. Sur toute surface ou portion de surface, dont l'ordonnée n'éprouve pas de solutions de continuité du troisième ordre ou d'un ordre inférieur, on peut, d'après ce qui précède, tracer à volonté deux séries (s_1), (s_2) de lignes de courbure qui partagent la surface en quadrilatères curvilignes dont tous les angles sont droits.

L'élimination de y' entre les équations (h') donne

$$(\zeta-z)^2(rt-s^2)-(\zeta-z)\left[(1+q^2)r-2pqs+(1+p^2)t\right] \\ +1+p^2+q^2=0\,; \qquad (h'')$$

et l'on a, en désignant par R le rayon du cercle osculateur de l'une des sections principales, dont le centre est à l'intersection de deux normales infiniment voisines,

$$R=\pm\sqrt{(\xi-x)^2+(\eta-y)^2+(\zeta-z)^2}=\pm(\zeta-z)\sqrt{1+p^2+q^2}.$$

L'élimination de $\zeta-z$ entre ces deux dernières équations reproduira l'équation (R), trouvée plus haut par un calcul moins simple à quelques égards.

285. Les lignes de courbure, aux points où elles se coupent, sont tangentes aux deux sections principales; mais ces sections, qui sont des courbes planes, et dont les plans passent par la normale, ne coïncident pas en général avec les lignes de courbure, qui, ordinairement, ne sont pas comprises dans un plan.

Par exemple, sur une surface de révolution, l'une des lignes de courbure est le cercle d'intersection de la surface et d'un plan mené perpendiculairement à l'axe de révolution, par le point de la surface où doit passer la ligne de courbure : car toutes les normales à la surface, menées par les points pris sur la circonférence de ce cercle, vont couper l'axe de révolution au même point; d'où il résulte aussi que la portion de la normale, comprise entre l'axe de révolution et la surface, est l'un des deux rayons de courbure principaux. Mais cette ligne de courbure, quoique plane dans le cas que nous considérons, ne coïncide pas avec une section principale, puisque son plan ne comprend pas la normale, à moins que la normale ne se trouve accidentellement perpendiculaire à l'axe de révolution.

L'autre ligne de courbure, sur une surface de révolution, est la courbe méridienne; puisque les normales à la surface, menées par divers points de cette ligne, sont toutes comprises dans le plan méridien. En outre, la courbe méridienne est une section principale de la surface, puisque le plan de cette section comprend à la fois la normale et la tangente à l'une des lignes de courbure. Donc, pour une surface de révolution, l'une des sections principales coïncide avec une des lignes de courbure; et il en est de même toutes les fois qu'une ligne de courbure se trouve plane, et que son plan comprend la normale à la surface. Ainsi, pour les surfaces cylindriques, les sections principales, dont l'une est la section droite, et l'autre la droite génératrice, se confondent respectivement avec les lignes de courbure.

286. L'équation (i) devient identique, et l'on n'en peut plus tirer immédiatement une valeur de y' déterminée, quand on a les trois équations

$$(1+p^2)s-pqr=0,\ (1+p^2)t-(1+q^2)r=0,\ (1+q^2)s-pqt=0,$$

dont la troisième est une conséquence des deux autres, et qui équivalent au système (f); en sorte que les points de la surface pour lesquels cette circonstance a lieu, ne sont autres que les ombilics.

L'équation (i) étant identiquement satisfaite, la normale au point (x, y, z) est rencontrée par la normale au point infiniment voisin, dans quelque direction que l'on prenne ce second point; mais de là il ne faut pas tirer la conclusion [182] que l'ombilic est un point où se croisent des lignes de courbure en nombre infini, ou que les droites menées par l'ombilic dans le plan tangent sont toutes tangentes à des lignes de courbure. Mettons, pour abréger, l'équation (i) sous la forme

$$\varphi \cdot y'^2 + \psi \cdot y' + \varpi = 0,$$

φ, ψ, ϖ désignant des fonctions de x, y qui s'évanouissent quand le point (x, y, z) est un ombilic : la différentiation de l'équation (i) donne, pour déterminer y', l'équation du troisième degré

$$\left(\frac{d\varphi}{dx} + \frac{d\varphi}{dy}y'\right)y'^2 + \left(\frac{d\psi}{dx} + \frac{d\psi}{dy}y'\right)y' + \frac{d\varpi}{dx} + \frac{d\varpi}{dy}y' = 0.$$

Selon que cette équation a ou n'a pas toutes ses racines réelles, il passe trois lignes de courbure par l'ombilic ou il n'en passe qu'une seule. Si cette équation est encore rendue identique par les valeurs de x, y qui conviennent à l'ombilic, on la différentie à son tour, ce qui donne une équation du quatrième degré en y' ; et selon que cette nouvelle équation a quatre ou deux racines réelles, ou n'a que des racines imaginaires, l'ombilic est le point d'intersection de quatre ou de deux lignes de courbure, ou bien il ne passe pas de ligne de courbure par l'ombilic, et ainsi de suite. Enfin, quand les valeurs de x, y qui conviennent à l'ombilic, rendent identiques l'équation (i) et toutes ses dérivées successives, l'ombilic est un point où se croisent des lignes de courbure dans toutes les directions. Ce cas se présente pour les sommets des surfaces de révolution, qui jouissent manifestement de la propriété caractéristique des ombilics (quand ils ne sont pas toutefois des points saillants), et où viennent se couper toutes les méridiennes qui sont des lignes de courbure de ces surfaces.

287. Faisons l'application de ce qui précède à l'ellipsoïde dont il a été question au n° 283 : l'équation (i) devient

$$Axyy'^2 + (x^2 - Ay^2 - B)y' - xy = 0 ; \qquad (10)$$

et elle a pour dérivée

$(2Axy'+x^2-Ay^2-B)y''+Axy'^3+Ayy'^2+(x-2Ay)y'-y=0$, équation qui se réduit à $Ay'^3+y'=0$, pour les valeurs $y=0$, $x=\pm\sqrt{B}$, relatives aux ombilics. Cette dernière équation n'admet que la racine réelle $y'=0$, à cause que A désigne un coefficient positif. Il ne passe donc qu'une ligne de courbure par les ombilics de l'ellipsoïde à trois axes inégaux, et cette ligne est la section qui comprend le plus grand et le plus petit axe.

Si l'on pose $a=b$, auquel cas l'ellipsoïde devient de révolution autour de son petit axe, pris pour celui des z, on a $A=1$, $B=0$; et les coordonnées des ombilics sont $x=0$, $y=0$, parce qu'en effet ces ombilics se confondent avec les pôles de l'ellipsoïde aplati. L'équation (10) peut alors être mise sous la forme

$$(yy'+x)(xy'-y)=0,$$

et elle se décompose en

$$yy'+x=0, \quad xy'-y=0.$$

Pour $x=0$, $y=0$, la valeur de y' donnée par la première équation est imaginaire [182], et celle que donne la seconde équation reste affectée d'une indétermination réelle : comme cela doit être, puisque tous les méridiens qui se projettent en xy suivant des droites passant par l'origine des coordonnées, sont autant de lignes de courbure de l'ellipsoïde.

Quand on fait $b=c$, auquel cas l'ellipsoïde devient de révolution autour de son grand axe pris pour celui des x, on a $A=0$, $B=a^2$, et l'équation (10) se résout dans le système

$$y'=\infty, \quad (x^2-a^2)y'-xy=0.$$

Si l'on introduit dans la dérivée de l'équation précédente les valeurs des coordonnées des pôles ou des ombilics, savoir $x=\pm a$, $y=0$, on en tirera $y'=0$: ainsi y'

n'est susceptible en ces points que des deux valeurs o, ∞. En effet, les méridiens se projettent en xy suivant des ellipses qui viennent toutes couper perpendiculairement l'axe des x, à l'exception du méridien dont la projection est l'axe même des x.

288. Lorsque la surface a des points singuliers pour lesquels r, s, t deviennent des fonctions de y', comme on l'a plusieurs fois expliqué, l'équation (i) cesse d'être une équation algébrique du second degré par rapport à l'inconnue y', pour les points singuliers dont il s'agit, et elle peut avoir un nombre quelconque de racines réelles.

***289.** Aux deux systèmes de lignes de courbure rectangulaires (s_1), (s_2) correspondent [284] deux systèmes de surfaces développables (Σ_1), (Σ_2), et d'arêtes de rebroussement (σ_1), (σ_2). Le lieu des arêtes de rebroussement du premier système est une certaine surface, et celui des arêtes de rebroussement du second système est une autre surface; ou plutôt les deux systèmes de surfaces développables, pris ensemble, ont pour lieu de leurs arêtes de rebroussement une surface à deux nappes (σ_1, σ_2), chaque nappe se rapportant à chacun des systèmes rectangulaires.

Pour obtenir en ξ, η, ζ l'équation de cette surface à deux nappes, qui est aussi le lieu des centres de courbure des sections principales de la surface (S), il faudrait éliminer x, y, z entre les équations (h), (h'') et celle de la surface (S).

Chaque rayon de courbure principale, touchant l'une des arêtes de rebroussement, touche la surface qui est le lieu de toutes ces arêtes : la surface des centres des courbures principales est donc, par rapport à la surface primitive, l'analogue de la développée d'une courbe plane par rapport à la courbe développante.

Les deux centres des courbures principales, pour un même point de la surface (S), se trouvant sur la même normale, il en résulte que chaque normale à la surface (S) touche chacune des deux nappes de la surface (σ_1, σ_2). Si l'on mène par cette normale deux plans tangents respectivement aux deux nappes, ces deux plans sont rectangulaires, en vertu de la propriété essentielle des lignes de courbure. Donc les deux nappes de la surface des centres de courbure ont entre elles de tels rapports de forme, que, regardées d'un point quelconque O, leurs *contours apparents* se coupent à angles droits. En effet, les contours apparents des deux nappes de la surface (σ_1, σ_2) sont les lignes de contact de ces nappes et des surfaces coniques circonscrites, ayant leurs sommets en O. Or ces deux surfaces coniques ont une génératrice commune, qui est la normale menée par le point O à la surface (S), et de plus leurs plans tangents suivant cette génératrice sont rectangulaires.

§ 3. Osculation des surfaces. — * Définition et mesure de la courbure des surfaces.

290. Deux surfaces

$$z = f(x, y), \quad (z) \qquad z = f_1(x, y), \quad (z_1)$$

qui ont un point commun (x, y, z) ont de plus en ce point un contact du premier ordre [203], quand les coordonnées x, y, z satisfont aux égalités

$$p = p_1, \quad q = q_1, \quad (11)$$

ou quand le plan tangent est le même pour les deux surfaces, au point qui leur est commun. Si les égalités

$$r = r_1, \quad s = s_1, \quad t = t_1 \quad (12)$$

sont en outre satisfaites, il y a entre les deux surfaces un contact du second ordre ou une osculation. En général le contact est dit du n^e ordre, quand toutes les dérivées partielles p, q, r, etc., fournies par les équations des deux surfaces, jusqu'à celles de l'ordre n inclusivement, prennent les mêmes valeurs pour un même système de valeurs des coordonnées x, y, z, quelle que soit celle des deux surfaces que l'on considère.

Si les surfaces n'éprouvent pas de solutions de continuité de l'ordre $n+1$ ou d'un ordre inférieur, et si Δx, Δy, Δz désignent des quantités très-petites du premier ordre, la distance du point $(x+\Delta x, y+\Delta y, z+\Delta z)$ situé sur l'une des surfaces, à l'autre surface, est en général une quantité très-petite de l'ordre $n+1$, quand le contact entre les deux surfaces est du n^e ordre. Nous omettons la démonstration de ce théorème, que l'on suppléera sans peine, en comparant le n° 240 aux n°s 203 et suivants.

Dans l'intérêt des applications géométriques, il nous suffira de considérer les contacts des deux premiers ordres, ou le contact simple et l'osculation (¹).

291. Ayant mené le plan tangent à la surface (z) au point (x, y, z), coupons la surface par un plan parallèle au premier. Pour plus de simplicité, on peut placer l'origine au point de contact, et faire coïncider le plan xy avec le plan tangent. Soient Δz l'ordonnée du plan sécant, et Δx, Δy les coordonnées en xy des points où il rencontre la surface : on a, en traitant Δx, Δy comme des quantités très-petites du premier ordre, et en né-

(¹) Sur les contacts des ordres supérieurs entre les surfaces, on pourra consulter un mémoire de M. Olivier, inséré dans le 25e cahier du *Journal de l'École polytechnique*, p. 123.

gligeant les quantités très-petites du troisième ordre,

$$\Delta z = \tfrac{1}{2} r \Delta x^2 + s \Delta x \Delta y + \tfrac{1}{2} t \Delta y^2 . \qquad (13)$$

Faisons $\Delta x = \varepsilon\xi$, $\Delta y = \varepsilon\eta$, ε désignant une quantité très-petite du premier ordre : puisque Δz est du second ordre, d'après l'équation (13), il faut poser $\Delta z = \varepsilon^2 k$, et alors cette équation donne

$$2k = r\xi^2 + 2s\xi\eta + t\eta^2 . \qquad (k)$$

Donc, quand Δz décroît indéfiniment, la courbe d'intersection approche indéfiniment d'être semblable à la courbe dont ξ, η désigneraient les coordonnées courantes suivant les axes des x et des y, et qui aurait (k) pour équation. Ou bien encore la courbe d'intersection approche indéfiniment d'être semblable à la section conique auxiliaire dont il a été question au n° 279, et dont les rayons vecteurs sont proportionnels aux racines carrées des rayons de courbure, pour les sections normales dont les plans coupent le plan tangent suivant ces rayons vecteurs.

A cause de cette circonstance, M. Charles Dupin a donné le nom d'*indicatrice* à la courbe que l'on conçoit résulter de l'intersection de la surface par un plan mené parallèlement au plan tangent, à une distance infiniment petite du point de contact. Cette indicatrice est une ellipse quand la surface tourne sa courbure du même côté tout autour du plan tangent; dans le cas contraire, les deux hyperboles conjuguées qui remplacent l'ellipse, résultent de l'intersection de la surface par deux plans infiniment voisins, tous deux parallèles au plan tangent, et entre lesquels celui-ci se trouverait compris.

L'ellipse indicatrice devient un cercle aux points ombilics : c'est pour cela que les plans tangents aux ombilics de l'ellipsoïde sont parallèles à ceux qui ont la propriété de couper l'ellipsoïde suivant des cercles [283].

292. Quand la surface (z_1) a trois paramètres arbitraires, on en peut disposer pour satisfaire à la condition $f(x,y)=f_1(x,y)$, et de plus aux équations (11), ou pour établir entre les deux surfaces (z), (z_1), au point (x,y,z), un simple contact. S'il entre dans l'équation (z_1) six paramètres arbitraires, on en peut disposer pour satisfaire en outre aux équations (12), ou pour rendre les deux surfaces osculatrices l'une de l'autre.

Donc on ne peut pas, en général, déterminer une sphère qui soit osculatrice d'une surface donnée en un point donné : car l'équation la plus générale de la sphère ne renferme que quatre paramètres arbitraires, savoir : le rayon et les trois coordonnées du centre.

Les conditions de l'osculation des deux surfaces (z), (z_1) sont exprimées analytiquement par le système des équations (11) et (12) ; mais il est préférable de les énoncer géométriquement en disant que les deux surfaces sont osculatrices l'une de l'autre lorsqu'elles ont en un point commun, non-seulement le même plan tangent, mais encore des sections principales comprises dans les mêmes plans normaux, et les mêmes rayons de courbure principaux, respectivement dirigés dans le même sens par rapport au plan tangent. Il est visible, d'après tout ce qui a été établi dans ce chapitre, que l'existence de ces relations géométriques résulte des équations (11) et (12). Lorsqu'elles subsistent, un plan quelconque, passant par le point commun, coupe les deux surfaces suivant deux lignes qui ont en ce point le même rayon de courbure.

Si donc la surface (z) a ses deux rayons de courbure principaux dirigés dans le même sens, on peut toujours construire un ellipsoïde de révolution qui oscule cette surface au point (x, y, z) : car on peut faire en sorte que l'une des sections méridiennes de l'ellipsoïde osculateur tombe dans le plan de l'une des sections principales de la surface osculée, l'un des axes de l'ellipse méridienne coïncidant avec la normale : après quoi il n'y a plus qu'à assigner aux axes de l'ellipse méridienne des longueurs telles, que les rayons de courbure principaux soient les mêmes pour la surface osculée et pour l'ellipsoïde. Cette construction est propre à donner deux ellipsoïdes osculateurs, l'un allongé, l'autre aplati.

Quand la surface a ses deux rayons de courbure principaux dirigés en sens inverses, on peut substituer à l'ellipsoïde osculateur un hyperboloïde de révolution à une nappe, dont le cercle de gorge [239] tombe dans le plan de l'une des sections principales de la surface.

On peut décrire plus simplement encore une surface de révolution, osculatrice d'une surface donnée, en faisant tourner le cercle osculateur de l'une des sections principales de la surface autour d'un axe tracé dans son plan perpendiculairement à la normale, et passant par le centre de courbure de l'autre section principale. La surface osculatrice devient un cylindre droit, à base circulaire, quand le rayon du cercle osculateur de la première section principale devient infini, comme il arrive pour les surfaces développables [281].

*293. Ceci va nous conduire à définir et à mesurer, d'après M. Gauss, *la courbure d'une surface*, quantité qui n'est point définie ni à plus forte raison mesurée, tant qu'on se borne à établir, d'après les théorèmes de Meusnier et d'Euler, les relations qui subsistent entre les courbures des lignes tracées sur la surface.

Revenons pour un instant sur la mesure de la courbure des lignes planes. Prenons sur la ligne dont on veut mesurer la courbure en *m*, un arc Δs qui passe par le point *m*; menons les normales aux deux extrémités de cet arc; et après avoir tracé dans le plan de la courbe un cercle dont le rayon soit égal à l'unité, menons les rayons respectivement parallèles aux deux normales extrêmes et qui comprennent un arc de cercle $\Delta\tau$: la limite $\frac{d\tau}{ds}$ [193] vers laquelle converge le rapport $\frac{\Delta\tau}{\Delta s}$, quand l'arc Δs décroît indéfiniment sans cesser de comprendre le point *m*, est la mesure de la courbure de la ligne au point *m*.

Une construction parfaitement analogue est applicable aux surfaces. Imaginons [128] une courbe fermée, tracée arbitrairement sur la surface dont on veut mesurer la courbure en *m*, de manière que l'aire ω circonscrite par cette courbe sur la surface comprenne le point *m* (¹). D'un point quelconque de l'espace, comme centre, décrivons une surface sphérique qui ait l'unité pour rayon, et menons les rayons parallèles à toutes les droites élevées normalement à la surface sur le contour de l'aire ω : le lieu de ces rayons est une surface conique qui intercepte à la surface de la sphère une

(¹) Il faut entendre par l'*aire* d'une portion de surface courbe (comme nous l'expliquerons plus amplement dans le chapitre VI du cinquième livre) la limite dont s'approche indéfiniment l'aire d'une surface polyédrique, inscrite ou circonscrite à la portion de surface courbe que l'on considère, quand le nombre des faces du polyèdre augmente sans cesse et que les dimensions des faces décroissent indéfiniment. Cette définition de la grandeur ω est analogue à celle de la grandeur s [174].

aire θ. La limite vers laquelle converge le rapport $\frac{\theta}{\omega}$ quand l'aire ω décroît indéfiniment sans cesser de comprendre le point m, doit, suivant l'analogie, être prise pour la mesure de la courbure de la surface au point m. Nous admettons d'abord, afin d'éviter toute difficulté, qu'il s'agit d'une surface dont les deux rayons de courbure principaux sont dirigés dans le même sens, et en outre que la surface n'éprouve pas au point m de solutions de continuité.

De même que, pour la mesure de la courbure d'une ligne plane, il est permis de substituer à la ligne donnée son cercle osculateur ou toute autre courbe osculatrice; de même, pour la mesure de la courbure d'une surface, il est permis de substituer à la surface proposée une autre surface qui l'oscule, au point où il s'agit de mesurer la courbure.

Prenons, pour la surface osculatrice, celle que décrit le cercle du rayon R_2, en tournant autour d'une droite menée dans son plan perpendiculairement à la normale, par le centre du cercle du rayon R_1. Soit ds_1 l'angle infiniment petit que le plan du cercle mobile, dans chacune de ses positions extrêmes, forme avec le plan de la section normale sur lequel il était primitivement couché, l'excursion du plan mobile ayant la même amplitude de part et d'autre du plan de la section normale; soit ds_2 l'angle infiniment petit que forment avec la normale et de part et d'autre de cette droite, dans le plan du cercle osculateur de rayon R_2, deux rayons de ce cercle : l'aire ω, devenue infiniment petite, se confond avec celle d'un rectangle infiniment petit dont les côtés seraient $2R_1ds_1$, $2R_2ds_2$, et qui aurait pour surface $4R_1R_2ds_1ds_2$. D'autre part, l'aire correspondante θ prend pour valeur (en négligeant toujours les infiniment petits des ordres supérieurs) $4ds_1ds_2$: d'où

$$lim.\ \frac{\theta}{\omega}=\frac{1}{R_1R_2}. \qquad (l)$$

La courbure d'une surface a donc pour mesure le produit des courbures de ses deux sections principales.

L'aire θ est remplacée par un point quand l'aire ω, finie ou infiniment petite, est prise sur une surface plane; elle est remplacée par une portion de circonférence de grand cercle quand l'aire ω, finie ou infiniment petite, appartient à une surface cylindrique. Cette remarque lève la difficulté qui naîtrait de ce que, d'après la formule (l), une surface développable pour laquelle [281 *et* 292] un des rayons R_1, R_2 est constamment infini, aurait en tous ses points une courbure nulle, propriété qui semble ne pouvoir appartenir qu'au plan. Le plan, les surfaces développables et les autres surfaces ne sont pas plus comparables, quant à la courbure, qu'un point, une ligne et une aire, quant à la grandeur. On peut dire que la courbure d'une surface développable est un infiniment petit du premier ordre, et celle d'un plan un infiniment petit du second ordre : ce qui signifie que la courbure d'une surface est une quantité très-petite du premier ou du second ordre, quand la surface se confond sensiblement avec un cylindre ou avec un plan.

L'expression de la courbure d'une surface prend le signe positif ou le signe négatif, selon que les deux rayons de courbure principaux sont dirigés dans le même sens ou en sens contraires. Ce changement de signe est arbitraire, et ne comporte pas une interprétation naturelle comme celui qui affecte la courbure d'une

Suite de l'Errata du Tome premier.

PAGES.	LIGNES.	FAUTES.	CORRECTIONS.
338	10	$+(\eta-\dot{y})$	$+(\eta-y)^2$
344	16	$+0$	$=0$
355	8 en rem.	distance $m_1 n_1$	différence $m_1 \mu_1$
370	4 *id.*	$\frac{dF}{dx}, \frac{dF}{dx}$	$\frac{dF}{dx}, \frac{dF}{dy}$
431	4 *id.*	(26)	(26')
448	1 *id.*	$x-\alpha=$	$x-\alpha=0,$

Page 141, ligne 1 en remontant, *après* pour des valeurs quelcon-ques de l'exposant, *ajoutez* sous la condition de conduire à une séri convergente.

Page 152, ligne 2 en remontant, *après* dérivent, *ajoutez* et si, par l'ap plication de la règle du n° 85, on ne mettait pas en évidence le facteu qui les rend simultanément nulles ou infinies.

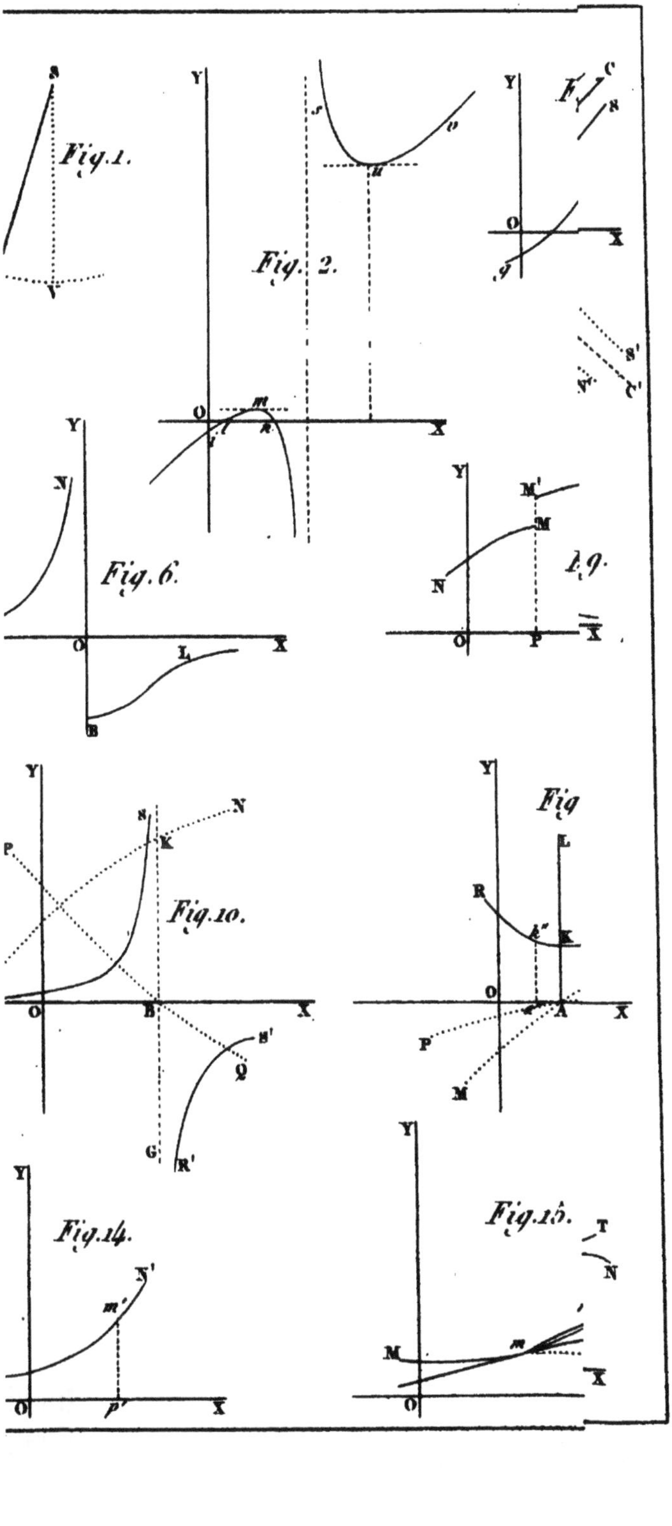
Fig.1.
Fig. 2.
Fig.6.
Fig.10.
Fig.14.
Fig.15.
Y
O
X
N
L
B
M
M'
P
S
K
G
R'
S'
Q
R
A
m'
P'
N'
T

Lightning Source UK Ltd.
Milton Keynes UK
UKHW01n0924110918
328674UK00004B/17/P

9 780266 394174